Lernen

Die Lerneinheiten sind in drei Teile geteilt:
1. **Basisaufgaben**, die das neu Gelernte üben.
2. Mit **Alles klar?** prüfst du, ob du alles verstanden hast.
3. Danach stehen dir **zwei Wege** zur Auswahl. Wähle den **einfacheren** oder den **schwierigeren Lernweg**.

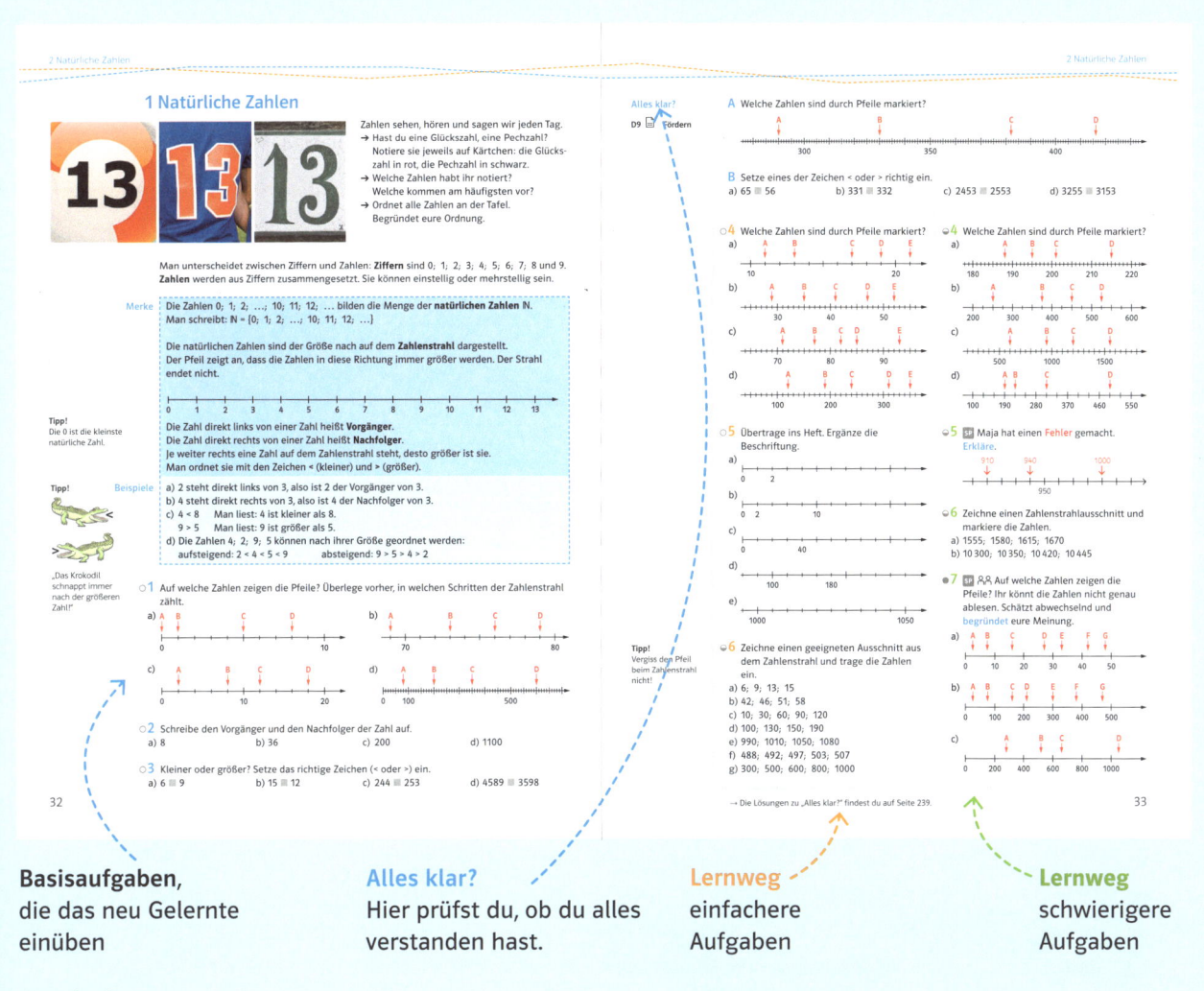

---

1 Natürliche Zahlen

Zahlen sehen, hören und sagen wir jeden Tag.
→ Hast du eine Glückszahl, eine Pechzahl? Notiere sie jeweils auf Kärtchen: die Glückszahl in rot, die Pechzahl in schwarz.
→ Welche Zahlen habt ihr notiert? Welche kommen am häufigsten vor?
→ Ordnet alle Zahlen an der Tafel. Begründet eure Ordnung.

Man unterscheidet zwischen Ziffern und Zahlen: **Ziffern** sind 0; 1; 2; 3; 4; 5; 6; 7; 8 und 9.
Zahlen werden aus Ziffern zusammengesetzt. Sie können einstellig oder mehrstellig sein.

Merke
Die Zahlen 0; 1; 2; ...; 10; 11; 12; ... bilden die Menge der **natürlichen Zahlen** N.
Man schreibt: N = {0; 1; 2; ...; 10; 11; 12; ...}

Die natürlichen Zahlen sind der Größe nach auf dem **Zahlenstrahl** dargestellt.
Der Pfeil zeigt an, dass die Zahlen in diese Richtung immer größer werden. Der Strahl endet nicht.

Tipp! Die 0 ist die kleinste natürliche Zahl.

Die Zahl direkt links von einer Zahl heißt **Vorgänger**.
Die Zahl direkt rechts von einer Zahl heißt **Nachfolger**.
Je weiter rechts eine Zahl auf dem Zahlenstrahl steht, desto größer ist sie.
Man ordnet sie mit den Zeichen < (kleiner) und > (größer).

Tipp! „Das Krokodil schnappt immer nach der größeren Zahl!"

Beispiele
a) 2 steht direkt links von 3, also ist 2 der Vorgänger von 3.
b) 4 steht direkt rechts von 3, also ist 4 der Nachfolger von 3.
c) 4 < 8   Man liest: 4 ist kleiner als 8.
   9 > 5   Man liest: 9 ist größer als 5.
d) Die Zahlen 4; 2; 9; 5 können nach ihrer Größe geordnet werden:
   aufsteigend: 2 < 4 < 5 < 9   absteigend: 9 > 5 > 4 > 2

○1 Auf welche Zahlen zeigen die Pfeile? Überlege vorher, in welchen Schritten der Zahlenstrahl zählt.
a) b) c) d)

○2 Schreibe den Vorgänger und den Nachfolger der Zahl auf.
a) 8   b) 36   c) 200   d) 1100

○3 Kleiner oder größer? Setze das richtige Zeichen (< oder >) ein.
a) 6 ☐ 9   b) 15 ☐ 12   c) 244 ☐ 253   d) 4589 ☐ 3598

Alles klar? D9 📄 Fördern

A Welche Zahlen sind durch Pfeile markiert?

B Setze eines der Zeichen < oder > richtig ein.
a) 65 ☐ 56   b) 331 ☐ 332   c) 2453 ☐ 2553   d) 3255 ☐ 3153

○4 Welche Zahlen sind durch Pfeile markiert?
a) b) c) d)

○5 Übertrage ins Heft. Ergänze die Beschriftung.
a) b) c) d) e)

Tipp! Vergiss den Pfeil beim Zahlenstrahl nicht!

○6 Zeichne einen geeigneten Ausschnitt aus dem Zahlenstrahl und trage die Zahlen ein.
a) 6; 9; 13; 15
b) 42; 46; 51; 58
c) 10; 30; 60; 90; 120
d) 100; 130; 150; 190
e) 990; 1010; 1050; 1080
f) 488; 492; 497; 503; 507
g) 300; 500; 600; 800; 1000

○4 Welche Zahlen sind durch Pfeile markiert?
a) b) c) d)

○5 Maja hat einen **Fehler** gemacht. Erkläre.

○6 Zeichne einen Zahlenstrahlausschnitt und markiere die Zahlen.
a) 1555; 1580; 1615; 1670
b) 10 300; 10 350; 10 420; 10 445

●7 SP 👥 Auf welche Zahlen zeigen die Pfeile? Ihr könnt die Zahlen nicht genau ablesen. Schätzt abwechselnd und **begründet** eure Meinung.
a) b) c)

→ Die Lösungen zu „Alles klar?" findest du auf Seite 239.

Basisaufgaben, die das neu Gelernte einüben

Alles klar? Hier prüfst du, ob du alles verstanden hast.

Lernweg einfachere Aufgaben

Lernweg schwierigere Aufgaben

Symbole

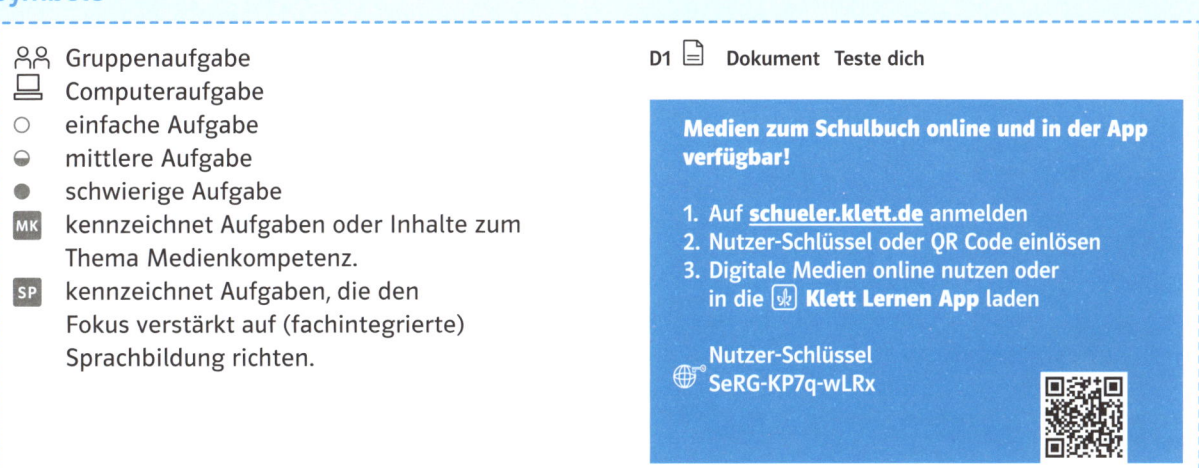

- 👥 Gruppenaufgabe
- 💻 Computeraufgabe
- ○ einfache Aufgabe
- ◔ mittlere Aufgabe
- ● schwierige Aufgabe
- MK kennzeichnet Aufgaben oder Inhalte zum Thema Medienkompetenz.
- SP kennzeichnet Aufgaben, die den Fokus verstärkt auf (fachintegrierte) Sprachbildung richten.

D1 📄 Dokument Teste dich

Medien zum Schulbuch online und in der App verfügbar!

1. Auf **schueler.klett.de** anmelden
2. Nutzer-Schlüssel oder QR Code einlösen
3. Digitale Medien online nutzen oder in die 📱 **Klett Lernen App** laden

Nutzer-Schlüssel
🌐 SeRG-KP7q-wLRx

Schnittpunkt 5

Mathematik – Differenzierende Ausgabe

Viktor Grasmik
Sarah Macha
Rainer Pongs
Peter Rausche
Jens Richter
Ingrid Wald-Schillings

Martina Backhaus
Ilona Bernhard
Joachim Böttner
Günther Fechner
Wolfgang Malzacher
Achim Olpp
Tanja Sawatzki-Müller
Emilie Scholl-Molter
Colette Simon
Claus Stöckle
Thomas Straub
Hartmut Wellstein

Ernst Klett Verlag
Stuttgart · Leipzig · Dortmund

Inhaltsverzeichnis

1 Daten MK SP

	Standpunkt	7		
	Auftakt	8		
1	Daten in Listen erfassen	10		•
2	Diagramme lesen	12		•
3	Daten in Diagrammen darstellen	14	•	•
	EXTRA: Daten vergleichen	17	•	•
4	Eine Datenerhebung durchführen	19	•	•
	MEDIEN: Tabellenkalkulation. Diagramme	21	•	•
	Zusammenfassung	23		
	Basistraining	24	•	
	Anwenden. Nachdenken	25	•	•
	Rückspiegel	28		

2 Natürliche Zahlen MK SP

	Standpunkt	29		
	Auftakt	30		
1	Natürliche Zahlen	32		•
2	Große Zahlen im Zehnersystem	35	•	•
3	Runden von Zahlen	38		•
4	Schätzen	40		•
	MEDIEN: Zahlen im Zweiersystem	42	•	•
	EXTRA: Römische Zahlzeichen	44		•
	Zusammenfassung	45		
	Basistraining	46	•	•
	Anwenden. Nachdenken	48		•
	Rückspiegel	50		•

3 Addieren und Subtrahieren MK SP

	Standpunkt	51		
	Auftakt	52		
1	Kopfrechnen	54		•
2	Addieren	56	•	•
3	Subtrahieren	60	•	•
4	Klammern	64	•	•
5	Terme mit Variablen	67		•
6	Rechengesetze	69		•
	Zusammenfassung	71		
	Basistraining	72		
	Anwenden. Nachdenken	74	•	•
	Rückspiegel	78		

MK kennzeichnet Aufgaben oder Inhalte zum Thema Medienkompetenz.
SP kennzeichnet Aufgaben, die den Fokus verstärkt auf (fachintegrierte) Sprachbildung richten.

4 Multiplizieren und Dividieren MK SP

	Standpunkt	79		
	Auftakt	80		
1	Kopfrechnen	82		
2	Multiplizieren	84		•
3	Rechengesetze. Rechenvorteile	87		•
4	Potenzen	90		•
5	Dividieren	92		•
6	Klammern zuerst. Punkt vor Strich	96		•
7	Ausklammern. Ausmultiplizieren	101		•
	MEDIEN: Tabellenkalkulation. Terme	104	•	•
	EXTRA: Zahlenmuster	106		•
	Zusammenfassung	107	•	•
	Basistraining	108	•	•
	Anwenden. Nachdenken	110		
	Rückspiegel	112		

5 Geometrie. Vierecke MK SP

	Standpunkt	113		
	Auftakt	114		
1	Strecke, Gerade und Halbgerade	116		
2	Zueinander senkrecht	118		
3	Zueinander parallel	120		
4	Das Koordinatensystem	122		•
5	Entfernung und Abstand	125		•
6	Achsensymmetrie und Punktsymmetrie	127	•	•
7	Rechteck und Quadrat	130		•
8	Parallelogramm und Raute	132		•
	MEDIEN: DGS. Koordinatensystem	135	•	
	MEDIEN: DGS. Symmetrie	136	•	•
	Zusammenfassung	137		
	Basistraining	138	•	•
	Anwenden. Nachdenken	140	•	•
	Rückspiegel	144		

6 Größen und Maßstab MK SP

	Standpunkt	145		
	Auftakt	146		
1	Schätzen	148	•	•
2	Geld	150		•
3	Zeit	153		•
4	Masse	157		•
5	Länge	160		
6	Maßstab	163	•	•
7	Sachaufgaben	166		•
	EXTRA: Mathematik in Beruf und Alltag	169		
	Zusammenfassung	170		
	Basistraining	171		•
	Anwenden. Nachdenken	173	•	
	Rückspiegel	176		•

7 Umfang und Flächeninhalt MK SP

	Standpunkt	177		
	Auftakt	178		
1	Flächeninhalt	180		•
2	Flächenmaße	182		
3	Rechtecke	186		•
	EXTRA: Flächeninhalte schätzen	189		
4	Rechtwinklige Dreiecke	190		•
5	Zusammengesetzte Figuren	192		•
	Zusammenfassung	195		
	Basistraining	196		
	Anwenden. Nachdenken	197	•	•
	Rückspiegel	200		

MK kennzeichnet Aufgaben oder Inhalte zum Thema Medienkompetenz.
SP kennzeichnet Aufgaben, die den Fokus verstärkt auf (fachintegrierte) Sprachbildung richten.

8 Brüche MK SP

	Standpunkt	201
	Auftakt	202
1	Bruchteile erkennen und darstellen	204
2	Bruchteile von Größen	208
3	Dezimalzahlen	210
	Zusammenfassung	213
	Basistraining	214
	Anwenden. Nachdenken	215
	Rückspiegel	218

Arbeitsanhang

Grundwissen	219
Lösungen der Kapitel	237
Lösungen des Grundwissens	256
Arbeitshilfen	261
Stichwortverzeichnis	266

Standpunkt | Daten

Wo stehe ich?

Ich kann …	gut	etwas	nicht gut	Lerntipp!
A mithilfe einer Strichliste zählen,	☐	☐	☐	→ Seite 219
B Strichlisten auszählen,	☐	☐	☐	→ Seite 219
C Tabellen erstellen,	☐	☐	☐	→ Seite 219
D Diagramme zeichnen,	☐	☐	☐	→ Seite 220
E Daten aus Diagrammen ablesen,	☐	☐	☐	→ Seite 220
F Informationen aus einem Schaubild entnehmen.	☐	☐	☐	→ Seite 220

Überprüfe dich selbst:

D1 Teste dich

A Die Schülerinnen und Schüler der Klasse 5 wurden nach ihrer Schuhgröße gefragt. Die Antworten waren:
33; 36; 34; 37; 34; 38; 35; 36; 34; 35; 37; 32; 36; 36; 34; 35; 34; 33; 37; 36.
Vervollständige die Tabelle in deinem Heft.

Schuhgröße	Anzahl
Schuhgröße 32	I
Schuhgröße 33	II
Schuhgröße 34	…

B Eine Umfrage in allen fünften Klassen zu Haustieren hatte folgendes Ergebnis:

Hund													II
Katze									I
Fische					
Kaninchen					II
Hamster	III
andere					III

Schreibe in dein Heft, wie viele es von den einzelnen Haustieren gibt.

C In der Klasse 5a haben 8 Mädchen und 10 Jungen ein eigenes Handy. 7 Jungen und 4 Mädchen haben einen eigenen Computer. Fülle die Tabelle in deinem Heft aus.

	Handy	Computer
Mädchen	☐	☐
Jungen	☐	☐

D Übertrage das Säulendiagramm in dein Heft und vervollständige es.

Tierkinder pro Geburt	
Rotfuchs	6
Koala	1
Schnabeltier	3
Maulwurf	4
Wasserschwein	8
Biber	5
Schneehase	5
Maus	8
Hase	4

E Betrachte das Diagramm.

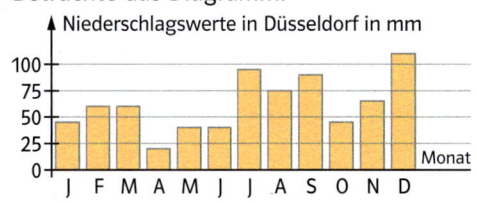

Niederschlagswerte in Düsseldorf in mm

Wie viel Niederschlag gab es im Mai und wie viel im August?

F Betrachte die Wetterkarte.

Do, 03.10., tagsüber — M'gladbach 16°C, Kleve 16°C, Münster 15°C, Paderborn 16°C, Köln 16°C, Dortmund 17°C

a) In welchen Städten hat es geregnet?
b) Wie warm war es am 03.10. in Köln?

→ Die Lösungen findest du auf Seite 237.

1 Daten

1 Lies den Artikel. Was war für dich bei der Einschulung wichtig?

2 Wie ist das in eurer Klasse? Was wisst ihr über eure Klasse?

84 neue Schülerinnen und Schüler

Letzte Woche begann für 84 Kinder der 5. Klassen das Schuljahr an ihrer neuen Schule. Die Schulleiterin begrüßte alle 44 Mädchen und 40 Jungen einzeln, die in drei Klassen aufgeteilt sind. Der Schulleiterin war es dabei wichtig, dass die Kinder, die in 10 verschiedenen Orten wohnen und von 6 verschiedenen Grundschulen kommen, möglichst mit Kindern aus ihrer näheren Umgebung zusammen in einer Klasse sitzen.

3 In einem Steckbrief schreibt man alles Wichtige zu Personen auf. Gestaltet Steckbriefe zu euch oder zu eurer Klasse.

Steckbrief – Das bin ich
Name:
Alter:
Wohnort:
Hobbys:
Lieblingsfarbe:
Lieblingstier:

Ich lerne,

- wie man Umfragen in unterschiedlichen Listen erfasst,
- wie man Ergebnisse von Umfragen grafisch darstellen kann,
- wie man Umfragen plant und durchführt,
- wie man mithilfe eines Tabellenkalkulationsprogramms Diagramme erstellen kann.

1 Daten in Listen erfassen

Die Klasse 5a möchte zum Kennenlernen eine Umfrage durchführen.
→ Denke dir eine Frage aus, die du allen stellen möchtest.
→ Arbeitet zu zweit. Stellt euch gegenseitig eure Frage und notiert die Antwort.
→ Sucht mit der Klasse die fünf interessantesten Fragen aus und befragt euch gegenseitig.

Um bestimmte Fragen beantworten zu können, sammelt man in Umfragen oder bei Zählungen **Daten**. Dieses Sammeln von Daten nennt man eine **statistische Erhebung**.

Merke
Mithilfe von **Strichlisten** lassen sich Daten aus Umfragen leicht auszählen.
Die Ergebnisse werden dann oft in **Häufigkeitstabellen** dargestellt.
Hier werden die Striche durch Zahlen ersetzt.

Beispiel
Die Schülerinnen und Schüler der Klasse 5a möchten wissen, wie viel Zeit sie ungefähr für den Weg zur Schule benötigen. Dazu entwerfen sie einen Fragebogen. Dieser wird bei der Umfrage mit Strichen für die Antworten ausgefüllt. Wenn man die Striche zählt, erhält man daraus eine Häufigkeitstabelle.

Benötigte Zeit:

Fragebogen:

Zeit in Minuten	5 min	10 min	15 min	20 min	25 min	30 min
Anzahl						

Strichliste:

Zeit in Minuten	5 min	10 min	15 min	20 min	25 min	30 min
Anzahl	II	III	⋕ III	⋕ IIII	I	I

Häufigkeitstabelle:

Zeit in Minuten	5 min	10 min	15 min	20 min	25 min	30 min
Anzahl	2	3	8	9	1	1

Die meisten Schülerinnen und Schüler brauchen 15 bis 20 Minuten für ihren Schulweg.

Tipp!
Damit die Liste übersichtlich bleibt, wird jeder 5. Strich quer gesetzt.
IIIII = ⋕

○ **1** Übertrage die Tabelle in dein Heft und fülle sie vollständig aus.

Lieblingsessen	Pizza	Döner	Pommes	Wrap
Strichliste	⋕ II	▓	▓	IIII
Häufigkeitstabelle	▓	8	5	▓

eine Stimme abgeben
bei einer Wahl seine Entscheidung mitteilen

○ **2** Bei der Wahl zur Klassenvertretung wurden 18 gültige **Stimmen** abgegeben.

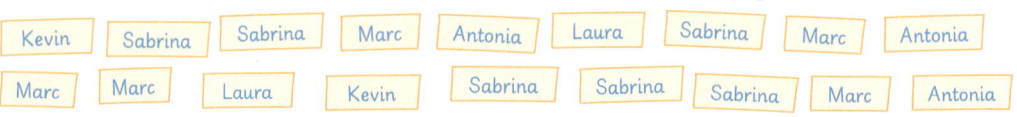

Kevin   Sabrina   Sabrina   Marc   Antonia   Laura   Sabrina   Marc   Antonia
Marc   Marc   Laura   Kevin   Sabrina   Sabrina   Sabrina   Marc   Antonia

Bestimme den Klassenvertreter oder die Klassenvertreterin mithilfe einer Strichliste.

○ **3** Bei einer Umfrage zu der Anzahl der Cousins und Cousinen machen die Schülerinnen und Schüler folgende Angaben: 0; 4; 3; 3; 1; 7; 5; 4; 3; 5; 2; 0; 4; 3; 6; 3; 4; 4; 6; 2; 1.
Fertige eine Strichliste an und gib die Werte in einer Häufigkeitstabelle an.

1 Daten

Alles klar?

D2 Fördern

A Auf die Frage „Wie viel Taschengeld bekommst du?" antworteten 13 Kinder so:
12 €, 14 €, 12 €, 16 €, 12 €, 16 €, 20 €, 12 €, 16 €, 12 €, 16 €, 16 €, 12 €

a) Erstelle eine Strichliste.
b) Gib das Ergebnis in einer Häufigkeitstabelle an.

---

4 Für die Projekttage der Klassen 5 werden die Wünsche der Schülerinnen und Schüler in einer Strichliste erfasst. Jeder hat nur eine Stimme.

Trommeln	Musical	Theater	Chor
₩ ₩	₩ ₩ ₩ ₩ ₩ ₩ I	₩ III	₩ ₩ ₩ III

a) Wie viele Schüler und Schülerinnen wollen zu den einzelnen Projekten?
b) Wie viele Schüler und Schülerinnen gaben insgesamt einen Wunsch an?

5 Würfle 60-mal und lege eine Strichliste an. Welches Ergebnis erwartest du?

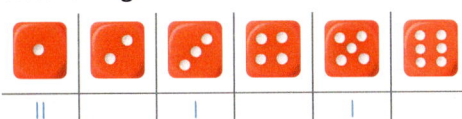

⚀	⚁	⚂	⚃	⚄	⚅
II		I			

6 Die 24 Schülerinnen und Schüler der Klasse 5c haben für die nächsten Tage ihre Essenswünsche in der Mensa zusammengestellt. Leider ist die Liste verschmutzt.

Essen	Di	Mi	Do
Fleisch	8	11	●
Pasta	●	10	10
Baguette	3	●	2

Welche Zahlen sind unter den Flecken versteckt?

7 Maik und Rahim haben ihre Freunde nach den Lieblings-Fußballvereinen gefragt.

Maik
Bayern ₩ III
BVB ₩ IIII
Liverpool II
Galatasaray II
Leverkusen III

Rahim
Real I
Bayern ₩ II
Besiktas II
BVB ₩ ₩ I
HSV I

a) Fasse alle Antworten in einer Häufigkeitstabelle zusammen.
b) Macht selbst eine solche Umfrage und fertigt eine Häufigkeitstabelle an.

---

4 Die Wahl zu den Projekttagen wurde in den drei Klassen getrennt durchgeführt.

	Trommeln	Musical	Theater	Chor
5a	III	₩ ₩ ₩ III		III
5b	₩		₩ III	₩
5c	II	₩ III		₩ ₩

a) Wie viele Kinder der Klasse 5b möchten beim Projekt „Theater" mitmachen?
b) Wie viele Schüler und Schülerinnen sind in den einzelnen Klassen?

5 Thea, Isabella, Leon und Hasan wollen wissen, welches die liebsten Urlaubsländer der Kinder ihrer Klasse sind.

Italien ₩ II
Spanien ₩ ₩
USA III
Frankreich II
Türkei ₩ I

USA ₩
Türkei ₩ IIII
Spanien IIII
Österreich II

Türkei ₩ III
Italien ₩
Deutschland III
Spanien ₩

Frankreich III
Türkei II
Italien ₩ I
Spanien ₩ ₩ ₩

a) Fasse alle Antworten in einer Häufigkeitstabelle zusammen.
b) Wie viele Schülerinnen und Schüler wurden insgesamt befragt?
c) Ordne die Urlaubsziele nach ihrer Beliebtheit.

6 In diese Übersicht über die Lieblingssportarten der Schülerinnen und Schüler haben sich drei **Fehler** eingeschlichen.

Fußball	Ski-fahren	Basket-ball	Skateboard	Schwimmen
₩ ₩ ₩	IIII	₩ III	₩ II	₩
16	4	8	8	4

a) Übertrage die Tabelle in dein Heft und korrigiere die Fehler.
b) SP **Beschreibt** die Fehler.

→ Die Lösungen zu „Alles klar?" findest du auf Seite 237.

2 Diagramme lesen

Als Hausaufgabe durfte sich jeder Schüler und jede Schülerin drei Klassenregeln ausdenken. Die Klassenlehrerin hat alle Vorschläge gesammelt und präsentiert das Ergebnis in einem Diagramm.
→ Welche drei Regeln wurden am häufigsten genannt? Formuliere ganze Sätze.
→ Welche Regeln findest du am sinnvollsten? Tausche dich mit deinem Partner oder deiner Partnerin aus.
→ Stellt für eure Klasse Klassenregeln auf.

Ergebnisse von Umfragen kann man in Häufigkeitstabellen nachlesen. Damit man die Zahlen besser vergleichen kann, wird das Ergebnis einer statistischen Erhebung oft mithilfe von Diagrammen veranschaulicht.

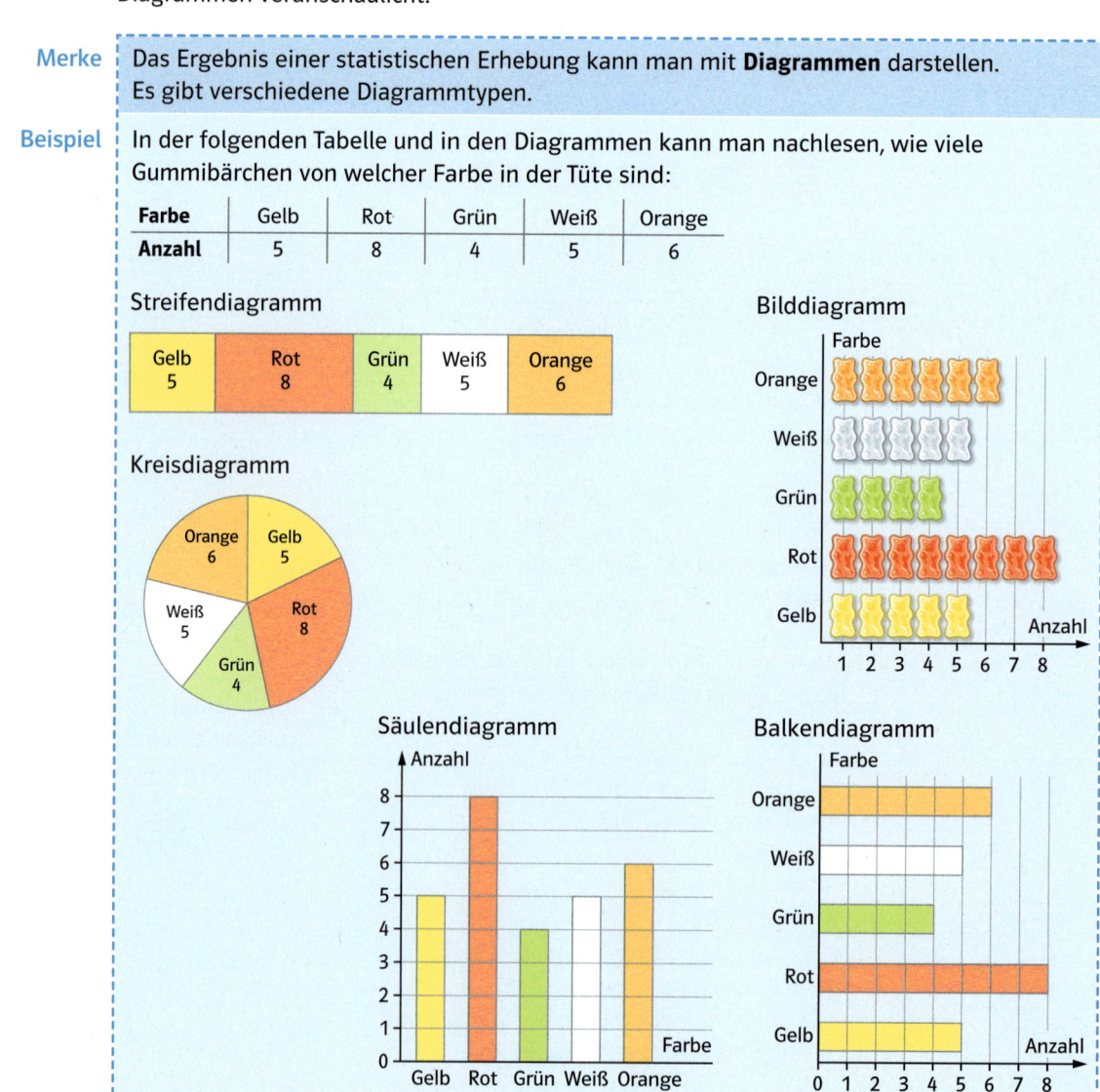

Merke Das Ergebnis einer statistischen Erhebung kann man mit **Diagrammen** darstellen. Es gibt verschiedene Diagrammtypen.

Beispiel In der folgenden Tabelle und in den Diagrammen kann man nachlesen, wie viele Gummibärchen von welcher Farbe in der Tüte sind:

Farbe	Gelb	Rot	Grün	Weiß	Orange
Anzahl	5	8	4	5	6

Streifendiagramm

Bilddiagramm

Kreisdiagramm

Säulendiagramm

Balkendiagramm

1 Daten

○1 Das Bilddiagramm zeigt, wie die Kinder der Klasse 5a zur Schule kommen.

Fahrrad: 🚲🚲🚲🚲🚲🚲🚲
zu Fuß: 🚶🚶🚶🚶🚶
Bus: 🚌🚌🚌🚌🚌🚌🚌 🚌🚌🚌🚌
Auto: 🚗🚗🚗🚗

a) Wie häufig wurden die verschiedenen Verkehrsarten genannt?
b) Wie viele Kinder hat die Klasse 5a insgesamt?

○2 Was wird im Säulendiagramm dargestellt?
[SP] **Beschreibe** in eigenen Worten. Erstelle eine passende Häufigkeitstabelle.

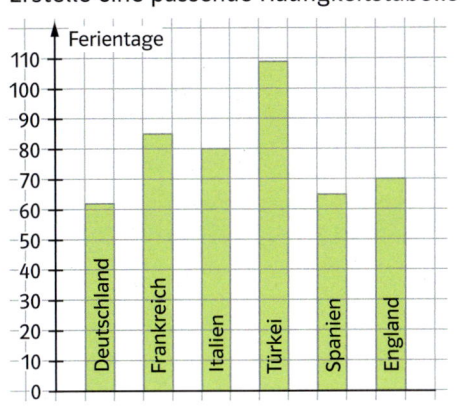

(Säulendiagramm: Ferientage – Deutschland ca. 62, Frankreich ca. 85, Italien ca. 80, Türkei ca. 110, Spanien ca. 65, England ca. 70)

Alles klar?

D3 Fördern

A Übertrage die Häufigkeitstabelle ins Heft und fülle sie mithilfe des Säulendiagramms aus. Welche Zahl wurde am häufigsten gewürfelt?

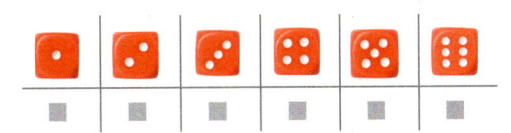

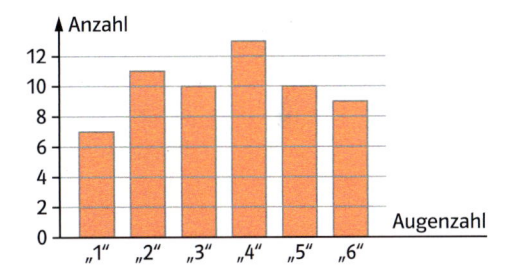

(Würfel: 1, 2, 3, 4, 5, 6)

(Säulendiagramm Augenzahl: „1" = 7, „2" = 11, „3" = 10, „4" = 13, „5" = 10, „6" = 9)

○3 Bei einer Befragung der fünften Klassen hat jedes Kind ein Hobby angegeben.

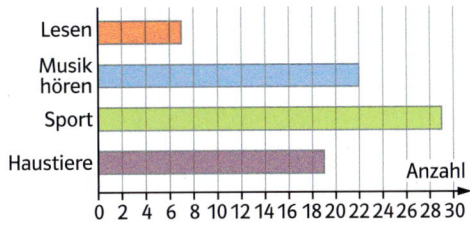

(Balkendiagramm: Lesen ca. 6, Musik hören ca. 22, Sport ca. 29, Haustiere ca. 19)

a) Lies das Ergebnis der Umfrage ab.
b) Wie viele Kinder wurden befragt?

●4 Tina hat 15 Minuten Fahrzeuge gezählt und ein Diagramm angefertigt. Jedes Symbol steht für 10 gezählte Fahrzeuge.

🚗🚗🚗🚗🚗🚗🚗🚗
🚌
🚲🚲
🏍
🚐🚐

a) Wie viele Fahrzeuge hat sie gezählt?
b) [SP] In Wirklichkeit wurden 163 Fahrzeuge gezählt. Kannst du das **erklären**?

◐3 Das Streifendiagramm zeigt die Lieblingsfarben einer Klasse.

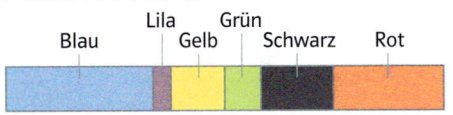

(Streifendiagramm: Blau, Lila, Gelb, Grün, Schwarz, Rot)

a) Ordne die Farben nach ihrer Beliebtheit.
b) 24 Kinder wurden befragt. Versuche eine Häufigkeitstabelle zu erstellen.

◐4 Die T-Shirt- und Pullover-Farben der Schülerinnen und Schüler wurden in einem Kreisdiagramm dargestellt.

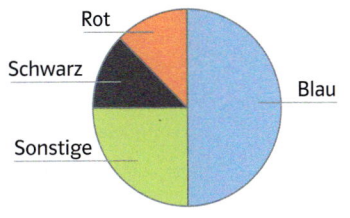

(Kreisdiagramm: Rot, Schwarz, Sonstige, Blau)

a) Ordne die Farben nach ihrer Beliebtheit.
b) Insgesamt wurden 24 Schülerinnen und Schüler befragt. Erstelle eine Häufigkeitstabelle zu dem Kreisdiagramm.

→ Die Lösungen zu „Alles klar?" findest du auf Seite 237.

3 Daten in Diagrammen darstellen

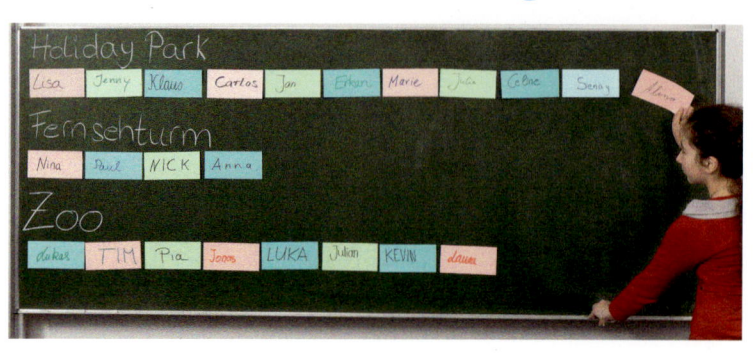

Die Klasse 5a hat über das Ziel des Ausflugs abgestimmt.
→ Welches ist das beliebteste Ziel der Klasse 5a?
→ Arbeitet zu zweit. Zeichnet das Abstimmungsergebnis auf einem DIN-A4-Blatt nach.
→ Überlegt euch in der Klasse selbst Fragen, die ihr auf die gleiche Weise wie die Klasse 5a beantworten könnt.

Ergebnisse von Umfragen kann man verständlich und deutlich in Diagrammen darstellen.

Merke Die Zahlen aus einer Häufigkeitstabelle können durch **Bilddiagramme**, durch **Balkendiagramme** oder durch **Säulendiagramme** veranschaulicht werden. Anteile können in einem **Streifendiagramm** oder einem **Kreisdiagramm** dargestellt werden.

Beispiel Die Lehrerin erstellt zu dem Ergebnis der Wahl zur Klassenvertretung eine Häufigkeitstabelle.

Name	Aurelia	Jasmin	Robert	Ludwig	Leon
Stimmen	8	3	5	2	6

In einem Bilddiagramm wird jede Stimme durch ein kleines Bild **(Symbol)** dargestellt. Man kann die Symbole **nebeneinander** oder **übereinander** anordnen.

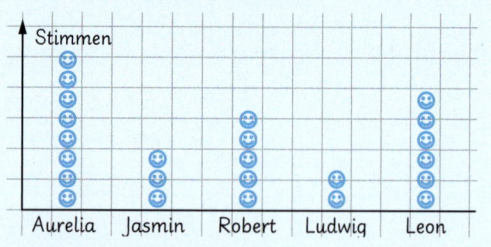

Wenn man statt der Symbole Flächen zeichnet, erhält man das Balkendiagramm und das Säulendiagramm.

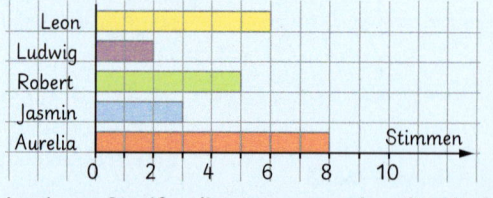

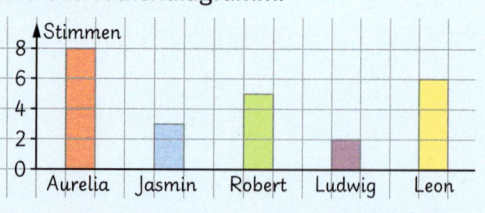

In einem Streifendiagramm werden die Flächen aneinander gereiht. In diesem Beispiel wird jede Stimme mit 5 mm, ein Rechenkästchen, gezeichnet.
Aurelia: 8 Stimmen → 4 cm   Jasmin: 3 Stimmen → 1,5 cm   Robert: 5 Stimmen → 2,5 cm
Ludwig: 2 Stimmen → 1 cm   Leon: 6 Stimmen → 3 cm

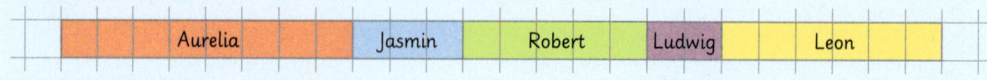

Bevor du ein Diagramm zeichnest, musst du dir eine sinnvolle Einteilung überlegen. Wenn du große Zahlen darstellen willst, kannst du zum Beispiel für je fünf einen Zentimeter zeichnen. So wird die Säule oder der Balken nicht zu lang.

1 Daten

○1 Eine Tüte Luftballons enthält 10 rote, 9 blaue und 4 orange Luftballons. Zeichne dazu ein Bilddiagramm.

○2 Erstelle zu der angegebenen Häufigkeitstabelle ein Säulen- und ein Balkendiagramm.

verkaufte Waren	Brezel	Croissant	Brötchen	Käsestange	Schokobrötchen
Anzahl	8	4	10	7	6

Alles klar?

D4 Fördern

A 15 Schülerinnen und Schüler wurden zu ihrer Lieblingspizza befragt.
Salami: 5 Stimmen   Margherita: 4 Stimmen   Schinken: 6 Stimmen
Stelle das Ergebnis in einem Balkendiagramm dar.

B Im Säulendiagramm fehlt etwas. Übertrage das Diagramm ins Heft und ergänze.

Farbe	Gelb	Rot	Grün	Blau
Anzahl	7	3	6	9

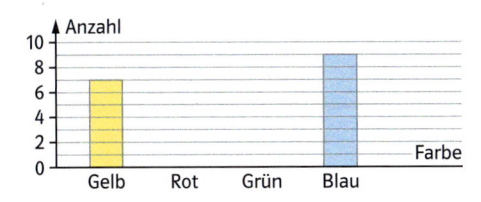

eine Beanstandung
hier: eine Liste, was an einem Fahrrad nicht sicher für den Straßenverkehr ist

○3 Bei einer Fahrradkontrolle gab es folgende **Beanstandungen**.

Klingel	12
Reifen	2
Reflektor	4
Bremsen	5
Licht	8

Stelle das Ergebnis in einem Säulendiagramm dar. Überlege vorher, wie hoch die höchste Säule wird.

○4 Bei einem Mathematiktest wurden folgende Noten geschrieben.

Note	1	2	3	4	5	6
Anzahl	3	5	9	5	4	0

Stelle das Ergebnis in einem Balkendiagramm dar.

○5 Viele Kinder der Klasse 5 treiben Sport.

Sportart	Strichliste	Anzahl
Fußball		6
Basketball	II	
Tischtennis	III	
Handball	IIII	

D5 Material
zu Aufgabe 5

a) Ergänze die Tabelle in deinem Heft.
b) Stelle das Ergebnis der Umfrage in einem Säulendiagramm dar.

●3 Viele Kinder in den fünften Klassen sind in Sportvereinen aktiv:
23 spielen Fußball, 12 turnen, 9 spielen Volleyball, 5 spielen Basketball und 10 spielen Handball.
Ergänze das Säulendiagramm im Heft.

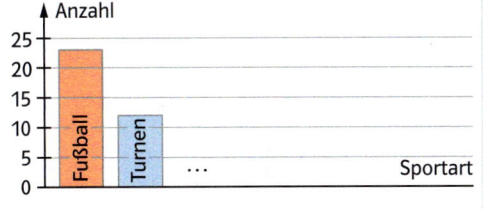

●4 Nasrin hat an einer Straße gezählt, wie viele Personen in den Autos sitzen.
Das Ergebnis hat sie in einer Häufigkeitstabelle aufgeschrieben:

Insassen im Auto	1	2	3	4
Anzahl	18	15	12	7

a) Stelle das Ergebnis in einem selbst gewählten Diagramm dar.
b) SP **Begründe**, warum du dich für dieses Diagramm entschieden hast.

●5 SP Timo behauptet: „Wenn ich die Balken eines Balkendiagramms ausschneide und hintereinander lege, habe ich ein Streifendiagramm."
Entscheide: Hat Timo recht?

→ Die Lösungen zu „Alles klar?" findest du auf Seite 237.

1 Daten

6 Pascal hat zu einer Häufigkeitstabelle ein Balkendiagramm gezeichnet. Leider sind ihm drei **Fehler** unterlaufen.

Note	1	2	3	4	5	6
Anzahl	3	10	8	4	3	1

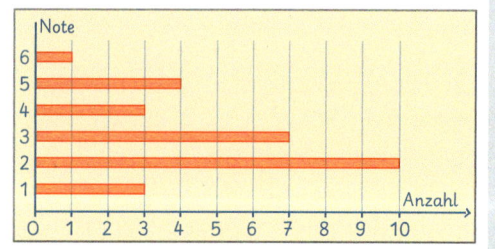

a) **SP** Finde die drei Fehler und **erkläre**, was falsch gemacht wurde.
b) Zeichne das Balkendiagramm richtig in dein Heft.

7 Erstelle zur Häufigkeitsliste ein Bilddiagramm. Ein Ei-Symbol im Diagramm soll 4 Eiern in der Wirklichkeit entsprechen.

Tier	Anzahl der gelegten Eier
Laubfrosch	80 Eier
Ringelnatter	24 Eier
Weinbergschnecke	60 Eier
Sumpfschildkröte	10 Eier

8 Eine Umfrage zur Lieblingsfarbe bei Jugendlichen ergibt Folgendes:

Schwarz	64	Weiß	9
Rot	96	Braun	2
Blau	48	Sonstige	8

a) Wie viele Jugendliche wurden befragt?
b) Stelle das Ergebnis in einem geeigneten Säulendiagramm dar.

9 👥 Würfelt 100-mal mit zwei Würfeln. Zählt die beiden Augenzahlen zusammen und notiert diese Augensumme in einer Strichliste und einer Häufigkeitstabelle.

a) Stellt das Ergebnis in einem Säulendiagramm dar.
b) **SP** Könnt ihr **erklären**, warum die Säulen in der Mitte länger sind als die am Rand?

Tipp!
zu den Aufgaben 8, 9 und 7
Wenn du große Anzahlen als Säule zeichnen willst, kannst du zum Beispiel immer fünf zu einem Zentimeter Säulenhöhe zusammenfassen, damit die Säule nicht zu hoch wird.

6 Schülerinnen und Schüler fehlen aus unterschiedlichen Gründen in der Schule.

Grund	Krankheit	familiäre Gründe	Sonstiges
Anzahl	7	2	1

Der Klassenlehrer hat die Gründe in einem Monat statistisch gesammelt und in einem Streifendiagramm dargestellt.

a) **SP** **Beschreibe**, wie der Lehrer das Diagramm gemacht hat.
b) Im nächsten Monat waren fünf Kinder krank, eines war aus familiären Gründen nicht in der Schule und vier hatten sonstige Gründe. Erstelle dazu ein 10 cm langes Streifendiagramm.

7 120 Frauen, Männer und Jugendliche wurden zu ihrem Einkaufsverhalten befragt.

Ich kaufe gerne …	… in kleinen Geschäften.	… in Kaufhäusern.	… im Internet.
Männer	10	10	20
Frauen	5	5	30
Jugendl.	10	15	15

a) Erstelle für eine selbst gewählte Gruppe der Befragten ein Säulendiagramm.
b) 👥 Kann man auch ein Säulendiagramm zeichnen, aus dem man die Ergebnisse für alle drei Gruppen ablesen kann? Wie könnte so ein Diagramm aussehen? Versucht es zu zeichnen.

8 **MK** Antonia hat in der Zeitung ein Diagramm zu den beliebtesten Geburtstagswünschen gefunden.

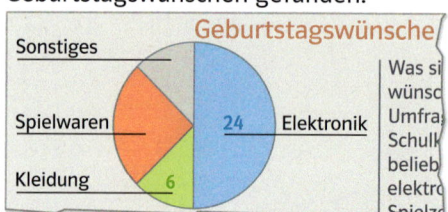

a) Wie viele Leute wurden insgesamt befragt?
b) Bei „Sonstiges" und „Spielwaren" fehlen die Werte. Kannst du sagen, wie oft diese Wünsche genannt wurden?

Daten vergleichen

EXTRA

Große Datenmengen sind oft unübersichtlich. Dann kann man sich mit gezielten Fragen einen Überblick verschaffen. Man fragt zum Beispiel nach dem kleinsten oder größten Wert oder nach dem Unterschied zwischen diesen beiden Werten.
Solche besonderen Werte heißen **Kenngrößen**. Um diese Kenngrößen schnell erfassen zu können, gibt man die Daten geordnet an.

Eine ungeordnete Datensammlung heißt **Urliste**.
Eine geordnete Datensammlung heißt **Rangliste**.

Der kleinste Wert heißt **Minimum**.
Der größte Wert heißt **Maximum**.
Die Differenz aus Maximum und Minimum heißt **Spannweite**.

Beispiel:
Die Lehrerin notiert von zehn Schülerinnen und Schülern die Anzahl der Fehler in einem Test.

ungeordnete Liste: 2; 0; 3; 7; 1; 0; 1; 2; 4; 1   ← Urliste
geordnete Liste: 0; 0; 1; 1; 1; 2; 2; 3; 4; 7   ← Rangliste

Kenngrößen: Minimum   Maximum
                      Spannweite

Minimum: Die kleinste Fehlerzahl war 0.
Maximum: Die größte Fehlerzahl war 7.
Spannweite: Der Unterschied zwischen den meisten und wenigsten Fehlern beträgt 7.

1 Erstelle aus der Urliste eine Rangliste und gib die Kenngrößen Maximum, Minimum und Spannweite an.
17; 3; 6; 11; 1; 14; 6; 12; 19; 5; 10; 20

2
a) Lies aus dem Diagramm ab:
Wer hat die meisten Tore geschossen?
Wer hat die wenigsten Tore geschossen?
b) Wie groß ist die Differenz zwischen den meisten und den wenigsten Toren?

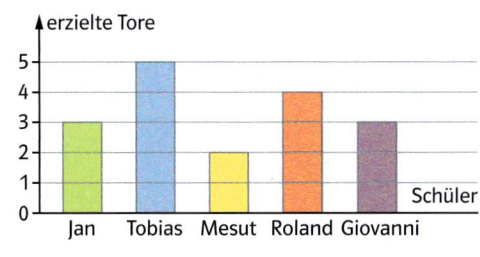

3 Bestimme Minimum, Maximum und Spannweite.
a) 1; 2; 3; 4; 5; 6; 7; 8; 9; 10
b) 11; 12; 13; 14; 15; 14; 13; 12; 11
c) 50; 45; 40; 60; 55; 50; 70; 65; 60
d) 1; 101; 1010; 10 101; 101 010
e) 156 m; 84 m; 248 m; 37 m; 312 m; 189 m; 189 m; 55 m; 270 m
f) 436 cm; 185 cm; 59 cm; 503 cm; 53 cm; 50 cm
g) 2 h 12 min; 2 h 15 min; 1 h 20 min; 50 min; 1 h 30 min; 2 h; 1 h 45 min

4 Hier haben sich **Fehler** eingeschlichen. Finde und korrigiere sie.

> Urliste: 5; 55; 4; 33; 3; 3; 41; 5
> Rangliste: 3; 4; 5; 33; 41; 55
> Minimum: 55; Maximum: 3
> Spannweite: 58

1 Daten — EXTRA

5 Ein Spielzeugmuseum hatte in einer Woche folgende Besucherzahlen.

Mo	Di	Mi	Do	Fr	Sa	So
120	155	180	146	176	245	270

a) **Bestimme** Maximum, Minimum und Spannweite.
b) [SP] Was bedeuten diese Kenngrößen? **Erkläre** jeweils in einem Satz.

6 Lies aus dem Diagramm Minimum, Maximum und die Spannweite ab.

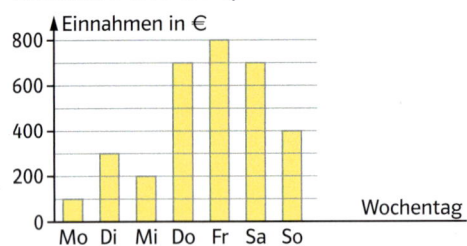

7 Kim misst eine Woche lang jeden Tag um 07:00 Uhr, um 14:00 Uhr und um 20:00 Uhr die Temperatur (in °C).

	Mo	Di	Mi	Do	Fr	Sa	So
07:00	12	11	13	15	13	10	11
14:00	18	13	16	20	18	14	14
20:00	14	10	13	15	12	10	11

a) Erstelle jeweils eine Rangliste für die Werte um 07:00 Uhr, 14:00 Uhr und 20:00 Uhr.
b) **Bestimme** zu jeder Rangliste von Teilaufgabe a) Maximum, Minimum und Spannweite.
c) Erstelle mit allen 21 Werten eine Rangliste und **bestimme** Maximum, Minimum und Spannweite.
d) [SP] Was bedeuten die Kenngrößen in dieser Aufgabe? **Erkläre** jeweils in einem Satz.

8 Fülle die Tabelle im Heft aus:

	Minimum	Maximum	Spannweite
a)	62	128	■
b)	23	■	40
c)	■	133	95
d)	196	369	■
e)	1	■	1313

9 Fünf Kinder haben ihre Mediathek auf dem Computer verglichen.

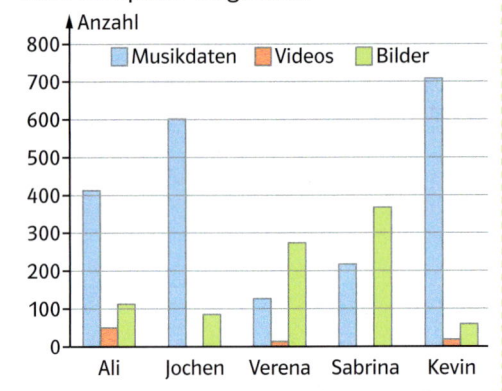

a) Lies die einzelnen Daten so genau wie möglich ab und erstelle eine Häufigkeitstabelle.
b) **Bestimme** das Maximum und das Minimum in der Kategorie Bilder.

10 [MK] [SP] Die Spieldaten von Fußballspieler Timo Werner werden gesammelt. Die Tabelle zeigt die Daten für seine ersten zehn Spiele der Saison.

Saison 13/14 — Timo Werner (VfB Stuttgart)

Gegner	Resultat	Tore	Vorlagen	Spielminuten
Bayer Leverkusen	0:1	0	0	16
1899 Hoffenheim	6:2	0	2	90
Hertha BSC	1:0	0	0	66
Eintracht Frankfurt	1:1	1	0	68
Braunschweig	4:0	0	0	73
Werder Bremen	1:1	0	0	5
HSV	3:3	0	0	25
1. FC Nürnberg	1:1	0	0	26
Borussia Dortmund	1:6	0	0	74
SC Freiburg	3:1	2	0	85

a) Welche Informationen kannst du der Tabelle entnehmen?
b) 👥 Tausche dich mit deiner Partnerin oder deinem Partner aus. Welche Daten findet ihr am wichtigsten?
c) 👥 **Beurteilt**, ob man aus einer solchen Tabelle ablesen kann, wie gut ein Spieler ist.

4 Eine Datenerhebung durchführen

Die Klasse 5c möchte wissen, welche Haustiere die Schülerinnen und Schüler der Geschwister-Scholl-Schule haben.
→ Hast du selbst Haustiere? Wie viele?
→ Wie ist es bei deinen Mitschülerinnen und Mitschülern? Tausche dich mit ihnen aus.
→ Besprecht in der Klasse, woran ihr denken müsst, wenn ihr eine Umfrage zu den Haustieren durchführen möchtet.

Wenn man Fragen an eine größere Gruppe hat, kann man eine statistische Erhebung durchführen, um Antworten zu finden. Solche Erhebungen sind z. B. **Umfragen** oder **Zählungen**. Um große Datenmengen übersichtlicher zu machen, kann man einzelne Ergebnisse zusammenfassen. Dies nennt man **Klassenbildung**.

Merke Daten können durch Umfragen mit Fragebogen oder durch Zählungen mit Strichlisten erhoben werden. Damit das Ergebnis dieser Erhebungen auch die Frage beantwortet, braucht man eine gute **Planung**, **Durchführung** und **Auswertung**.

Beispiel Die Schritte einer Datenerhebung:

Planung:
- Formuliert geeignete Fragen und Antwortmöglichkeiten.
- Überlegt: Wer wird befragt oder was wird gezählt? Wann und wo werden die Daten gesammelt?
- Bereitet einen Fragebogen oder eine Strichliste zum Zählen vor.

Wie viele Bücher liest du in einem Jahr?

Befragt wird die Parallelklasse in der großen Pause auf dem Schulhof.

Anzahl der Bücher	0	1	2	3	4	5	6
Anzahl der Kinder							

Durchführung:
- Führt eine Umfrage oder Zählung in kleinen Gruppen durch.

Auswertung:
- Führt die Ergebnisse zusammen. Erstellt eine Häufigkeitstabelle.
- Fasst die Ergebnisse in Klassen zusammen, falls notwendig.
- Zeichnet geeignete Diagramme, um die Ergebnisse darzustellen.

Anzahl der Bücher	0	1	2	3	4	5	6
Anzahl der Kinder	5	4	7	10	0	3	1

Anzahl der Bücher	0–1	2–3	4–5	6 und mehr
Anzahl der Kinder	9	17	3	1

- Formuliert Antworten auf die ursprüngliche Frage.

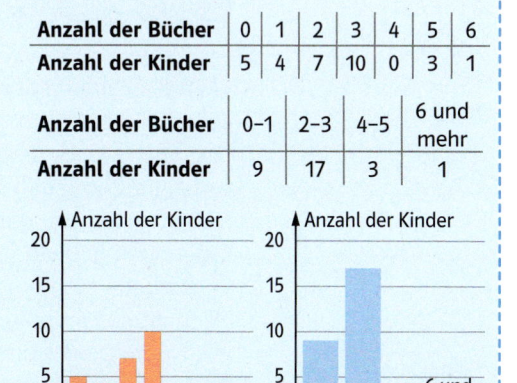

Die Schülerinnen und Schüler lesen zwischen null und sechs Bücher im Jahr. Die meisten lesen zwei oder drei Bücher.

1 Daten

○1 Du wirfst eine Münze und möchtest wissen, welche Seite häufiger oben liegt.
  a) Entwirf eine Strichliste für den Versuch.
  b) Wirf eine Münze 50-mal und trage die Ergebnisse ein.

○2 Zwei Gruppen haben nacheinander jeweils eine halbe Stunde lang Fahrzeuge gezählt. Fasse beide Strichlisten zu einer Häufigkeitstabelle zusammen.

Art	Pkw	Fahrrad	Lkw	Sonstiges
Anzahl	⊪⊪ ⊪⊪ ⊪⊪ ⊪⊪ ⊪⊪ III	⊪⊪ II	⊪⊪ ⊪⊪ IIII	⊪⊪ IIII

Art	Pkw	Fahrrad	Lkw	Sonstiges
Anzahl	⊪⊪ ⊪⊪ ⊪⊪ ⊪⊪ I	⊪⊪	⊪⊪ ⊪⊪	III

Alles klar?

D6 Fördern

A Erstelle eine gemeinsame Häufigkeitstabelle.

Farbe	Rot	Gelb	Blau
Anzahl	⊪⊪ ⊪⊪	⊪⊪ III	⊪⊪

Farbe	Rot	Gelb	Blau
Anzahl	⊪⊪ ⊪⊪	⊪⊪ II	⊪⊪ IIII

B Ein Würfel mit Farben wurde hundertmal geworfen.

Farbe	🟢	🔴	🟡	🟠	🔵	🟣
Anzahl	16	14	20	17	16	17

  a) Erstelle ein Diagramm.
  b) Welche Farbe kam am häufigsten vor? Welche am seltensten?

⊖3 👥 Wie viele Minuten vor Schulbeginn kommen die Schülerinnen und Schüler zur Schule? Führt eine eigene Zählung durch.

  a) Erstellt einen Plan, wo, wann und von wem die Zählung durchgeführt werden soll.
  b) Überlegt, wie ihr die Zeit sinnvoll in Klassen einteilt und entwerft eine Strichliste.
  c) Führt die Zählung durch. Fasst dann die Ergebnisse in einer gemeinsamen Häufigkeitstabelle zusammen.
  d) [MK] Stellt das Ergebnis auf einem Plakat mit einem Diagramm dar.
  e) [SP] Formuliert Aussagen zu dem Ergebnis.

⊖4 Notiere dir zwei Wochen lang, wie lange du fernsiehst. Teile die Daten in sinnvolle Zeiträume ein und stelle sie in einer Tabelle und einem Diagramm dar.

●3 👥 Führt eine Umfrage zum Thema „Wie kommen die Schüler und Schülerinnen bei uns zur Schule?" durch.

  a) Entwerft einen Fragebogen.
  b) Legt fest, wer wann wen befragt.
  c) Führt die Umfrage in Kleingruppen durch.
  d) Fasst die Ergebnisse der Kleingruppen in einer Häufigkeitstabelle zusammen.
  e) Stellt die Ergebnisse in zwei verschiedenen Diagrammen dar.
  f) [SP] Wertet die Daten aus. Formuliert dazu mehr als drei verschiedene Aussagen.

●4 [MK] 👥 Smartphones ermitteln die Bildschirmzeit des Nutzers. Tragt eine Woche lang die täglichen Bildschirmzeiten eurer Klasse zusammen. Wertet eure Ergebnisse mithilfe geeigneter Klassenbildung aus und zeichnet ein Diagramm.

→ Die Lösungen zu „Alles klar?" findest du auf Seite 237.

Tabellenkalkulation. Diagramme

MEDIEN

MK Ein gutes Hilfsmittel zur grafischen Darstellung statistischer Erhebungen ist der Computer. Mit einem **Tabellenkalkulationsprogramm** können verschiedene Diagramme schnell, sauber und präzise gezeichnet werden. Ein weiterer Vorteil liegt darin, dass man sich die verschiedenen Diagrammtypen zeigen lassen kann, um das geeignetste Diagramm auszuwählen. Außerdem können Diagramme leicht vergrößert oder verkleinert werden.

Eine **Tabelle** besteht aus Spalten, Zeilen und Zellen.
Spalten verlaufen senkrecht und sind mit Buchstaben gekennzeichnet.
Zeilen verlaufen waagerecht und sind mit Zahlen nummeriert.
Ein bestimmtes Tabellenfeld nennt man **Zelle** und ist durch eine Buchstaben-Zahlen-Kombination festgelegt, zum Beispiel B3.

○ **1** **MK** 🖥 Das Ergebnis einer Vertrauenslehrerwahl soll als Diagramm dargestellt werden. 9 Lehrpersonen standen zur Wahl, 1277 Schülerinnen und Schüler haben abgestimmt.

a) Übertrage die Daten aus der Tabelle rechts in ein Tabellenkalkulationsprogramm. Markiere in deiner Tabelle beide Spalten mit ihren Überschriften.
Klicke auf die Registerkarte **Einfügen** und suche die Kategorie **Diagramme**.
Wähle als Diagrammtyp **Säule** aus. Daraufhin siehst du eine Auswahl an Säulendiagrammen. Wähle das markierte Diagramm aus. Die markierten Werte werden dann automatisch als Diagramm dargestellt.

b) **SP** Probiere weitere Diagramme mit dem Computer aus. Welches Diagramm scheint dir zur Darstellung des Wahlergebnisses besonders geeignet zu sein?
Begründe deine Meinung.

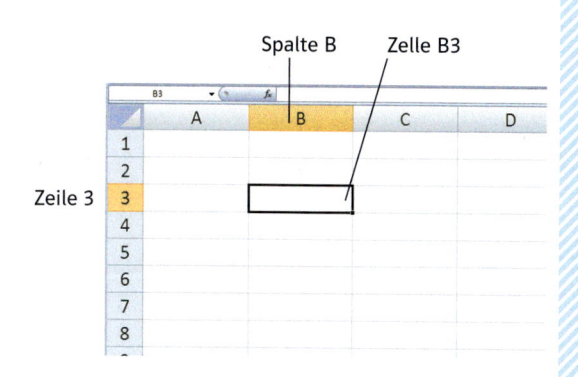

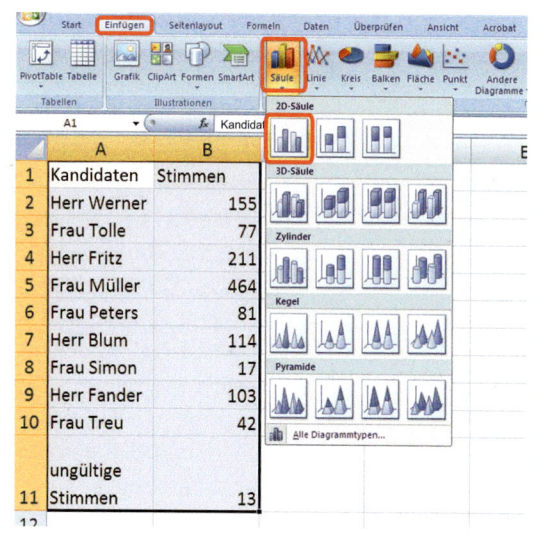

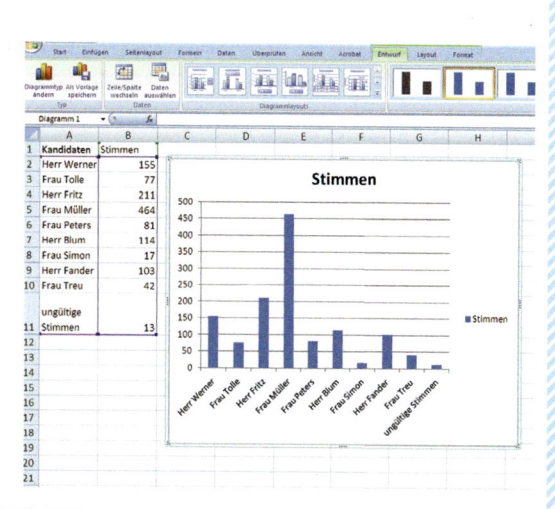

1 Daten

MEDIEN

●2 🖥 Werte die statistische Erhebung mit einem Tabellenkalkulationsprogramm grafisch aus.
a) Erstelle für jede Spalte ein geeignetes Diagramm.
b) Markiere die ganze Tabelle und erstelle ein geeignetes Diagramm.

Aussage	trifft zu	trifft kaum zu
zu viel fernsehen	26	4
zu viel am Computer	19	11
zu viele Hobbys	15	15
halte zu wenig Ordnung, suche oft	21	9
höre viel Musik bei den Hausaufgaben	26	4
verschiebe die Arbeit	12	18
arbeite nur unter Zeitdruck	17	13

●3 [MK] Fünf Großstädte Europas haben in verschiedenen Monaten folgende Anzahl an Tagen mit Niederschlag.
a) 🖥 Suche dir eine Stadt aus und erstelle am Computer ein Säulendiagramm.
b) 👥 Druckt die Diagramme ohne Namen der Städte aus. Sortiert die Diagramme nach Städten.

Niederschlag in mm

Barcelona: 9 7 8 10 10 7 5 9 10 11 10 10 (J F M A M J J A S O N D)
Berlin: 9 7 8 9 9 9 8 8 8 9 10 (J F M A M J J A S O N D)
London: 5 5 7 7 18 22 20 11 5 3 10 5 (J F M A M J J A S O N D)
Budapest: 14 11 14 15 15 14 14 11 12 13 15 15 (J F M A M J J A S O N D)
Athen: 10 8 9 8 5 2 1 1 4 6 9 12 (J F M A M J J A S O N D)

Tipp! Erstelle zuerst eine Häufigkeitstabelle.

●4 [MK] Kinder wurden befragt, mit wie vielen Personen sie täglich Nachrichten schreiben. Die Umfrage ergab:
2; 15; 7; 15; 8; 7; 2; 20; 5; 12; 8; 10; 10; 7; 4; 28; 4; 0; 8; 7; 10; 8; 7; 15; 35
a) 🖥 Erstelle am Computer verschiedenartige Diagramme.
b) Erstelle mit den Diagrammen aus Teilaufgabe a) ein Plakat zum Thema „Diagrammarten".
c) [SP] Bewerte, welche Diagrammart du am besten geeignet findest. Begründe deine Entscheidung.

●5 [MK] 🖥 Die Tabelle zeigt die bevölkerungsreichsten Staaten der Welt. Die Zahlen sind in Millionen angegeben (Stand 2016).
a) Erstelle ein Diagramm.
b) [SP] 👥 Welcher Diagrammtyp ist besonders gut geeignet? Warum?
c) 👥 Recherchiert die Flächengrößen der aufgeführten Länder, stellt diese in einem geeigneten Diagramm dar und vergleicht mit den jeweiligen Bevölkerungszahlen.
d) 👥 In Deutschland lebten zur gleichen Zeit 83 Millionen Menschen. Vergleicht.

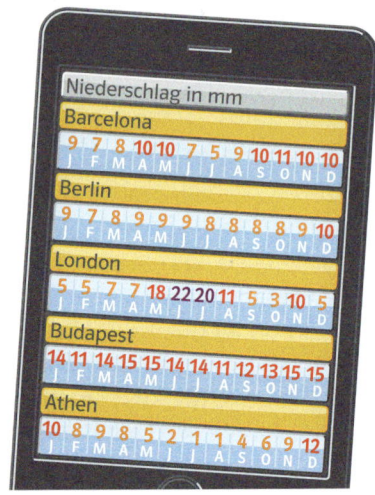

	A	B
1	China	1386
2	Indien	1329
3	USA	324
4	Indonesien	260
5	Brasilien	206
6	Pakistan	203
7	Nigeria	187
8	Bangladesch	163
9	Russland	144
10	Mexiko	129

Zusammenfassung

Statistische Erhebung
Bei einer **statistischen Erhebung** sammelt man **Daten**. Dies wird meistens mit **Umfragen** oder durch eine **Zählung** gemacht.

> In einer fünften Klasse soll ermittelt werden, wie viele Unterhaltungselektronik-Geräte (Spielkonsole, Handy, MP3-Player, o.ä.) die Kinder haben.

Bilddiagramm
Die Werte der Häufigkeitstabelle können in einem Bilddiagramm dargestellt werden.

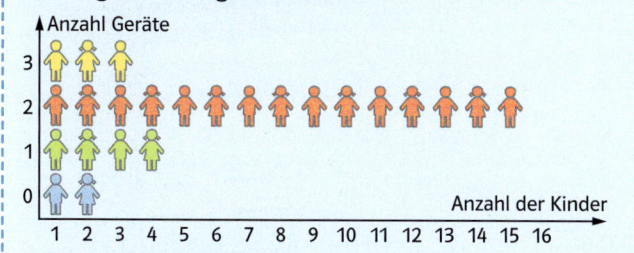

Balkendiagramm
Manchmal ist eine Darstellung in einem Balkendiagramm besser lesbar.

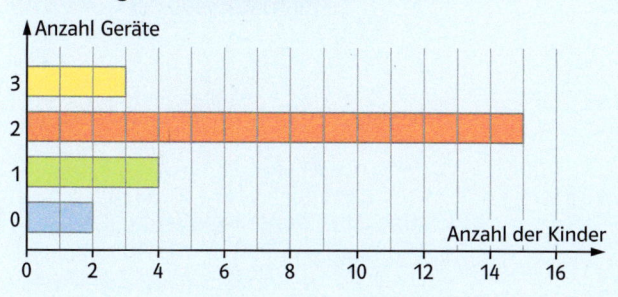

Strichlisten und Häufigkeitstabellen
Zum Zählen der einzelnen Ergebnisse einer statistischen Erhebung werden Strichlisten verwendet.

Anzahl Geräte	0	1	2	3
Anzahl Kinder	II	IIII	IIII IIII IIII	III

Eine Tabelle, in der angegeben wird, wie oft jeder Wert vorkommt, heißt Häufigkeitstabelle.

Anzahl Geräte	0	1	2	3
Anzahl Kinder	2	4	15	3

Zur Auswertung kann es sinnvoll sein, die erhobenen Daten in Klassen einzuteilen.

Säulendiagramm
Statt eines Bilddiagramms kann man die Daten auch in einem Säulendiagramm darstellen.

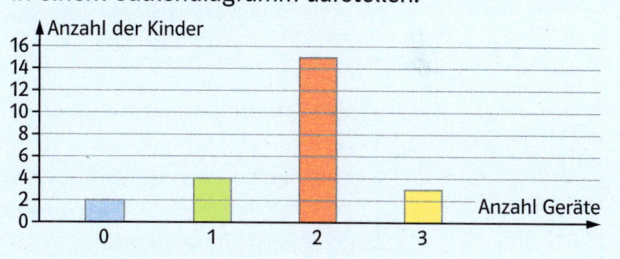

Kreisdiagramm
Ein Kreisdiagramm macht deutlich, welchen Anteil ein Wert der Häufigkeitstabelle im Verhältnis zu allen Antworten hat.

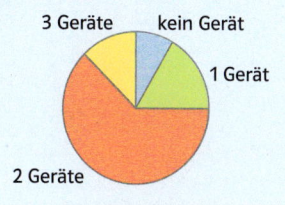

Streifendiagramm
Auch Streifendiagramme machen deutlich, welchen Anteil ein Wert der Häufigkeitstabelle im Verhältnis zu allen Antworten hat.

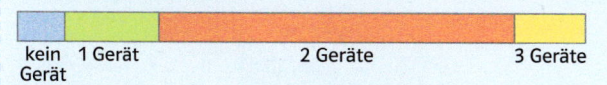

Basistraining

1 20 Personen wurden befragt, in welchem Land sie dieses Jahr Urlaub machen möchten.
Gib die Häufigkeiten der Reiseziele an.

Spanien	Italien	Frankreich
ЖII	ЖIIII	IIII

2 Das Bilddiagramm zeigt die Tageseinnahmen eines Blumenhändlers.

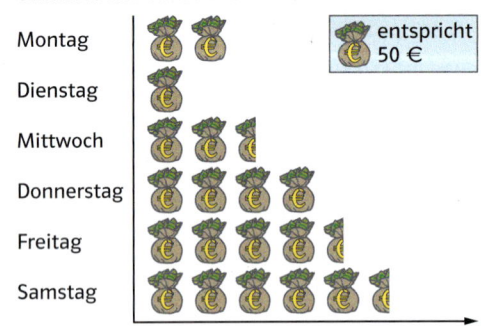

(Bilddiagramm: Montag, Dienstag, Mittwoch, Donnerstag, Freitag, Samstag; ein Geldsack entspricht 50 €)

a) Lies die Einnahmen für jeden Wochentag ab.
b) Wie viel wurde insgesamt eingenommen?

3 MK Im Erdkundebuch findet Fatima ein Klima-Diagramm.

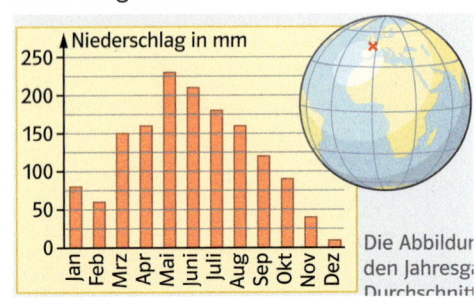

a) Welche Niederschlagsmenge wird für September angegeben?
b) Wie groß ist der Unterschied zwischen dem trockensten und dem regenreichsten Monat?

4 Till fragt 20 Schülerinnen und Schüler, ob sie Fußball mögen, und notiert die Antworten mit J (Ja) und N (Nein):
J; J; J; N; N; J; N; J; N; J; J; N; N; N; J; J; J; J; N; J
Stelle das Ergebnis in einem Balkendiagramm dar.

5 Das Ergebnis eines Würfelversuchs wurde in einer Häufigkeitstabelle notiert.

Augen	1	2	3	4	5	6
Anzahl	32	24	30	28	26	27

Stelle das Ergebnis in einem Säulendiagramm dar. Wähle als Einheit 2 cm für 10 Würfe.

6 Stelle die Bevölkerungszahlen der sieben größten deutschen Städte in einem Säulendiagramm dar. Wähle für 200 000 Menschen 1 cm.

Stadt	Bevölkerungszahl
Berlin	3 600 000
Hamburg	1 800 000
München	1 500 000
Köln	1 100 000
Frankfurt a. M.	700 000
Stuttgart	600 000
Düsseldorf	600 000

7 Hier siehst du die abgegebenen Stimmzettel zur Wahl der Klassenvertretung.

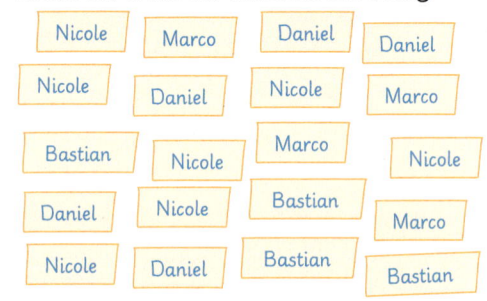

Nicole, Marco, Daniel, Daniel,
Nicole, Daniel, Nicole, Marco,
Bastian, Nicole, Marco, Nicole,
Daniel, Nicole, Bastian, Marco,
Nicole, Daniel, Bastian, Bastian

a) Fertige zum Wahlausgang ein Balkendiagramm an.
b) Wer ist die neue Klassenvertretung? Wer hat den zweiten Platz belegt?

Anwenden. Nachdenken

8 In den europäischen Ländern sind die Schulferien unterschiedlich lang.

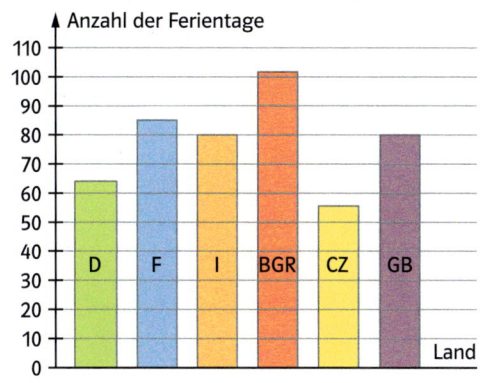

Säulendiagramm: Anzahl der Ferientage
- D: 65
- F: 85
- I: 80
- BGR: 102
- CZ: 56
- GB: 80

a) Ordne die Länder nach der Anzahl der Ferientage.
b) Wer hat die meisten, wer die wenigsten Ferientage?
   Wie groß ist der Unterschied?
c) Welche Länder haben mehr Ferientage, welche Länder haben weniger Ferientage als Deutschland?

9 🖳 Franca hat als Ergebnis einer Umfrage ein Säulendiagramm erstellt.

Säulendiagramm: Anzahl der Antworten / Anzahl der Geschwister
- 0: 8
- 1: 9
- 2: 5
- 3: 1
- 4: 1

a) Erstelle die Häufigkeitstabelle, die dem Diagramm zugrunde lag.
b) Erstelle mithilfe eines Tabellenkalkulationsprogramms ein Balkendiagramm.

10 In der Tabelle stehen für fünf Bundesländer die Bevölkerungszahlen. Stelle die Zahlen in einem Bilddiagramm dar. Wähle eine sinnvolle Einheit für ein 👤.

Bundesland	BW	BY	BB	NI	NW
Bevölkerungszahl in Millionen	11	13	3	8	18

11 In der Tabelle ist der Nahrungsmittelverbrauch von 1900 und 2016 aufgeführt.

Verbrauch in kg pro Person und Jahr	1900	2016
Kartoffeln	271	57
Fleisch	47	85
Brot	139	81
Gemüse	61	94
Obst	45	99
Fisch	6	14

Hier siehst du den Anfang des dazugehörigen Säulendiagramms.
Vervollständige das Säulendiagramm in deinem Heft.

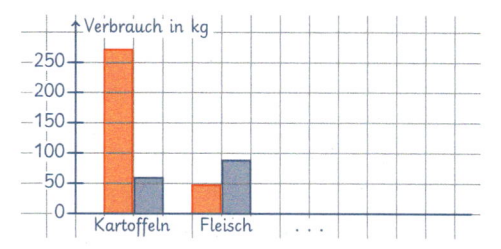

12 Die Schülerinnen und Schüler des 6. Jahrgangs haben das Gewicht ihrer Schultaschen ermittelt.
Das Ergebnis der Erhebung wurde in einem Bilddiagramm dargestellt.
Das Bild einer Schultasche entspricht dabei 10 Schultaschen in Wirklichkeit.

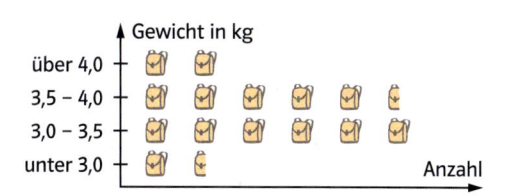

Bilddiagramm: Gewicht in kg / Anzahl
- über 4,0: 2 Schultaschen
- 3,5 – 4,0: 5 Schultaschen
- 3,0 – 3,5: 5 Schultaschen
- unter 3,0: 2 Schultaschen

a) Wie viele Schultaschen wurden ungefähr gewogen?
b) **Bestimme** für jede Gewichtsklasse die ungefähre Anzahl.
   Fertige eine Häufigkeitstabelle an.
c) 🅼🅺 👥 Wiegt das Gewicht eurer Schultaschen. Schreibt die Ergebnisse in eine Häufigkeitstabelle. Erstellt dann mit diesen Werten verschiedene Diagramme.
   Präsentiert eure Diagramme der Klasse.

13 In der Schule hatte Marie das Thema Europa. Dazu hat sie zwei Diagramme erhalten.

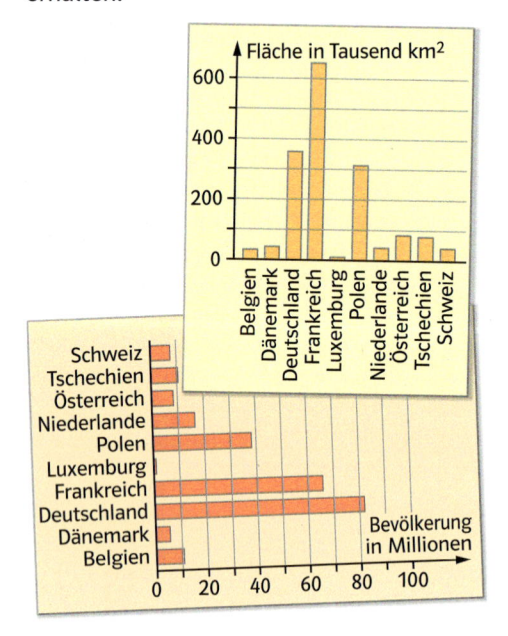

a) Welches ist das größte Land? In welchem Land leben die wenigsten Menschen?
b) Erstelle eine Tabelle für die aufgeführten Länder, in der man die Bevölkerungszahl und die Fläche ablesen kann.
c) Stelle selbst zwei Fragen und beantworte sie mithilfe deiner Tabelle.
d) SP Gibt es Luxemburg als Land gar nicht? Hat Luxemburg keine Fläche? Begründe deine Antwort.

14 Eine Umfrage unter Schülerinnen und Schülern, wie viele Minuten Sport sie zusätzlich zum Schulsport machen, ergab folgende Antworten:

Sport in min	0	30	60	90	120	240
Anzahl	⊦⊦⊦⊦	IIII	II	⊦⊦⊦⊦ I	II	I

a) MK Erstelle eine Häufigkeitstabelle. Stelle die Daten in einem Balkendiagramm dar. Nutze dazu ein Tabellenkalkulationsprogramm.
b) Erstelle ein Streifendiagramm. Wähle für die Gesamtlänge des Streifens 10 cm.
c) SP Bewerte, welche Diagrammart du am besten geeignet findest. Begründe.
d) Wie viele Schülerinnen und Schüler in eurer Klasse finden das Balkendiagramm besser, wie viele das Streifendiagramm? Diskutiert eure Entscheidungen.

15 MK Vergleicht beide Diagramme.

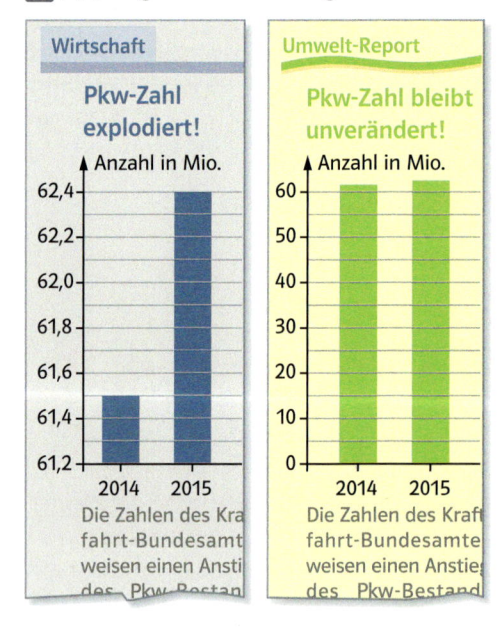

16 Ben hat für die Schule eine Umfrage ausgewertet und ein Diagramm dazu erstellt. Leider hat sein kleiner Bruder ein Stück seiner Arbeit abgerissen.

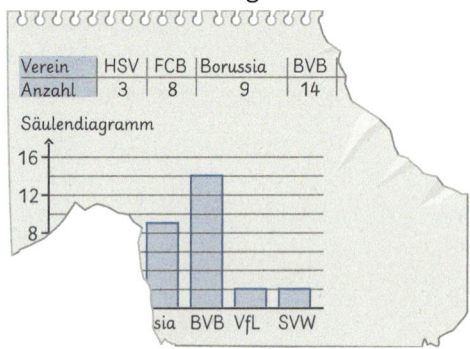

Verein	HSV	FCB	Borussia	BVB
Anzahl	3	8	9	14

a) Fertige die Arbeit für Ben neu an.
b) Was könnte Ben gefragt haben?
c) Wie viele Personen hat Ben befragt?

17 Die Schülerinnen und Schüler der Klasse 5c haben Daten zur Dauer ihrer Schulwege (in Minuten) erhoben. Die Ergebnisse ihrer Umfrage sind:
7; 10; 25; 15; 18; 9; 5; 23; 5; 15; 12; 6; 15; 25; 10; 18; 20; 3; 22; 9; 12; 18; 14; 5
a) Lege geeignete Zeitbereiche fest und erstelle eine Häufigkeitstabelle.
b) Stelle die Daten in einem geeigneten Diagramm dar.

18 Die Kinder der 5c sollten als Hausaufgabe das Ergebnis ihrer letzten Klassenarbeit grafisch darstellen. Dabei haben einige Schülerinnen und Schüler **Fehler** gemacht.

Note	1	2	3	4	5	6
Anzahl	2	5	6	7	4	1

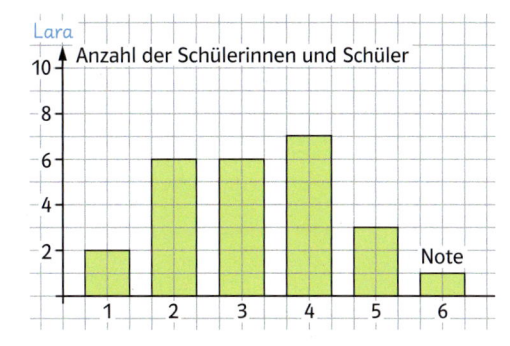

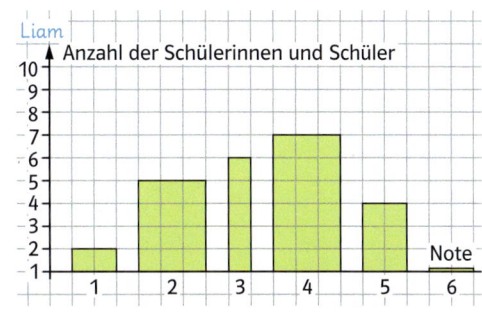

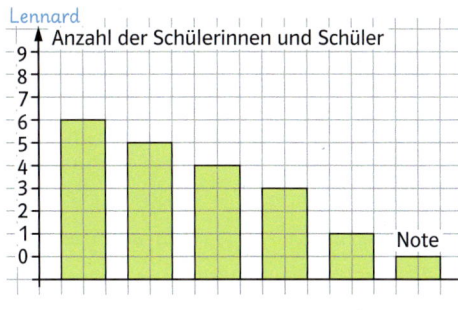

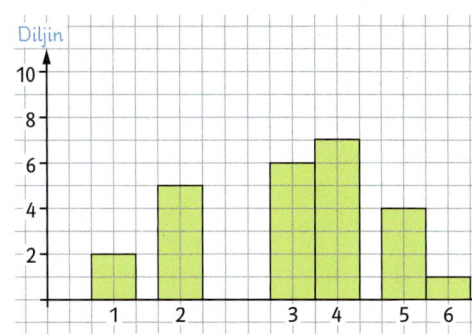

Lara, Liam, Lennard, Diljin (Diagramme)

a) 🆂🅿 **Beschreibe**, was Lara, Lennard, Liam und Diljin beim Zeichnen des Diagramms jeweils falsch gemacht haben.

b) Zeichne ein korrektes Diagramm zu der Notenverteilung in der Klassenarbeit.

19 Welche Lebensmittel haben einen hohen Anteil an Kohlenhydraten, welche eignen sich für eine fettarme Kost?

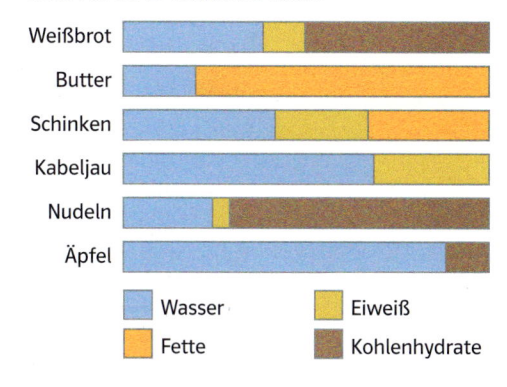

Weißbrot, Butter, Schinken, Kabeljau, Nudeln, Äpfel

- Wasser
- Eiweiß
- Fette
- Kohlenhydrate

20 Ewa und ihre zwei Freundinnen haben verschiedene Daten gesammelt.

Von 40 Befragten haben 10 Döner als Lieblingsessen angegeben, 8 mögen am liebsten Pizza, 4 Pommes. Die anderen hatten kein festes Lieblingsessen.

Benzinpreis	1,59 €	1,54 €	1,63 €	1,58 €
Anzahl	5	2	2	3

50 Befragte

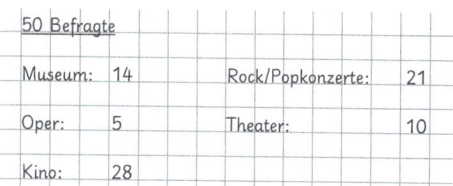

Museum: 14 Rock/Popkonzerte: 21

Oper: 5 Theater: 10

Kino: 28

a) 🅼🅺 Was könnten die drei Mädchen gefragt haben?

b) Suche dir eine Datensammlung aus und stelle das Ergebnis in einem selbst gewählten Diagramm dar.

c) 🆂🅿 Formuliere mindestens drei interessante Aussagen zu den Ergebnissen.

21 2000 Personen wurden nach ihrem Lieblingstier befragt. Das Ergebnis ist in einem Kreisdiagramm dargestellt. Erstelle möglichst genau eine Häufigkeitstabelle zu der Umfrage.

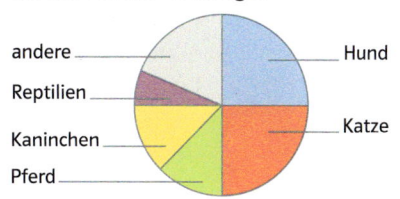

andere, Reptilien, Kaninchen, Pferd, Hund, Katze

Rückspiegel

D7 Teste dich

1 Bei einer Verkehrszählung wurde eine Strichliste angelegt.
a) Fertige eine Häufigkeitstabelle an.
b) Zeichne ein Säulendiagramm.

Lkw	Pkw	Motorrad	Fahrrad	Sonstige

2 Bei einer Umfrage wurde ermittelt, wie viele Stunden Jugendliche sich täglich mit elektronischen Medien wie PC, Spielkonsole oder Handy beschäftigen. Folgende Stundenangaben wurden genannt:

3; 1; 4; 1; 1; 1; 2; 1; 3; 4; 2; 1; 2; 1; 1; 3; 2; 2; 1; 3; 3; 1; 2; 1; 2; 3; 2; 1; 5; 2; 3; 1; 2

a) Fertige zuerst eine Strichliste und danach eine Häufigkeitstabelle an.
b) Zeichne ein Balkendiagramm.

3 Das Balkendiagramm zeigt die durchschnittliche Anzahl zuschauender Personen von fünf Bundesligisten.

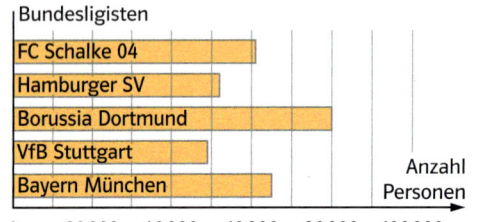

Sortiere die Vereine nach der Anzahl zuschauender Personen.

4 Erstelle ein Säulendiagramm für die vier Handballvereine mit den höchsten Anzahlen zuschauender Personen.

Handballverein	Anzahl Personen
THW Kiel	9100
HSV Hamburg	7700
Rhein-Neckar Löwen	5800
Füchse Berlin	6500

5 Von 100 Jugendlichen haben 17 angegeben, Musik per Download zu kaufen. Elf haben angegeben, CDs zu kaufen. 72 Jugendliche verwenden Streaming-Dienste.
a) Welche Art der Musikbeschaffung ist die beliebteste?
b) Stelle die Daten in einem geeigneten Diagramm dar.

3 In einer Musikschule werden unterschiedliche Instrumente und auch Gesang unterrichtet.

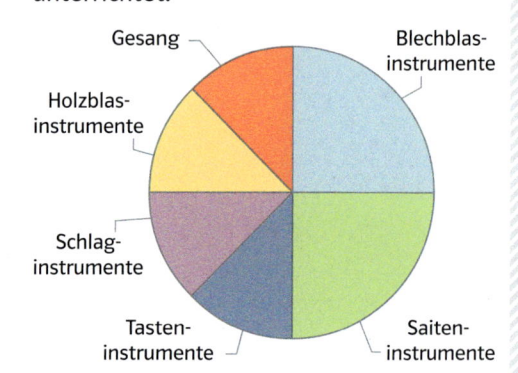

Nimm an, im Diagramm sind insgesamt 1000 Schülerinnen und Schüler dargestellt. Wie viele Kinder spielen jeweils die Instrumente oder singen?

4 Fertige zu folgenden Daten ein 10 cm langes Streifendiagramm an:

Anzahl der PC-Spiele
Jochen: 15   Larissa: 10
Ben: 20   Mehmet: 5

5 Ein Würfel mit 6 Farben wurde 24-mal geworfen. Es gibt ein beschädigtes Balkendiagramm.

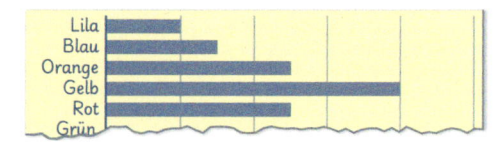

Bestimme, wie oft die Farbe Grün geworfen wurde.

→ Die Lösungen findest du auf Seite 238.

Standpunkt | Natürliche Zahlen

Wo stehe ich?

Ich kann ...	gut	etwas	nicht gut	Lerntipp!
A Zahlen auf einem Zahlenstrahl ablesen,	☐	☐	☐	→ Seite 221
B Zahlen auf einem Zahlenstrahl markieren,	☐	☐	☐	→ Seite 221
C Zahlen in eine Stellenwerttafel eintragen,	☐	☐	☐	→ Seite 221
D in Stellenwerte zerlegte Zahlen erkennen,	☐	☐	☐	→ Seite 222
E Zahlen in Worten schreiben und lesen,	☐	☐	☐	→ Seite 222
F Vorgänger und Nachfolger einer Zahl nennen,	☐	☐	☐	→ Seite 222
G Zahlen nach ihrer Größe ordnen,	☐	☐	☐	→ Seite 223
H Zahlen runden.	☐	☐	☐	→ Seite 223

D8 Teste dich

Überprüfe dich selbst:

A Auf welche Zahlen zeigen die Pfeile?

a) Zahlenstrahl von 0 bis 10 mit Pfeilen A, B, C, D

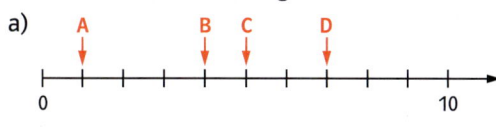

b) Zahlenstrahl von 0 bis 50 mit Pfeilen A, B, C, D

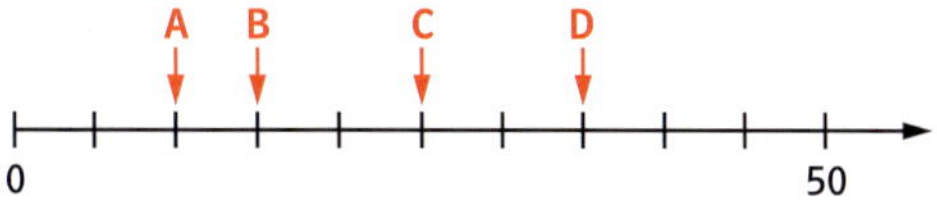

B Übertrage den Zahlenstrahl ins Heft.
Markiere folgende Zahlen:
a) 8; 17; 33; 47.

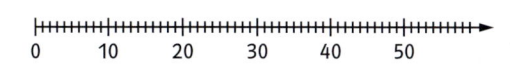

Zahlenstrahl von 0 bis 50

b) 50; 200; 350; 400.

Zahlenstrahl von 0 bis 500

C Trage die folgenden Zahlen in eine Stellenwerttafel ein:
78; 819; 2389; 17 035; 230 081.

Beispiel:

Zahl	HT	ZT	T	H	Z	E
27 026		2	7	0	2	6

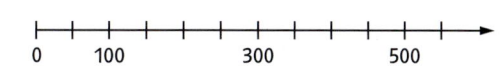

Tipp!
E: Einer
Z: Zehner
H: Hunderter
T: Tausender
ZT: Zehntausender
HT: Hunderttausender

D Wie heißt die Zahl?
a) 5 T + 8 H + 4 Z + 3 E
b) 3 ZT + 8 T + 9 H + 2 Z + 8 E
c) 7 HT + 3 ZT + 9 T + 8 H + 1 E
d) 9 ZT + 6 Z

E Ordne die Zahlen den Zahlwörtern zu.

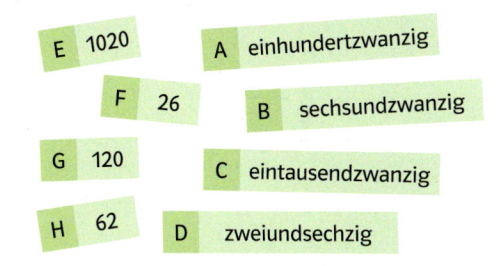

E 1020 A einhundertzwanzig
F 26   B sechsundzwanzig
G 120   C eintausendzwanzig
H 62   D zweiundsechzig

F
a) Notiere den Vorgänger der Zahl.
18; 221; 2670; 15 000
b) Notiere den Nachfolger der Zahl.
287; 3220; 5889; 12 399

G Ordne die Zahlen nach ihrer Größe.
Beginne mit der kleinsten Zahl.
a) 100; 1005; 10 005; 215; 305
b) 2649; 2469; 2694; 2496; 2650

H Runde die Zahlen.
a) auf Zehner: 57; 63; 545; 32 464
b) auf Hunderter: 847; 882; 3151; 37 834

→ Die Lösungen findest du auf Seite 239.

2 Natürliche Zahlen

1 In Deutschland leben viele verschiedene Tierarten. Wie viele davon kannst du innerhalb von 30 Sekunden notieren?

2 Ordnet die Zahlen den Abbildungen zu.
Es gibt in Deutschland
rund 25 000 000 000 …
rund 11 000 …
rund 440 000 …

3 In Deutschland waren Wölfe für mehr als 150 Jahre ausgestorben. Im Jahr 2000 siedelte sich ein erstes Wolfspärchen in Sachsen an und zog Jungtiere auf.
Ermittelt aus der Übersichtskarte für jedes Bundesland die Anzahl der dort lebenden erwachsenen (adulten) Wölfe im Jahr 2023.
Recherchiert: Hat sich der Wolfsbestand weiter vergrößert?

Ich lerne,

- wie man Zahlen auf dem Zahlenstrahl abliest und einträgt,
- wie man große Zahlen schreibt und liest,
- welche Bedeutung die Stellen bei großen Zahlen haben,
- wie man Zahlen rundet,
- wie man eine große Anzahl schätzt,
- wie man Zahlen im Zweiersystem darstellt.

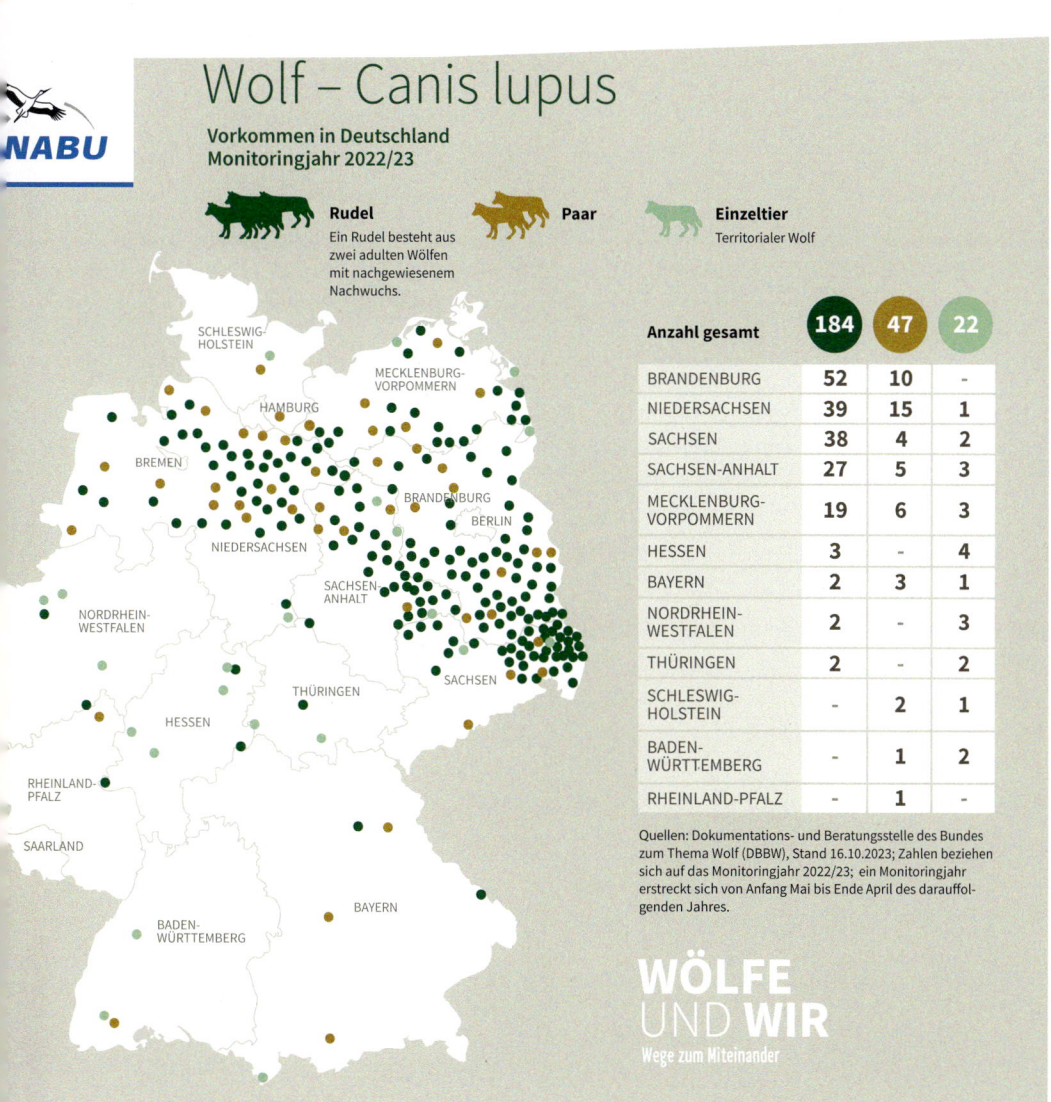

Wolf – Canis lupus
Vorkommen in Deutschland Monitoringjahr 2022/23

Rudel – Ein Rudel besteht aus zwei adulten Wölfen mit nachgewiesenem Nachwuchs.
Paar
Einzeltier – Territorialer Wolf

	Rudel 184	Paar 47	Einzeltier 22
Anzahl gesamt			
BRANDENBURG	52	10	-
NIEDERSACHSEN	39	15	1
SACHSEN	38	4	2
SACHSEN-ANHALT	27	5	3
MECKLENBURG-VORPOMMERN	19	6	3
HESSEN	3	-	4
BAYERN	2	3	1
NORDRHEIN-WESTFALEN	2	-	3
THÜRINGEN	2	-	2
SCHLESWIG-HOLSTEIN	-	2	1
BADEN-WÜRTTEMBERG	-	1	2
RHEINLAND-PFALZ	-	1	-

Quellen: Dokumentations- und Beratungsstelle des Bundes zum Thema Wolf (DBBW), Stand 16.10.2023; Zahlen beziehen sich auf das Monitoringjahr 2022/23; ein Monitoringjahr erstreckt sich von Anfang Mai bis Ende April des darauffolgenden Jahres.

WÖLFE UND WIR – Wege zum Miteinander

1 Natürliche Zahlen

Zahlen sehen, hören und sagen wir jeden Tag.
→ Hast du eine Glückszahl, eine Pechzahl? Notiere sie jeweils auf Kärtchen: die Glückszahl in rot, die Pechzahl in schwarz.
→ Welche Zahlen habt ihr notiert? Welche kommen am häufigsten vor?
→ Ordnet alle Zahlen an der Tafel. Begründet eure Ordnung.

Man unterscheidet zwischen Ziffern und Zahlen: **Ziffern** sind 0; 1; 2; 3; 4; 5; 6; 7; 8 und 9. **Zahlen** werden aus Ziffern zusammengesetzt. Sie können einstellig oder mehrstellig sein.

Merke

Die Zahlen 0; 1; 2; …; 10; 11; 12; … bilden die Menge der **natürlichen Zahlen** $\mathbb{N}$.
Man schreibt: $\mathbb{N}$ = {0; 1; 2; …; 10; 11; 12; …}

Die natürlichen Zahlen sind der Größe nach auf dem **Zahlenstrahl** dargestellt.
Der Pfeil zeigt an, dass die Zahlen in diese Richtung immer größer werden. Der Strahl endet nicht.

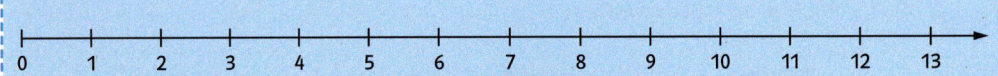

Tipp! Die 0 ist die kleinste natürliche Zahl.

Die Zahl direkt links von einer Zahl heißt **Vorgänger**.
Die Zahl direkt rechts von einer Zahl heißt **Nachfolger**.
Je weiter rechts eine Zahl auf dem Zahlenstrahl steht, desto größer ist sie.
Man ordnet sie mit den Zeichen **<** (kleiner) und **>** (größer).

Tipp!

„Das Krokodil schnappt immer nach der größeren Zahl!"

Beispiele

a) 2 steht direkt links von 3, also ist 2 der Vorgänger von 3.
b) 4 steht direkt rechts von 3, also ist 4 der Nachfolger von 3.
c) 4 < 8   Man liest: 4 ist kleiner als 8.
   9 > 5   Man liest: 9 ist größer als 5.
d) Die Zahlen 4; 2; 9; 5 können nach ihrer Größe geordnet werden:
   aufsteigend: 2 < 4 < 5 < 9   absteigend: 9 > 5 > 4 > 2

1 Auf welche Zahlen zeigen die Pfeile? Überlege vorher, in welchen Schritten der Zahlenstrahl zählt.

a) 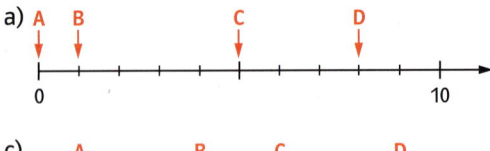 A B 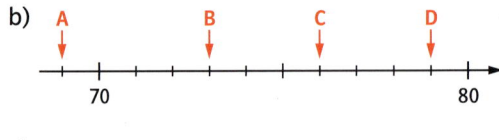 C 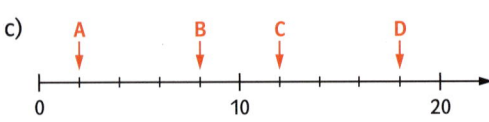 D 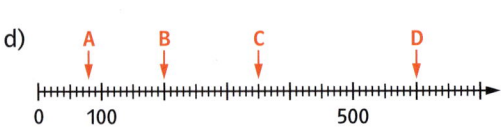 auf Zahlenstrahl 0 bis 10
b) A B C D auf Zahlenstrahl 70 bis 80
c) A B C D auf Zahlenstrahl 0 bis 20
d) A B C D auf Zahlenstrahl 0 bis 500

2 Schreibe den Vorgänger und den Nachfolger der Zahl auf.
a) 8   b) 36   c) 200   d) 1100

3 Kleiner oder größer? Setze das richtige Zeichen (< oder >) ein.
a) 6 ■ 9   b) 15 ■ 12   c) 244 ■ 253   d) 4589 ■ 3598

2 Natürliche Zahlen

Alles klar?

D9 Fördern

A Welche Zahlen sind durch Pfeile markiert?

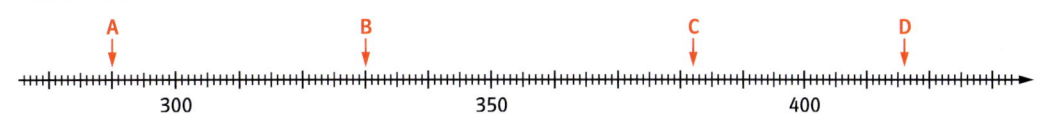

B Setze eines der Zeichen < oder > richtig ein.
a) 65 ■ 56   b) 331 ■ 332   c) 2453 ■ 2553   d) 3255 ■ 3153

○**4** Welche Zahlen sind durch Pfeile markiert?

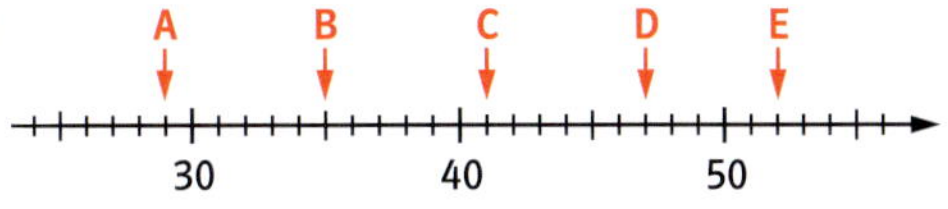

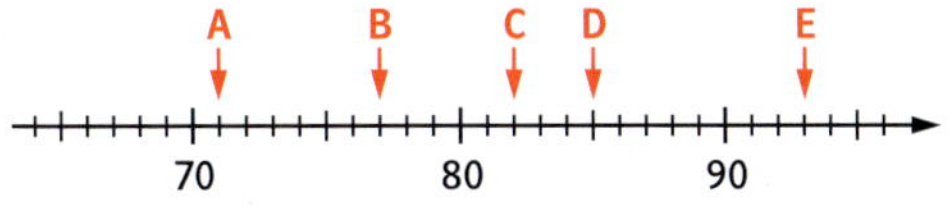

●**4** Welche Zahlen sind durch Pfeile markiert?

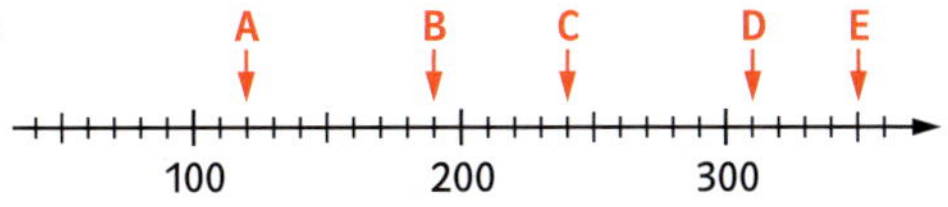

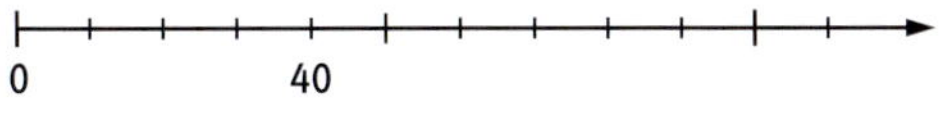

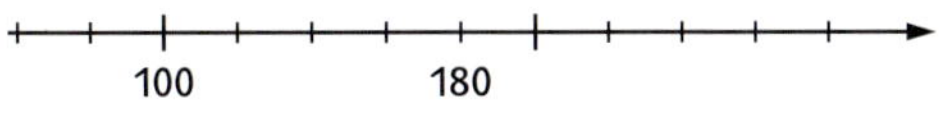

○**5** Übertrage ins Heft. Ergänze die Beschriftung.

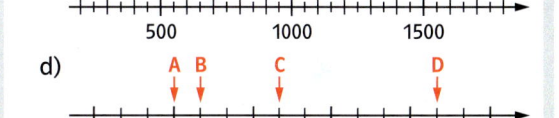

●**5** SP Maja hat einen **Fehler** gemacht. **Erkläre.**

●**6** Zeichne einen Zahlenstrahlausschnitt und markiere die Zahlen.
a) 1555; 1580; 1615; 1670
b) 10 300; 10 350; 10 420; 10 445

●**7** SP 👥 Auf welche Zahlen zeigen die Pfeile? Ihr könnt die Zahlen nicht genau ablesen. Schätzt abwechselnd und **begründet** eure Meinung.

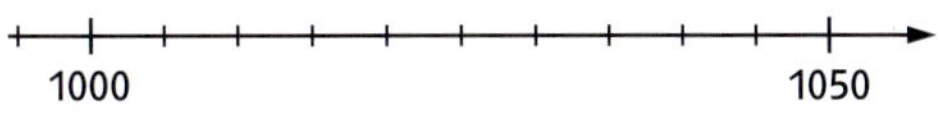

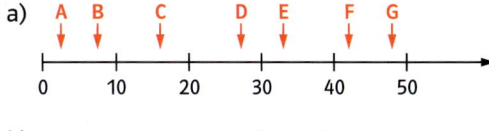

Tipp!
Vergiss den Pfeil beim Zahlenstrahl nicht!

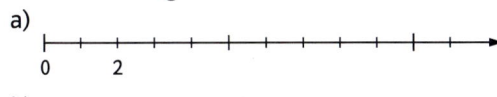

●**6** Zeichne einen geeigneten Ausschnitt aus dem Zahlenstrahl und trage die Zahlen ein.
a) 6; 9; 13; 15
b) 42; 46; 51; 58
c) 10; 30; 60; 90; 120
d) 100; 130; 150; 190
e) 990; 1010; 1050; 1080
f) 488; 492; 497; 503; 507
g) 300; 500; 600; 800; 1000

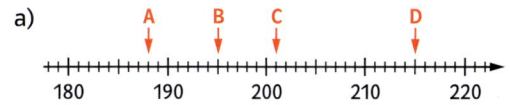

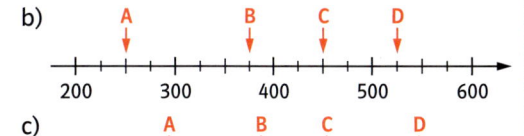

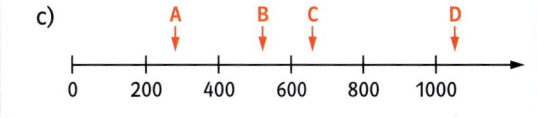

→ Die Lösungen zu „Alles klar?" findest du auf Seite 239.

7 Größer oder kleiner? Setze im Heft das richtige Zeichen.
a) 12 ■ 18 b) 54 ■ 45
c) 421 ■ 413 d) 460 ■ 570
e) 1017 ■ 1107 f) 2561 ■ 2461

8 Schreibe die Gewinnzahlen aufsteigend ins Heft.

(Gewinnzahlen: 17, 9, 5, 23, 37, 16)

9 Fahrradwege durch Nordrhein-Westfalen:

- 3-Flüsse-Route 141 km
- Ahr-Radweg 79 km
- Eifel-Höhen-Route 229 km
- Emscher-Weg 103 km
- Ems-Radweg 262 km
- Erft-Radweg 136 km
- Lenne-Route 139 km
- Niederrhein-Route 1356 km
- Ruhrtal-Radweg 236 km
- Vennbahn-Trasse 125 km

a) Wie sind die Namen der Wege geordnet?
b) Sortiere die Wege nach ihrer Länge.

10 Welche natürlichen Zahlen kannst du einsetzen?
a) 7 < ■ < 10 b) 18 > ■ > 12
c) 63 < ■ < 67 d) 120 > ■ > 117
e) 258 < ■ < 261 f) 1397 < ■ < 1402

11 SP Drücke mit dem Zeichen < oder > aus.
a) 5 kommt vor 12.
b) 66 liegt zwischen 55 und 99.
c) 83 kommt nach 71 und 71 kommt nach 62.

12 Übertrage ins Heft und ergänze.

	Vorgänger	Zahl	Nachfolger
a)	■	5320	■
b)	■	■	83 641
c)	99 999	■	■
d)	■	500 100	■

8 Größer oder kleiner oder gleich? Setze im Heft das richtige Zeichen.
a) 2305 ■ 2350 b) 2875 ■ 2785
c) 93 564 ■ 93 465 d) 50 403 ■ 30 405

9 Ordne die Zahlen nach ihrer Größe. Verwende das Zeichen >.

724, 1024, 427, 12 204, 274
12 024, 1402, 12 402, 1204

10 Welche natürlichen Zahlen kannst du einsetzen?
a) 498 < ■ < 502 < ■ < 508
b) 5003 > ■ > 4998 > ■ > 4997
c) 23 498 < ■ < 23 503 < ■ < 23 511

11 Notiere, wie viele natürliche Zahlen zwischen den beiden angegebenen Zahlen liegen.
a) 53 und 67 b) 87 und 105
c) 303 und 723 d) 512 und 513
e) Wie könnt ihr die Anzahl dieser Zahlen berechnen? **Überprüft** anhand eigener Beispiele.

12 Notiere die gesuchte Zahl.
a) Die Zahl ist die größte Zahl mit sechs Ziffern.
b) Die Zahl ist die größte Zahl, in der jede Ziffer von 1 bis 9 genau einmal vorkommt.
c) Die Zahl ist die kleinste Zahl, in der jede Ziffer von 1 bis 9 genau einmal vorkommt.

13 „Ich bin so groß wie Kim!", schreit Sarina. „Aber Lena ist kleiner als Rachel!", sagt Kim. „Na und, Kim ist aber größer als Rachel", erwidert Sarina. „Dafür ist Sarina kleiner als Mia", meint Lena.
Wie heißt das Mädchen in dem blauen Kleid?

2 Große Zahlen im Zehnersystem

Die Erde ist vor über 4 Milliarden Jahren entstanden. Erst viel später entwickelte sich die Tierwelt auf unserem Planeten. Zum Beispiel lebten die ersten Mammuts vor fast 6 Mio. Jahren. Die letzten Mammuts starben ungefähr 4000 v. Chr. aus.

Immer wieder findet man Skelette von Mammuts. Sie gehören zu den ausgestorbenen Tierarten.
→ Welche ausgestorbenen Tierarten kennst du noch?
→ Gibt es Tierarten, die in den letzten hundert Jahren ausgestorben sind? Recherchiert im Internet.
→ Lies deiner Partnerin oder deinem Partner die Zahlen aus dem Text vor. Der Partner oder die Partnerin notiert in Ziffern.

Mit den zehn Ziffern 1; 2; 3; 4; 5; 6; 7; 8; 9 und 0 kann man jede Zahl schreiben. Unser Zahlensystem bezeichnet man als **Zehnersystem** (**Dezimalsystem**).
Betrachtet man eine Zahl von rechts nach links, so geben die Ziffern jeweils die Anzahl der Einer, Zehner, Hunderter, Tausender, usw. an.
Jede Ziffer einer Zahl hat somit einen bestimmten **Stellenwert**, deshalb spricht man von einem **Stellenwertsystem**.

Tipp!
Million: 6 Nullen
Milliarde: 9 Nullen
Billion: 12 Nullen
Billiarde: 15 Nullen

Merke Im **Zehnersystem** kann man die Zahlen in einer **Stellenwerttafel** darstellen. Jeweils drei Stellen sind zu einem Block zusammengefasst. Jeder Block hat einen eigenen Namen. Um große Zahlen leichter lesen zu können, schreibt man sie in **Dreierblöcken**, von rechts beginnend.

Billionen			Milliarden			Millionen			Tausender			Einer		
...	B	HMrd	ZMrd	Mrd	HM	ZM	M	HT	ZT	T	H	Z	E

Durch das Vervielfachen mit 1000 erhält eine Zahl einen neuen Namen:
1 Billion = 1000 Milliarden
  1 Milliarde = 1000 Millionen
    1 Million = 1000 Tausender
      1 Tausend = 1000 Einer

Beispiel Unterschiedliche Darstellungen einer Zahl:
In Worten: zwei Millionen siebenhundertachttausendvierhundertzwölf
In Stellenwerten: 2 M + 7 HT + 0 ZT + 8 T + 4 H + 1 Z + 2 E

In der Stellenwerttafel:

Millionen			Tausender			Einer		
HM	ZM	M	HT	ZT	T	H	Z	E
		2	7	0	8	4	1	2

In Dreierblöcken: 2 708 412

○ **1** Zerlege die Zahl in ihre Stellenwerte.

Beispiel: 74 239 = 7 ZT + 4 T + 2 H + 3 Z + 9 E

a) 2693 b) 12 350 c) 380 637 d) 3 403 589

2 Natürliche Zahlen

○2 Übertrage die Tabelle in dein Heft und ergänze.

Zahl	Millionen			Tausender			Einer		
	HM	ZM	M	HT	ZT	T	H	Z	E
5365									
12 347									
7 300 000									
						8	7	6	3	5
				3	4	7	9	2	4	1

○3 SP Notiere die Zahlen. Denke an Dreierblöcke. Du darfst eine Stellenwerttafel verwenden.
a) dreihundertzwölf
b) zweiundneunzig
c) sechstausendachthundertvierundzwanzig
d) drei Millionen

Alles klar?

D10 Fördern

A Trage die Zahl in eine Stellenwerttafel ein.
a) 345
b) 8523
c) 3501
d) 12 359

B Wie heißt die Zahl? Trage sie in eine Stellenwerttafel ein.
a) 9 T + 3 H + 2 Z + 9 E
b) 7 ZT + 3 T + 0 H + 8 Z + 3 E

C SP Schreibe in Ziffern.
a) sechzig
b) dreitausendelf
c) fünfzigtausend
d) sieben Millionen

○4 Zerlege die Zahl in ihre Stellenwerte.
a) 9588
b) 2109
c) 13 256

○5 Übertrage die Stellenwerttafel in dein Heft und ergänze sie.

Zahl	Tausender			Einer		
	HT	ZT	T	H	Z	E
a)				3	2	0	8
b)	12 895						
c)	13 506						
d)			2	2	5	0	9
e)		1	4	3	0	8	2
f)	400 026						

○6 Wie heißt die Zahl?
a) 3 ZT   5 T   4 H   4 Z   2 E
b) 7 T   9 ZT   1 H   4 Z
c) 2 E   7 Z   5 H   9 ZT

○7 SP Schreibe in Worten.
a) 80
b) 160
c) 200
d) 2612
e) 70 000
f) 45 300

●4 Zerlege die Zahl in ihre Stellenwerte.
a) 89 059
b) 159 897
c) 3 173 056
d) 14 009 048
e) 200 003 209 300 030

●5 Zeichne eine Stellenwerttafel. Trage ein und notiere die Zahl.
a) 7 HT + 8 ZT + 5 T + 2 H + 0 Z + 3 E
b) 3 M + 2 HT + 9 T + 4 H + 3 E
c) 5 ZM + 7 M + 5 ZT + 3 T + 6 H + 1 E
d) 3 B + 2 ZMrd + 5 M + 9 E

●6 Wie heißt die Zahl?
a) 3 HT   7 T   5 H   6 Z   3 E
b) 9 M   3 T   9 E   5 HT   8 HM
c) 2 HM   8 Z   2 B   7 ZT   3 HMrd
d) 3 ZMrd   1 HMrd   5 ZB   5 HT   6 T
e) 3 HM   8 ZM   9 HT   2 B   3 Mrd

●7 SP Schreibe in Worten.
a) 12 315
b) 982 500
c) 3 750 012
d) 72 518 300 056

→ Die Lösungen zu „Alles klar?" findest du auf Seite 240.

2 Natürliche Zahlen

Tipp!
Zahlen unter einer Million schreibt man in einem Wort und klein. Zahlen über einer Million schreibt man getrennt.

ein Rekord
eine Höchstleistung
hier: mehr umgefallene Dinge als je zuvor

ein Dominostein
Diese Spielsteine werden in einer Reihe aufgestellt. Fällt ein Stein gegen den anderen, fallen auch die folgenden Steine nacheinander um.

ein Counter
hier: abgeleitet vom englischen Wort to count = zählen

○ **8** SP Wie viele Nullen hat die Zahl? Schreibe die Zahl auf.
a) vierzigtausend
b) siebenhunderttausend
c) sieben Millionen
d) dreißig Milliarden

◐ **9** Notiere die Zahlen aus dem Guinness-Buch der Rekorde in Worten.
a) Der Weltrekord im Matratzen-Domino liegt bei 2019 Matratzen. Neun Jahre vorher lag der Rekord bei nur 769 Matratzen.

b) Die längste ein Meter hohe Mauer aus Dominosteinen ist etwa 40 Meter lang und wurde aus 42 173 Steinen gebaut.
c) Von 4 800 000 aufgebauten Dominosteinen fielen 4 491 863 um.

◐ **10** MK Manche Webseiten verwenden Counter, um die Zahl der Besucher zu zählen. Schreibe die nächsten vier Zahlen auf, die gezählt werden.

◐ **11** 👥 Jedes Zahlenkärtchen darf nur einmal verwendet werden. Bildet mit den fünf Zahlenkärtchen

| 4 | 9 | 1 | 3 | 8 |

a) die größte Zahl,
b) die größte gerade Zahl,
c) die kleinste gerade Zahl,
d) die Zahl, die möglichst nahe an sechzigtausend liegt.
e) SP Beschreibt, wie ihr die Lösung in den Teilaufgaben a) bis d) gefunden habt.

● **8** SP 👥 Bildet neue Zahlen. Verwendet zwei oder mehr passende Kärtchen.

zweiundzwanzig   zweihundertundfünf
einhundertfünfzehn   drei Millionen
dreitausendunddrei   fünf Milliarden
sechzigtausend   zwanzig Billionen
fünfhunderttausend   dreiundvierzig

a) Findet möglichst viele Varianten. Notiert in Worten und Ziffern.
b) Wie heißt die kleinste Zahl?
c) Wie heißt die größte Zahl?
d) Findet ihr unmögliche Kombinationen?

◐ **9** Bilde mit den Zahlenkärtchen eine

| 52 | 9 | 104 | 17 | 5 | 0 |

a) möglichst große Zahl.
b) möglichst kleine Zahl.
c) möglichst große ungerade Zahl.
d) möglichst kleine siebenstellige Zahl.
e) möglichst große achtstellige Zahl.
f) möglichst kleine Zahl mit fünf Kärtchen.
g) Zahl, die möglichst nahe an 10 Millionen liegt.

● **10** In der Astronomie (Himmelskunde) misst man Entfernungen unter anderem in Lichtjahren, Lichttagen, Lichtstunden. Ein Lichtjahr ist die Entfernung, die das Licht in einem Jahr zurücklegt.
a) Ein Lichtjahr sind ungefähr neun Billionen vierhundertsechzig Milliarden siebenhundertdreißig Millionen und vierhundertzweiundsiebzigtausend Kilometer. Schreibe die Zahl in Ziffern.
b) Eine Lichtminute ist etwa 18 Millionen Kilometer lang. Wie viele Kilometer sind Sonne und Erde ungefähr voneinander entfernt?

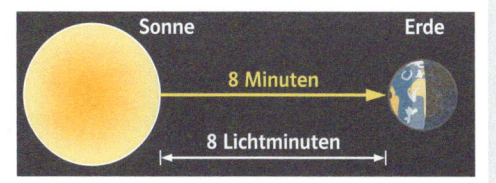

3 Runden von Zahlen

Der Stadionsprecher begrüßt 59 792 Menschen.

In der Sportschau heißt es: Vor rund 60 000 Zuschauenden …

Alex erzählt seinem Bruder: Es waren mehr als 59 000 Leute da.

In der Zeitung steht: Das Spiel sahen fast 59 800 Personen im Stadion.

Zahlen werden im Alltag häufig mit unterschiedlicher Genauigkeit angegeben.
→ Welche der Zahlenangaben ist die genaueste, welche die ungenaueste? Begründe deine Meinung.
→ Notiere die Zahl, die du dir am besten merken kannst. Vergleicht eure Zahlen zu zweit.
→ Unterhaltet euch in der Klasse über die Gründe, weshalb die Angaben so unterschiedlich sind.

Große Zahlen werden im Alltag oft gerundet wiedergegeben. Das macht man vor allem dann, wenn es nicht wichtig ist, die ganz genaue Zahl zu kennen. Gerundete Zahlen kann man leichter vergleichen und sich besser merken.

Tipp!
Rundungsstelle

5`1`04

Ziffer rechts

Merke
Beim **Runden einer Zahl** legt man zuerst die **Rundungsstelle** fest, auf die gerundet werden soll. Das können Zehner, Hunderter, Tausender, Zehntausender usw. sein.
Dann prüft man die Ziffer, die direkt **rechts** von der Rundungsstelle steht.

Bei einer **0**; **1**; **2**; **3** oder **4** bleibt die **Rundungsstelle unverändert**.
Es wird **ab**gerundet.

5`1`04   5`1`14   5`1`24   5`1`34   5`1`44
≈ 5`1`00

Bei einer **5**; **6**; **7**; **8** oder **9** wird die **Rundungsstelle um 1 erhöht**.
Es wird **auf**gerundet.

5`1`54   5`1`64   5`1`74   5`1`84   5`1`94
≈ 5`2`00

Alle Stellen rechts von der Rundungsstelle werden durch Nullen ersetzt.
Wurde eine Zahl gerundet, so setzt man das Zeichen "≈". Es bedeutet „**gerundet**" oder „**ungefähr gleich**".

Beispiele
a) 42`7`42: Auf die Rundungsstelle (H) folgt die Ziffer 4, es wird abgerundet,
42`7`42 ≈ 42`7`00.
b) 42`7`82: Auf die Rundungsstelle (H) folgt die Ziffer 8, es wird aufgerundet,
42`7`82 ≈ 42`8`00.

c) Rundung auf **Zehner**:   32 5`4`6 ≈ 32 5`5`0
Rundung auf **Hunderter**:   32 `5`46 ≈ 32 `5`00
Rundung auf **Tausender**:   3`2` 546 ≈ 3`3` 000
Rundung auf **Zehntausender**: `3`2 546 ≈ `3`0 000

○**1** Markiere zuerst die Rundungsstelle.
a) Runde auf Zehner.   48; 245; 2358; 12 352
b) Runde auf Hunderter.   589; 3499; 9739; 36 845
c) Runde auf Tausender.   8723; 98 459; 114 891; 236 035

Alles klar?

D11 Fördern

A Runde auf Zehner.
a) 56   b) 234   c) 5892   d) 3888

→ Die Lösungen zu „Alles klar?" findest du auf Seite 240.

2 Natürliche Zahlen

B Runde auf Hunderter.
a) 356 b) 2357 c) 9526 d) 37 083

C Runde auf Tausender.
a) 3812 b) 32 456 c) 184 983 d) 3 456 089

○2 Runde die Zahlen auf Zehner.
a) 8; 76; 534; 3463; 65 578
b) 82; 90; 888; 3582; 235 638

○3 Runde die Zahlen auf Hunderter.
a) 915; 768; 2892; 3682; 87 576
b) 81; 3250; 2509; 28 265; 842 629

○4 Runde die Zahlen auf Tausender.
a) 8256; 3580; 77 645; 89 356
b) 20 345; 36 853; 84 930; 370 832

○5 **SP** Hier wurde auf Hunderter gerundet. Runde richtig und **erkläre** die **Fehler**.

546 ≈ 600	1230 ≈ 1200
5678 ≈ 5600	9848 ≈ 9900
13 458 ≈ 13 600	14 755 ≈ 14 760
129 347 ≈ 130 000	

●6 Es wurde auf 2600 gerundet. Welche Zahlen kommen infrage?

2632   264   2650   25 790
2598   2681   2550   2649

●7 Vorsicht beim Runden!
a) Runde 398 auf Zehner.
b) Runde 3981 auf Hunderter.
c) Runde 39 810 auf Tausender.

●8 Runde die Preise auf ganze Euro.
Beispiel: 4 € 87 ct ≈ 5 €

1 € 19 ct   7 € 79 ct   8 € 50 ct

○2 Übertrage die Tabelle ins Heft und runde auf Hunderter (H), Tausender (T) und Zehntausender (ZT).

Zahl	gerundet auf		
	H	T	ZT
a) 28 549			
b) 93 567			
c) 130 888			
d) 353 257			
e) 6 895 643			
f) 9 008 456			

○3 Runde auf Millionen.
a) 2 403 512 b) 8 950 720
c) 798 520 368 d) 78 499 870

●4 **SP** Runde jeweils auf Tausender, Hunderter und Zehner. **Erkläre** deine Ergebnisse.
a) 78 999 b) 639 996

●5 Viele Personen besuchten die Messe. Die Anzahl wurde auf Tausender gerundet. Wie viele waren es mindestens, wie viele höchstens an den einzelnen Tagen?

Donnerstag: 7000   Samstag: 33 000
Freitag: 13 000   Sonntag: 48 000

●6 **SP** Welche Angaben darf man runden, welche nicht? **Begründe**.
a) Der Rheinturm in Düsseldorf ist 240 Meter und 50 Zentimeter hoch.
b) 52 146 ist die **Postleitzahl** von Würselen.
c) Herr Arslan nahm auf dem Wochenmarkt 2671 € ein.
d) 👥 Findet Beispiele, bei denen man nicht runden darf.

Tipp!
Runde auf Zehner.
75**9**7
7 600

eine Postleitzahl
eine Ziffernfolge in einer Adresse, die den Wohnort angibt

→ Die Lösungen zu „Alles klar?" findest du auf Seite 240.

4 Schätzen

Justine und Ina entdecken ein Bild von Blaustreifen-Schnappern.
„Das sind mindestens 80 Fische!", staunt Justine.
Ina widerspricht: „Nein, das sind höchstens 50!"
→ Schätze die Anzahl der Blaustreifen-Schnapper.
→ Vergleiche dein Schätzergebnis mit dem deiner Partnerin oder deines Partners. Erklärt euch gegenseitig, wie ihr zu eurem Ergebnis gekommen seid.

Nicht immer ist es möglich, eine Anzahl genau anzugeben. Es genügt manchmal auch, sich einen ungefähren Überblick über eine Anzahl zu verschaffen. Dies gelingt durch überlegtes, planmäßiges Schätzen. Schätzen bedeutet nicht raten.

Merke
Um eine ungefähre **Anzahl** von Personen, Tieren oder Gegenständen auf einem Bild zu bestimmen, versucht man die Anzahl mithilfe von Rastern zu **schätzen**. Lösungsplan:
1. Unterteile die Abbildung in gleich große Felder.
2. Zähle ein Feld aus. Achte darauf, dass in diesem Feld weder besonders viele noch besonders wenige Personen, Tiere oder Gegenstände abgebildet sind.
3. Multipliziere das Zählergebnis mit der Anzahl der Felder.

Beispiel
Es soll die Anzahl der Schülerinnen und Schüler durch Rastern geschätzt werden.

1. Das Bild wird in fünf gleich große Felder unterteilt.

2. Im rot markierten Feld sind etwa 14 Kinder.
3. Es sind 5 Felder, also sind es ungefähr $5 \cdot 14 = 70$ Schülerinnen und Schüler.

○ **1** Wie viele Reißzwecken liegen hier ungefähr?

2 Natürliche Zahlen

Alles klar?

D12 📄 Fördern

A Schätze die ungefähre Anzahl der Gummibärchen.

D13 📄 Material zu den Aufgaben 2, 3 und 4

○ **2** Bergfinken sammeln sich im Schwarm, um im Wald zu übernachten. Wie viele Bergfinken sind ungefähr zu sehen?

○ **3** Schätze die Anzahl der Flamingos.

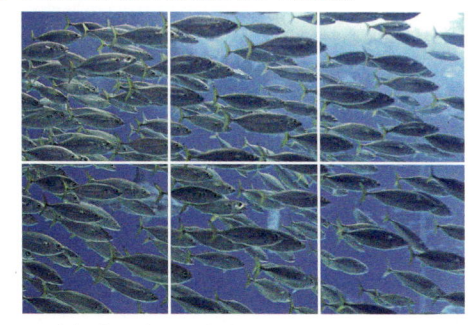

◐ **4** Schätze die Anzahl der Fische.

Wähle für deine Schätzung
a) das Feld rechts unten.
b) das Feld links oben.
c) SP Vergleiche die beiden Schätzungen. Was fällt dir auf? **Beschreibe**.

◐ **2** Schätze die Anzahl der Kirschen.

◐ **3** Wie viele Vögel fliegen in der Luft? Schätze.

◐ **4**
a) Wie viele Sonnenblumen sind ungefähr zu sehen?
b) SP 👥 **Erklärt** euch gegenseitig, wie ihr vorgegangen seid.
c) 👥 **Überlegt** gemeinsam, wie ihr die Anzahl der Sonnenblumen in einem ganzen Sonnenblumenfeld schätzen könntet.

→ Die Lösungen zu „Alles klar?" findest du auf Seite 240.

MEDIEN
Zahlen im Zweiersystem

Computer funktionieren mit elektrischem Strom. So können sie Daten verarbeiten. Entweder fließt ein Strom oder es fließt keiner. Dies kann man mit einem speziellen Stellenwertsystem darstellen.

Im **Zweiersystem** werden zur Darstellung von Zahlen nur die **zwei Ziffern 0 und 1** verwendet. Man nennt das Zweiersystem auch **Binärsystem**.

Beim Computer steht also die Null für „Strom aus" und die Eins für „Strom an".

Die Stellenwerte in der Stellenwerttafel, von rechts nach links betrachtet, entstehen durch **Verdopplung**.

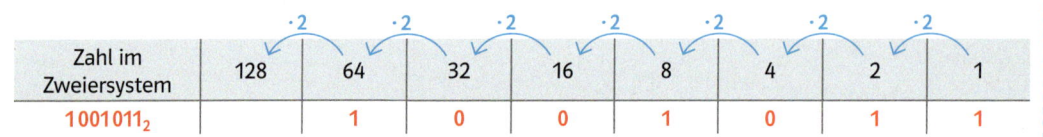

Zahl im Zweiersystem	128	64	32	16	8	4	2	1
1001011_2		1	0	0	1	0	1	1

Die Zahl 1001011_2 liest man „eins null null eins null eins eins im Zweiersystem".

Zahlen im Zweiersystem heißen **Binärzahlen**. Sie sind mit einer tiefer gesetzten kleinen 2 hinter der letzten Ziffer gekennzeichnet.

Um die Zahl 1001011_2 in eine Zahl im Zehnersystem umzuwandeln, geht man von rechts nach links vor. Das heißt, man fängt rechts mit dem ersten Stellenwert 1 an.
$1 \cdot 1 + 1 \cdot 2 + 0 \cdot 4 + 1 \cdot 8 + 0 \cdot 16 + 0 \cdot 32 + 1 \cdot 64$
$= 1 + 2 + 8 + 64 = 75$

Umgekehrt kann man jede Zahl aus dem Zehnersystem in eine Binärzahl umwandeln.
Beispiel: Die Zahl 29 im Zehnersystem schreibt man zuerst als Summe von Stellenwerten im Zweiersystem. Dabei beginnt man mit dem größtmöglichen Stellenwert:

29 = **16** + 13   16 ist der größtmögliche Stellenwert, der in 29 enthalten ist.
 = **16** + **8** + 5   8 ist der größtmögliche Stellenwert, der in 13 enthalten ist.
 = **16** + **8** + **4** + **1**   In 5 sind die Stellenwerte 4 und 1 enthalten.

Für jeden Stellenwert, der in der Summe vorkommt, notiert man in der Stellenwerttafel die Ziffer 1. Für jeden Wert, der nicht vorkommt, notiert man die Ziffer 0.
Man erhält 29 = 11101_2.

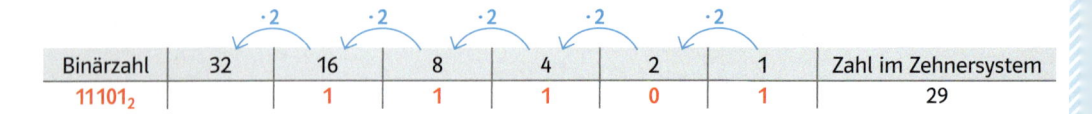

Binärzahl	32	16	8	4	2	1	Zahl im Zehnersystem
11101_2		1	1	1	0	1	29

2 Natürliche Zahlen

MEDIEN

eine Leuchtdiode
ein kleines Lämpchen, das leuchtet, wenn Strom fließt

1 MK Notiere die Binärzahl.

Binärzahl	16	8	4	2	1
a)			1	0	0	1
b)		1	0	1	0	0

2 MK Trage die Zahlen 10111_2 und 10011_2 in eine Stellenwerttafel ein.

3 MK Hier sind Binärzahlen mithilfe von **Leuchtdioden** dargestellt.
Wähle für die brennenden gelben Leuchtdioden die Ziffer 1; für die anderen Leuchtdioden die Ziffer 0.
Notiere die Zahlen im Zweiersystem.
a)
b)

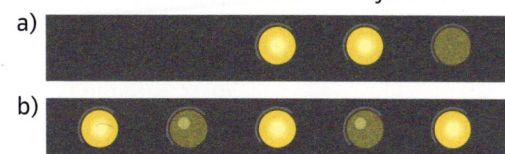

4 MK Wandle mithilfe einer Stellenwerttafel in eine Zahl im Zehnersystem um.
a) 1100_2 b) 1111_2
c) 10100_2 d) 11111_2

5 MK Wandle in eine Binärzahl um.
a) 4 b) 11 c) 18 d) 40

6 MK Übertrage ins Heft und wandle um. Eine Stellenwerttafel hilft dir.

Zehnersystem	5	10		
Zweiersystem			111_2	1101_2

7 MK Schreibe als Zahl im Zehnersystem.

64	32	16	8	4	2	1
a)			1	0	0	0
b)			1	1	1	0
c)		1	0	0	1	1
d)	1	0	0	0	1	0
e)	1	0	1	0	1	0
f)	1	0	0	0	0	0	1

8 MK Schreibe als Zahl im Zehnersystem.
a) 11100_2 b) 101001_2
c) 1000110_2 d) 1100100_2
e) 10001000_2 f) 10101010_2

9 MK Wandle in eine Binärzahl um.
a) 3 b) 17 c) 25
d) 66 e) 67 f) 68

10 MK Wandle in eine Binärzahl um.
a) 45 b) 59 c) 81
d) 110 e) 200 f) 264

11 MK
a) Schreibe dein Geburtsjahr, deine Hausnummer und deine Lieblingszahl als Zahl im Zweiersystem auf.
b) 👥 Tauscht zu zweit eure Zahlen aus Teilaufgabe a). Wandelt diese in Zahlen im Zehnersystem um. Hat euer Partner oder eure Partnerin die Zahlen richtig übersetzt?

12 MK Ordne die Binärzahlen nach ihrer Größe.

10001_2 110110_2 10110_2
11000_2 100011_2 1000110_2

13 MK 👥
a) Wandelt um.
11_2; 111_2; 1111_2; 11111_2; …
b) SP Betrachtet die Ergebnisse. Was stellt ihr fest? **Beschreibt** eure Beobachtung.

14 MK Bilde mit den drei Kärtchen die größtmögliche und die kleinstmögliche Zahl im Zweiersystem. Notiere die Zahlen auch im Zehnersystem.

10   1   100

15 MK Schreibe alle vierstelligen Zahlen des Zweiersystems auf. Wie lauten die kleinste und die größte dieser Zahlen, wenn man sie ins Zehnersystem übersetzt?

16 MK SP **Beschreibe**.
a) Wie ändert sich im Zweiersystem eine Zahl, wenn man eine Null anhängt?
b) Woran erkennt man im Zweiersystem, ob eine Zahl gerade oder ungerade ist?

2 Natürliche Zahlen

EXTRA — Römische Zahlzeichen

der Papst
die mächtigste Person der römisch-katholischen Kirche

eine Inschrift
Zeichen, die zum Beispiel in Stein oder Holz geritzt wurden

Die **römischen Zahlzeichen** wurden in Europa bis ins 16. Jahrhundert verwendet. Danach blieben sie zum Beispiel in Gebrauch für die Zählung von Königen und **Päpsten** gleichen Namens. Man findet sie auf alten **Häuserinschriften** und immer seltener auf Uhren.

Aus folgenden Zeichen werden die römischen Zahlzeichen gebildet:

Zahlzeichen	I	V	X	L	C	D	M
Zahl im Zehnersystem	1	5	10	50	100	500	1000

Aus diesen sieben Zahlzeichen werden die übrigen Zahlen zusammengesetzt:
Dabei werden die Zahlzeichen nach ihrer Größe von links nach rechts notiert.
Die Werte werden addiert. CXXXII = 100 + 10 + 10 + 10 + 1 + 1 = **132**
Stehen die Zeichen **I**, **X** oder **C** vor einem größeren Zahlzeichen, so wird subtrahiert.
IX = 10 − 1 = **9** und XC = 100 − 10 = **90**
So müssen die Zeichen **I**, **X** und **C** höchstens dreimal hintereinander geschrieben werden.

○ **1** Notiere die römischen Zahlzeichen von 1 bis 20.

○ **2** Schreibe mit römischen Zahlzeichen und im Zehnersystem.
a) 32; 65; 112; 513; 1004
b) XXVII; LXVII; CXI; CIX; DCCXX

○ **3** ANNO MDCCXXIII DEN 2. OCTOBER HAT DIS HAUS LASEN BAWEN IOHAN HAVSMAN
renoviert: 2014
a) Wann wurde das Haus erbaut?
b) Notiere die Jahreszahl der Renovierung mit römischen Zahlzeichen.

● **4** SP Schreibe mithilfe der Angaben einen kurzen Informationstext über den **Limes**.

der Limes
hier: ein Teil der Grenze des römischen Reichs

ein Kastell
ein Lager der römischen Soldaten an der Grenze

Obergermanischer Limes:
XL bis LX cm dicke Eichenstämme,
CCL bis CCC cm hoch.
DCC cm breiter und CC cm tiefer Graben.

GERMANIA SUPERIOR
GERMANIA LIBERA
RAETIA

Limeslänge
— obergermanisch: CCCLXXXII km
— rätisch: CLXVI km

Entlang des Limes standen etwa CM Wachttürme und CXX Kastelle.
Der Abstand betrug – je nach Lage – zwischen CC Metern und M Metern.

● **5** Wenn du ein einziges Streichholz umlegst, wird die falsche Rechnung richtig.
a) II + II = II
b) VIII − I = VIII
c) VI + I = V
d) XX + I = XX

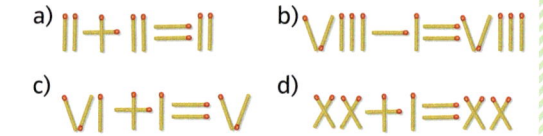

● **6** Ein Satz, bei dem die Summe aller darin vorkommenden römischen Zahlzeichen die Jahreszahl des Ereignisses angeben, heißt **Chronogramm**.
Zwischen **V** und **U** wird nicht unterschieden. Um die Jahreszahl zu ermitteln, muss man die Zahlzeichen umsortieren und addieren.
a) In welchem Jahr war die Papstwahl von Benedikt XVI.?

HABEMVS PAPAM

(Habemus papam. = Wir haben einen Papst.)
b) Wann starben viele an der Pest in Wien?

ITA VOVI:
ANNO DOMINI
SALVATORIS NOSTRI
IESU CHRISTI.

Zusammenfassung

Natürliche Zahlen

Die Zahlen 0; 1; 2; 3; … bilden die Menge der **natürlichen Zahlen**, man schreibt: ℕ = {0; 1; 2; 3; …}
Die natürlichen Zahlen sind der Größe nach auf dem **Zahlenstrahl** dargestellt.
Der Pfeil zeigt an, dass die Zahlen in diese Richtung immer größer werden. Der Strahl endet nicht.

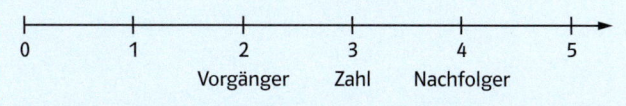

```
0   1   2   3   4   5
       Vorgänger  Zahl  Nachfolger
```

Je weiter rechts eine Zahl auf dem Zahlenstrahl steht, desto größer ist sie.

2 ist **kleiner** als 3: 2 < 3
5 ist **größer** als 4: 5 > 4

Zehnersystem (Dezimalsystem)

Im Zehnersystem gibt es zehn Ziffern, nämlich 0; 1; 2; 3; 4; 5; 6; 7; 8 und 9.

Zahlen werden in einer **Stellenwerttafel** dargestellt.

Um große Zahlen leichter lesen zu können, schreibt man sie in Dreierblöcken, von rechts beginnend. Jeder Block hat einen eigenen Namen.

Millionen			Tausender			Einer		
HM	ZM	M	HT	ZT	T	H	Z	E
		6	3	2	1	0	1	2

Darstellung in Ziffern: **6 321 012**
Darstellung in Worten: sechs Millionen dreihunderteinundzwanzigtausendundzwölf

Runden von Zahlen

Beim Runden legt man zuerst die **Rundungsstelle** fest. Dann prüft man die Ziffer, die direkt **rechts** von der Rundungsstelle steht:

Bei einer 0; 1; 2; 3 oder 4 wird **abgerundet**.
Die **Rundungsstelle** bleibt **unverändert**.

7**2**0   7**2**1   7**2**2   7**2**3   7**2**4
≈ 7**2**0

Bei einer 5; 6; 7; 8 oder 9 wird **aufgerundet**, die **Rundungsstelle** wird **um 1 erhöht**.

7**2**5   7**2**6   7**2**7   7**2**8   7**2**9
≈ 7**3**0

Alle Stellen rechts von der Rundungsstelle werden durch Nullen ersetzt.

Wurde eine Zahl gerundet, so setzt man das Zeichen „≈". Es bedeutet „**gerundet**" oder „**ungefähr gleich**".

Schätzen von Zahlen und Größen

Um eine ungefähre Anzahl einer **Menge** zu bestimmen, versucht man die Anzahl mithilfe von **Rastern** zu **schätzen**.
Lösungsplan:
1. Unterteile die Abbildung in gleich große Felder.
2. Zähle ein Feld aus. Achte darauf, dass in diesem Feld weder besonders viele noch besonders wenige Personen, Tiere oder Gegenstände abgebildet sind.
3. Multipliziere das Zählergebnis mit der Anzahl der Felder.

1. Das Bild wird in drei gleich große Felder unterteilt.
2. Im rot markierten Feld sind etwa 10 Kinder.
3. Es sind 3 Felder, also sind es ungefähr
   3 · 10 = 30 Kinder.

Basistraining

1 Auf welche Zahlen zeigen die Pfeile?

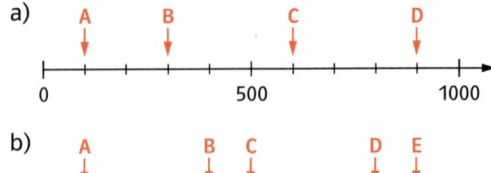

a) A, B, C, D auf Zahlenstrahl 0 bis 1000
b) A, B, C, D, E auf Zahlenstrahl 0 bis 500

2 Zeichne einen 10 cm langen Zahlenstrahl, trage folgende Zahlen ein.
a) 0; 1; 2; 5; 10
b) 0; 5; 10; 15; 20
c) 0; 100; 200; 500; 1000

3 Im Bürgerbüro muss man eine Nummer ziehen. Welche Nummern ziehen die nächsten drei Kunden?

Aufruf → Schalter: 126 → 3

4 Auf dem Schulfest muss beim Kirschkernweitspucken eine Kirsche abgeknabbert und dann möglichst weit gespuckt werden. Die besten Weiten erreichen:

Jana (630 cm)
Lina (710 cm)
Raliza (680 cm)
Pauline (640 cm)
Kira (730 cm)
Britta (670 cm)

a) Stelle die Ergebnisse auf einem geeigneten Zahlenstrahl dar.
b) Ordne die Ergebnisse nach der Weite. Wer belegte den dritten Platz?

5 Zerlege die Zahl in ihre Stellenwerte und trage sie in eine Stellenwerttafel ein.
a) 8263
b) 4832
c) 27 892
d) 92 572
e) 203 865
f) 356 003
g) 3 500 712
h) 21 408 308

6 Zeichne eine Stellenwerttafel und trage ein. Notiere die Zahl.
a) 2 H + 5 Z + 7 E
b) 9 H + 8 E
c) 7 T + 8 H + 9 Z + 5 E
d) 7 ZT + 8 T + 7 H + 9 Z + 3 E
e) 9 HT + 5 ZT + 3 T + 7 H + 6 Z + 5 E
f) 5 ZM + 3 M
g) 1 HM + 3 ZM

7 SP Wie viele Nullen hat die Zahl? Schreibe sie in Dreierblöcken auf.

sechstausend
fünfzigtausend
acht Millionen
sieben Milliarden
zwei Billionen
zwölf Billionen
neunhundertfünfundzwanzigtausend

8 SP Schreibe die Zahl in Worten.
a) 60
b) 75
c) 300
d) 2000
e) 15 000
f) 80 000
g) 65 800
h) 170 000
i) 3 000 000
j) 15 000 000
k) 2 000 000 000
l) 1 350 500

9 Mathis hat **Fehler** gemacht. Korrigiere im Heft. Achte auf Dreierblöcke.

Name: Mathis   Klasse: 5 b
1 Notiere die Zahlen in Dreierblöcken.

siebenundachtzig =	78
einhundertundacht =	180
dreihunderttausend =	30 00 00
eine Million =	1 000 000 000
eine Milliarde =	1 000 000
eine Billion =	1000000000000
fünf Millionen =	500000
siebzig Millionen =	70000000

10 👥 Wer würfelt die höchste Zahl? Bildet Vierergruppen.
a) Es wird mit vier Würfeln gewürfelt. Jeder legt für sich die Würfel so, dass die daraus gebildete Zahl möglichst groß ist. Die Zahl wird auf einer Karteikarte notiert und dann vorgelesen.
b) Ordnet gemeinsam die Zahlen nach ihrer Größe. Für die größte Zahl gibt es 12 Punkte, für die zweitgrößte Zahl 11 Punkte, usw. Wurde richtig vorgelesen, gibt es einen Extrapunkt. Wer hat nach drei Runden die höchste Punktzahl?
c) Spielt das Spiel aus den Teilaufgaben a) und b) mit vier Dodekaedern (Würfel mit 12 Flächen).

der Puls
die Anzahl der Herzschläge pro Minute

11 Größer oder kleiner? Setze im Heft das richtige Zeichen > oder <.
a) 853 ■ 861
b) 5639 ■ 4639
c) 4 H + 8 E ■ 4 H + 7 Z
d) 2 ZT + 1 T + 3 Z ■ 2 ZT + 1 T + 3 H + 1 E
e) 2 312 850 ■ 2 312 759
f) eine Milliarde ■ eine Million
g) eine Milliarde ■ hundert Millionen

12 👥 Franziska findet in der Bücherei ein Buch über die Urzeit.

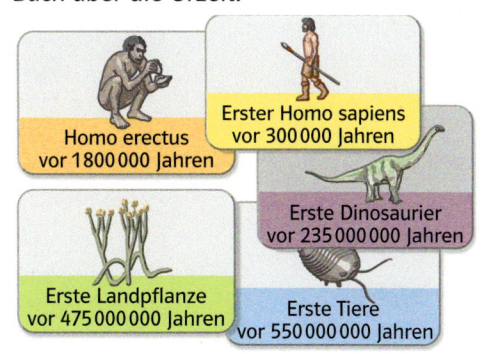

- Homo erectus vor 1 800 000 Jahren
- Erster Homo sapiens vor 300 000 Jahren
- Erste Dinosaurier vor 235 000 000 Jahren
- Erste Landpflanze vor 475 000 000 Jahren
- Erste Tiere vor 550 000 000 Jahren

a) SP Lest euch alle Zahlen laut vor.
b) Ordnet die Zahlen nach ihrer Größe.

13 Runde auf Zehner.
a) 7; 32; 65; 92; 99
b) 352; 689; 777; 249; 782
c) 3492; 7253; 8938; 45 716; 54 569

14 Runde auf Hunderter.
a) 718; 265; 948; 764; 93
b) 6387; 9254; 3344; 17 384; 18 537
c) 352 856; 247 375; 428 648

15 Runde auf ganze Euro.
a) 5 € 35 ct; 12 € 85 ct; 1 € 09 ct; 99 € 55 ct
b) 109 ct; 521 ct; 758 ct; 3545 ct
c) 1,12 €; 0,99 €; 9,99 €; 18,45 €

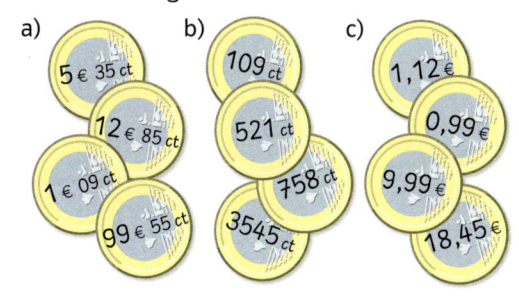

16 Wenn 780 eine auf Zehner gerundete Zahl ist, wie könnte dann die ursprüngliche Zahl gelautet haben? Notiere alle Zahlen, die möglich sind.

17 SP Finja und Bea wollen ihrer Großmutter einen Brief über ihre gemeinsame Radtour schreiben.
Schreibe diesen Brief, runde dabei die Angaben der Mädchen sinnvoll.

gefahrene Strecke: 44 783 Meter
Fahrzeit: 2 Stunden 53 Minuten
Pausenzeit: 36 Minuten
Ausgabe für zwei Eisbecher: 9,60 €
Finjas höchster **Puls**: 153
Beas höchster Puls: 168

18 MK Wandle in eine Binärzahl um.
a) 1 b) 2 c) 6
d) 20 e) 25 f) 30

Anwenden. Nachdenken

19 Die Abbildung zeigt die Entfernung der acht Planeten unseres Sonnensystems von der Sonne.

Erde: 149 600 000 km
Mars: 227 990 000 km
Neptun: 4 495 000 000 km
Jupiter: 778 360 000 km
Uranus: 2 872 400 000 km
Venus: 108 160 000 km
Merkur: 57 909 000 km
Saturn: 1 433 500 000 km

a) Trage die acht Zahlen in eine Stellenwerttafel ein.
b) SP Schreibe die Zahlen in Worten.
c) Ordne die Planeten nach ihrer Entfernung von der Sonne. Beginne mit dem sonnennächsten Planeten.
d) Ordne die Planeten nach der dargestellten Größe.
Beginne mit dem größten Planeten. Beachte folgende Tipps:

Der Uranus ist größer als der Neptun.
Die Erde ist größer als die Venus.
Der Jupiter ist der größte Planet.

e) Klebt Papierblätter aneinander und zeichnet einen Zahlenstrahl. Tragt die Entfernungen der Planeten von der Sonne ein. Am Anfang steht die Sonne.

20 Deniz hat versucht, die Zahlen zu ordnen. Berichtige alle Fehler.

a) 81 673 > 71 673 > 71 674 > 71 763
b) 456 789 < 465 798 < 465 879
c) 245 316 < 244 318 < 244 218
d) viertausenddreiundsechzig < 4063

21 Ordne die Zahlen den passenden Beispielen zu.

A 3000   B 200   E 50 000
C 83 000 000   D 13 000

1 Länge aller Autobahnen in Deutschland in km

2 Bevölkerungszahl von Deutschland

3 Anzahl der Plätze im Stadion

4 Höhe Zugspitze in m

22 Bei dieser Zahl fehlen zwei Ziffern.

5   5   ▢   5

Die Zahl auf Hunderter gerundet ergibt 55 500, die gleiche Zahl auf Tausender gerundet ergibt 56 000. Gib drei mögliche Zahlen an. Vergleicht zu zweit eure Zahlen.

ein Gipfel
die höchste Stelle des Berges

23 In den Alpen gibt es 82 Gipfel, die 4000 Meter oder höher sind. Felix notiert einige Gipfelnamen, die Höhe und das Datum der Erstbesteigung.

Dom	4545 m	11.09.1858
Liskamm	4527 m	19.08.1861
Matterhorn	4478 m	14.07.1865
Täschhorn	4491 m	30.07.1862
Weisshorn	4505 m	19.08.1861

a) Sortiert die Berge nach ihrer Höhe.
b) **SP** Rundet die Höhen auf Hunderter. Beschreibt, was ihr feststellt.
c) Was passiert, wenn ihr zuerst auf Zehner rundet und anschließend nach der Größe sortiert?
d) Sortiert die Alpen-Gipfel nach dem Datum der Erstbesteigung.

24 **SP** Entscheide, ob es sinnvoll ist, die Zahl zu runden. Begründe deine Entscheidung.
a) Am 31.12.2017 hatte Köln einen Bevölkerungsstand von 1 084 795.
b) Malwina trägt die Schuhgröße 37.
c) New York ist 6031,67 Kilometer (Luftlinie) von Düsseldorf entfernt.
d) Knuts Haus hat die Nummer 82.
e) Panzernashörner gehören zu den gefährdeten Tierarten. Die beiden auf dem Bild wiegen 2173 bzw. 63 Kilogramm.

D14 Material zu den Aufgaben **26** und **27**

25 Kristin und Pascal kaufen ein.

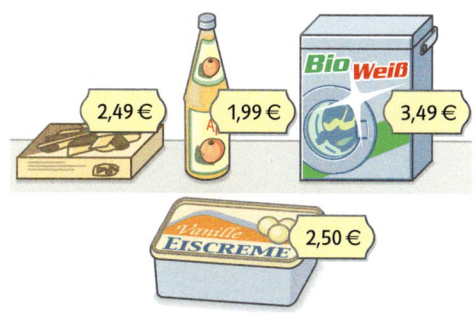

2,49 € 1,99 € 3,49 € 2,50 €

Sie haben 10 € dabei. An der Kasse sehen sie noch eine Packung Eis für 2,50 €.
a) Pascal rechnet: „2 + 2 + 3 = 7" und legt das Eis in den Einkaufskorb. Reicht das Geld wirklich?
b) **SP** Wie hätte Pascal in diesem Fall besser runden können? Begründet eure Überlegungen.
c) Überprüft eure Überlegungen an folgendem Einkaufsbeispiel: Marek kauft Milch für 1,29 €, Kartoffeln für 4,68 €, Brot für 1,69 €, Kekse für 2,19 € und Wasser für 4,99 €. Reichen 15 €?

26 Matteos Opa schenkt der Oma Rosen zum Geburtstag.
a) Schätze die Anzahl durch Rastern.
b) **SP** Schenkt er für jedes Lebensjahr eine Rose? Begründe deine Meinung.

27 Schätze die Anzahl der Trauben.

2 Natürliche Zahlen

Rückspiegel

D15 Teste dich

○ **1** Auf welche Zahlen zeigen die Pfeile?
a) A, B, C, D, E auf Zahlenstrahl von 0 bis 100
b) A, B, C, D, E auf Zahlenstrahl von 470 bis 530

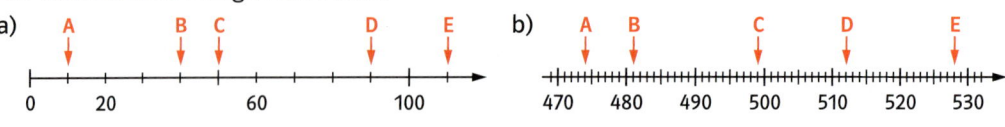

○ **2** Notiere für jede Zahl den Vorgänger und den Nachfolger.
6587; 50 872; 87 669; 6999; 50 000

○ **3** Vergleiche die Zahlen. Setze < oder > ein.
a) 92 ■ 85   b) 150 ■ 250   c) 989 ■ 899   d) 1374 ■ 1474

○ **4** Ordne die Zahlen nach ihrer Größe. Beginne mit der kleinsten Zahl. Verwende das Zeichen <.
a) 465; 8564; 564; 5684; 456; 4856
b) 32 583; 32 658; 32 538; 32 667

● **4** Ordne die Zahlen nach ihrer Größe. Verwende das Zeichen <.
321 112; 322 122; 322 212; 321 212; 322 121; 321 222

○ **5** Trage in eine Stellenwerttafel ein, schreibe dann in Ziffern. Denke an Dreierblöcke.
a) 7 ZT + 5 T + 3 H + 5 Z + 7 E
b) 8 HT + 3 ZT + 5 T + 7 Z + 9 E

● **5** Trage in eine Stellenwerttafel ein, schreibe dann in Ziffern. Denke an Dreierblöcke.
a) 1 ZM + 6 M + 7 HT + 6 ZT + 3 H + 1 Z
b) 2 B + 7 ZMrd + 8 Mrd + 3 HM + 5 HT + 7 E

○ **6** SP Schreibe in Ziffern.
a) vierzigtausendzweihundertachtunddreißig
b) fünfhundertsechzigtausendeinhundert

● **6** SP Schreibe in Ziffern.
a) fünfzehn Billionen drei Milliarden
b) dreiundvierzig Milliarden fünfhundertdrei Millionen zweihundertzwanzig

○ **7** SP Schreibe in Worten.
a) 5311   b) 13 078

● **7** SP Schreibe in Worten.
a) 460 364   b) 24 308 570

○ **8** Runde.
a) auf Zehner: 923; 6245; 7688; 82 793
b) auf Hunderter: 716; 8283; 25 688
c) auf Tausender: 8713; 92 480

● **8** Runde auf Hunderttausender.
a) 2 365 842   b) 7 999 989
c) 421 084   d) 8 342 998
e) 5 937 459   f) 69 978 214

D16 Material zu Aufgabe 9

○ **9** Wie viele Baumstämme sind es ungefähr?

● **9** Wie viele Baumstämme sind es ungefähr?

→ Die Lösungen findest du auf Seite 240.

Standpunkt | Addieren und Subtrahieren

Wo stehe ich?

Ich kann ...	gut	etwas	nicht gut	Lerntipp!
A Zahlen im Kopf addieren,	■	■	■	→ Seite 224
B Zahlen im Kopf subtrahieren,	■	■	■	→ Seite 225
C im Kopf vorteilhaft rechnen,	■	■	■	→ Seite 224; 225
D einen Platzhalter durch eine passende Zahl ersetzen,	■	■	■	→ Seite 223
E Zahlen schriftlich addieren,	■	■	■	→ Seite 224
F Zahlen schriftlich subtrahieren,	■	■	■	→ Seite 225
G mehrere Zahlen schriftlich addieren,	■	■	■	→ Seite 224
H die Ergebnisse beim Addieren und Subtrahieren überschlagen,	■	■	■	→ Seite 225
I Sachaufgaben zum Addieren und Subtrahieren lösen.	■	■	■	→ Seite 226

Überprüfe dich selbst:

D17 Teste dich

A Addiere im Kopf.
a) 21 + 45   b) 55 + 44
c) 67 + 33   d) 48 + 37

B Subtrahiere im Kopf.
a) 75 – 32   b) 69 – 39
c) 81 – 54   d) 95 – 26

C Rechne vorteilhaft.
a) 23 + 39 + 7   b) 56 + 25 – 6
c) 18 + 25 + 25   d) 34 + 17 – 7

D Ersetze den Platzhalter.
a) 27 + ■ = 30   b) ■ + 51 = 72
c) 85 – ■ = 80   d) ■ – 8 = 26

E Addiere schriftlich im Heft.
a) 543 + 432
b) 157 + 713
c) 1573 + 405
d) 4273 + 657

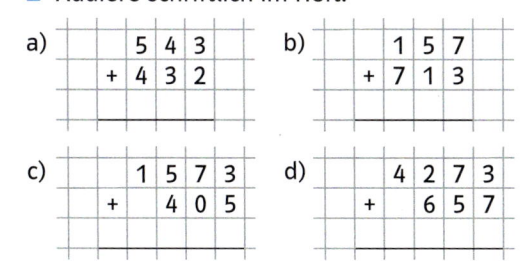

F Subtrahiere schriftlich im Heft.
a) 768 – 553
b) 856 – 378

G Addiere.
Schreibe die Zahlen untereinander.
a) 345 + 421 + 232   b) 864 + 173 + 118
c) 2745 + 136 + 301   d) 6666 + 555 + 44 + 3

H Überschlage das Ergebnis und ordne jeder Aufgabe ein Überschlagskärtchen zu.
a) 408 + 289   b) 1609 + 7395
c) 4023 – 3095   d) 9988 – 1981

| 800 | 700 | 9000 | 900 | 8000 | 7000 |

I Lucia kauft sich von ihren 20 € drei Zeitschriften. Zwei Zeitschriften kosten jeweils 3 €, die dritte Zeitschrift kostet 5 €. Am Sonntag bekommt sie 5 € Taschengeld. Wie viel Euro hat sie dann?

→ Die Lösungen findest du auf Seite 241.

3 Addieren und Subtrahieren

1 Frau Bauer ist für die Bestellung der Schulbücher an ihrer Schule verantwortlich. Dazu führt sie Listen.
Wie viele Bücher sind in den Klassenstufen 5 und 6 in den Fächern Englisch, Deutsch und Mathematik am Schuljahresende zurückgegeben worden?

Rückgabeliste

	Englisch	Deutsch	Mathe
5a	16	20	18
5b	21	22	19
5c	18	17	19
6a	17	20	21
6b	15	17	16
6c	22	19	20

Bestandsliste im Bücherzimmer

	Englisch	Deutsch	Mathe
5	5	8	10
6	8	5	7

Bestellliste für das neue Schuljahr

	Englisch	Deutsch	Mathe	Biolo
5				
6				

2 In der blauen Tabelle seht ihr, wie viele Kinder es im neuen Schuljahr gibt. Arbeitet zu zweit und ergänzt die Liste im Heft.
Wie viele Jungen sind in der Klassenstufe 5, wie viele Mädchen in Klasse 6?

Ich lerne,

- wie man geschickt im Kopf rechnet,
- wie man beim Addieren und Subtrahieren Rechenvorteile nutzt,
- wie man mehrere Zahlen schriftlich addiert und subtrahiert,
- die Regeln für das Rechnen mit Klammern,
- was Variablen und Terme sind,
- wie man Terme aufstellt und berechnet,
- wie man Rechengesetze zum vorteilhaften Rechnen nutzt.

	Kinder	Mädchen	Jungen
5a	26	14	
5b	27	15	
5c	23	10	
6a	25	12	
6b	26	11	
6c	28	13	

1 Kopfrechnen

Die Kinder sollen 121 + 89 im Kopf rechnen.
Hannah beginnt: „120 + 80 sind 200 und 1 + 9 sind 10, also ist das Ergebnis 210."
Valentin rechnet: „121 + 90 sind 211 abzüglich 1 ergibt dann 210."
→ Wie würdest du die Aufgabe rechnen?
→ Vergleiche mit der Lösung deiner Partnerin oder deines Partners.
→ Kommt man immer zum gleichen Ergebnis? Welcher Rechenweg gefällt euch am besten?
Begründet eure Meinungen.

Viele Aufgaben zum **Addieren** und **Subtrahieren** lassen sich leicht im Kopf rechnen.

Merke Um geschickt zu rechnen, zerlegt man die Zahlen sinnvoll.
Meistens hilft die **Zerlegung** in Einer, Zehner und Hunderter.
Manchmal sind auch andere Zerlegungen vorteilhaft.

Beispiele

a) Addition
36 + 58
= 36 + 50 + 8
=   86   + 8
=   94

oder 36 + 58
= 30 + 50 + 6 + 8
=   80   +   14
=   94

b) Subtraktion
93 − 48
= 93 − 3 − 45
=   90 − 45
=   45

oder 93 − 48
= 93 − 40 − 8
=   53   − 8
=   45

Tipp!
Übersetzungshilfen

die Addition +
• addieren
• ■ hinzufügen zu
• um ■ vermehren
• die Summe von

die Subtraktion −
• subtrahieren
• vermindern um ■
• ■ abziehen von
• die Differenz von
• der Unterschied zwischen

1 Addiere im Kopf. Zerlege dazu vorteilhaft.
a) 20 + 54   b) 35 + 42   c) 46 + 54   d) 59 + 12   e) 64 + 39

2 Subtrahiere im Kopf. Zerlege dazu vorteilhaft.
a) 38 − 22   b) 49 − 19   c) 50 − 15   d) 66 − 17   e) 72 − 34

3 Berechne vorteilhaft im Kopf.
a) 48 + 32   b) 46 − 36   c) 100 − 28   d) 55 + 66   e) 34 + 72

Alles klar?

D18 Fördern

A Addiere im Kopf.
a) 30 + 45   b) 45 + 55   c) 66 + 64   d) 29 + 56   e) 47 + 46

B Subtrahiere im Kopf.
a) 45 − 30   b) 98 − 28   c) 80 − 12   d) 74 − 37   e) 51 − 18

3 Addieren und Subtrahieren

4 Addiere im Kopf.
a) 23 + 35   b) 123 + 76   c) 85 + 25
d) 230 + 70   e) 150 + 60   f) 79 + 23

5 Subtrahiere im Kopf. An den Ballons wurden die Lösungszettel vertauscht.

A: 58 − 34
B: 66 − 43
C: 60 − 45
D: 59 − 29
E: 110 − 85
F: 66 − 49

Zettel: 23, 17, 24, 25, 15, 30

6 SP
a) Addiere 22 und 55.
b) Was ergibt 34 und 43?
c) Um wie viel ist 56 kleiner als 88?
d) Wie viele fehlen von 70 bis 100?
e) Wie viel ist 78 mehr als 34?

7 Welche Zahlenpaare kannst du vorteilhaft addieren? Schreibe die Paare auf und berechne sie.

34   21   88   43
12   57   79   66

8 Ergänze die Lücke.
a) 23 + 48 = ▨   b) 71 − 45 = ▨
c) 48 + ▨ = 81   d) 82 − ▨ = 51
e) ▨ + 36 = 72   f) ▨ − 54 = 26

9 Wie viel fehlt noch bis zur nächstgrößeren Stufenzahl?

Beispiel: 67 + **33** = 100

a) 98; 980; 89; 890; 99; 990
b) 5; 55; 555; 4; 44; 444; 404
c) 1; 12; 123; 3; 34; 345
d) 9999; 999; 909; 9009

10 Welches Ergebnis ist am größten?

A 100 − 49   B 25 + 24
C 24 + 26   D 100 − 48

Tipp!
Stufenzahlen sind 10; 100; 1000; …

---

4 SP Notiere die Aufgabe und berechne das Ergebnis.
a) Subtrahiere 24 von 48.
b) Um wie viel ist 200 größer als 135?
c) Wie groß ist der Unterschied zwischen 150 und 117?
d) Welche Zahl musst du zu 35 addieren, um 1000 zu erhalten?
e) Um wie viel ist der Unterschied zwischen 30 und 21 größer als der zwischen 30 und 22?

5 SP Schreibe als Aufgabe mit Fachbegriffen wie in Aufgabe 4 und berechne.
a) 100 − 25   b) 108 − 39   c) 103 + 27

6 Schreibe Zahlenpaare auf, die du vorteilhaft addieren oder subtrahieren kannst. Berechne sie im Kopf.

253   212   124   55
74   88   345   53

7 Ergänze die Lücke.
a) ▨ + 125 = 250   b) ▨ − 125 = 250
c) 188 − ▨ = 77   d) ▨ + 77 = 188
e) 1000 − 222 − 333 − ▨ = 400

8 Rechne wie im Beispiel.

Beispiel: 124 − 99
= 124 − 100 + 1
=   24   + 1 = 25

a) 135 − 79   b) 97 − 69   c) 102 − 48
d) 73 − 58   e) 80 − 48   f) 44 − 19

9 Welches Ergebnis ist am kleinsten, welches am größten? Du musst nicht alle Aufgaben ausrechnen.

A 90 + 20   B 130 − 20
C 90 + 22   D 130 − 19
E 90 + 21   F 130 − 21

10 Rechne im Kopf. Findest du einen Trick?
a) 10 − 9 + 8 − 7 + 6 − 5 + 4 − 3 + 2 − 1
b) 10 − 1 + 9 − 2 + 8 − 3 + 7 − 4 + 6 − 5

2 Addieren

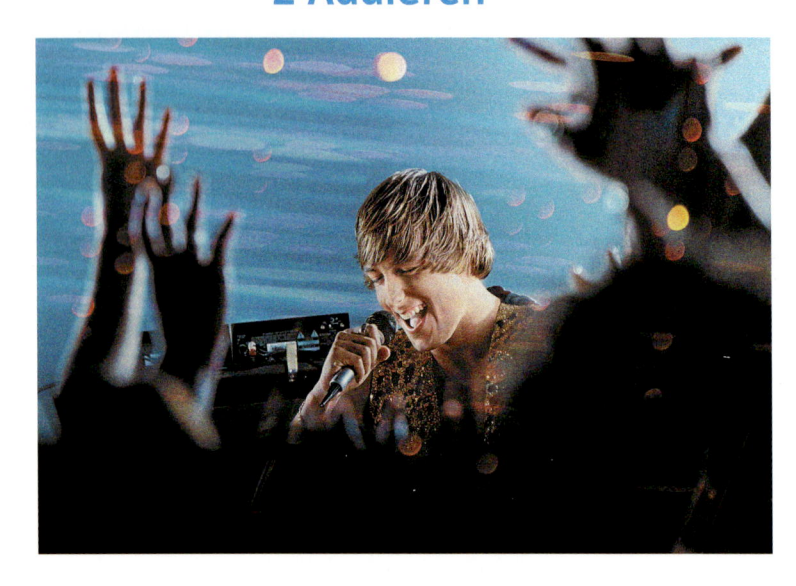

Die Käthe-Kollwitz-Schule führt in der Turnhalle ein Kindermusical auf. Es gibt insgesamt sechs Aufführungen an drei Tagen. Die Tabelle zeigt die Anzahl der Personen im Publikum:

	vormittags	nachmittags
1. Tag	340	184
2. Tag	345	192
3. Tag	361	198

→ Vergleicht zu zweit die Personenzahlen an den drei Tagen miteinander.
→ Erfindet zu den Zahlen Aufgaben und löst sie.
→ Stellt eure Aufgaben und die Lösungen der Klasse vor. Welche waren schwierig, welche leicht?

```
1. Summand   plus   2. Summand   gleich   Wert der Summe
    25        +         38         =           63
            └──── Summe ────┘
```

Tipp!
stellengerecht heißt:
Einer unter Einer,
Zehner unter Zehner
…

T	H	Z	E
	4	7	5	2
+		9	8	6
	1	1		
	5	7	3	8

Größere Zahlen addiert man schriftlich. Dafür schreibt man die Summanden stellengerecht untereinander. Mithilfe der Stellenwerttafel wird die Sprech- und Schreibweise erklärt.

Einer: 6 plus 2 gleich **8**, schreibe **8**
Zehner: 8 plus 5 gleich **13**, schreibe **3**, übertrage **1**
Hunderter: 1 plus 9 plus 7 gleich **17**, schreibe **7**, übertrage **1**
Tausender: 1 plus 4 gleich **5**, schreibe **5**

Merke
> **Schriftliches Addieren**
> Man schreibt die Zahlen stellengerecht untereinander.
> Dann addiert man von rechts nach links: zuerst die Einer, dann die Zehner, …
> Entsteht ein **Übertrag**, schreibt man ihn in die Spalte links davon.

Beispiele

a)
```
   2 3 4 5
 + 7 6 4 3
 ─────────
   9 9 8 8
```

b)
```
   5 7 9 4
 +   8 5 3
   1 1
 ─────────
   6 6 4 7
```

c)
```
   9 7 8 7
 +   8 4 3
   1 1 1
 ─────────
 1 0 6 3 0
```

○**1** Addiere schriftlich.

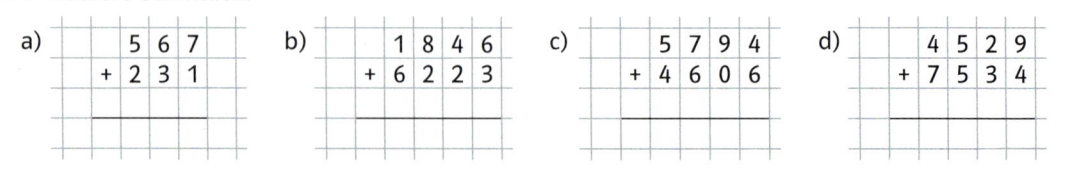

a)
```
     5 6 7
 +   2 3 1
 ─────────
```

b)
```
   1 8 4 6
 + 6 2 2 3
 ─────────
```

c)
```
   5 7 9 4
 + 4 6 0 6
 ─────────
```

d)
```
   4 5 2 9
 + 7 5 3 4
 ─────────
```

3 Addieren und Subtrahieren

○2 Berechne schriftlich.
a) 625 + 322
b) 1662 + 137
c) 39 + 1456
d) 8406 + 3204

Alles klar?

D19 Fördern

A Addiere schriftlich.

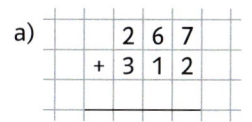

a)
```
    2 6 7
+   3 1 2
```

b)
```
    4 5 6
+   2 4 4
```

c)
```
  1 3 0 0
+     2 9 9
```

d)
```
    2 4 6 7
+     3 9 9
```

B Berechne schriftlich.
a) 2306 + 186
b) 2020 + 202
c) 9999 + 987
d) 4508 + 609

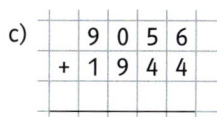

○3 Addiere.

a)
```
  1 2 4 5
+     8 3 2
```

b)
```
  3 5 6 2
+   1 1 3 8
```

c)
```
  9 0 5 6
+   1 9 4 4
```

d)
```
  4 3 6 1
+   5 6 3 9
```

○4 Berechne die Summe schriftlich.
a) 1234 + 4321
b) 3567 + 532
c) 5437 + 824
d) 2546 + 454
e) 6543 + 666
f) 9234 + 770

○5 Hier sind es drei Summanden.

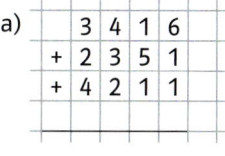

a)
```
  3 4 1 6
+ 2 3 5 1
+ 4 2 1 1
```

b)
```
  3 2 2 5
+ 3 6 6 2
+ 3 1 1 1
```

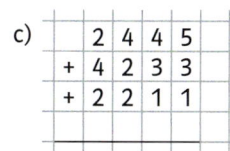

c)
```
  2 4 4 5
+ 4 2 3 3
+ 2 2 1 1
```

d)
```
  1 1 1 1
+ 3 3 3 3
+ 5 5 5 5
```

●6 Berechne die Summe aus drei Zahlen.
a) 4113 + 1314 + 2322
b) 4062 + 2301 + 4222
c) 1234 + 2345 + 3456
d) 2345 + 3456 + 4567

●7 Bilde Paare aus zwei Kärtchen, die zusammen eine Hunderterzahl ergeben.

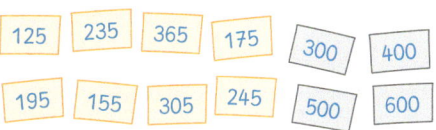

125 235 365 175 300 400
195 155 305 245 500 600

○3 Addiere. Achte auf die Überträge.
a) 134 253 + 43 254
b) 3976 + 5132
c) 10 987 + 5022
d) 8080 + 707
e) 120 021 + 3435
f) 5555 + 445

●4 Schreibe untereinander und berechne.
a) 4163 + 3551 + 2116
b) 2445 + 44 776 + 458
c) 66 666 + 7777 + 888
d) 135 + 2468 + 36 912

●5 Vier der fünf Zahlen auf den Kärtchen ergeben als Summe 10 000.
Tipp: Achte auf die letzten Ziffern.

2623 3212 2502 2124 2041

●6 Die **Bergetappe** eines Radrennens führt über zwei Anstiege zum Ziel. Der erste Anstieg hat 485 Höhenmeter, der zweite 567 Höhenmeter.
a) Wie viele Höhenmeter sind insgesamt zu bewältigen?
b) Der Start liegt auf 1235 m Höhe. Auf welcher Höhe liegt das Ziel?

eine Etappe
ein Teil einer Strecke, nach dem man eine Pause macht

→ Die Lösungen zu „Alles klar?" findest du auf Seite 241.

3 Addieren und Subtrahieren

Tipp! Beim Überschlagen solltest du die Zahlen so runden, dass du im Kopf rechnen kannst.

8 Die Ergebnisse der Aufgaben stehen rechts. Die Reihenfolge ist aber durcheinander geraten.
Ordne den Aufgaben durch Überschlagen die richtigen Ergebnisse zu.

294 + 311	1699
89 + 220	1970
188 + 1208	605
1208 + 491	801
112 + 689	309
1379 + 591	1396

9 Darios Vater ist Pilot und fliegt montags, mittwochs und freitags innerhalb Deutschlands.
In der Tabelle hat er drei Wochen lang die Flugkilometer aufgeschrieben.

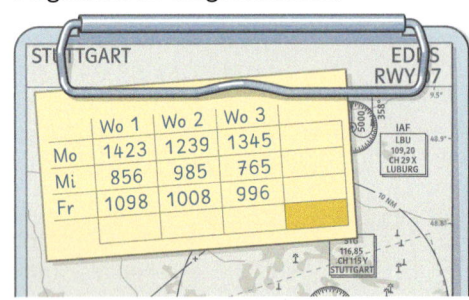

	Wo 1	Wo 2	Wo 3
Mo	1423	1239	1345
Mi	856	985	765
Fr	1098	1008	996

a) 👥 Berechnet die Summen in den drei Spalten und in den drei Zeilen der Tabelle. Teilt euch die Arbeit auf.
b) Was steht im gelben Feld der Tabelle?
c) Warum heißt dieses Feld auch Kontrollfeld?
MK Solche Aufgaben lassen sich sehr gut mit dem Computer bearbeiten.

Tipp! In einer Tabelle stehen die Zeilen waagerecht und die Spalten senkrecht.
```
    S
    P
    A
ZEILE
    T
    E
```

10 **SP** Berechne in deinem Heft.
a) Was erhältst du, wenn du 234 und 456 addierst?
b) Wie groß ist die Summe von 495 und 106?

11 Hier sind noch einige Lücken in den Aufgaben. Ergänze in deinem Heft die fehlenden Ziffern in den Zahlen.

a)
	■	■	7	■
+		4	1	■	6
		7	4	9	8

b)
	3	2	■	7	5
+	1	■	2	8	■
			■	■	
	■	2	3	■	1

7 Beim Einkaufen überlegt Joshua kurz vor der Kasse, ob er sich noch eine Tafel Schokolade für 0,99 € kaufen kann.

Kartoffeln 2,97 € · 0,99 € · 2,99 € · 9,07 € · 1,05 € Zwiebeln · 1,99 € · 0,99 € SCHOKO

In seinem Geldbeutel hat er noch 20 €.
Er schaut in den Einkaufswagen und überschlägt „3 + 1 + 3 + 9 + 1 + 2 + 1 = 19".
Er kauft die Schokolade und erlebt eine Überraschung an der Kasse.
Was hat Joshua nicht bedacht?

8 Bian und Adnan vergleichen die Anzahl der Menschen im Stadion von zwei Spieltagen.

1. Spieltag:	2. Spieltag:
19 673	18 624
15 260	17 720
20 056	21 047
17 123	15 975

An welchem Spieltag kamen mehr Menschen ins Stadion?
a) Runde auf Zehntausender und führe eine Überschlagsrechnung durch.
b) Runde dann auf Tausender und führe eine Überschlagsrechnung durch.
c) Rechne genau.
d) **SP** 👥 Diskutiert die Ergebnisse der Teilaufgaben a) bis c).

12 Annamaria und Paul haben in ihren Rechnungen unterschiedliche **Fehler** gemacht.

Annamaria
	3	4	7	6
+		4	5	2
	7	9	9	6

Paul
	3	2	5	6
+	5	8	5	2
	8	0	0	8

a) Finde die Fehler und verbessere sie.
b) **SP** **Erkläre** die Fehler und gib den beiden einen Tipp für die nächsten Rechenaufgaben.

13 Bilde eine Summe, deren Wert möglichst nahe bei 100 liegt.
Du musst nicht alle Kärtchen verwenden.

21 37 22 24 35 19

14 Die SV plant einen 2 km langen Spendenlauf im Stadtwald.

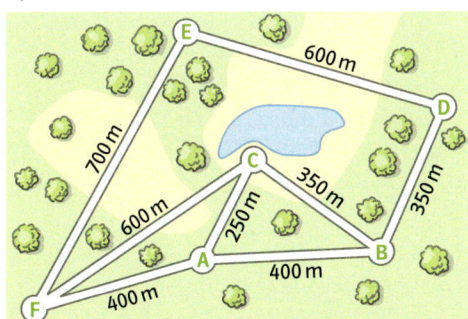

Stelle zwei verschiedene Laufwege zusammen. Findest du auch einen Weg, bei dem Start und Ziel am selben Ort sind?

9 Suche dreimal drei Zahlenkärtchen, die zusammen jeweils genau 500 ergeben.

125 403 372 46 235
111 140 17 51

10 Welche Ringe musst du treffen, um genau auf die Summe 120 zu kommen?
Es gibt viele Möglichkeiten.

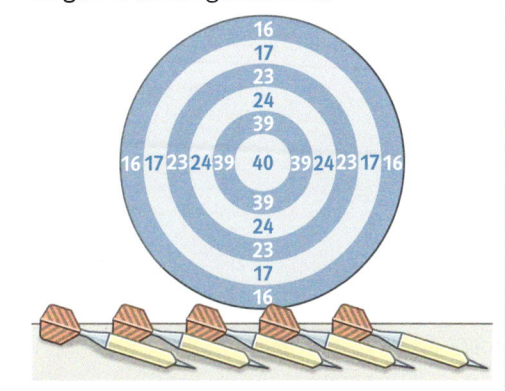

11 **SP**
a) Bilde aus zwei verschiedenen ungeraden Zahlen die Summe 100.
Mache dasselbe mit vier ungeraden Zahlen.
b) **Erkläre**, warum man aus drei oder aus fünf ungeraden Zahlen die Summe 100 nicht bilden kann.

12
a) Die Zahl 10 lässt sich als Summe von vier ungeraden Zahlen berechnen. Es dürfen auch gleiche Zahlen vorkommen.
▪ + ▪ + ▪ + ▪ = 10
Dario behauptet, drei Möglichkeiten gefunden zu haben. Wie viele findest du?
b) Für sehr fleißige Rechner:
Die Zahl 20 kann man als Summe von acht ungeraden Zahlen berechnen.
Es gibt insgesamt elf Möglichkeiten.
Du kannst mit
13 + 1 + 1 + 1 + 1 + 1 + 1 + 1 = 20
beginnen.
Eine weitere Lösung ist
11 + 3 + 1 + 1 + 1 + 1 + 1 + 1 = 20.

3 Subtrahieren

Die Klasse 5a der Wilhelm-Hauff-Schule fährt mit der Bergbahn von der 1346 m hohen Talstation auf die 1649 m hohe Mittelstation. Von dort wandern sie abwärts bis zur 1433 m hoch gelegenen Berghütte.
→ Welchen Höhenunterschied schafft die Bergbahn auf ihrer Fahrt?
→ Wie viele Höhenmeter ist die Klasse abwärts gewandert?

Minuend minus Subtrahend gleich Wert der Differenz
63 − 38 = 25
Differenz

Tipp! Wie im Alphabet kommt zuerst der **M**inuend und dann der **S**ubtrahend.

	T	H	Z	E
	9	3	2	6
−		7	8	1
		1	1	
	8	5	4	5

Größere Zahlen subtrahiert man schriftlich. Mithilfe der Stellenwerttafel wird die Sprech- und Schreibweise erklärt.

Einer: 1 plus 5 gleich 6, schreibe 5
Zehner: 8 plus 4 gleich 12, schreibe 4, übertrage 1
Hunderter: 1 plus 7 gleich 8, 8 plus 5 gleich 13, schreibe 5, übertrage 1
Tausender: 1 plus 8 gleich 9, schreibe 8

Merke

Schriftliches Subtrahieren
Man schreibt die Zahlen stellengerecht untereinander.
Dann beginnt man von rechts, die fehlenden Zahlen zu ergänzen.
Entsteht ein **Übertrag**, so schreibt man ihn in die Spalte links davon.

Beispiele

a)
```
  8 7 5 4
− 4 6 2 3
─────────
  4 1 3 1
```

b)
```
  4 3 6 5
− 1 5 8 2
    1 1
─────────
  2 7 8 3
```

c)
```
  8 7 5 4
−   6 2 3
− 2 3 5 1
    1 1
─────────
  5 7 8 0
```

Probe: Mit der **Umkehraufgabe** kann man das Ergebnis überprüfen:
a) 4623 + 4131 = 8754
b) 1582 + 2783 = 4365
c) 623 + 2351 + 5780 = 8754

1 Subtrahiere schriftlich.

a)
```
  7 5 6
− 3 4 2
```

b)
```
  9 5 7
−   4 6
```

c)
```
  2 0 0 6
− 1 5 0 1
```

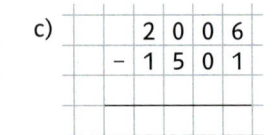

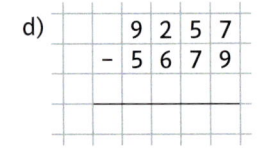

d)
```
  9 2 5 7
− 5 6 7 9
```

○ **2** Subtrahiere schriftlich. Überprüfe dein Ergebnis mit einer Probe.
a) 8636 − 6575   b) 1000 − 566   c) 3654 − 1765   d) 888 − 779

Alles klar?

D20 Fördern

A Subtrahiere.

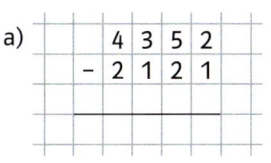

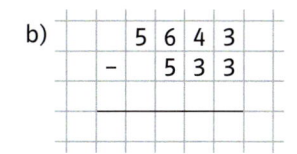

a)
```
  4 3 5 2
− 2 1 2 1
─────────
```

b)
```
  5 6 4 3
−   5 3 3
─────────
```

c)
```
  4 6 3 8
− 3 2 4 2
─────────
```

B Berechne schriftlich. Mache die Probe.
a) 5612 − 450   b) 4990 − 299   c) 1234 − 567

○ **3** Subtrahiere schriftlich. Mache die Probe.
a) 986 − 72   b) 758 − 38
c) 567 − 342   d) 762 − 101
e) 4568 − 245 f) 1489 − 357

● **3** Subtrahiere schriftlich. Mache die Probe.
a) 3579 − 345   b) 9898 − 8769
c) 2255 − 1285   d) 6656 − 848
e) 20 400 − 2040 f) 10 305 − 1035

○ **4** Subtrahiere. Achte auf den Übertrag.
a) 1340 − 335   b) 9704 − 347
c) 588 − 489   d) 646 − 583
e) 2044 − 1206 f) 8000 − 4962

● **4** Setze die Aufgabenfolge um zwei weitere Aufgaben fort.
Schreibe zunächst eine Vermutung auf, wie das Ergebnis der nächsten Aufgabe heißen wird. Rechne dann.
a) 99 999 − 12 345   b) 12 345 − 1234
   88 888 − 12 345   23 456 − 2345
   77 777 − 12 345   34 567 − 3456
   …   …
c) 1111 − 1111   d) 999 − 876
   3333 − 2222   888 − 765
   5555 − 3333   777 − 654
   …   …

○ **5** Berechne die fehlenden Zahlen in deinem Heft.

a) Start: 100, Schritte: −25, −10, −25, −15, −40, −35, −45, Ende: 1

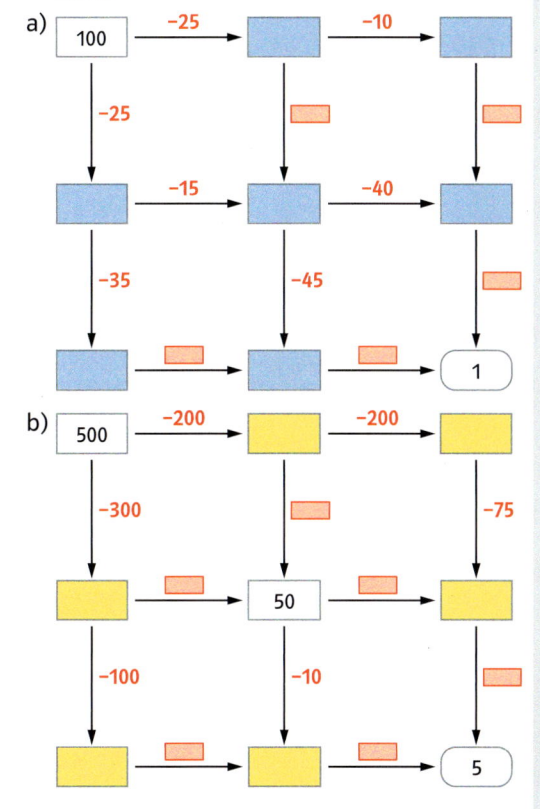

b) Start: 500, Schritte: −200, −200, −300, −75, 50, −100, −10, Ende: 5

● **5** Wo steckt der **Fehler**?

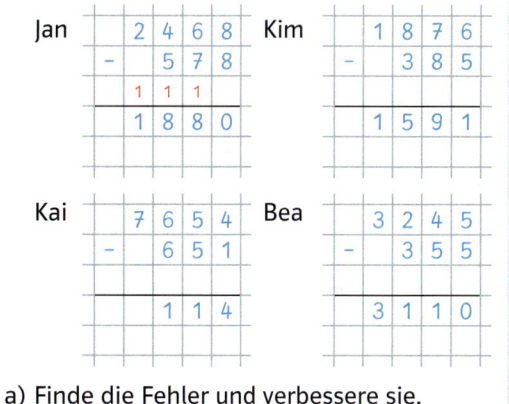

Jan:
```
  2 4 6 8
−   5 7 8
  1 1 1
─────────
  1 8 8 0
```

Kim:
```
  1 8 7 6
−   3 8 5
─────────
  1 5 9 1
```

Kai:
```
  7 6 5 4
−   6 5 1
─────────
    1 1 4
```

Bea:
```
  3 2 4 5
−   3 5 5
─────────
  3 1 1 0
```

a) Finde die Fehler und verbessere sie.
b) SP **Beschreibe** die Art der Fehler.
c) SP **Formuliere** einen Tipp, der hilft, Fehler zu vermeiden.

→ Die Lösungen zu „Alles klar?" findest du auf Seite 242.

3 Addieren und Subtrahieren

6 Übertrage die Tabelle ins Heft. Rechne.

−	99	999	100	101
99 999	■	■	■	■
9999	■	■	■	■
10 001	■	■	■	■
1001	■	■	■	■

Tipp! Beim Überschlagen solltest du die Zahlen so runden, dass du im Kopf rechnen kannst.

7 Überschlage zuerst, berechne dann.

a)
```
    9 8 8
  − 6 2 3
  − 1 3 2
```

b)
```
    5 7 7 3 6
  −   2 3 1 2
  −     1 4 2
```

c)
```
    1 0 0 0 0
  −     8 8 8 8
  −       2 2 2
```

d)
```
    9 9 9 9 9
  −     7 7 7 7
  −       2 2 2
```

8 MK Die Grafik zeigt die Entwicklung der Geburtenzahlen in der Bundesrepublik Deutschland für die Jahre 2008 bis 2016.

Geburten:
- 2008: 682 514
- 2010: 677 947
- 2012: 673 544
- 2014: 714 927
- 2016: 792 141

a) Wie groß war der Anstieg von 2014 nach 2016?
b) Berechne die Abnahme der Geburtenzahlen von 2008 nach 2010.
c) Gib von Zeitabschnitt zu Zeitabschnitt an, ob die Zahlen zu- oder abgenommen haben.
d) Berechne für jeden Zeitabschnitt die jeweilige Änderung.
e) In welchem Zeitabschnitt war der Anstieg am größten, in welchem die Abnahme?

Tipp! zu Aufgabe 8
Die Grafik stellt die Entwicklung über 8 Jahre dar. Ein Zeitabschnitt ist jeweils ein Teil der gesamten Zeit. Dies sind hier immer zwei Jahre, zum Beispiel 2008 bis 2010.

6 Berechne die fehlenden Zahlen in deinem Heft.

−	765	800	■	■
98 765	■	■	■	■
■	■	9000	■	■
9865	■	■	9165	■
9765	■	■	■	9705

7 Überschlage zuerst, schreibe die Zahlen dann stellengerecht untereinander und berechne.
a) 1235 − 345 − 234
b) 46 789 − 2345 − 276
c) 10 976 − 111 − 222 − 333
d) 12 345 − 1234 − 123 − 12 − 1

8 Übertrage die Aufgabe in dein Heft und ergänze die fehlenden Ziffern.

a)
```
    6 0 5 ■
  − 1 3 ■ 2
  − 2 ■ 1 3
    ■ 2 0 4
```

b)
```
    9 5 3 1
  − ■ 7 5 3
  − 1 ■ 3 5
  −     2 4 ■
    6 3 ■ 3
```

9 Welche Aufgabe gehört zu welchem Lösungsweg?

Aufgabe A: 34 500 − 4350
Aufgabe B: 34 500 − 3350
Aufgabe C: 44 500 − 4350

Paulin: 34 500 − 3000 − 350
Tim: 44 500 − 4500 + 150
Simon: 34 500 − 4000 − 350
Annegret: 44 500 − 4000 − 350
Anna-Maria: 34 500 − 3500 + 150

SP Suche dir einen Lösungsweg aus und **beschreibe** ihn.

10 SP Schreibe die Aufgabe in dein Heft und löse sie.
a) Berechne die Differenz von 345 und 127.
b) Wie groß ist der Unterschied zwischen 333 und 222?
c) Wie viel fehlt von 34 bis 200?
d) Subtrahiere von 2000 die Zahl 999 und subtrahiere vom Ergebnis die Zahl 1.

3 Addieren und Subtrahieren

9 In dieser Grafik sieht man die fünf beliebtesten Hunderassen Deutschlands.

In und Out: Deutschlands beliebteste Hunderassen

Anzahl Welpen

	Deutscher Schäferhund	Dackel	Deutsch Drahthaar	Labrador Retriever	Golden Retriever
2014:	12 786	6 171	3 013	2 711	2 265
2004:	20 352	8 070	3 117	1 850	1 730

a) Um wie viele Tiere ist die Anzahl der Schäferhunde in den Jahren von 2004 bis 2014 zurückgegangen?
b) Die Beliebtheit welcher Hunderasse hat in dem Zeitraum von 2004 bis 2014 am stärksten zugenommen?
c) Wie kannst du ohne zu rechnen aus der Grafik ablesen, ob die Anzahl der Hunde insgesamt in den angegebenen Jahren zugenommen oder abgenommen hat?
Begründe deine Antwort.

ein Wolkenkratzer
ein sehr hohes Gebäude, das fast bis in die Wolken reicht

Tipp!
(Diagramm mit ZEILE, DIAGONALE, SPALTE)

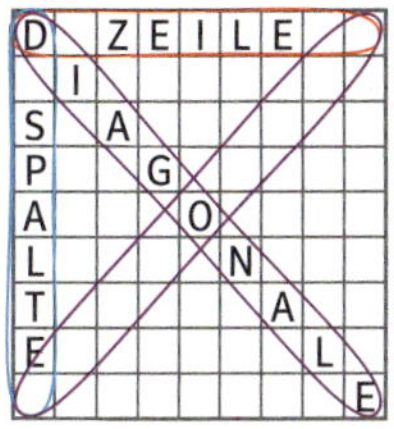

10 Man kann Zahlen in einem Quadrat so anordnen, dass die Summe in allen Zeilen, Spalten und Diagonalen immer gleich ist, es ist die **magische Zahl**.
Ergänze die fehlenden Zahlen. Übertrage die unvollständigen Quadrate in dein Heft und vervollständige sie.
Bestimme zuerst die magische Zahl.
Die Zahlen in Teilaufgabe b) sind aufeinanderfolgend von 1 bis 16.

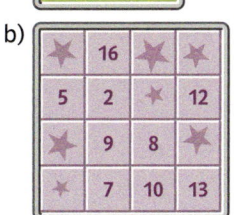

a)
	6	
★	5	2
	4	7

b)
	16		
5	2		12
	9	8	
	7	10	13

11 Übertrage die Aufgabe in dein Heft und ergänze die fehlenden Ziffern.

a)
```
  ■ 5 0 2
-   8 ■ 6
-     4 ■
  6 ■ 1 7
```

b)
```
  ■ 7 5 3 1
-   ■ 7 5 3
-   1 ■ 3 5
-     2 4 ■
  8 6 3 ■ 3
```

12 In der Grafik sind einige der höchsten **Wolkenkratzer** der Welt abgebildet.
a) 1931 war das Empire State Building mit 381 m das höchste Gebäude.
Vergleiche seine Höhe mit der Höhe des Burj Khalifa in Dubai.
b) 2018 wurde der Bau des Jeddah Tower in Saudi Arabien gestoppt.
Es sollte das höchste Gebäude der Welt werden und das Burj Khalifa um 179 m überragen.
Wie hoch wäre der Jeddah Tower?
Um wie viele Meter wäre er höher gewesen als das 2014 fertiggestellte neue One World Trade Center, das 541 m hoch ist?

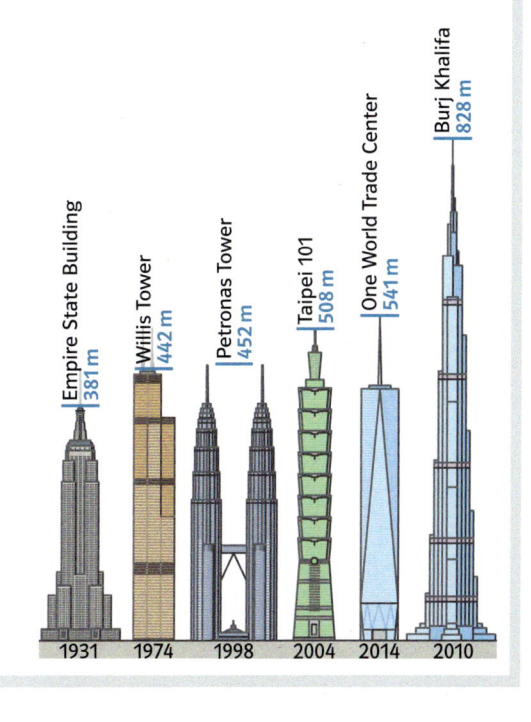

Empire State Building	Willis Tower	Petronas Tower	Taipei 101	One World Trade Center	Burj Khalifa
381 m	442 m	452 m	508 m	541 m	828 m
1931	1974	1998	2004	2014	2010

4 Klammern

Frau Moll von der Straßenbahngesellschaft notiert, wie viele Personen einsteigen und aussteigen. Am Hainweg startet die Straßenbahn der Linie 4 mit 24 Fahrgästen. Im Amselweg steigen 5 Personen aus und 12 steigen zu. In der Drosselgasse kommen 4 Fahrgäste dazu und 17 steigen aus. In der Lerchengasse verlassen 14 Personen die Bahn und 7 steigen zu. In der Hornusstraße steigen 11 Leute aus.

→ Wie viele Fahrgäste befinden sich in der Straßenbahn auf der Fahrt von der Drosselgasse zur Lerchengasse?
→ Was hat es mit der Haltestelle Hornusstraße auf sich?
→ Was könnt ihr sonst noch alles berechnen? Es gibt viele Möglichkeiten.

Klammern legen die Reihenfolge beim Berechnen eines Rechenausdrucks fest.

Merke **Klammerregeln**
Enthält ein Rechenausdruck Klammern, so muss man das, was in der Klammer steht, zuerst berechnen.
Kommt in einem Rechenausdruck in einer Klammer eine weitere Klammer vor, so berechnet man die innere Klammer zuerst.

Beispiele

a) von links nach rechts:
23 − 11 + 16
= 12 + 16
= 28

b) Klammer zuerst:
45 − (12 + 13)
= 45 − 25
= 20

c) Klammer zuerst:
23 − (50 − 35)
= 23 − 15
= 8

d) innere Klammer zuerst:
18 − (12 − (4 − 3))
= 18 − (12 − 1)
= 18 − 11
= 7

1 Berechne. Beachte die Rechenregeln.
a) 55 − 25 + 15
b) 55 − (25 + 15)
c) 63 − 22 − 12
d) 63 − (22 − 12)

2 Berechne. Achte auf die Klammerregeln.
a) 37 + (28 + 12) + 110
b) 76 − (22 + 11 + 7)
c) 14 + 7 − (8 + 2)
d) 115 − (10 + (18 − 13))

Alles klar?

D21 Fördern

A Berechne.
a) 30 − 15 + 10
b) 23 − (14 + 8)
c) 24 + 32 − 16
d) 41 + (20 − 13)

B Berechne.
a) 42 − (11 + 12 + 13)
b) 34 − (15 − 3 + 6)
c) 100 − (50 − (7 − 4))

→ Die Lösungen zu „Alles klar?" findest du auf Seite 242.

3 Addieren und Subtrahieren

○**3** Achte auf die Klammern.
 a) 10 + (5 + 1)   b) (14 + 6) + 9
   10 + (5 − 1)   4 + (26 + 3)
   10 − (5 + 1)   (9 + 21) − 19
   10 − (5 − 1)   6 + (17 − 15)

○**4** Berechne mit und ohne Klammer. Vergleiche.
 a) 12 − 5 + 3   b) 34 − 12 − 7
   12 − (5 + 3)   34 − (12 − 7)
 c) 33 + 7 − 4   d) 49 + 21 + 5
   33 + (7 − 4)   49 + (21 + 5)

eine Klammer setzen
eine Klammer …
• eintragen
• ergänzen
• dazuschreiben

○**5** SP Berechne. Was fällt dir auf?
 a) 42 − 14 − 13 − 6   b) 67 − 23 − 18 − 11
   42 − (14 + 13 + 6)   67 − (23 + 18 + 11)

○**6** Hier kommen zwei Klammern vor.
 a) 25 + (12 − 11) − (10 + 5)
 b) 49 − (24 − 13) − 5 − (20 − 8)

○**7** Hier gibt es innere und äußere Klammern. Markiere die innere im Heft. Rechne dann.
 a) 18 + (12 + (10 − 5) + 15)
   12 + (22 − (17 − 6) + 21)
   39 + (32 + (3 + 8) − 14)
 b) 100 − (75 + (25 − 24) + 10)
   100 − (75 − (25 + 24) + 10)
   100 − (75 + (25 − 24) − 10)

●**8** Hier fehlt eine Klammer, damit das Ergebnis stimmt.
 a) 54 − 18 − 9 = 45
 b) 15 − 11 + 4 = 0
 c) 100 − 50 − 25 − 35 = 40

●**9** 👥 Ihr habt vier Zahlen, zwei Plus-Zeichen, zwei Minus-Zeichen und eine Klammer. Bildet einen Rechenausdruck mit einer Klammer. Ihr müsst nicht alle Kärtchen verwenden.

 [6] [3] [−] [ )] [+]
 [2] [5] [( ] [+] [−]

 a) Bildet einen Ausdruck, der Null ergibt.
 b) Bildet einen Ausdruck, der Eins ergibt.
 c) Überlegt euch eigene Rechenausdrücke und berechnet gegenseitig ihren Wert.

○**3** Berechne.
 a) 50 + (30 + 20)   b) 8 + (5 + 2) + 1
   50 + (30 − 20)   9 + (7 − 2) + 4
   50 − (30 + 20)   20 − (5 + 2) + 3
   50 − (30 − 20)   18 − (9 − 4) − 5

●**4** Berechne.
 a) 88 + (55 − 33) − 11 + (22 − 3)
 b) (88 + 55) − 33 − (11 + 22) − 3
 c) 88 − (55 + 33) + 11 + (22 − 3)
 d) 88 − (55 − 33) + 11 − (22 − 3)

●**5** Durch unterschiedliches Setzen einer **Klammer** erhält der Rechenausdruck
 150 − 50 + 35 − 25 + 12 − 5
 verschiedene Werte.
 a) Setze eine Klammer auf drei verschiedene Arten und rechne. Vergleiche die Ergebnisse.
 b) 👥 Wie viele verschiedene Ergebnisse schafft ihr?

●**6** Achte auf die inneren Klammern.
 a) 45 + (27 − (12 + 3) + (13 + 5) + 1)
   99 + (7 − (12 − 8) − (3 − 2) − 1)
   25 − (17 − (2 + 3) + (7 + 2) + 1)
 b) 200 + 36 − ((26 + 13) + (13 + 5) − 11)
   200 + ((36 − 26) + (13 + 13) + 5) + 11
   200 − (36 − (26 − 13) + (13 − 5) + 11)

●**7** 👥 Ihr habt vier Zahlen, ein Plus-Zeichen, zwei Minus-Zeichen und eine Klammer für Rechenausdrücke.

 [8] [2] [−] [ )]
 [−] [14] [( ] [+] [9]

 a) Bildet einige Rechenausdrücke und berechnet gegenseitig ihren Wert. Ihr müsst nicht immer alle Kärtchen verwenden.
 b) Wer schafft den Ausdruck mit dem kleinsten Wert?

●**8** Ersetze das Kästchen durch das Zeichen >, = oder <.
 a) 111 − 55 − 11 + 25 ▪ 111 − (55 − 11) + 25
 b) 90 + 36 − 18 − 4 ▪ 90 + (36 − 18) − 4
 c) 50 − (30 − 20) + 15 ▪ 50 − 30 − 20 + 15
 d) 150 − (115 − 10) − 5 ▪ 150 − 115 − (10 − 5)

10 Größer, kleiner oder gleich? Setze >, < oder =.
a) 40 + 24 − 16 ▪ 40 + (24 − 16)
b) 45 − (18 + 17) ▪ 45 − 18 + 17
c) 36 − 24 − 12 ▪ 36 − (24 − 12)
d) (30 − 15) − 11 ▪ 30 − 15 − 11

11 Jeweils drei Kärtchen gehören zusammen. Schreibe sie in dein Heft.

25 + (7 − 3)   25 − 7 − 3
25 + 7 − 3   15   29   21
25 − (7 + 3)   25 − (7 − 3)   25 − 7 + 3

12 Setze eine Klammer, damit die Rechnung stimmt.
a) 50 + 22 − 12 = 60   b) 50 − 22 − 12 = 40
c) 50 − 22 + 12 = 16   d) 50 + 22 + 12 = 84

13 MK Die Autobahn A7 führt von Füssen nach Flensburg. Schau dir die Strecke im Atlas an. Die Tabelle zeigt die Längen einiger **Streckenabschnitte** auf der A7.

von	nach	Entfernung
Füssen	Ulm	128 km
Ulm	Würzburg	165 km
Würzburg	Kassel	209 km
Kassel	Hamburg	296 km
Hamburg	Flensburg	154 km

a) Auf welchem Abschnitt steht das unten abgebildete Schild?
b) Schätze die Länge der gesamten Strecke und berechne sie danach.
c) Wie weit ist es von Ulm nach Hamburg?
d) Ist die Strecke von Füssen nach Kassel länger als die Strecke von Kassel nach Flensburg?

ein Streckenabschnitt
ein Teil einer Strecke

9 74 − (34 + 10) + 20 = 50
a) Ändere ein Rechenzeichen so, dass der neue Rechenausdruck um 20 größer wird.
b) Verschiebe die Klammer so, dass der neue Rechenausdruck um 20 größer wird.

10 SP Schreibe zuerst einen Rechenausdruck mit Klammern und berechne dann seinen Wert.
a) Subtrahiere von 500 die Summe von 110 und 35.
b) Addiere die Differenz von 48 und 36 und die Zahl 30.
c) Subtrahiere von der Summe der beiden Zahlen 55 und 45 die Differenz dieser beiden Zahlen.
d) Subtrahiere von der Differenz von 45 und 25 die Differenz der jeweils um 20 kleineren Zahlen.

11
a) Berechne die drei Aufgaben.
A 120 + (20 + 30) − (40 + 15)
B (49 − 24) + 75 + (65 − 55)
C 23 + (98 − 28) − 35 − (8 + 18)
b) Welche Klammern kann man auch weglassen? **Überprüfe** deine Vermutung durch Rechnen.
c) SP Kannst du eine Regel **erkennen**, wann man die Klammer weglassen darf? Schreibe die Regel auf.

12 Ergänze die fehlende Zahl.
a) 12 + (▪ − 17) = 15
b) 60 − (12 + ▪) = 30
c) ▪ − (33 − 13) = 10
d) (36 + 14) − ▪ = 22
e) (46 − 25) − ▪ = 10
f) (22 − ▪) + 22 = 34

13 Setze eine Klammer so, dass der Rechenausdruck 135 − 21 + 12 − 10 + 25 − 13
a) möglichst groß wird.
b) möglichst klein wird.
c) genau den Wert 100 hat.
d) SP Wie ändern sich die Teilaufgaben a) und b), wenn du nicht nur eine, sondern auch mehrere Klammern setzen darfst?

5 Terme mit Variablen

Valeska und Roman legen abwechselnd Rechenaufgaben.
→ Wie müssen sie alle Spielsteine legen, damit der Rechenausdruck möglichst groß wird?
→ Bildet weitere Rechenausdrücke und berechnet diese.
→ Valeska und Roman basteln zusätzliche Spielsteine. Sie erfinden einen Jokerstein. Für diesen muss man eine fehlende Zahl einsetzen. Findet ihr die fehlende Zahl? Stellt euch gegenseitig Aufgaben.XXX

111 − 🃏 = 100

Einen Rechenausdruck aus Zahlen und Rechenzeichen nennt man **Term**. Berechnet man den Rechenausdruck, erhält man den **Wert des Terms**.
Ein Term kann aber auch Platzhalter enthalten, die man für eine unbekannte Zahl schreibt. Anstelle eines Symbols, wie zum Beispiel ■, werden oft Buchstaben verwendet.

Merke **Terme** sind Rechenausdrücke. Manche Terme enthalten neben Zahlen und Rechenzeichen auch Platzhalter. Einen Platzhalter, den man anstelle einer Zahl verwendet, nennt man **Variable**. Möchte man den **Wert eines Terms** mit Variablen berechnen, muss man für die Variable eine Zahl einsetzen.

Beispiele
a) Term ohne Variable: $11 - 4$; $3 \cdot 12$; $25 : 5$; $17 + (4 - 2)$
b) Variablen: a; b; c; d; x; y; …; ■; …
c) Term mit einer Variable: $x + 10$; $16 - y$; $14 - (a + 1)$
d) Wert des Terms berechnen: für $x = 2$ $x + 10 = 2 + 10 = 12$
   für $y = 8$ $16 - y = 16 - 8 = 8$

○ 1 Setze für die Variable die Zahl 5 ein. Berechne den Wert des Terms.
a) $83 + x$
b) $y - 3$
c) $7 + (8 - t)$
d) $29 - (a + 13)$
e) $9 - (12 - (16 - b))$
f) $(9 - (6 - m)) + 10$

○ 2 Setze für die Variable nacheinander die Zahlen 4; 9 und 13 ein. Schreibe die Ergebnisse in eine Tabelle.
a) $x + 17$
b) $23 - x$
c) $4 + x - 8$
d) $100 - (x + 5)$
e) $x + x$
f) $x + 43 - x$
g) $x + (43 - x)$
h) $20 - (13 - x)$

x	4	9	13
a) x + 17	21	■	■
b) 23 − x	■	■	■
⋮	⋮	⋮	⋮

ein Preisnachlass
• eine Preissenkung
• ein Rabatt

○ 3 SP 👥 Ordnet jedem Satz einen Term zu. **Erklärt** euch gegenseitig, wofür die Variable x steht.
a) Pascal darf von 3 € einen **Preisnachlass** abziehen.
b) Zu den drei Personen im Bus steigen weitere ein.
c) Toni muss heute drei Pferdeboxen weniger ausmisten.
d) Nele kauft sich zu ihren Armbändern drei dazu.

$x - 3$ $3 + x$
$3 - x$ $x + 3$

3 Addieren und Subtrahieren

○ **4** Formuliere erst eine sinnvolle Frage. Schreibe dann den Term auf und berechne.
a) Finn hat drei Kaninchen und zwei Katzen und einen Hund.
b) In einem Bus sitzen 17 Personen. An der nächsten Haltestelle steigen vier Personen ein und fünf Personen aus.
c) Yana kauft sich von ihren 10 € ein Eis für 2 €, eine Zeitschrift für 3 € und Süßigkeiten für 1 €.

Alles klar?

D22 Fördern

A Berechne den Wert des Terms.
a) $45 + x$ für $x = 4$
b) $y - 21$ für $y = 24$
c) $12 - z$ für $z = 12$
d) $a + a + a - a$ für $a = 5$
e) $27 + (r - 6)$ für $r = 9$
f) $10 - (20 - p)$ für $p = 11$

B Ordne jedem Satz einen Term zu.
a) Der Preis für ein Buch wurde um 8 € gesenkt.
b) Der Fußball kostet jetzt 8 € mehr.
c) Sasha gibt ihrer Schwester von ihren 8 Spielzeugautos einige ab.

$x + 8$ $8 - x$ $x - 8$

○ **5** Berechne den Wert des Terms.

x	1	2	3	4
a) $28 + x$				
b) $28 - x$				
c) $x + x + x + x$				
d) $31 - (10 - x)$				

● **5** Berechne den Wert des Terms.

x	0	1	3	6	12
a) $19 - x - 7$					
b) $20 - (20 - x)$					
c) $19 - (20 - (x + 7))$					
d) $31 - (10 - x) + 2$					

○ **6** Ordne den passenden Term zu.
a) eine Zahl vermehrt um 6 $x + 3$
b) die Differenz von 6 und 3 $3 + 6$
c) 6 vermindert um eine Zahl $6 - 3$
d) die Summe aus 3 und 6 $6 + x$
e) 6 vermehrt um eine Zahl $6 - x$
f) eine Zahl erhöht um 3 $x + 6$

● **6** Schreibe als Term. Achte auf Klammern.
a) die Summe aus 4 und x vermehrt um 6
b) 17 vermindert um die Summe aus 3 und a
c) addiere zu 5 die Differenz von y und 8

● **7** Überlege dir zu dem Term eine Situation aus dem Alltag.
Beispiel: $x - 2$; Ary gibt 2 Euro ab.
a) $20 + x$ b) $30 - x$ c) $x - (7 + 2)$

○ **7** Ordne jeder Streichholz-Figur den richtigen Term für die Umfangsberechnung zu. Wofür stehen die Variablen?

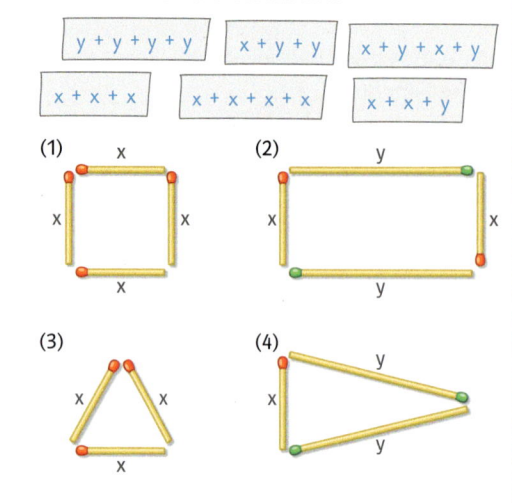

$y + y + y + y$ $x + y + y$ $x + y + x + y$
$x + x + x$ $x + x + x + x$ $x + x + y$

(1), (2), (3), (4)

● **8** Schreibe einen Term für den Umfang auf.
a —— b ——
(1)   (2)

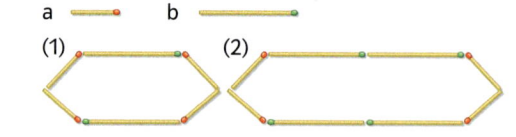

● **9** Fülle die Tabelle aus.

x					
$18 - (x - 4)$	16	14	11	9	2	0

● **10** Wie heißt der Term?

x	1	2	3	4	5	6
a)		7	8	9	10	11	12
b)		10	9	8	7	6	5

→ Die Lösungen zu „Alles klar?" findest du auf Seite 242.

6 Rechengesetze

Beim Kopfrechentraining stellt der Mathematiklehrer folgende kompliziert aussehende Aufgabe:

83 + 84 + 85 + 15 + 17 + 16

Nach kurzem Überlegen meldet sich Luca und nennt das richtige Ergebnis.
→ Hast du eine Idee, wie Luca so schnell gerechnet haben kann?
→ Sammelt verschiedene Vorschläge und besprecht sie miteinander.

Beim Addieren darf man die Summanden vertauschen. Der Wert der Summe ändert sich dabei nicht.

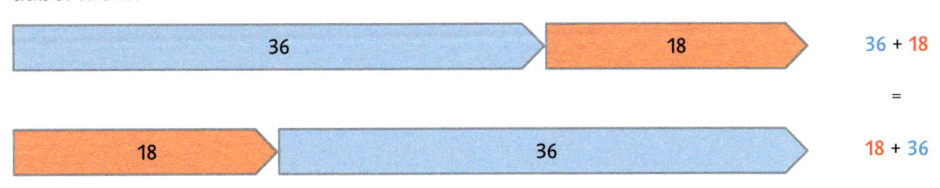

36 | 18   36 + 18
=
18 | 36   18 + 36

Tipp!
Beim Subtrahieren darf man Minuend und Subtrahend **nicht** tauschen.
8 − 6
≠ „ungleich"
6 − 8

Beim Addieren von mehreren Zahlen darf man die Summanden beliebig zusammenfassen.
16 + 23 + 17 = 16 + (23 + 17) = 16 + 40 = 56

Merke

Vertauschungsgesetz (Kommutativgesetz)
In Summen darf man die Summanden vertauschen.   43 + 51 = 51 + 43

Verbindungsgesetz (Assoziativgesetz)
In Summen darf man Klammern beliebig setzen.   37 + (43 + 58) = (37 + 43) + 58

Beispiele

a) 13 + 37
  = 37 + 13
  =   50

b) (23 + 34) + 16
  = 23 + (34 + 16)
  = 23 +   50
  =   73

c) Das Anwenden der Gesetze bringt Vorteile.
  22 + 14 + 23 + 36 + 27
  = 22 + (14 + 36) + (23 + 27)
  = 22 +   50   +   50
  =   122

1 Berechne im Kopf. Vertauschen bringt Vorteile.
a) 7 + 12 + 23   b) 24 + 15 + 36   c) 72 + 24 + 18

2 Setze Klammern so, dass du im Kopf rechnen kannst.
a) 22 + 27 + 23   b) 49 + 11 + 37   c) 24 + 26 + 45 + 55

3 Rechne vorteilhaft.
a) 26 + 13 + 24 + 37   b) 77 + 34 + 66 + 23   c) 11 + 39 + 55 + 16 + 45

Alles klar?

D23   Fördern

A Berechne und vergleiche.
a) 24 + 10 − 5   und   24 + 5 − 10
b) 17 − 10 − 6   und   17 − 6 − 10

→ Die Lösungen zu „Alles klar?" findest du auf Seite 242.

B Berechne vorteilhaft durch Vertauschen von Summanden.
a) 38 + 39 + 12
b) 57 + 26 + 43
c) 66 + 21 + 34

C Setze die Klammern neu, damit du vorteilhaft rechnen kannst. Berechne.
a) (33 + 45) + 55
b) 21 + (36 + 37) + 13
c) (25 + 66) + (34 + 15) + 35

4 Rechne im Kopf. Vertausche Summanden.
a) 35 + 13 + 15
b) 24 + 17 + 76
c) 12 + 7 + 8 + 13
d) 10 + 34 + 16 + 1

5 Berechne und veranschauliche die Rechnung wie im Beispiel.
10 − 3 − 2 = 5

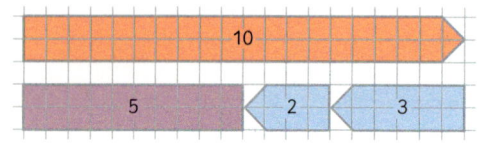

a) 11 − 4 − 3
b) 8 + 3 − 6

6 Setze Klammern, um vorteilhaft rechnen zu können. Berechne.
a) 34 + 23 + 77
b) 11 + 15 + 35 + 47 + 3
c) 94 + 54 + 46 + 66 + 34
d) 33 + 17 + 44 + 6 + 35 + 15

7 SP Emil „vereinfacht" die Aufgabe
35 + 17 − 15 − 13
durch Vertauschen. Er rechnet
35 + 15 − 17 − 13 = 50 − 30 = 20
und erhält als Ergebnis 20.
Karla widerspricht: „Das ist **falsch**, bei Minus darfst du nicht vertauschen. Das richtige Ergebnis ist 24".
Was sagst du zu dem Vorschlag von Emil? Rechne nach.

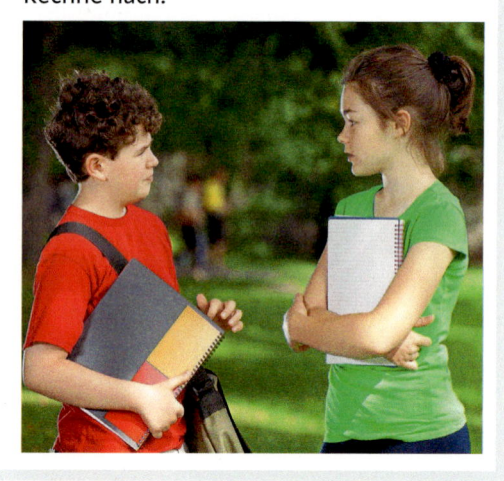

4 SP Formuliere das Vertauschungsgesetz (Kommutativgesetz) und das Verbindungsgesetz (Assoziativgesetz) mithilfe von Variablen.

5 Bei Aufgaben mit vielen Summanden kannst du dir das Rechnen erleichtern. Bilde die Summen aus allen Plus- und allen Minusgliedern und subtrahiere die beiden Summen voneinander.

Beispiel: 23 − 9 + 127 − 34 − 57 − 22
Plusglieder: 23 + 127 = 150
Minusglieder: 9 + 34 + 57 + 22 = 122
150 − 122 = 28

a) 250 − 31 + 42 − 53 − 64 + 37
b) 1000 − 999 + 88 − 77 + 66 − 55

6 Fasse die Subtrahenden zusammen und schreibe die Aufgabe mit Klammer. Berechne wie im Beispiel.

Beispiel:
20 − 10 − 5 − 2 − 1
= 20 − (10 + 5 + 2 + 1)
= 20 − 18 = 2
So kannst du dir Subtraktionen sparen.

a) 25 − 12 − 6 − 3 − 1
b) 100 − 50 − 25 − 12 − 6 − 3 − 1
c) 50 000 − 5 − 50 − 500 − 5000

7 SP Ergänze die Tabelle in deinem Heft. **Untersuche** die Aufgaben, die zu denselben Ergebnissen führen. Welches Rechengesetz kannst du **erkennen**?

+	1	2	3	4	5	a
1	2	▪	▪	▪	▪	1 + a
2	▪	▪	5	▪	▪	▪
3	▪	5	▪	▪	▪	▪
4	▪	▪	▪	▪	▪	▪
5	▪	▪	▪	▪	▪	▪
a	a + 1	▪	▪	▪	▪	▪

Zusammenfassung

Kopfrechnen
Viele Aufgaben kann man leicht im Kopf rechnen. Dazu zerlegt oder ergänzt man die Zahlen geschickt.

105 + 78	105 + 78	105 − 78	105 − 78
= 105 + 75 + 3	= 100 + 5 + 78	= 105 − 75 − 3	= 105 − 80 + 2
= 180 + 3	= 100 + 83	= 30 − 3	= 25 + 2
= 183	= 183	= 27	= 27

Addieren
Zur Addition gehört der Rechenausdruck

Summe

$$15 + 8 = 23$$

1. Summand 2. Summand Wert der Summe

Subtrahieren
Zur Subtraktion gehört der Rechenausdruck

Differenz

$$15 - 8 = 7$$

Minuend Subtrahend Wert der Differenz

Die Subtraktion ist die Umkehrung der Addition.

Schriftliches Addieren und Subtrahieren
Beim schriftlichen Addieren und Subtrahieren schreibt man die Zahlen **stellengerecht untereinander**. Man beginnt von rechts nach links und rechnet Einer mit Einern, Zehner mit Zehnern, …
Entsteht ein **Übertrag**, so schreibt man ihn in die nächste Spalte links.

```
   4 5 7 9          4 5 7 9
 + 8 3 6          − 8 3 6
   1 1 1              1
   5 4 1 5          3 7 4 3
```

Klammern berechnen
Die Klammer wird zuerst berechnet.

$50 - (15 - 8)$
$= 50 - 7$
$= 43$

Eine **innere Klammer** wird vor der **äußeren** berechnet.

$50 - (15 - (12 - 8))$
$= 50 - (15 - 4)$
$= 50 - 11$
$= 39$

Terme mit Variablen
Terme sind Rechenausdrücke. Manche Terme enthalten neben Zahlen und Rechenzeichen auch Platzhalter. Einen Platzhalter, den man anstelle einer Zahl verwendet, nennt man **Variable**.
Möchte man den **Wert eines Terms** mit Variablen berechnen, muss man für die Variable eine Zahl einsetzen.

$13 + 21 = 34$

Term Wert des Terms

Für die Variable **a** die Zahl **3** einsetzen:
$17 - a = 17 - 3 = 14$

Vertauschungsgesetz der Addition (Kommutativgesetz)
In einer Summe dürfen die **Summanden vertauscht** werden.

$15 + 8 = 8 + 15$

Verbindungsgesetz der Addition (Assoziativgesetz)
In einer Summe dürfen **beliebig Klammern** gesetzt werden.

$(15 + 8) + 12$
$= 15 + (8 + 12)$
$= 15 + 20$
$= 35$

Basistraining

1 Addiere im Kopf.
a) 23 + 12
34 + 23
45 + 54
b) 60 + 19
41 + 38
52 + 43
c) 120 + 41
37 + 140
210 + 87

2 Rechne im Kopf.
a) 46 + 19
37 + 56
29 + 67
b) 76 + 45
66 + 75
46 + 97
c) 117 + 64
78 + 123
247 + 94

3 Subtrahiere im Kopf.
a) 24 − 12
35 − 15
55 − 22
77 − 66
b) 67 − 20
82 − 40
98 − 45
59 − 23
c) 137 − 24
168 − 53
247 − 36
199 − 87

4 Rechne im Kopf.
a) 43 − 28
72 − 47
91 − 56
66 − 39
b) 84 − 48
63 − 36
75 − 57
96 − 69
c) 124 − 37
163 − 78
186 − 97
261 − 84

5 Rechne im Kopf.

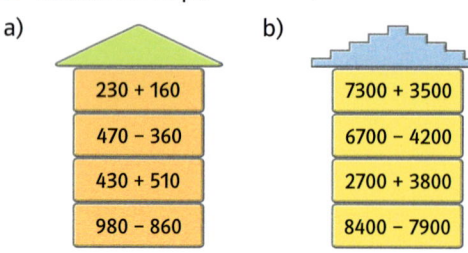

a)
230 + 160
470 − 360
430 + 510
980 − 860

b)
7300 + 3500
6700 − 4200
2700 + 3800
8400 − 7900

6 Addiere schriftlich.
a) 217 + 562
b) 4706 + 2081

7 Achte auf die Überträge.
a) 327 + 578 + 469
b) 789 + 567 + 543
c) 768 + 89 + 673
d) 4768 + 689 + 5673

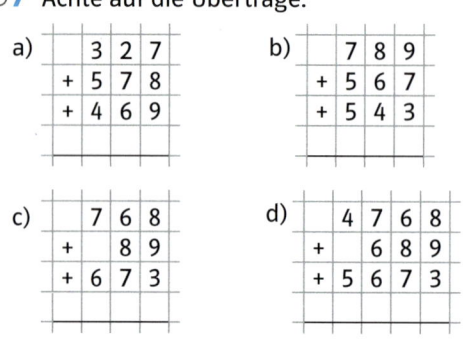

8 Achte auf die Nullen.
a) 4080 + 6705 + 5009
b) 10010 + 8080 + 404
c) 15015 + 606 + 7007
d) 10101 + 9090 + 90909

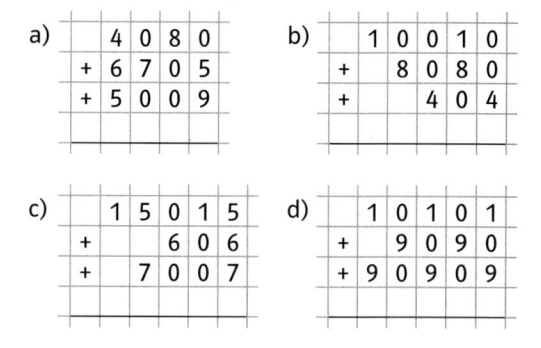

9 Schreibe untereinander und rechne.
a) 2478 + 6403 + 1945
b) 7058 + 279 + 3406
c) 247 + 5004 + 8763
d) 12 538 + 56 + 7049 + 357

10 Ordne die Überschläge richtig zu.

Rechnung:
A 39 + 82
B 68 + 49 + 93
C 21 + 79 + 52
D 76 + 25 + 68
E 138 + 59 + 33
F 17 + 148 + 24

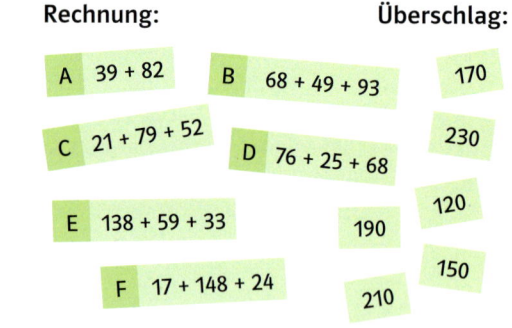

Überschlag:
170, 230, 120, 190, 150, 210

11 Bilde aus je zwei Zahlen eine Summe so, dass alle Summen denselben Wert haben.

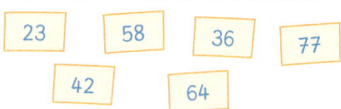

23 58 36 77 42 64

12 Subtrahiere schriftlich.
a) 975 − 234
b) 687 − 541
c) 846 − 715
d) 468 − 247
e) 7658 − 5236
f) 2345 − 432

13 Achte auf die Überträge.

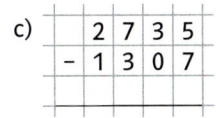

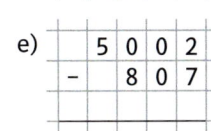

a)
```
  4 3 6
- 3 8 9
```

b)
```
  8 0 7
- 6 5 8
```

c)
```
  2 7 3 5
- 1 3 0 7
```

d)
```
  4 0 2 6
- 3 3 0 7
```

e)
```
  5 0 0 2
-     8 0 7
```

f)
```
  7 0 5 3
- 1 9 6 3
```

14 Setze + oder − richtig ein.
a) 25 ■ 14 = 39
b) 25 ■ 14 = 11
c) 38 ■ 29 = 9
d) 91 ■ 37 = 54
e) 127 ■ 83 = 44
f) 241 ■ 59 = 300

15 Wie heißt die fehlende Zahl?
a) 73 − 56 = ■
b) 104 − 85 = ■
c) 35 + ■ = 66
d) 85 − ■ = 62
e) ■ + 27 = 63
f) ■ − 27 = 63
g) ■ − 59 = 93
h) ■ + 59 = 93

16 Nebeneinander liegende Steine werden addiert. Ergänze.

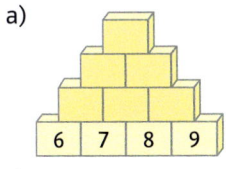

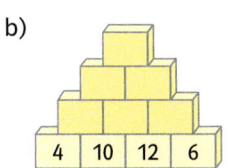

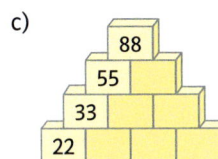

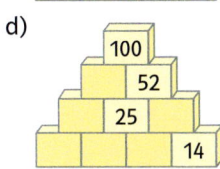

a) Basis: 6, 7, 8, 9

b) Basis: 4, 10, 12, 6

c)
- Spitze: 88
- darunter: 55
- darunter: 33
- Basis: 22, ?, ?, ?

d)
- Spitze: 100
- darunter: 52
- darunter: 25
- Basis: ?, ?, ?, 14

17 Schreibe untereinander in dein Heft und rechne.
a) 5769 + 3428
b) 6543 − 2322
c) 9865 + 578
d) 7548 − 489
e) 6789 + 567 + 43
f) 2487 − 1998
g) 10 402 − 8907
h) 27 586 − 6047

18 Rechne von links nach rechts.
a) 35 + 44 − 29 + 41
b) 67 + 54 − 78 − 39
c) 125 − 76 + 41 − 79
d) 67 − 59 + 88 + 64 − 93
e) 99 − 88 + 77 − 66 + 55 − 44

19 Nutze Rechenvorteile.
a) 23 + 64 + 17
b) 43 + 58 + 27 + 32
c) 59 + 84 + 37 + 36 + 41
d) 67 + 68 + 69 + 31 + 33 + 32
e) 56 + 67 + 29 + 33 + 44 + 71

20 Achte auf die Klammern.
a) 37 + (28 − 19) − 41
b) 87 − (37 + 51 − 29)
c) 19 − (45 − 36) − (78 − 69)
d) 74 + (47 + 39) − (18 + 56)
e) (87 − 66) − (71 − 56) + (39 − 22)

21 Fülle die Leerstelle.

a)
```
  ■ 5 7 3
+ 2 4 0 8
  5 9 8 1
```

b)
```
  5 0 6 2
- 2 ■ 9 7
  2 9 6 ■
```

22 Setze für die Variable x die Zahlen 3; 7 und 25 ein. Berechne den Wert des Terms.
a) x + 9
b) 105 − x
c) 14 + x − 11
d) 89 − (x + 5)
e) x + x + x
f) 22 − (25 − x)

23 Schreibe als Term.
a) die Summe von 31, a und 15
b) eine Zahl vermindert um 2
c) Am Samstag haben 125 Menschen weniger den Zoo besucht als am Sonntag.
d) In einem Karussell fahren 14 Kinder. In der nächsten Runde verlassen 12 das Karussell, aber 15 steigen ein.

24 Die Tabelle zeigt das Ergebnis der Abstimmung zur Schulsprecherwahl der Albert-Einstein-Schule.

Tabea	Lara	Jan	Pia	Tom
97	43	87	112	117

a) Wie viele Schülerinnen und Schüler nahmen an der Wahl teil?
b) Wurden Pia und Tom zusammen von mehr Kindern gewählt als die anderen Drei?

25 Es fehlt eine Klammer. Ergänze.
a) 50 − 15 + 25 = 10
b) 50 − 25 − 15 = 40
c) 50 − 15 + 25 + 5 = 5
d) 50 − 15 − 25 − 5 = 15
e) 50 − 25 − 15 + 5 = 45

Anwenden. Nachdenken

D24 Material zu Aufgabe 26

26 Ein Zahlenspiel für zwei Personen. Gestartet wird mit der Spielfigur auf einem der beiden Startfelder (S) mit 100 Punkten. Wirft man mit dem Würfel eine 1 oder 6, so rückt man ein Feld vor, 2 oder 5, so rückt man ein Feld nach rechts,
3 oder 4, so rückt man ein Feld nach links. Dabei darf man auf jedes Feld nur einmal ziehen. Man würfelt so lange, bis man ziehen kann. Insgesamt muss man zehnmal ziehen. Ziel ist es, möglichst viele Punkte zu sammeln.

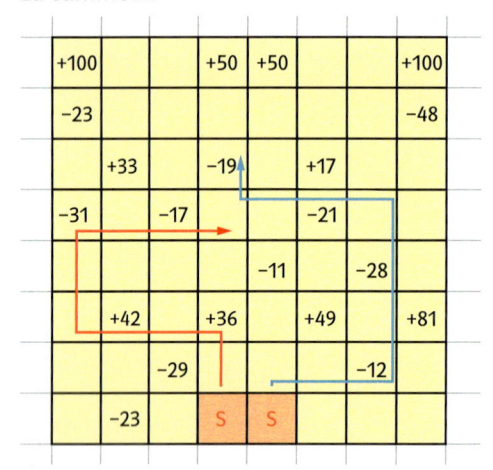

	+100		+50	+50		+100
	−23					−48
		+33		−19	+17	
	−31		−17		−21	
					−11	−28
		+42	+36		+49	+81
			−29			−12
		−23		S	S	

a) Clara (rot) und Malik (blau) haben ihre Spielfigur jeweils zehnmal gezogen. Wie viele Punkte hat Clara, wie viele Punkte hat Malik?
b) Finde den Weg, bei dem man mit den meisten Punkten endet.
c) Finde den Weg, bei dem man mit den wenigsten Punkten endet.
d) Gibt es einen Weg, bei dem man genau mit den gestarteten 100 Punkten endet?
e) 👥 Versucht das Spiel einmal selbst.

27 Aus den Zahlen

   1   3   9   27

kannst du einen Rechenausdruck für die Zahl 22 bilden:
22 = 27 − 9 + 3 + 1
Schreibe möglichst viele Zahlen in dieser Art. Du brauchst nicht immer alle vier Zahlen zu nehmen, aber öfter als einmal darfst du keine Zahl nehmen.

28 In jedem Feld rechts steht die Summe der Zahlen aus den zwei Nachbarfeldern links. Fülle die Leitern im Heft aus.

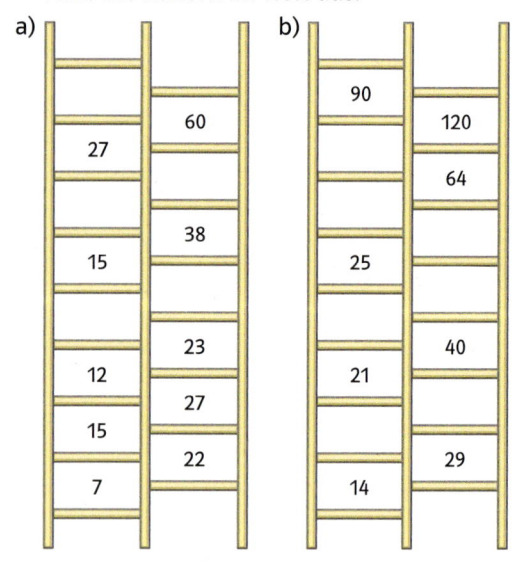

a)

	60
27	
	38
15	
	23
12	
	27
15	
	22
7	

b)

	90
	120
	64
25	
	40
21	
	29
14	

29

				1
1				
	6			
1	5	7		1
2	3	4	5	

a) Überlege, nach welcher Regel die Zahlen in die freien Mauersteine eingetragen werden.
b) Zeichne die Mauer ab und trage die fehlenden Zahlen ein.

30 Fülle die freien Steine aus. Hier kannst du nicht immer von unten nach oben rechnen.

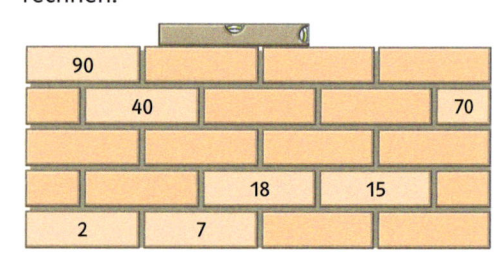

90				
	40			70
			18	15
2		7		

3 Addieren und Subtrahieren

31 👥 Immer zwei Subtraktionsaufgaben und eine Additionsaufgabe gehören zusammen.

165 − 45 = 120
165 − 120 = 45
120 + 45 = 165

Einigt euch, wer eine Subtraktionsaufgabe ausdenkt, aufschreibt und löst, und wer das Ergebnis mit der zugehörigen Additionsaufgabe **überprüft**.

Tipp! Aufgabe 31 hilft.

32 👥 Hier wurden **Fehler** gemacht!
a) 87 − 49 = 47
b) 649 − 384 = 165
c) 781 − 465 = 326
d) 1000 − 568 = 542

Anna korrigiert das Ergebnis.
Bastian sagt: „Ich kann den Fehler auch an der ersten oder zweiten Zahl der Aufgabe korrigieren."
Löst auf beide Arten.

33 Übertrage die Aufgabe in dein Heft und ergänze die fehlenden Ziffern.

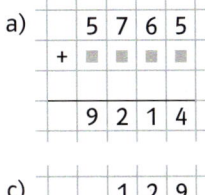

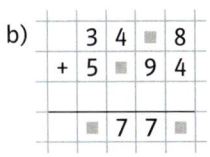

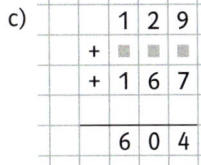

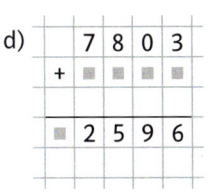

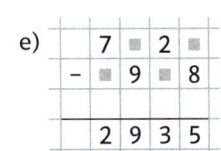

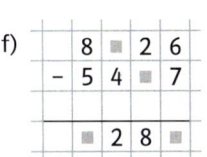

a)
```
    5 7 6 5
  + ▪ ▪ ▪ ▪
    9 2 1 4
```

b)
```
    3 4 ▪ 8
  + 5 ▪ 9 4
    ▪ 7 7 ▪
```

c)
```
    1 2 9
  + ▪ ▪ ▪
  + 1 6 7
    6 0 4
```

d)
```
    7 8 0 3
  + ▪ ▪ ▪ ▪
    ▪ 2 5 9 6
```

e)
```
    7 ▪ 2 ▪
  − ▪ 9 ▪ 8
    2 9 3 5
```

f)
```
    8 ▪ 2 6
  − 5 4 ▪ 7
    ▪ 2 8 ▪
```

34 👥 Gewürfelt wird mit drei Würfeln. Aus den Augenzahlen in beliebiger Reihenfolge wird eine Zahl gebildet.

621   126
612   162
261   216

Nach jedem neuen Wurf wird die Zwischensumme ausgerechnet. Wer nach fünf Würfen mit seiner Summe am nächsten bei 1111 liegt, hat gewonnen.

35 Drei Hits von neuen Stars!
In der Tabelle stehen die gerundeten Download-Zahlen für vier Wochen.

	1	2	3	4
Sad	53000	38000	17000	19000
Late	61000	27000	12000	7000
You	32000	38000	25000	45000

a) Welches Lied hat die meisten Downloads?
b) Aus der Tabelle kannst du noch eine andere Information herauslesen. Welche ist das?

36 SP Julian sagt: „Wenn ich zwei dreistellige Zahlen addiere, ist das Ergebnis immer eine vierstellige Zahl."
Monica widerspricht: „Das Ergebnis ist immer dreistellig."
Was meinst du dazu? Kann das Ergebnis auch fünfstellig sein?

37 MK 👥 Das Bild zeigt das Höhenprofil und die Gehzeit eines Wanderwegs in den Alpen.

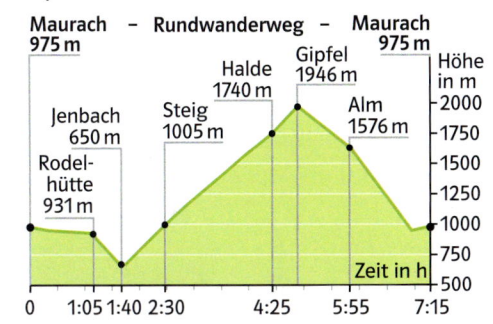

Maurach − Rundwanderweg − Maurach
975 m   975 m
Jenbach 650 m
Rodelhütte 931 m
Steig 1005 m
Halde 1740 m
Gipfel 1946 m
Alm 1576 m
Höhe in m
Zeit in h
0   1:05 1:40 2:30   4:25   5:55   7:15

a) Wie viele Meter Anstieg sind es von Jenbach bis zum Gipfel?
b) Wie viele Höhenmeter muss man steigen, um von Maurach zur Halde zu kommen?
c) Der Wanderweg hat Anstiege und Abstiege. Berechne die Gesamtzahl der Höhenmeter auf den Anstiegen und den Abstiegen.
d) Stellt euch gegenseitig Aufgaben über die Gehzeiten.

38 SP Setze eine Klammer so, dass das Ergebnis richtig wird. Schreibe die Aufgabe dann als Text.
a) 50 − 10 − 5 + 20 = 65
b) 50 − 10 − 5 + 20 = 15
c) 50 − 10 − 5 + 20 = 25

3 Addieren und Subtrahieren

eine Stimme abgeben
bei einer Wahl seine Entscheidung mitteilen

39 Achte beim Rechnen auf die Klammern.
a) 39 − (36 − 33) − 30 + 27 − 24
b) 39 − 36 + 33 − (30 − 27) − 24
c) 39 − (36 − 33 + 30) + 27 − 24
d) 39 − (36 − 33) − (30 − 27) − 24
e) 39 − (36 − 33 + 30) − (27 − 24)
f) 39 − (36 − (33 − 30 + 27 − 24))

40 Hier wurden **Fehler** gemacht.
A 50 − (24 − 15) + 11 = 30
B 100 + (55 − 15) − 32 = 28
C 75 − (30 − 25) − 12 = 8
D 40 − (22 − 12 − 5) = 25
Korrigiere auf zwei Arten:
a) Schreibe das richtige Ergebnis.
b) Ändere ein Rechenzeichen so, dass die Rechnung stimmt.
Prüft gegenseitig nach, ob das Ergebnis jetzt stimmt.

41 SP Schreibe einen Term zum Text.
a) Subtrahiere von 29 die Differenz von 39 und x.
b) Subtrahiere die Differenz von a und 22 von der Differenz von 100 und a.
c) Addiere die Summe von y und 13 zur Differenz von 45 und y.

42 „Wenn ich zusammenfasse, muss ich nur einmal subtrahieren."

Beispiel:
   130 − 13 − 17 − 25
= 130 − (13 + 17 + 25)
= 130 −   55
=   75

a) 125 − 22 − 36 − 14 − 38
b) 99 − 16 − 15 − 20 − 47
c) 111 − 34 − 23 − 15 − 28
d) 123 − 25 − 47 − 15 − 34 − 2

eine Etappe
ein Teil einer Strecke, nach dem man eine Pause macht

43 Im Sportverein fanden Wahlen zur Jugendvertretung statt. 400 Jugendliche gaben ihre **Stimme** ab.

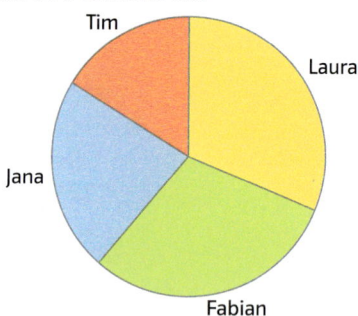

Zur Wahl stellten sich Tim, Jana, Laura und Fabian.
Laura erzählt zu Hause: „Tim hat 65 Stimmen bekommen, Jana 90 Stimmen. Ich habe 5 Stimmen mehr als Fabian bekommen."
Mit wie vielen Stimmen wurde Laura zur Jugendsprecherin gewählt?

44 In den großen Ferien unternimmt Familie Moretti eine Kanutour auf der Donau von Deggendorf nach Wien.
Die Länge der Donau wird von der Mündung her in Flusskilometern gemessen.

Ort	Flusskilometer
Deggendorf	2283
Obernzell	2225
Aschach	2160
Linz	2131
Grein	2075
Melk	2038
Tulln	1968
Wien	1929

a) Wie lang ist die Tour?
b) Welche **Etappe** ist die längste, welche die kürzeste?
c) Wie weit ist die Fahrt noch, wenn die Familie Linz erreicht hat?
d) Zwischen welchen zwei Orten ist die Tour etwa zur Hälfte geschafft?
Schätze, bevor du rechnest.

45 Familie Werner aus Essen hat für den Urlaub ein Wohnmobil gemietet. Im Preis sind 3500 Freikilometer enthalten.
a) Familie Werner sucht Fahrten, die in Essen starten und enden. Bei einer Fahrt möchte die Familie keine Strecke zweimal fahren und die Freikilometer sollen reichen. Hilf Familie Werner dabei. Welche dieser Fahrten ist am längsten?
b) Frau Moretti wohnt in Rom. Sie mietet ein Wohnmobil zu denselben Bedingungen. Welches ist ihre längste Rundtour nur mit Freikilometern?

46 Verwende Terme zum Lösen des Rätsels. Miro sagt: „Meine Mutter ist 23 Jahre älter als ich, aber zwei Jahre jünger als mein Vater. Meine Schwester ist 3 Jahre jünger als ich. Ich werde in zwei Jahren 8. Findest du heraus, wie alt wir sind?"

47 Hier siehst du ein Diagramm mit verschiedenen Daten zu Deutschland. Überlege dir Fragen, die mit dem Diagramm zu beantworten sind. Schreibe eine Frage auf ein Kärtchen und gib sie deinen Mitschülerinnen und Mitschülern zum Beantworten.

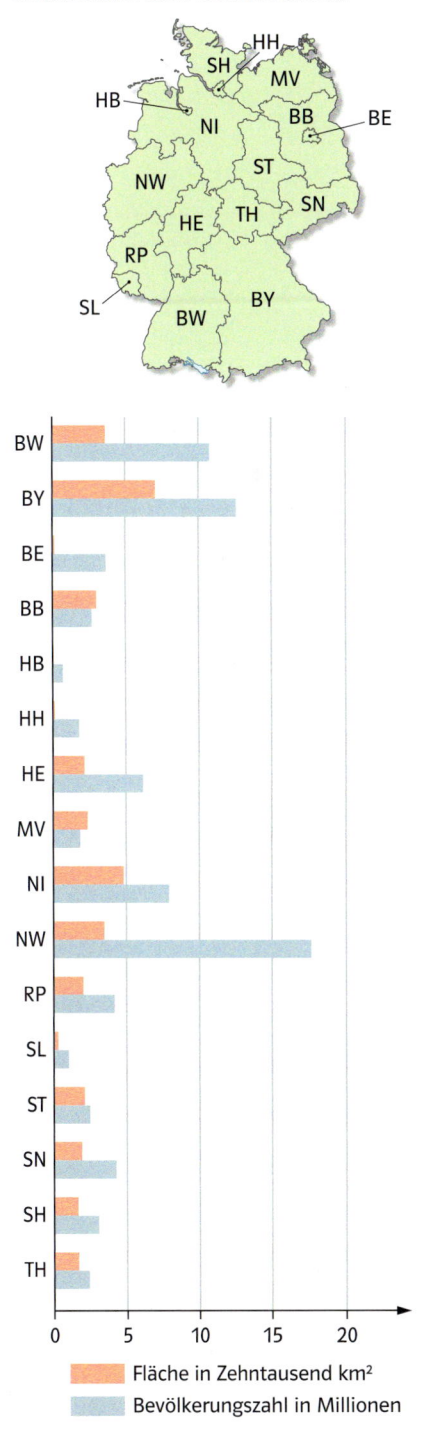

Fläche in Zehntausend km²
Bevölkerungszahl in Millionen

Rückspiegel

D25 Teste dich

1 Rechne im Kopf.
a) 23 + 34
b) 45 + 65
c) 16 + 37
d) 138 + 547
e) 54 − 24
f) 62 − 26
g) 100 − 57
h) 134 − 36

2 Berechne schriftlich.

a)
```
    2 4 6 7
+   4 3 2 2
```

b)
```
    5 9 0 3
+     6 8 8
+     5 1 2
```

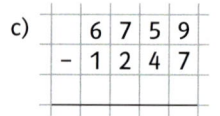

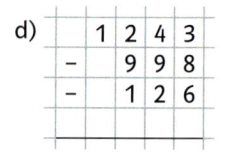

c)
```
    6 7 5 9
−   1 2 4 7
```

d)
```
    1 2 4 3
−     9 9 8
−     1 2 6
```

3 Berechne.
a) 563 + 621 + 728
b) 529 − 237
c) 5109 − 345 − 906

3 Nutze Rechenvorteile.
a) 57 + 25 + 23 + 35
b) 134 + 23 + 77 − 34
c) 111 + 333 + 889 + 667

4 Rechne vorteilhaft.
a) 25 + 34 + 45
b) 17 + 42 + 33 + 28
c) 145 − 76 + 55 − 24
d) 227 + 41 − 7 + 39

4 Fasse geschickt zusammen, bevor du rechnest.
a) 200 − 67 − 25 − 33
b) 165 − 21 − 56 − 19 − 54
c) 340 − 62 − 17 − 38 − 23 − 10

5 Achte auf die Klammer.
a) 45 − (23 + 12)
b) 45 − (23 − 12)
c) 65 + (43 − 34) + 21
d) 65 − (43 − 34) − 21

5 Berechne.
a) 12 + (25 − 16) − (14 − 6)
b) 28 − (13 + 5) − (4 − 3)
c) 49 − (23 − (8 + 4))
d) 120 + (75 − (75 − 25) − 25)
e) 150 − (20 − (15 − 8) + 12)

6 Ersetze das ■ durch das richtige Rechenzeichen.
a) 25 ■ 12 − 8 ■ 5 = 24
b) 50 − (24 ■ 1) = 27
c) (19 ■ 15) ■ 16 = 20

6 Hier fehlt eine Klammer.
a) 34 − 23 + 8 + 3 = 6
b) 12 + 45 − 18 − 5 = 44
c) 72 − 51 − 21 + 18 = 60

7 Bilde aus allen Kärtchen
a) einen Term, der möglichst klein ist.
b) einen Term, der möglichst groß ist.

$\boxed{5}$ $\boxed{4}$ $\boxed{)}$ $\boxed{-}$
$\boxed{+}$ $\boxed{(}$ $\boxed{10}$

7 Schreibe als Term. Berechne dann.
a) Addiere die Summe von 51 und 18 zu der Differenz 23 und 9.
b) Subtrahiere die Differenz von 75 und 62 von der Differenz von 43 und 15.
c) Addiere die Differenz von 33 und 22 zur Differenz von 77 und 66.

8 Berechne den Wert des Terms.

x	3	5	10	14
a) x + 16				
b) 16 − x				
c) 16 − (14 − x)				
d) 16 + (x − 2)				

8 Berechne den Wert des Terms.

x	5	7	14	20
a) x − 5				
b) 50 − (x + 30)				
c) x − (x − 4)				
d) x + (15 − (x − 5))				

→ Die Lösungen findest du auf Seite 242.

4 Multiplizieren und Dividieren

Standpunkt | Multiplizieren und Dividieren

Wo stehe ich?

Ich kann …	gut	etwas	nicht gut	Lerntipp!
A das kleine Einmaleins auswendig,	☐	☐	☐	→ Seite 226
B mehrstellige Zahlen multiplizieren,	☐	☐	☐	→ Seite 227
C im Kopf einfache Zahlen dividieren,	☐	☐	☐	→ Seite 226
D mit Stufenzahlen multiplizieren und durch Stufenzahlen dividieren,	☐	☐	☐	→ Seite 227
E Terme mit Variablen aufstellen,	☐	☐	☐	→ Seite 67
F Aufgaben mit Platzhaltern lösen,	☐	☐	☐	→ Seite 223
G die Regel „Punkt vor Strich" anwenden,	☐	☐	☐	→ Seite 228
H mit Rechengesetzen vorteilhaft rechnen,	☐	☐	☐	→ Seite 69
I beim Multiplizieren und Dividieren Ergebnisse überschlagen,	☐	☐	☐	→ Seite 228
J Sachaufgaben lösen.	☐	☐	☐	→ Seite 228

Überprüfe dich selbst:

D26 Teste dich

A Multipliziere im Kopf.
a) $5 \cdot 8$ b) $4 \cdot 9$ c) $7 \cdot 6$
d) $8 \cdot 7$ e) $9 \cdot 8$ f) $7 \cdot 9$

B Multipliziere schriftlich.
a) $36 \cdot 4$ b) $43 \cdot 7$ c) $52 \cdot 9$
d) $32 \cdot 12$ e) $53 \cdot 19$ f) $74 \cdot 23$

C Dividiere im Kopf.
a) $36 : 9$ b) $48 : 6$ c) $49 : 7$
d) $64 : 8$ e) $77 : 11$ f) $60 : 5$

D Berechne.
a) $62 \cdot 10$ b) $36 \cdot 100$
c) $1230 : 10$ d) $15\,000 : 1000$

E Schreibe einen Term auf.
a) die Summe aus x und 11
b) die Differenz aus 20 und y
c) eine Zahl vermehrt um 7
d) 17 vermindert um a

F Ersetze den Platzhalter.
a) ■ · 7 = 35   b) 12 · ■ = 48
c) ■ : 13 = 3   d) 64 : ■ = 8

G Achte auf die Reihenfolge. Berechne.
a) $5 \cdot 7 + 20$ b) $25 + 10 \cdot 3$
c) $3 \cdot 9 - 4 \cdot 6$ d) $23 + 21 : 3$

H Rechne vorteilhaft.
a) $17 + 44 + 33$ b) $29 + 47 + 41 + 53$
c) $123 + 45 + 77$ d) $81 + 18 + 119$

I Ordne die Überschläge zu.

Rechnung	Überschlag
(1) $28 \cdot 11$	800 B 100 C
(2) $816 : 8$	
(3) $41 \cdot 98$	300 D 4000 A
(4) $7218 : 9$	

J Die Klassen 5a und 5b besuchen den Zoo. Die 5a hat 25 Schülerinnen und Schüler. Der Eintritt kostet pro Kind 5,00 €. Die Begleitpersonen sind frei.
a) Wie viel Euro Eintritt zahlt die Klasse 5a insgesamt?
b) Die Klasse 5b zahlt an der Kasse insgesamt 155 €. Wie viele Schülerinnen und Schüler sind in der 5b?

→ Die Lösungen findest du auf Seite 243.

4 Multiplizieren und Dividieren

1 Die vier fünften Klassen der Schillerschule veranstalten eine Klassenstufenparty und haben 7 Bleche mit Berlinern eingekauft. Wie viele Berliner sind das? Zähle geschickt.

2 Sechs Eltern bringen jeweils einen Kasten Sprudelwasser mit. Wie viele Flaschen Wasser wurden beschafft?

3 Für die Party wurden auch drei Kisten Orangen eingekauft. Wie viele sind das? Zähle geschickt. Überlegt zu zweit, wie viele Packungen Äpfel ihr kaufen würdet. Tauscht euch in der Klasse aus.

Ich lerne,

- wie man sicher im Kopf rechnet,
- wie man Zahlen multipliziert und dividiert,
- wie man Rechengesetze vorteilhaft anwendet,
- was Potenzen sind,
- welche Reihenfolge der Rechenarten beim Berechnen von Rechenausdrücken beachtet werden muss,
- welche Bedeutung Klammern in Rechenausdrücken haben,
- wie man mit einem Tabellenkalkulationsprogramm Rechnungen durchführen kann.

1 Kopfrechnen

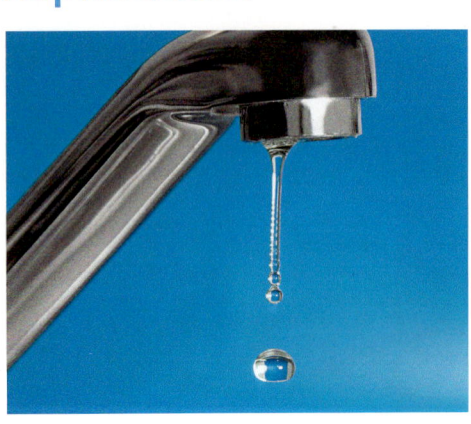

Pauline beobachtet einen tropfenden Wasserhahn. Dabei zählt sie in einer Minute 20 Tropfen.
→ Berechne die Anzahl der Tropfen nach einer Stunde.
→ Faisal hat einen anderen tropfenden Wasserhahn beobachtet. Er zählt in einer halben Stunde 240 Tropfen.
Klärt zu zweit, wie viele Tropfen aus diesem Wasserhahn pro Minute tropfen.

Beim Multiplizieren und Dividieren lassen sich viele Aufgaben einfach im Kopf rechnen.

Merke Um **im Kopf multiplizieren** oder **dividieren** zu können, zerlegt man die Zahlen sinnvoll.

Beispiele

a) Multiplikation
$14 \cdot 9 = \underline{10 \cdot 9} + \underline{4 \cdot 9}$
$ = 90 + 36$
$ = 126$

b) Division
$96 : 8 = \underline{80 : 8} + \underline{16 : 8}$
$ = 10 + 2$
$ = 12$

Halbschriftliche Rechnung

1	4	·	9	=	■	■
1	0	·	9	=	9	0
	4	·	9	=	3	6
1	4	·	9	=	1	2	6

Halbschriftliche Rechnung

9	6	:	8	=	■	■
8	0	:	8	=	1	0
1	6	:	8	=		2
9	6	:	8	=	1	2

c) Zerlege die Zahlen möglichst sinnvoll und berechne sie im Kopf.
$92 \cdot 8 = 90 \cdot 8 + 2 \cdot 8$
$ = 720 + 16 = 736$

d) In manchen Fällen ist es vorteilhaft, auf den nächsten Zehner aufzurunden und anschließend zu subtrahieren.
$19 \cdot 7 = 20 \cdot 7 - 1 \cdot 7$
$ = 140 - 7 = 133$

Tipp!

die Multiplikation
- multiplizieren
- ■ mal ■
- vervielfachen mit
- das ■-Fache
- das Produkt aus

die Division
- dividieren
- ■ durch ■
- teilen durch
- der ■. Teil
- der Quotient aus

1 Multipliziere im Kopf.
a) 8·5   b) 9·4   c) 8·7   d) 8·9
e) 7·6   f) 4·8   g) 5·9   h) 11·7

2 Dividiere im Kopf.
a) 42:6   b) 63:7   c) 72:8   d) 81:9
e) 42:7   f) 21:3   g) 45:5   h) 77:7

Alles klar?

D27 Fördern

A Multipliziere im Kopf.
a) 7·8   b) 9·6   c) 12·3   d) 11·5

B Dividiere im Kopf.
a) 24:6   b) 49:7   c) 56:8   d) 72:9

→ Die Lösungen zu „Alles klar?" findest du auf Seite 243.

4 Multiplizieren und Dividieren

3 Rechne im Kopf.
a) 5 · 8
4 · 9
8 · 11
12 · 3
13 · 4
15 · 3

b) 35 : 7
42 : 6
63 : 7
48 : 8
56 : 8
72 : 9

c) 5 · 12
77 : 7
7 · 12
64 : 4
12 · 8
84 : 6

4 Die Luftballons verraten dir den Lösungssatz.

9 · 5
12 · 4
15 · 5
16 · 4
5 · 18
14 · 7

32 : 8
36 : 6
63 : 7
60 : 5
99 : 9
96 : 12

Ballons: T Ü L E I H N / F D B I R
Zahlen: 9, 45, 75, 11, 64, 6, 4, 90, 12, 48, 98, 8

5 Rechne halbschriftlich.
a) 21 · 7
31 · 5
41 · 6
52 · 3
61 · 6
82 · 4

b) 9 · 17
9 · 24
19 · 7
29 · 8
39 · 6
79 · 5

6 Zwei nebeneinander liegende Zahlen werden multipliziert.
a) 2, 3, 4
b) 3, 5, 4

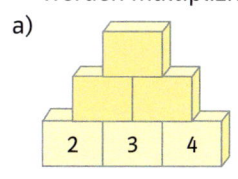

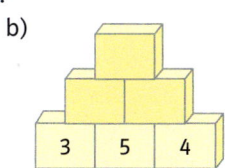

7 Löse im Heft.
a) 5 · 7 = ▪
50 · 7 = ▪
500 · 7 = ▪
5000 · 7 = ▪
50000 · 7 = ▪

b) 9 · 3 = ▪
9 · 30 = ▪
90 · 30 = ▪
90 · 300 = ▪
900 · 300 = ▪

3 Rechne im Kopf. Die Kärtchen zeigen die Ergebnisse.
a) 12 · 5
b) 36 : 3
c) 12 · 4
d) 54 : 3
e) 15 · 6
f) 65 : 5
g) 9 · 12
h) 84 : 6
i) 8 · 14
j) 99 : 11
k) 7 · 17
l) 48 : 2
m) 10 · 99
n) 51 : 3
o) 15 · 15
p) 100 : 25
q) 9 · 111
r) 1000 : 8

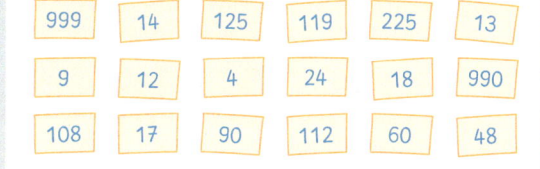

999	14	125	119	225	13
9	12	4	24	18	990
108	17	90	112	60	48

4 Überlege. Berechne dann geschickt im Kopf. **Beschreibe** dein Vorgehen.
a) 16 · 2
16 · 4
16 · 8
16 · 16
16 · 32
16 · 64

b) 25 : 5
50 : 5
100 : 5
200 : 5
400 : 5
800 : 5

5 Rechne vorteilhaft.

Beispiel: 19 · 26 = 20 · 26 − 1 · 26
$\qquad$ = 520 − 26
$\qquad$ = 494

a) 19 · 13
b) 49 · 52
c) 29 · 17
d) 99 · 24
e) 39 · 22
f) 199 · 12

6 Welche Zahl musst du einsetzen? **Prüfe** mit der Umkehraufgabe.
a) 5 · x = 40
7 · y = 84
z · 15 = 105
r · 12 = 108
32 · s = 96
t · 18 = 90

b) 45 : a = 5
60 : b = 12
c : 8 = 15
d : 9 = 13
125 : e = 25
f : 16 = 6

7 Zwei nebeneinander liegende Zahlen werden multipliziert.

144
6
2
2
1

83

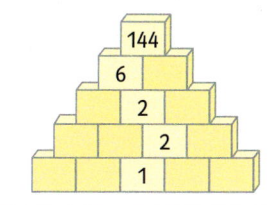

2 Multiplizieren

Herr und Frau Schwarz trainieren mit einem Crosstrainer. Dabei vergleichen sie ihren Puls, also die Anzahl ihrer Herzschläge pro Minute. Frau Schwarz trainiert für 20 Minuten mit Puls 120. Ihr Herz schlägt in einer Minute also 120-mal. Herr Schwarz trainiert für 15 Minuten mit Puls 160.
→ Vergleiche.
→ Max misst nur 15 Sekunden seinen Puls. Könnt ihr das erklären?
→ Messt zu zweit gegenseitig euren Puls.
→ Tauscht euch in der Klasse darüber aus.

Die Addition mit lauter gleichen Summanden kann auch als Multiplikation geschrieben werden. 12 + 12 + 12 + 12 + 12 + 12 + 12 + 12 = 8 · 12 = 96

Der Rechenausdruck 8 · 12 wird als **Produkt** bezeichnet.
Sein Ergebnis, die Zahl 96, ist der **Wert des Produkts**.
Die Zahlen 8 und 12 heißen **Faktoren**.

Erster Faktor   Zweiter Faktor
$$8 \cdot 12 = 96$$
Produkt   Wert des Produkts

Hat das Produkt mehrstellige Faktoren, rechnet man schriftlich.

Merke

Schriftliches Multiplizieren
1. Multipliziere die höchste Stelle des zweiten Faktors mit dem ersten Faktor.
2. Berechne die weiteren Teilprodukte. Rücke sie jeweils um eine Stelle nach rechts.
3. Addiere anschließend die Teilprodukte.

```
  2 3 8 · 4 2
      9 5 2
  +     4 7 6
  ─────────────
      9 9 9 6
```

Eigentlich rechnet man:
  238 · 40 = 9 520
+ 238 · 2 =   476
─────────────────
            9 996

Beispiele

a) Schreibe stellengerecht.
```
  7 8 · 3 4
      2 3 4
  +   3 1 2
  ───────────
    2 6 5 2
```

b) Beachte die Überträge.
```
  7 8 9 · 5 6
    3 9 4 5
  +   4 7 3 4
      1 1
  ─────────────
    4 4 1 8 4
```

c) Achte auf die Null.
```
  3 1 7 · 2 4 0
        6 3 4
  +   1 2 6 8
  +         0 0 0
          1
  ───────────────
      7 6 0 8 0
```

d) Mit einer **Überschlagsrechnung** kannst du abschätzen, ob du richtig gerechnet hast. Dazu musst du die Faktoren so runden, dass du leicht im Kopf rechnen kannst.

```
  8 2 3 · 9 7
    7 4 0 7
  + 5 7 6 1
        1
  ─────────────
    7 9 8 3 1
```

Tipp: Wenn du einen Faktor aufrundest und den anderen abrundest, wird dein Überschlag genauer.

Überschlag: 800 · 100 = 80 000

4 Multiplizieren und Dividieren

1 Schreibe als Produkt und berechne.
a) 3 + 3 + 3 + 3
b) 8 + 8 + 8
c) 10 + 10 + 10 + 10
d) 2 + 2 + 2 + 2 + 2 + 2

2 Multipliziere schriftlich.
a) 64 · 3
b) 37 · 5
c) 68 · 4
d) 83 · 6
e) 35 · 12
f) 32 · 17
g) 56 · 24
h) 79 · 97

3 Multipliziere. Achte auf die Null.
a) 120 · 7
b) 305 · 5
c) 90 · 19
d) 450 · 8

Alles klar?

D28 Fördern

A Berechne im Kopf.
a) 14 · 4
b) 23 · 6
c) 31 · 5
d) 25 · 8

B Multipliziere schriftlich.
a) 67 · 8
b) 34 · 17
c) 63 · 80
d) 147 · 23

4 Multipliziere schriftlich.
a) 29 · 5
   37 · 4
   65 · 7
   87 · 9
   93 · 12
   78 · 36
b) 231 · 3
   312 · 4
   235 · 11
   43 · 26
   579 · 104
   753 · 116

5 Ordne den Produkten das richtige Ergebnis zu. Wie heißt das Lösungswort?

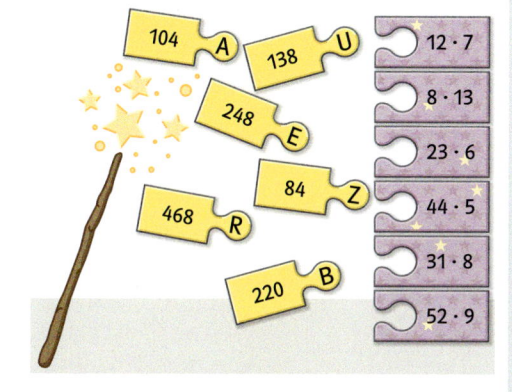

Puzzleteile: 104 A, 138 U, 248 E, 84 Z, 468 R, 220 B
Aufgaben: 12 · 7, 8 · 13, 23 · 6, 44 · 5, 31 · 8, 52 · 9

6 Notiere zu den Bildern eine passende Multiplikationsaufgabe.

4 Berechne schriftlich.
a) 832 · 37
   634 · 21
   557 · 88
   478 · 54
   806 · 49
   203 · 109
b) 4297 · 9
   5968 · 12
   2972 · 21
   3678 · 19
   1493 · 52
   2351 · 47

5 Achte auf die Nullen.
a) 440 · 20
   720 · 30
   308 · 70
   450 · 80
   701 · 109
b) 6098 · 9
   5007 · 7
   8010 · 16
   7050 · 20
   6503 · 40

6 Schreibe als Produkt mit zwei Faktoren. Suche alle Möglichkeiten.

Beispiel: 36 = ?

2 · 18   3 · 12   4 · 9   6 · 6

a) 24
b) 28
c) 32
d) 42
e) 64
f) 72
g) 96
h) 120

7 Welches Produkt ist größer als 5000? **Entscheide** mit einer Überschlagsrechnung.
a) 50 · 98
b) 2512 · 2
c) 150 · 41
d) 1212 · 4
e) 7 · 845
f) 68 · 81
g) 12 · 398
h) 71 · 69

→ Die Lösungen zu „Alles klar?" findest du auf Seite 243.

4 Multiplizieren und Dividieren

7 Überschlage zuerst, rechne dann genau.
a) 36 · 12   b) 65 · 37
c) 58 · 15   d) 73 · 29
e) 77 · 23   f) 82 · 38
g) 18 · 36   h) 97 · 42

8 Wenn die Zahlen am Ende Nullen haben, kannst du einfach rechnen.

Beispiele: 7 · 1**00** = 7**00**
           12**0** · 3**00** = 36**000**

a) 3 · 100   b) 4 · 700   c) 10 · 500
   5 · 300   30 · 150   50 · 900
   50 · 60   20 · 800   700 · 800

9 [SP] Hier haben sich **Fehler** eingeschlichen. Rechne richtig und **erkläre** den Fehler.

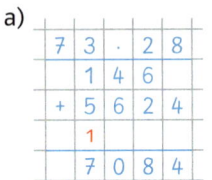

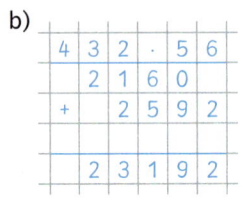

a)
	7	3	·	2	8
		1	4	6	
+	5	6	2	4	
		1			
	7	0	8	4	

b)
	4	3	2	·	5	6
		2	1	6	0	
+		2	5	9	2	
		2	3	1	9	2

10 Setze die fehlenden Zahlen ein.

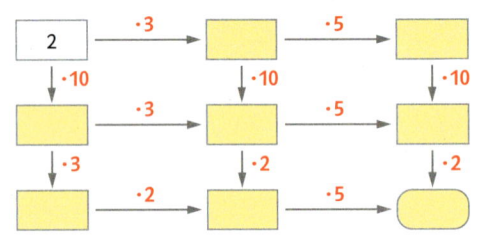

(Rechenkette mit Startwert 2, Operationen ·3, ·5, ·10, ·3, ·5, ·10, ·3, ·2, ·2, ·2, ·5)

11 Wenn man die Werte zweier nebeneinander liegender Steine multipliziert, ergibt sich der Wert im darüber liegenden Stein.

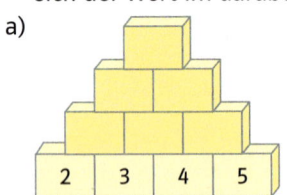

a) Zahlenpyramide mit unterer Reihe: 2, 3, 4, 5

b) 👥 Vertauscht die Werte der unteren Reihe so, dass im oberen Stein das größtmögliche Ergebnis entsteht.

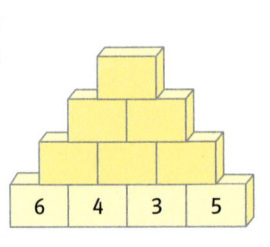

Zahlenpyramide mit unterer Reihe: 6, 4, 3, 5

---

8 Ordne den Produkten die Ergebnisse zu. Durch Überschlagen sparst du Zeit. Wie heißt das Lösungswort?
a) 73 · 49   b) 97 · 31
c) 79 · 53   d) 117 · 62
e) 207 · 39   f) 254 · 21

| 7254 | P | 5334 | Z | 4187 | A |
| 3007 | R | 8073 | E | 3577 | T |

9 [SP] Schreibe die zum Text passende Aufgabe und löse sie.
a) Der erste Faktor eines Produkts ist 15, der zweite 10.
b) Bilde ein Produkt mit den Faktoren 2; 3 und 5.
c) Verdopple die Zahl 77.
d) Verdreifache das Produkt aus 6 und 8.

10 👥 Setzt die Ziffern ein.

58 · 32 = ?
☐☐ · ☐☐ = ?
(weitere Zeilen)

Ziffern im Beutel: 5, 8, 3, 2

a) Bildet verschiedene Produkte und rechnet.
b) [SP] Welches Produkt hat den größten Wert? **Begründet**.
c) [SP] Welches Produkt hat den kleinsten Wert? **Begründet**.
d) Findet Produktwerte, die an der letzten Stelle die Ziffer 6 haben.
e) Gibt es einen Produktwert, der an der letzten Stelle eine Null hat?
f) Lässt sich der Wert 969 erzeugen?

11 [SP] Schreibe den Term als Aufgabe. Folgende Begriffe helfen dir.

multiplizieren   verdoppeln   Produkt   Faktor

a) 436 · 28   b) 3 · 4   c) 2 · 36 · 3

86

3 Rechengesetze. Rechenvorteile

Die Klasse soll die Aufgabe $25 \cdot 79 \cdot 4$ lösen. Pia ist eine gute Kopfrechnerin.
→ Arbeitet zu zweit. Erklärt euch gegenseitig, wie Pia rechnet.
→ Besprecht auch den Rechenweg von Paul, der noch fleißig rechnet, während Pia schon lange fertig ist.
→ Tauscht euch in der Klasse aus, welcher der beiden Rechenwege mehr Vorteile bietet.

Paul:
$25 \cdot 79$
175
225
????,4 ...

Pia:
$25 \cdot 79 \cdot 4$
$= 25 \cdot 4 \cdot 79$
$= 100 \cdot ...$

Beim Multiplizieren können Faktoren vertauscht werden. Die Werte der Produkte sind gleich.
$$4 \cdot 7 = 7 \cdot 4$$

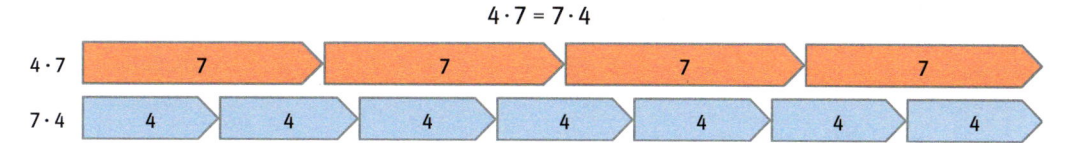

Beim Multiplizieren mehrerer Zahlen kann man beliebig zusammenfassen.
$$(2 \cdot 3) \cdot 4 = 2 \cdot (3 \cdot 4)$$

Merke

Vertauschungsgesetz (Kommutativgesetz)
In Produkten dürfen Faktoren vertauscht werden. $\quad 5 \cdot 7 = 7 \cdot 5$

Verbindungsgesetz (Assoziativgesetz)
In Produkten dürfen Klammern beliebig gesetzt werden. $\quad 3 \cdot (4 \cdot 5) = (3 \cdot 4) \cdot 5$

Beispiele
a) $7 \cdot 4 \cdot 25$
$= 7 \cdot (4 \cdot 25)$
$= 7 \cdot 100$
$= 700$

b) $5 \cdot 12 \cdot 7$
$= (5 \cdot 12) \cdot 7$
$= 60 \cdot 7$
$= 420$

c) Rechenvorteile ergeben sich häufig, wenn beide Gesetze angewandt werden.
$3 \cdot 125 \cdot 5 \cdot 8 \cdot 20$
$= 3 \cdot 125 \cdot 8 \cdot 5 \cdot 20 \quad$ Vertauschungsgesetz
$= 3 \cdot (125 \cdot 8) \cdot (5 \cdot 20) \quad$ Verbindungsgesetz
$= 3 \cdot 1000 \cdot 100$
$= 300\,000$

○ **1** SP Formuliere die beiden Rechengesetze mithilfe von Variablen. Überprüfe deine Formulierung, indem du Zahlen für die Variablen einsetzt.

○ **2** Übertrage in dein Heft und setze eine Klammer so, dass du im Kopf rechnen kannst.
a) $2 \cdot 50 \cdot 17 \qquad$ b) $4 \cdot 250 \cdot 3 \qquad$ c) $6 \cdot 200 \cdot 5 \qquad$ d) $7 \cdot 4 \cdot 25$

4 Multiplizieren und Dividieren

Alles klar?

D29 Fördern

A Multipliziere und vergleiche die Ergebnisse.
a) $(9 \cdot 2) \cdot 5$ und $9 \cdot (2 \cdot 5)$
b) $3 \cdot (25 \cdot 4)$ und $(3 \cdot 25) \cdot 4$

B Berechne vorteilhaft.
a) $13 \cdot 50 \cdot 2$
b) $5 \cdot 4 \cdot 9$
c) $18 \cdot 25 \cdot 4$
d) $25 \cdot 8 \cdot 11$

○**3** Berechne vorteilhaft.
a) $7 \cdot 5 \cdot 4$
   $5 \cdot 20 \cdot 9$
   $9 \cdot 2 \cdot 50$
   $4 \cdot 25 \cdot 7$
   $9 \cdot 25 \cdot 4$
b) $3 \cdot 8 \cdot 25$
   $7 \cdot 5 \cdot 200$
   $13 \cdot 4 \cdot 250$
   $40 \cdot 25 \cdot 11$
   $8 \cdot 125 \cdot 3$

○**4** Die Stufenzahlen machen das Rechnen einfach.

Beispiel: $700 \cdot 50$
   $= 7 \cdot 100 \cdot 5 \cdot 10$
   $= 7 \cdot 5 \cdot 100 \cdot 10$
   $= 35\,000$

a) $90 \cdot 200$
b) $400 \cdot 600$
c) $20 \cdot 40 \cdot 60$
d) $80 \cdot 300 \cdot 5000$
e) $1500 \cdot 2000 \cdot 300$

Tipp! Rechne $7 \cdot 5$, zähle die Nullen und hänge sie an.

○**5** SP Vertausche und verbinde. Rechne dann und **beschreibe** dein Vorgehen.

Beispiel: $7 \cdot 2 \cdot 5 \cdot 11$
   $= (2 \cdot 5) \cdot (7 \cdot 11)$
   $= 10 \cdot 77$
   $= 770$

a) $4 \cdot 2 \cdot 5 \cdot 12$
b) $25 \cdot 3 \cdot 4 \cdot 9$
c) $9 \cdot 5 \cdot 6 \cdot 20$
d) $50 \cdot 3 \cdot 7 \cdot 2$
e) $5 \cdot 7 \cdot 5 \cdot 4$
f) $25 \cdot 5 \cdot 5 \cdot 4$

●**6** Welche zwei Zahlen ergeben zusammen eine Stufenzahl? Finde möglichst viele vorteilhafte Produkte. Notiere im Heft.

Beispiel: $4 \cdot 25 = 100$

50   250   200
25   125   20   40
8   2   4

Tipp! Stufenzahlen sind 10; 100; 1000; …

●**3** Welche Aufgabe gehört zu welchem Ergebnis?
a) $3 \cdot 2 \cdot 4 \cdot 25$
b) $10 \cdot 5 \cdot 9 \cdot 2$
c) $5 \cdot 2 \cdot 7 \cdot 2 \cdot 50$
d) $20 \cdot 2 \cdot 5 \cdot 4 \cdot 5$
e) $25 \cdot 3 \cdot 8 \cdot 125 \cdot 4$
f) $4 \cdot 5 \cdot 5 \cdot 25 \cdot 2 \cdot 10$

50 000 **A**   7000 **B**   4000 **C**   600 **D**   900 **E**   300 000 **F**

●**4** Vertausche nicht nur benachbarte Faktoren.

Beispiel: $40 \cdot 5 \cdot 25 \cdot 6 \cdot 20$
   $= 6 \cdot 5 \cdot 20 \cdot 40 \cdot 25$
   $= 6 \cdot 100 \cdot 1000$
   $= 600\,000$

a) $4 \cdot 7 \cdot 2 \cdot 25 \cdot 5$
b) $8 \cdot 5 \cdot 25 \cdot 3 \cdot 20$
c) $50 \cdot 25 \cdot 9 \cdot 4 \cdot 2$
d) $19 \cdot 5 \cdot 25 \cdot 4 \cdot 5 \cdot 4$
e) $30 \cdot 125 \cdot 25 \cdot 8 \cdot 30 \cdot 4$

●**5** Vertausche und rechne vorteilhaft.

Beispiel: $125 \cdot 6 \cdot 8 \cdot 15 \cdot 3$
   $= (125 \cdot 8) \cdot (6 \cdot 15) \cdot 3$
   $= 1000 \cdot 90 \cdot 3 = 270\,000$

a) $2 \cdot 7 \cdot 5 \cdot 3$
b) $9 \cdot 4 \cdot 8 \cdot 5 \cdot 25$
c) $25 \cdot 20 \cdot 4 \cdot 5 \cdot 9$
d) $2 \cdot 35 \cdot 5 \cdot 9$
e) $3 \cdot 125 \cdot 50 \cdot 8$
f) $4 \cdot 3 \cdot 3 \cdot 5 \cdot 5$
g) $6 \cdot 25 \cdot 125 \cdot 4 \cdot 4$
h) $25 \cdot 7 \cdot 125 \cdot 2 \cdot 4 \cdot 8$

●**6** SP Jaro und Viktor haben unterschiedlich gerechnet. Welchen Weg findet ihr geschickter? **Begründet** im Heft.

Jaro:	$3 \cdot 4 \cdot 25 \cdot 7$
=	$12 \cdot 25 \cdot 7$
=	$300 \cdot 7$
=	2100

Viktor:	$3 \cdot (4 \cdot 25) \cdot 7$
=	$7 \cdot 100 \cdot 3$
=	2100

→ Die Lösungen zu „Alles klar?" findest du auf Seite 244.

4 Multiplizieren und Dividieren

7 **SP** Begründe das Vorgehen im Beispiel. Berechne dann die Aufgaben.

Beispiel: $4 \cdot 25 \cdot 7 \cdot 5 \cdot 12$
$= (4 \cdot 25) \cdot 7 \cdot (5 \cdot 12)$
$= 100 \cdot 7 \cdot 60$
$= 100 \cdot 420$
$= 42\,000$

a) $3 \cdot 5 \cdot 2 \cdot 25 \cdot 2$
b) $4 \cdot 5 \cdot 12 \cdot 10$
c) $14 \cdot 125 \cdot 8 \cdot 50 \cdot 20$
d) $25 \cdot 4 \cdot 50 \cdot 2 \cdot 7$
e) $125 \cdot 8 \cdot 4 \cdot 0 \cdot 25$
f) $4 \cdot 5 \cdot 75 \cdot 2 \cdot 250$

8 Erstellt zu zweit Multiplikationsaufgaben mit fünf Faktoren. Das Ergebnis soll 7000; 70 000 oder 700 000 sein. Wer findet die meisten Aufgaben?

Zahlen: 25, 125, 2, 7, 8, 4, 5, 20, 50

Beispiel: $7 \cdot 125 \cdot 8 \cdot 5 \cdot 20$
$= 7 \cdot (125 \cdot 8) \cdot (5 \cdot 20)$
$= 7 \cdot 1000 \cdot 100 = 700\,000$

9 **SP** Schreibe den zum Text passenden Term und berechne ihn.
a) Multipliziere das Produkt aus 25 und 4 mit der Zahl 9.
b) Multipliziere 22 mit dem Produkt aus 5 und 4.
c) Multipliziere das Produkt von 2 und 17 mit dem Produkt aus 5 und 3.
d) Berechne das Produkt der drei Zahlen 75; 8 und 50.

7 **SP** Gib an, welche Rechenschritte im Beispiel gemacht wurden. Berechne dann die Aufgaben.

Beispiel: $25 \cdot 12$
$= 25 \cdot 4 \cdot 3$
$= (25 \cdot 4) \cdot 3$
$= 100 \cdot 3 = 300$

a) $50 \cdot 42$ b) $25 \cdot 28$
$20 \cdot 35$ $75 \cdot 12$
$40 \cdot 75$ $125 \cdot 16$

8 Wie bekomme ich eine Million?

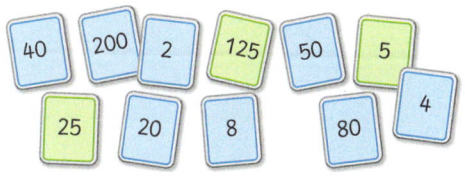

Zahlen: 40, 200, 2, 125, 50, 5, 25, 20, 8, 80, 4

Multipliziere mehrere Faktoren miteinander, sodass du eine Million erhältst. Es gibt mehrere Möglichkeiten.

Beispiel: $200 \cdot 5 \cdot 8 \cdot 125$
$= 1000 \cdot 1000$
$= 1\,000\,000$

9 **SP** Zahlenrätsel:
a) Denke dir eine Zahl. Verdopple die Zahl. Multipliziere das Zwischenergebnis mit 25. Verdopple diesen Wert nochmals. Wie heißt dein Ergebnis?
b) Probiere das Zahlenrätsel auch mit anderen Zahlen. Was fällt dir auf? Erkläre.
c) Denke dir eine Zahl. Vervierfache die Zahl. Multipliziere das Zwischenergebnis mit 50. Verfünffache anschließend. Welche Zahl erhältst du?
d) Finde ein eigenes Zahlenrätsel dieser Art und probiere es mit deiner Partnerin oder deinem Partner.

10 Bilde aus den Zahlen 1 bis 12 ein Produkt, das möglichst nahe an der Zahl 100 liegt
a) mit zwei Faktoren
b) mit drei Faktoren
c) mit vier Faktoren.
d) Gibt es ein Produkt mit fünf unterschiedlichen Faktoren, dessen Wert kleiner als 100 ist?

4 Potenzen

ein Bogen Papier
ein Blatt Papier, das eine bestimmte Größe hat

eine Lage Papier
mehrere übereinander gelegte Blätter

Faltet den **Bogen** einer Tageszeitung so, dass die Lagen sich überdecken.
→ Bevor ihr anfangt, ratet zu zweit, wie viele **Lagen Papier** nach der 6. Faltung übereinander liegen.
→ Vervollständigt die Tabelle in eurem Heft.
→ Erkundigt euch in der Klasse, ob jemand den Bogen zehnmal falten konnte.

Faltung	1	2	3	4	5	6	7
Papierlagen	2						

Ein Produkt, das aus gleichen Faktoren besteht, lässt sich kürzer schreiben.

$3 \cdot 3 = 3^2$ Lies: drei hoch zwei
$3 \cdot 3 \cdot 3 = 3^3$ Lies: drei hoch drei
$3 \cdot 3 \cdot 3 \cdot 3 = 3^4$ Lies: drei hoch vier
$3 \cdot 3 \cdot 3 \cdot 3 \cdot 3 = 3^5$ Lies: drei hoch fünf

Den Rechenausdruck 3^5 nennt man **Potenz**.

Merke

Eine **Potenz** besteht aus einer **Basis (Grundzahl)** und einem **Exponenten (Hochzahl)**.
Die Basis gibt den Faktor an, der Exponent gibt die Anzahl der gleichen Faktoren an.

Basis (Grundzahl) — 3^5 — Exponent (Hochzahl)
$3^5 = 243$ — Wert der Potenz
Potenz

Beispiele

a) $2 \cdot 2 \cdot 2 \cdot 2 = 2^4 = 16$ b) $6 \cdot 6 \cdot 6 = 6^3 = 216$ c) $x \cdot x \cdot x \cdot x \cdot x = x^5$
d) Potenzen mit dem Exponenten 2 heißen **Quadratzahlen**.
    $7^2 = 7 \cdot 7 = 49$ $12^2 = 12 \cdot 12 = 144$
e) Potenzen mit dem Exponenten 3 heißen **Kubikzahlen**.
    $5^3 = 5 \cdot 5 \cdot 5 = 125$ $8^3 = 8 \cdot 8 \cdot 8 = 512$
f) Potenzen mit der Basis 10 heißen **Zehnerpotenzen**.
    $10^2 = 10 \cdot 10 = 100$ $10^6 = 10 \cdot 10 \cdot 10 \cdot 10 \cdot 10 \cdot 10 = 1\,000\,000$ (1 Million)

Tipp!
Was ergibt hoch Eins?
$1^1 = 1$
$7^1 = 7$
$555^1 = 555$

○**1** Schreibe als Potenz.
a) $5 \cdot 5$ b) $7 \cdot 7$ c) $3 \cdot 3 \cdot 3$ d) $2 \cdot 2 \cdot 2 \cdot 2 \cdot 2$
e) $10 \cdot 10 \cdot 10$ f) $4 \cdot 4 \cdot 4 \cdot 4$ g) $a \cdot a \cdot a$ h) $b \cdot b \cdot b \cdot b \cdot b$

○**2** Schreibe die Potenz als Produkt und berechne.
a) 2^3 b) 3^2 c) 8^2 d) 3^3 e) 4^1 f) 10^4

Alles klar?

D30   Fördern

A Schreibe als Produkt und berechne.
a) 2^2 b) 5^2 c) 6^2 d) 7^2

B Schreibe als Potenz.
a) $8 \cdot 8$ b) $4 \cdot 4 \cdot 4$ c) $3 \cdot 3 \cdot 3 \cdot 3$ d) $y \cdot y \cdot y$

→ Die Lösungen zu „Alles klar?" findest du auf Seite 244.

○3 Schreibe das Produkt als Potenz.
a) $2 \cdot 2 \cdot 2$
$3 \cdot 3 \cdot 3$
$4 \cdot 4 \cdot 4$
$x \cdot x \cdot x$
$y \cdot y \cdot y$
$z \cdot z \cdot z$
b) $2 \cdot 2 \cdot 2 \cdot 2 \cdot 2 \cdot 2$
$1 \cdot 1 \cdot 1 \cdot 1 \cdot 1 \cdot 1 \cdot 1 \cdot 1$
$10 \cdot 10 \cdot 10 \cdot 10 \cdot 10$
$r \cdot r \cdot r \cdot r$
$s \cdot s \cdot s$
$t \cdot t$

○4 Schreibe die Potenz als Produkt und berechne.
a) 2^3 b) 2^4 c) 2^5
d) 2^6 e) 3^2 f) 3^3
g) 3^4 h) 3^5 i) 4^3
j) 5^3 k) 7^3 l) 8^3

○5 Immer drei Kärtchen gehören zusammen. Ordne im Heft.

2^3 $3 \cdot 3 \cdot 3 \cdot 3$ $4 \cdot 4 \cdot 4$ 3^4 6^3

8 4^3 25 $5 \cdot 5$ $2 \cdot 2 \cdot 2$

5^2 216 81 64 $6 \cdot 6 \cdot 6$

○6 Berechne und ordne die Ergebnisse nach ihrer Größe.
a) 2^3 $2 \cdot 3$ 3^2 $3 + 2$
b) $2 + 4$ 2^4 4^2 $4 \cdot 2$

○7 Welche Potenzen gehören in welches Gefäß? Welche bleiben übrig?

8^3 3^4 9^2 5^2 4^3 2^9 4^4 2^8 16^2 2^6 3^8 2^5 8^2

64   81   256

●3 Notiere die ersten 20 Quadratzahlen in deinem Heft. Lerne sie anschließend auswendig.
$1^2 = 1 \cdot 1 = 1$
$2^2 = 2 \cdot 2 = 4$
$3^2 = \ldots$

●4 Schreibe als Zehnerpotenz. Berechne den Wert der Potenz.
a) $10 \cdot 10 \cdot 10 \cdot 10$
b) $10 \cdot 10 \cdot 10 \cdot 10 \cdot 10$
c) $10 \cdot 10 \cdot 10 \cdot 10 \cdot 10 \cdot 10$
d) Setze die Reihe fort. Was fällt dir auf? Beschreibe.

●5 Berechne alle Zweierpotenzen von 2^1 bis 2^{10} und lerne sie auswendig.
a) $2^1 = 2$ b) $2^2 = 2 \cdot 2 = 4$
$2^3 = \ldots$ $2^4 = \ldots$
$2^5 = \ldots$ $2^6 = \ldots$

●6 Berechne und ordne die Ergebnisse nach ihrer Größe.
a) 5^2 $5 \cdot 2$ $5 + 2$ 2^5
b) 3^4 $3 + 4$ 4^3 $3 \cdot 4$
c) $9 + 9$ 9^2 2^9 $2 \cdot 9$
d) 7^3 3^7 $7 + 3$ $3 \cdot 7$

●7 Welche Werte lassen sich einsetzen?
a) $2^5 = \blacksquare$ b) $3^3 = \blacksquare$
c) $\blacksquare^3 = 64$ d) $\blacksquare^7 = 128$
e) $2^\blacksquare = 512$ f) $5^\blacksquare = 625$

●8
$1^3 + 2^3$ $(1 + 2)^2$
$1^3 + 2^3 + 3^3$ $(1 + 2 + 3)^2$
$1^3 + 2^3 + 3^3 + 4^3$ $(1 + 2 + 3 + 4)^2$

a) [SP] Berechne die Werte der gleich gefärbten Kärtchen. Was fällt dir auf?
b) Berechne nun $1^3 + 2^3 + 3^3 + 4^3 + 5^3$ möglichst vorteilhaft.

●9 Fasse den Term als Potenz zusammen.

Beispiel: $a \cdot b \cdot b \cdot c \cdot a \cdot a \cdot c \cdot b$
$= (a \cdot a \cdot a) \cdot (b \cdot b \cdot b) \cdot (c \cdot c)$
$= a^3 \cdot b^3 \cdot c^2$

a) $k \cdot m \cdot n \cdot m \cdot m \cdot k \cdot n$ b) $r \cdot r \cdot s \cdot t \cdot t \cdot r$

5 Dividieren

Die Schülervertretung (SV) plant eine Schulparty für die Kinder der fünften Klassen. Der Eintritt kostet 4 €.
Sophie zählt nach der Veranstaltung 276 €.
Ihre Freundin Naomi zählt nochmals nach und kommt auf 278 €.

→ Überlegt zu zweit, wer sich verzählt hat.

Tipp!
Dividend : Divisor
―――――――――――
Quotient

Die Wörter Dividend, Divisor und Quotient stehen in alphabetischer Reihenfolge.

Dividiert man die Zahl 35 durch die Zahl 5, entsteht der Rechenausdruck 35 : 5. Man erhält als Ergebnis die Zahl 7. Die Division 35 : 5 = 7 ist die Umkehrung der Multiplikation 7 · 5 = 35.

Der Rechenausdruck 35 : 5 wird als **Quotient** bezeichnet.
Sein Ergebnis, die Zahl 7, ist der **Wert des Quotienten**.
Die Zahl 35 heißt **Dividend**, die Zahl 5 heißt **Divisor**.

$$\underset{\text{Quotient}}{\underbrace{\overset{\text{Dividend}\quad\text{Divisor}}{35\ :\ 5}}} = \underset{\text{Wert des Quotienten}}{7}$$

Merke

Wenn man die Zahlen nicht mehr im Kopf dividieren kann, rechnet man schriftlich.

Schriftliches Dividieren
Dividiere stellenweise durch den Divisor. Beginne mit der höchsten Stelle.

```
  T H Z E       H Z E
  3 6 2 4  : 8 = 4 5 3
 − 3 2
     4 2                3 2 H : 8 = 4 H
   − 4 0
       2 4              4 0 Z : 8 = 5 Z
     − 2 4
         0              2 4 E : 8 = 3 E
```

Sprechweise
8 geht nicht in 3.
8 geht 4-mal in 36, schreibe 4.
Verbleiben 4, hole die 2 nach unten.
8 geht 5-mal in 42, schreibe 5.
Verbleiben 2, hole die 4 nach unten.
8 geht 3-mal in 24, schreibe 3.
Die Aufgabe hat keinen Rest.

Ist der Wert der letzten Differenz Null, hat die Aufgabe keinen Rest.
Man sagt, sie geht auf.
Ist der Wert der letzten Differenz von Null verschieden, wird der Rest dem Ergebnis hinzugefügt.

Beispiele

a) Mache die **Probe** mit der **Umkehraufgabe**.

```
 378 : 7 = 54
 −35
  28
 −28
  − 0
```

Bei der **Probe** wird das Ergebnis mit dem Divisor multipliziert.

```
  54 · 7
 ―――――
   378
```

b) Achte bei dieser Division auf die **Null**.

```
 1872 : 9 = 208
 −18
   07
  −00
   72
  −72
    0
```

„7 durch 9 geht null-mal."

c) Mit einer **Überschlagsrechnung** kannst du abschätzen, ob du richtig gerechnet hast. Runde dazu Dividend und Divisor so, dass du leicht im Kopf rechnen kannst.

Die Division 3971 : 19 überschlägt man sinnvollerweise so: 4000 : 20 = 200.
Das genaue Ergebnis der Aufgabe ist 209.

4 Multiplizieren und Dividieren

1 Dividiere im Kopf. **Prüfe** dann das Ergebnis mit der Probe (Multiplikationsaufgabe).
a) 45 : 5   b) 27 : 3   c) 56 : 7   d) 63 : 9   e) 72 : 8   f) 81 : 9   g) 85 : 5

2 Dividiere schriftlich. Mache dann die Probe.
a) 372 : 4   b) 285 : 5   c) 342 : 6   d) 664 : 8

Alles klar?

D31 Fördern

A Berechne im Kopf.
a) 42 : 7   b) 54 : 3   c) 75 : 5   d) 72 : 9

B Rechne schriftlich.
a) 175 : 7   b) 168 : 4   c) 387 : 3   d) 432 : 6

---

3 SP Übertrage die Aufgabe ins Heft und kennzeichne **Dividend (rot)**, **Divisor (lila)** und den **Wert des Quotienten (blau)**.
a) 45 : 9 = 5   b) 72 : 8 = 9
c) 84 : 7 = 12   d) 492 : 4 = 123

4 Dividiere schriftlich. **Prüfe** dein Ergebnis mit der Umkehraufgabe.
a) 87 : 3   b) 212 : 4
   76 : 4   275 : 5
   95 : 5   288 : 6
   78 : 6   539 : 7
   96 : 8   704 : 8
   91 : 7   891 : 9

5 Die Fahnen ergeben zusammen ein Lösungswort.
a) 435 : 5   b) 392 : 4
c) 702 : 3   d) 782 : 2
e) 882 : 6   f) 469 : 7
g) 976 : 8   h) 801 : 9

Fahnen: 391 I / R, 98 / E, 67, 89 T, 147 Z, 87 F, 234 E, 122 I

3 Dividiere schriftlich. Mache die Probe.
a) 2367 : 3   b) 2616 : 4
c) 4285 : 5   d) 2538 : 6
e) 4823 : 7   f) 4635 : 9
g) 5656 : 8   h) 6354 : 9

4 Ergänze die Tabelle im Heft.

	Dividend	Divisor	Wert des Quotienten
a)	441	9	■
b)	253	■	11
c)	■	7	525
d)	456	■	12
e)	■	14	70

5 Achte auf den Rest.

Beispiel: 129 : 7 = 18 Rest **3**
  −7
  ──
  59
  −56
  ──
   3

a) 337 : 5   b) 874 : 3
c) 331 : 4   d) 524 : 6
e) 470 : 7   f) 588 : 8
g) 881 : 9   h) 2125 : 9
i) 1357 : 11   j) 7700 : 12

6 Setze die fehlende Zahl ein.
a) 105 →■ (:7)   b) 135 →■ (:9)
c) ■ → 13 (:6)   d) ■ → 152 (:8)
e) 153 → 17 (:■)   f) 171 → 19 (:■)

→ Die Lösungen zu „Alles klar?" findest du auf Seite 244.

4 Multiplizieren und Dividieren

6 Übertrage ins Heft und ergänze.

a)
:	2	3	4	6	9
72	■	■	■	■	■
108	■	■	■	■	■

b)
:	3	4	6	8	12
96	■	■	■	■	■
144	■	■	■	■	■

7 Setze die fehlende Zahl im Heft ein.
a) 48 : 6 = ■
b) 72 : ■ = 9
c) ■ : 7 = 63
d) 108 : 9 = ■
e) 156 : ■ = 12
f) ■ : 9 = 14
g) 731 : ■ = 17
h) ■ : 26 = 23

Tipp!
Wenn man beim Dividenden und beim Divisor gleichzeitig Nullen streicht, verändert sich das Ergebnis nicht.
3600 : 400 = 9
360 : 40 = 9
36 : 4 = 9

8 Schreibe die Aufgabe so um, dass der Divisor am Ende keine Nullen hat. Rechne dann.

Beispiel: 720**0** : 9**0** = 720 : 9 = 80

a) 1600 : 80
b) 3000 : 60
c) 45 000 : 150
d) 9600 : 3 200
e) 28 000 : 40
f) 48 000 : 240
g) 165 000 : 550
h) 75 000 : 2 500
i) 120 000 : 3000
j) 2 600 000 : 8 000

9 Bei diesen Aufgaben bleibt ein Rest. Rechne wie im Beispiel.

```
107 : 5 = 21 Rest 2
-10
 07
- 05
  2
```

a) 112 : 5
b) 323 : 3
c) 109 : 7
d) 166 : 12

10 Hier ist etwas Unordnung entstanden. Welcher Zettel gehört in welche Box?

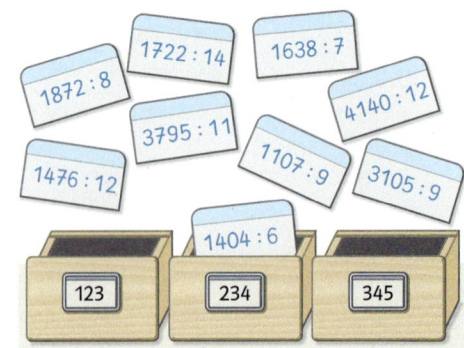

Zettel: 1722 : 14, 1638 : 7, 1872 : 8, 4140 : 12, 3795 : 11, 1107 : 9, 3105 : 9, 1476 : 12, 1404 : 6

Boxen: 123, 234, 345

7 Berechne. Achte auf die Nullen.
a) 820 : 5
b) 2727 : 3
c) 3632 : 4
d) 3042 : 6
e) 1421 : 7
f) 18 063 : 9
g) 40 040 : 8
h) 14 630 : 7

8 Führe eine Überschlagsrechnung durch, bevor du rechnest.
a) 8244 : 12
b) 4344 : 18
c) 6069 : 17
d) 7518 : 21
e) 5658 : 23
f) 5148 : 22
g) 2754 : 27
h) 2528 : 23

9 Dividiere schriftlich. Denke an Überschlag, Rest und Probe.

Beispiel: 9025 : 14
Überschlag: 9000 : 15 = 600
Rechnung: 9025 : 14 = 644 R 9
Probe: 644 · 14 = 9016
9016 + 9 = 9025

a) 3477 : 12
b) 4213 : 17
c) 5092 : 18
d) 24 050 : 12
e) 12 367 : 13
f) 9080 : 21

10 Übertrage das Muster ins Heft. Färbe alle Zahlen
· rot, wenn sie durch 8 teilbar sind.
· blau, wenn sie durch 9 teilbar sind.
· grün, wenn sie durch 12 teilbar sind.

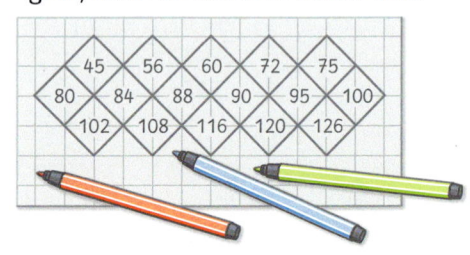

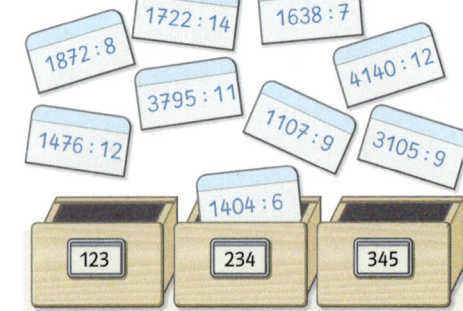

Zahlen: 45, 56, 60, 72, 75, 80, 84, 88, 90, 95, 100, 102, 108, 116, 120, 126

11 Welche Aufgabe gehört zu welchem Ergebnis? Überschlage.
a) 6102 : 9
b) 1232 : 7
c) 10 461 : 11
d) 4284 : 12
e) 7020 : 15
f) 15 792 : 16

Ergebnisse: 176 A, 468 B, 678 C, 987 D, 951 E, 357 F

4 Multiplizieren und Dividieren

11 Die dreistelligen Zahlen sollen ohne Rest teilbar sein. Ergänze.
a) ■33 : 3
b) 5■2 : 12
c) 54■ : 6
d) ■35 : 15
e) 2■3 : 7
f) ■3■ : 18

12 Berechne die fehlenden Zahlen.

a) Start: 6, · 8, : 6, dann · 12, : 4, · 12, dann : 6, · 8, dann · 3, · 3, : 8, dann : 6, : 3

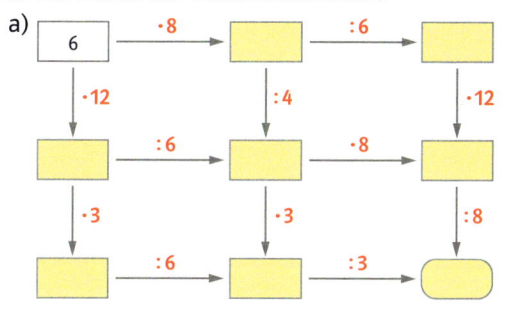

b) Hier kannst du dein Ergebnis kontrollieren.
Start: 72, : 9, · 12, dann : 12, · 18, : 2, dann · 24, : 3, dann · 30, : 4, · 6, dann : 5, · 8, Ende: 288

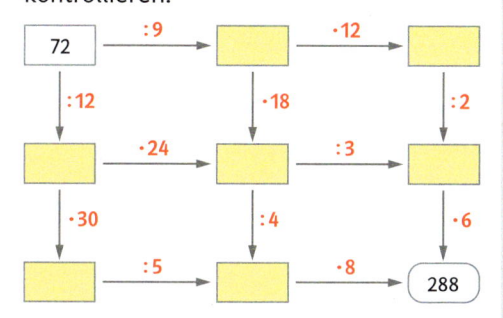

13 Nebeneinander liegende Mauersteine werden multipliziert.

a) 96, 12, 6, 3

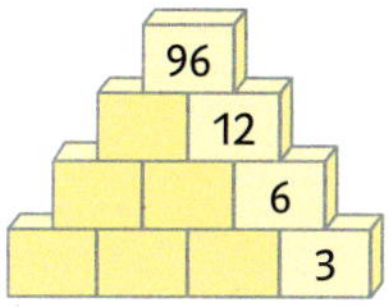

b) 16, 4, 2, 2, 3

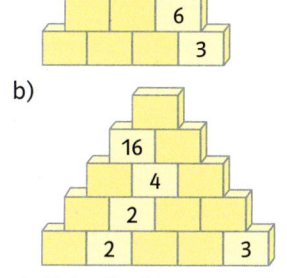

c) Fülle die Mauer so, dass die Summe der Zahlen in der unteren Reihe 10 ergibt.
500

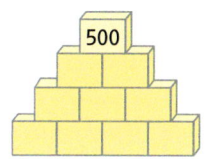

Satellit
hier: Dieses Gerät fliegt im Weltraum um die Erde. Eine „Runde" um die Erde nennt man Umlauf.

12 SP Schreibe die zum Text passende Aufgabe und löse sie.
a) Berechne den Wert des Quotienten der Zahlen 705 und 15.
b) Der Dividend ist 112, der Divisor ist 7. Wie heißt der Wert des Quotienten?
c) Der Wert des Quotienten ist 32, der Dividend die Zahl 384. Wie heißt der Divisor?

13 Setzt die Ziffern ein.

462 : 8 = ?
□□□ : □ = ?
(weitere Zeilen)

■■■ : ■ = ?

a) Der Wert des Quotienten soll möglichst groß sein.
b) Der Wert des Quotienten soll möglichst klein sein.
c) Der Wert des Quotienten ist 157.
d) Alle Aufgaben mit dem Divisor 6 ergeben einen Rest. Probiere.

14 SP Die Zahl 15 120 ist eine besondere Zahl.
a) Teile sie durch die Zahlen von 1 bis 10. Was stellst du fest?
b) Teile auch die Nachbarzahl 15 121 durch die Zahlen von 1 bis 10. Was beobachtest du? Erkläre.

15 Ein Satellit umfliegt mit einer Geschwindigkeit von 28 000 km pro Stunde die Erde auf einer 42 000 km langen Umlaufbahn.
a) Wie viele Minuten dauert ein Umlauf?
b) Wie viele Umläufe macht der Satellit in einem Jahr?

95

6 Klammern zuerst. Punkt vor Strich

Mia und Paul streiten beim Kopfrechnen über das Ergebnis einer Aufgabe.
Paul rechnet mit dem linken Rechenbaum und erhält das Ergebnis 100.
Mia erhält mit dem rechten Rechenbaum die Zahl 52.
→ Besprecht zu zweit, wer von beiden recht hat.
→ Tauscht euch anschließend in der Klasse aus.

Beim Rechnen gibt es Vorrangregeln, genau wie im Straßenverkehr. Kommen in einem Rechenausdruck sowohl Punkt- als auch Strichrechnung vor, muss man auf die Reihenfolge achten. Es gilt:

Punktrechnung vor Strichrechnung.

Multiplikation ·   Addition +
Division :   Subtraktion −

Ampel vor Verkehrsschild   Polizist vor Ampel

Merke

Reihenfolge beim Berechnen von Rechenausdrücken
1. Was in Klammern steht, wird zuerst berechnet. Es gilt: innere vor äußerer Klammer.
2. Punktrechnung kommt vor Strichrechnung.
3. Von links nach rechts rechnen.

Hier hat die Klammer Vorrang:
(4 + 5) · 6
= 9 · 6
= 54
Man sagt: „**Klammer zuerst**".

Hier hat das Multiplizieren Vorrang:
4 + 5 · 6
= 4 + 30
= 34
Man sagt: **Punkt** „·" **vor Strich** „+".

Beispiele

a) Klammer zuerst
   6 · (25 − 13)   (27 + 9) : 4
   = 6 · 12   = 36 : 4
   = 72   = 9

b) Punktrechnung vor Strichrechnung
   56 − 5 · 8   15 + 42 : 7
   = 56 − 40   = 15 + 6
   = 16   = 21

c) Auch in der Klammer gelten die Vorrangregeln.
   6 − (8 + 5 · 4) : 7   **Punkt** vor Strich in der Klammer
   = 6 − (8 + 20) : 7   **Klammer** zuerst
   = 6 − 28 : 7   **Punkt** vor Strich
   = 6 − 4   von links nach rechts rechnen
   = 2

d) Steht in der Klammer noch eine Klammer, wird die innere Klammer zuerst berechnet.
   (3 + 4 · (2 + 6)) : 7   **innere Klammer** zuerst
   = (3 + 4 · 8) : 7   **Punkt** vor Strich in der Klammer
   = (3 + 32) : 7   äußere **Klammer**
   = 35 : 7   von links nach rechts rechnen
   = 5

Tipp!
Klammer vor **P**unkt vor **S**trich

Die Buchstaben **K P S** stehen in der Reihenfolge des Alphabets.

4 Multiplizieren und Dividieren

1 Berechne die Klammer zuerst.
a) (3 + 7) · 5
b) (12 − 10) · 15
c) 35 : (52 − 45)
d) 54 : (4 + 5) − 5

2 Achte auf Punktrechnung vor Strichrechnung.
a) 5 · 7 + 15
b) 5 + 2 · 8
c) 24 + 75 : 5
d) 9 · 3 − 4 · 5

Alles klar?

D32 Fördern

A Achte auf die Klammer.
a) 5 · (12 − 7)
b) (45 − 36) : 3
c) (17 + 7) : 12
d) 2 · (3 + 4) − 5

B Beachte Punktrechnung vor Strichrechnung.
a) 2 · 3 + 4
b) 16 − 5 · 3
c) 27 − 66 : 6
d) 2 + 3 · 4 − 5

3 Beachte die Regel „Punkt vor Strich".
a) 6 + 8 · 4
   4 · 8 − 6
   8 : 4 + 6
   6 − 8 : 4
b) 10 · 5 + 2 · 6
   10 · 6 − 2 · 5
   6 + 2 · 5 − 10
   10 + 6 − 2 · 5

4 Ergänze den Rechenbaum im Heft und berechne den Term.
a) 5 · 4 + 3
b) 5 + 3 · 4
c) 35 : 7 + 2
d) 6 − 48 : 12

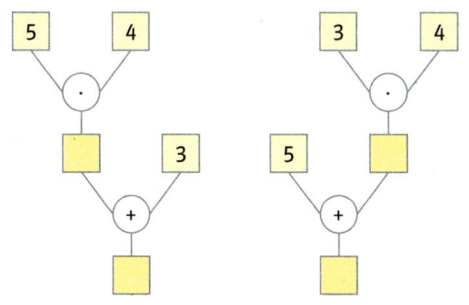

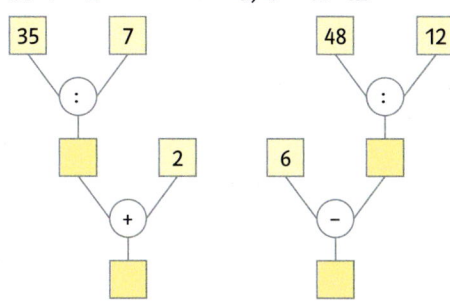

5 Auf den orangen Puzzleteilchen stehen Lösungen der blauen. Ordne zu.

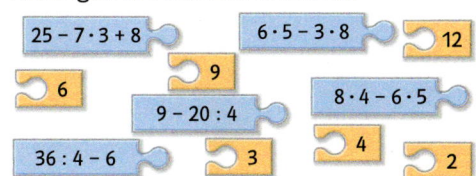

25 − 7 · 3 + 8
6 · 5 − 3 · 8
12
6
9
8 · 4 − 6 · 5
9 − 20 : 4
36 : 4 − 6
3
4
2

3 Berechne.
a) 12 + 3 · 4
   3 · 4 − 12
   12 − 3 · 4
   3 · 4 + 12
b) 4 + 28 : 7
   4 − 28 : 7
   28 : 7 − 4
   28 : 7 + 4
c) 2 · 3 + 4 · 5
   5 · 4 − 3 · 2
   5 · 4 + 3 · 2
   5 · 3 − 4 · 2
d) 9 : 3 + 6 · 2
   6 : 3 + 9 · 2
   9 : 3 − 6 : 2
   9 · 2 − 6 : 3

4 Achte auf die Klammer.
a) (12 − 6) · 8
b) 12 : (8 − 2)
c) (8 + 6) : 2
d) (12 − 8) : 2
e) 6 · (12 − 8)
f) (6 + 2) : 8
g) (12 + 8) : (6 − 2)
h) 12 : (8 − 2) + 6

5 Wie heißt das Lösungswort?
a) (32 − 14) : 9
b) 3 · (4 + 6)
c) 40 : (47 − 39)
d) (17 − 12) · 3
e) 5 − (8 + 6) : 7
f) 42 − 3 · (15 − 5)
g) 17 − (49 + 11) : 6
h) (15 + 5) : (23 − 18)

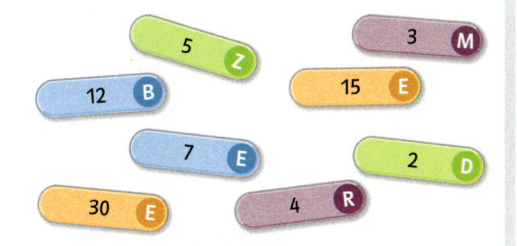

5 Z   3 M
12 B   15 E
7 E   2 D
30 E   4 R

6 Die Summe aller Ergebnisse ist 200.
a) (16 + 9) · 2
b) 10 + 3 · (12 + 8)
c) (18 − 3 · 4) · 5
d) 5 · 7 + 24 : 6 − (27 − 8)
e) 74 − 3 · (6 + 4 · 3)
f) 86 + 60 : (16 − 4) − 9 · (4 + 5)

→ Die Lösungen zu „Alles klar?" findest du auf Seite 244.

4 Multiplizieren und Dividieren

6 Berechne die Terme.
a) 15 + 3 · 7 + 14
b) 27 + 8 · 3 − 43
c) 25 + 15 : 5 − 18
d) 9 · 7 + 3 · 6 − 80
e) 7 · 8 + 63 : 9 − 62
f) 44 : 11 − 2 + 3 · 5
g) 100 − 2 · 20 + 8 : 4
h) 30 + 25 : 5 − 20 : 2
i) 81 : 9 − 3 + 8 · 3
j) 11 · 10 − 9 · 8 − 37

7 Setze die richtigen Rechenzeichen ein.
a) 2 ■ 8 − 3 = 13
b) 3 + 8 ■ 2 = 7
c) 8 ■ 2 − 3 = 1
d) 3 ■ 8 ■ 2 = 12
e) 8 ■ 2 ■ 3 = 19
f) 8 ■ 2 ■ 3 = 2

Kärtchen: − · + :

8 [SP] Rechne richtig und **erkläre** den **Fehler**.

a)
  12 + 8 · 5
= 20 · 5
= 100

b)
  70 − 35 : 5
= 35 : 5
= 7

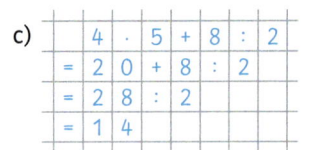

c)
  4 · 5 + 8 : 2
= 20 + 8 : 2
= 28 : 2
= 14

d)
  12 + 8 : 4 − 2
= 20 : 4 − 2
= 20 : 2
= 10

9 Berechne die Klammer zuerst. Ergebnisse sind die Zahlen 10 bis 15.
a) 3 · (2 + 3)
b) (3 + 4) · 2
c) 77 : (2 + 5)
d) (42 − 39) · 4
e) 2 · (21 − 16)
f) 39 : (77 − 74)

10 Bilde mit den Kärtchen mindestens drei Aufgaben, die ein einstelliges Ergebnis haben. Du kannst die Kärtchen auch mehrfach verwenden.

Kärtchen: (+ : · 5 20 10) −

Beispiel:
20 : (10 − 5) = 20 : 5 = 4

7 Bei diesen Rechenbäumen benötigst du Klammern. Schreibe zunächst den Term auf. Rechne dann.

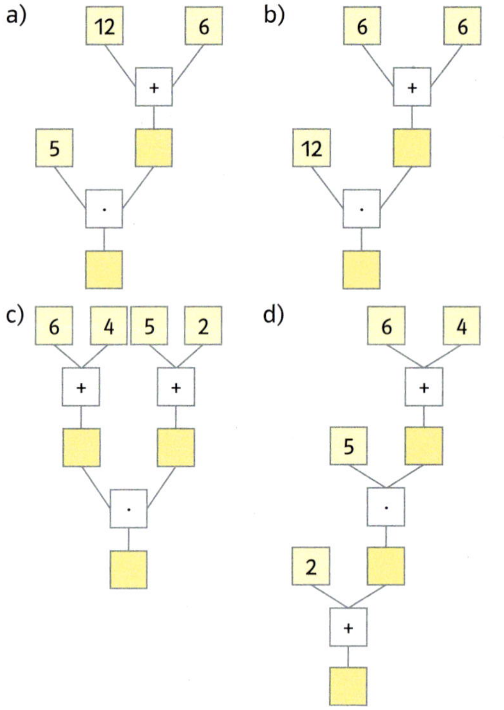

a) 12, 6 → +; 5, □ → ·; □
b) 6, 6 → +; 12, □ → ·; □
c) 6, 4, 5, 2 → +, +; □, □ → ·; □
d) 6, 4 → +; 5, □ → ·; 2, □ → +; □

8 Welcher Wert gehört zu welchem Term?
(1) 1 + 2 · (3 + 4 · 5) + 6 · (7 + 8 · 9)
(2) (1 + 2) · 3 + (4 + 5) · 6 + (7 + 8) · 9
(3) 1 · (2 + 3) · (4 + 5) · (6 + 7) · (8 + 9)
(4) (1 + 2) · (3 + 4) · (5 + 6) · (7 + 8) · 9

| 198 | C | 9945 | A | 521 | D | 31185 | B |

9 **Zeige**, dass der Wert des Terms für x = 7 richtig berechnet wurde.
a) (x · (5 − 4) + 3) − 2 = 8
b) 70 : ((27 − 15) · x − 14) = 1
c) 51 − (10 − (43 − 19) : 8) · x − 1 = 1
d) 7 − (x · 3 − 4 · (17 − 14) + 18) : 9 = 4
e) 28 − (37 − (49 − 48 : 3)) · x = 0

10 Hier musst du „Rückwärtsrechnen". Für welche Zahl steht die Variable?
a) 6 · 5 + a = 40
b) 24 + 4 · b = 60
c) c − 3 · 10 = 20
d) 3 · (18 + x) = 75
e) 2 · 5 − 9 : y = 1

11 👥 Die Stockwerke des Zahlenhauses haben immer das Ergebnis 100.

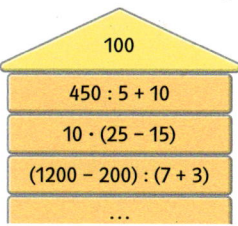

```
        100
   450 : 5 + 10
   10 · (25 − 15)
  (1200 − 200) : (7 + 3)
         ...
```

a) Findet weitere Aufgaben mit dem Ergebnis 100.
b) Erstellt zu zweit ein Zahlenhaus mit dem Ergebnis 50.

12 Setze eine Klammer so, dass das Ergebnis stimmt.

Beispiel: 26 − 14 : 3 = 4
(26 − 14) : 3 = 4
12 : 3 = 4

a) 3 + 12 · 4 = 60
b) 50 : 12 − 2 = 5
c) 32 − 12 · 4 = 80
d) 4 · 8 + 3 : 7 = 5

13 SP Ordne jedem Text den passenden Term zu.

A Tom kauft ein Paar Turnschuhe für 75 € und drei Shirts zu je 15 €.

B Frau Tak kauft für jeden ihrer Drillinge für 75 € ein Paar Turnschuhe und ein Shirt für 15 €.

C Drei Geschwister bekommen 75 € von ihrer Oma geschenkt. 15 € davon verzehren sie zusammen im Freibad. Den Rest des Geldes teilen sie gerecht untereinander auf.

1 (75 € − 15 €) : 3
2 75 € + 3 · 15 €
3 (75 € + 15 €) · 3
4 75 € : 3 + 15 €

14 SP Rechne richtig und erkläre die Fehler.

```
  3 2 − 2 4 : 8 + 2 · 3
=   8 : 8 + 2 · 3
=   1 + 2 · 3
=   3 · 3
=   9
```

11 Bei welchem Term kann man die Klammer weglassen? Begründe.
a) 5 + 4 · (3 + 2)   b) 10 − (3 · 2) − 1
   (5 · 4) + (3 · 2)   10 − (3 · 2 − 1)
   5 + (4 · 3) + 2   10 − 3 · (2 − 1)
   5 · (4 + 3 · 2)   (10 − 3) · 2 − 1

12 Die Klammer wurde falsch gesetzt. Setze die Klammer so, dass das Ergebnis stimmt.
a) 60 − (25 : 5) = 7
b) 28 + (7 · 2) = 70
c) 6 + (15 : 3) − 1 = 6
d) 3 · 4 − (6 : 2) = 3
e) 18 − (3 · 4) : 6 = 1
f) (20 + 90 − 15) · 2 : 6 = 30

13 Berechne.
a) 25 · 6 − 84 : 7
b) 12 + 3 · (52 − 36)
c) 45 − 5 + (8 · 3) : (44 − 6 · 4 − 12)
d) 5 − ((6 + 4) : 2 − 3)
e) (25 − 19) · 4 − (22 − (3 · 6 + 2) : 5)
f) 54 − (15 − (38 − 20) : 6) · 2 − 2

14 Welche Zahl steht für die Variable?
a) 15 − 6 : x = 12
b) 5 + y · 6 − 3 = 14
c) (z + 12) : 4 = 5
d) a · 3 − (8 + 4 · 3) = 1
e) b^2 − 4 · 3 = 4

15 Setze eine Klammer so, dass das Ergebnis einmal möglichst groß und einmal möglichst klein wird.
a) 9 + 9 + 9 · 9   b) 5 + 5 · 5 + 5
c) 1 + 3 · 5 + 7   d) 36 : 4 + 2 · 3
e) 24 + 48 : 12 · 3   f) 60 − 18 : 6 + 12

16 👥 Erstellt mit den fünf Zahlen, den vier Rechenzeichen und der Klammer möglichst viele verschiedene Rechenausdrücke. Jedes Kärtchen soll genau einmal eingesetzt werden.

Beispiel: (5 · 2 − 1) : 3 + 4 = 7

[1] [3]   [:] [−]   [)]
[2] [5] [4]   [+] [·]   [(]

15

Chris	Lisa	Aufgabe	gewonnen
2; 5; 6		2 + 5 + 6 = 13	
	2; 5; 4	2 · 5 + 4 = 14	Lisa
	6; 2; 6	6 + 2 + 6 = 14	
1; 5; 4		5 · (4 − 1) = 15	Chris

Lisa und Chris spielen „15 gewinnt". Sie werfen abwechselnd drei Würfel.
Aus den drei gewürfelten Zahlen bilden sie mithilfe von +; −; ·; : und einer Klammer eine Rechenaufgabe. Das Ergebnis der Aufgabe soll möglichst nahe an der Zahl 15 sein.
a) Haben Lisa und Chris richtig gerechnet?
b) Spielt das Spiel mehrmals.

16
Ariane kauft ein Handy zum Preis von 598 €. Sie zahlt 350 € sofort, den Rest in 8 Monatsraten zu je 35 €. Um wie viel Euro wird das Handy dadurch teurer?

17
Die Tabelle zeigt, wie viele Personen den Freizeitpark Familia an einem Wochenende besucht haben.

	Freitag	Samstag	Sonntag
Erwachsene	1095	1245	1462
Kinder	1752	1976	2098

a) Berechne die Einnahmen des Wochenendes.
b) Zusätzlich wurden noch Familienkarten zum Preis von 25 € verkauft. Die Gesamteinnahmen betrugen dann 80 278 €. Wie viele Familien besuchten den Freizeitpark?

FAMILIA Freizeitpark
Eintrittspreise
Erwachsene 11 €
Kinder 6 €
Familien 25 €

17
a) SP Laura zählt die Streichhölzer so:
$2 \cdot 5 + 6 = 16$
Erkläre deinem Partner oder deiner Partnerin, wie Laura gerechnet hat.
b) SP Silas zählt anders:
$5 \cdot 3 + 1$
Wie ist Silas vorgegangen?
c) **Erkundet** noch eine weitere Möglichkeit, die Streichhölzer zu zählen.
d) Laura und Silas wollen eine Streichholzkette mit 100 Quadraten legen. Wie viele Hölzer verwenden die beiden?

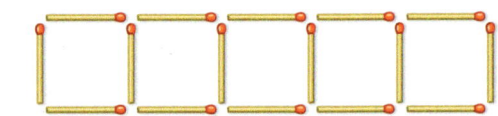

18 SP
Stelle zuerst einen Term auf und berechne dann seinen Wert.
a) Addiere 85 zum Produkt der Zahlen 3 und 15.
b) Addiere 700 zum Quotienten der Zahlen 210 und 30.
c) Subtrahiere von 444 das Produkt aus 22 und 20.

19 SP
Schreibe die Terme in Worten und berechne ihren Wert.
Folgende Begriffe helfen dir vielleicht.

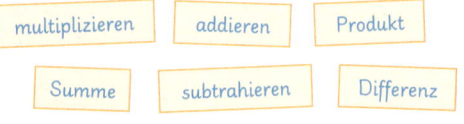

multiplizieren   *addieren*   *Produkt*
Summe   *subtrahieren*   *Differenz*

Beispiel: Der Term
$(2 + 3) \cdot 12$
bedeutet in Worten:
„Multipliziere die Summe der Zahlen 2 und 3 mit der Zahl 12."

a) $(18 − 12) \cdot 8$
b) $27 − 6 \cdot 4$
c) $(19 + 11) \cdot (19 − 11)$
d) $3 \cdot 8 + 11 \cdot 12$
e) $35 − 2 \cdot (6 + 5)$

20
Bei diesen Aufgaben gilt: Potenzieren geht vor Punkt- und Strichrechnung.
a) $12 \cdot 3^2 + 4$
$12 + 3 \cdot 4^2$
$12 \cdot 3^2 − 4^2$

b) $36 : 3^2$
$3^3 : 9$
$3 \cdot 2^3$

7 Ausklammern. Ausmultiplizieren

Eintrittspreise
Erwachsene 5,00 Euro
Kinder 2,00 Euro

Besucher	MI	DO	FR	SA	SO
Erwachsene	35	50	65	80	120
Kinder	75	80	95	125	175

Frau Stark arbeitet im Bauernhaus-Museum. Sie möchte am Sonntagabend die Eintrittsgelder der gesamten Woche berechnen.
→ Berechne die Einnahmen.
→ Unterhaltet euch, wie ihr gerechnet habt.
→ Das Museum hat an fünf Tagen in der Woche offen. Tauscht euch in der Klasse aus, wie man die Gesamteinnahmen rasch ermitteln kann.

Zur Bestimmung des Rechenausdrucks $4 \cdot 3 + 5 \cdot 3$ berechnet man zuerst die beiden Teilprodukte. Anschließend bildet man die Summe.

$4 \cdot 3 + 5 \cdot 3$
$= 12 + 15$
$= 27$

Vorteilhafter kann man so rechnen: $4 \cdot 3 + 5 \cdot 3 = (4 + 5) \cdot 3 = 9 \cdot 3 = 27$
Diesen Vorgang nennt man **Ausklammern**.

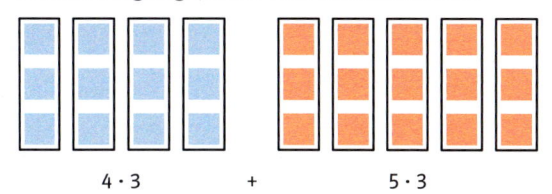

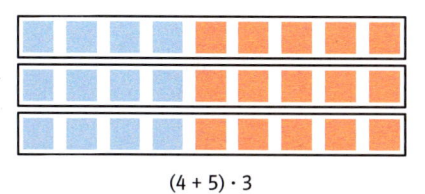

$4 \cdot 3$ + $5 \cdot 3$ = $(4 + 5) \cdot 3$

Den Rechenausdruck $(50 + 7) \cdot 8$ müsste man nach der Regel „Klammer zuerst" mit $57 \cdot 8$ berechnen. Vorteilhafter rechnet man $(50 + 7) \cdot 8 = 50 \cdot 8 + 7 \cdot 8 = 400 + 56 = 456$.
Diesen Vorgang nennt man **Ausmultiplizieren**.

Merke

Verteilungsgesetz (Distributivgesetz)

Ausmultiplizieren

$5 \cdot (40 + 2)$
$= 5 \cdot 40 + 5 \cdot 2$
Steht ein Faktor vor einer Klammer, kann man diesen Faktor mit jedem einzelnen Glied der Summe oder Differenz in der Klammer multiplizieren.

Ausklammern

$5 \cdot 40 + 5 \cdot 2$
$= 5 \cdot (40 + 2)$
Kommt in einer Summe oder Differenz ein Faktor mehrmals vor, kann man diesen gemeinsamen Faktor ausklammern.

Beispiele

a) $27 \cdot (20 + 3)$
$= 27 \cdot 20 + 27 \cdot 3$
$= 540 + 81$
$= 621$
Hier ist **Ausmultiplizieren** vorteilhaft.

b) $12 \cdot 87 + 12 \cdot 13$
$= 12 \cdot (87 + 13)$
$= 12 \cdot 100$
$= 1200$
Hier ist **Ausklammern** vorteilhaft.

Das Verteilungsgesetz gilt auch bei der Division.

c) $(260 - 26) : 13$
$= 260 : 13 - 26 : 13$
$= 20 - 2$
$= 18$

d) $180 : 14 - 40 : 14$
$= (180 - 40) : 14$
$= 140 : 14$
$= 10$

4 Multiplizieren und Dividieren

○1 Multipliziere aus und berechne.
a) 4 · (12 + 7)   b) 12 · (5 + 10)   c) (20 + 4) · 3   d) 7 · (40 − 2)

○2 Klammere den gemeinsamen Faktor aus und berechne.
a) 5 · 12 + 5 · 8   b) 14 · 9 + 14 · 11   c) 2 · 17 − 2 · 7   d) 15 · 11 − 5 · 11

Alles klar?

D33 Fördern

A Multipliziere aus und berechne.
a) 8 · (20 + 7)   b) 5 · (30 + 4)   c) 9 · (60 − 3)   d) (50 − 7) · 5

B Klammere den gemeinsamen Faktor aus. Berechne dann das Produkt.
a) 9 · 7 + 9 · 3   b) 17 · 22 + 17 · 8   c) 7 · 12 − 7 · 2   d) 23 · 6 − 23 · 4

○3 Welche Terme sind gleich?
a) 3 · 5 + 3 · 4   —   3 · (5 + 4)
b) 3 · 5 + 3 · 4   —   3 · 5 + 4
c) 3 · (5 − 4)   —   3 · 5 − 3 · 4
d) 3 + 5 · 4 + 5   —   3 + (5 · 4)

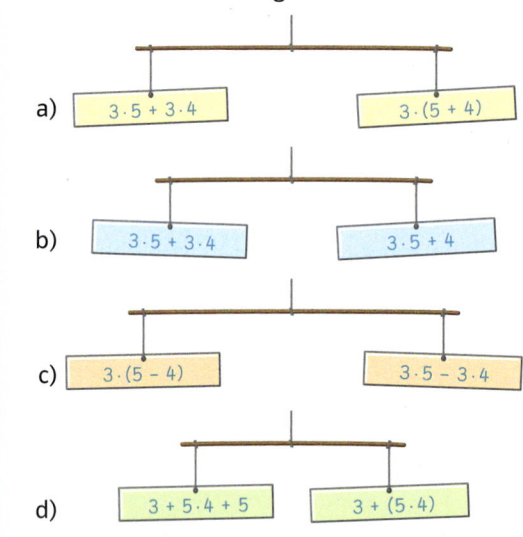

○4 Multipliziere aus und rechne.
a) 3 · (10 + 7)   b) 5 · (9 + 10)
c) 6 · (20 + 6)   d) 7 · (10 + 8)
e) (30 − 3) · 7   f) (40 − 2) · 11

○5 Klammere aus und berechne.
a) 8 · 13 + 8 · 7   b) 13 · 6 + 13 · 4
c) 7 · 24 + 7 · 26   d) 9 · 17 + 9 · 23
e) 8 · 49 + 2 · 49   f) 47 · 34 − 37 · 34

○6 Zerlege wie im Beispiel und rechne.

Beispiel:
36 · 4 = 30 · 4 + 6 · 4 = 120 + 24 = 144

a) 42 · 4   b) 52 · 7   c) 102 · 9
23 · 6   72 · 9   203 · 7
67 · 5   33 · 11   505 · 5
51 · 9   61 · 12   107 · 11

○3 Berechne.
a) 6, 4 → + → 3 → · → □
b) 7, 8 → · ; 5, 8 → · ; → + → □

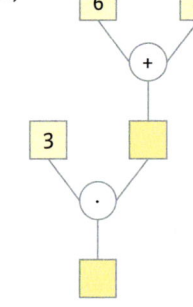

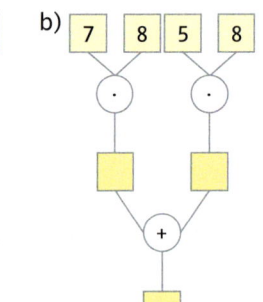

c) Zeichne in deinem Heft Rechenbäume für 12 · (17 + 13) und 12 · 17 + 12 · 13.

●4 Auch beim Subtrahieren kannst du das Verteilungsgesetz anwenden.

Beispiel: 79 · 37 − 79 · 27 = 79 · (37 − 27)
= 79 · 10 = 790

a) 67 · 43 − 67 · 33
b) 35 · 57 − 35 · 37
c) 82 · 29 − 29 · 62
d) 38 · 12 − 27 · 12 − 9 · 12
e) 116 · 63 − 66 · 63 − 40 · 63

●5 **Entscheide**, ob das Ausklammern oder das Ausmultiplizieren Vorteile bietet. Rechne dann im Kopf.
a) 15 · 19 + 15 · 11
b) 9 · (14 + 36)
c) 89 · 9 − 79 · 9
d) (80 + 32) : 16
e) 72 · 36 + 28 · 36
f) 22 · 34 + 37 · 34 + 41 · 34
g) 123 · 87 + 123 · 45 − 123 · 32

→ Die Lösungen zu „Alles klar?" findest du auf Seite 244.

7 Rechne wie im Beispiel.

Beispiel: 49 · 7 = (50 − 1) · 7 = 50 · 7 − 1 · 7
= 350 − 7 = 343

a) 19 · 3
28 · 4
39 · 5

b) 67 · 9
79 · 8
98 · 7

c) 199 · 2
195 · 7
291 · 6

8 SP Erstelle zu der Rechnung ein Bild wie auf S. 101 und begründe die Gleichheit der Rechenterme. Formuliere das genutzte Rechengesetz mithilfe von Variablen.
a) 4 · 2 + 3 · 2 = (4 + 3) · 2
b) (2 + 6) · 3 = 2 · 3 + 6 · 3
c) 5 · (7 + 3) = 5 · 7 + 5 · 3

9 Beim Kopfrechnen ist das Verteilungsgesetz oft hilfreich.

Beispiel: 42 · 18 = 40 · 18 + 2 · 18
= 720 + 36 = 756

a) 12 · 26
c) 67 · 24
e) 19 · 28

b) 23 · 34
d) 52 · 39
f) 49 · 42

10 Welche Zahl steht für die Variable?
a) 30 · (a + 3) = 300
b) 32 · (64 − b) = 640
c) 15 · x + 5 · x = 180
d) 29 · y − 14 · y = 105

11 Kluge Kopfrechner rechnen so.

Beispiel: 45 + 7 · 15
= 3 · 15 + 7 · 15
= (3 + 7) · 15
= 10 · 15 = 150

a) 70 + 8 · 35
c) 48 + 16 · 12
e) 180 − 3 · 59

b) 17 · 9 + 27
d) 7 · 32 − 210
f) 84 − 7 · 7

12 Schatzmeister Jelani vom Sportverein „Flinke Flitzer" möchte die Einnahmen der letzten drei Heimspiele ermitteln. Der Eintritt pro Spiel beträgt 8 €.

1. Spiel	2. Spiel	3. Spiel
257 Zuschauer	429 Zuschauer	314 Zuschauer

Bestimme die Gesamteinnahmen im Kopf.

ein Schatzmeister / eine Schatzmeisterin
hier: eine Person, die das Geld verwaltet

6 Hier fehlt eine Klammer. Ergänze sie und prüfe nach.
a) 7 · 6 + 5 = 77
b) 25 − 5 · 5 = 100
c) 7 + 8 · 10 = 150
d) 3 · 13 − 6 = 21
e) 7 + 4 + 9 · 6 = 120
f) 57 · 6 + 23 − 19 = 570
g) 12 · 14 + 16 − 10 = 350

7 Wer schafft die Aufgabe in fünf Minuten?

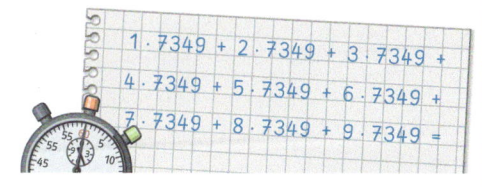

1 · 7349 + 2 · 7349 + 3 · 7349 +
4 · 7349 + 5 · 7349 + 6 · 7349 +
7 · 7349 + 8 · 7349 + 9 · 7349 =

8 SP Schreibe zuerst den Term. Rechne dann vorteilhaft.
a) Multipliziere 7 mit 22 und addiere das Produkt von 13 und 22 hinzu.
b) Addiere das Produkt von 12 und 36 und das Produkt von 12 und 14.
c) Subtrahiere vom Produkt von 93 und 37 das Produkt von 93 und 27.

9 SP Frau Arslan arbeitet im Schwimmbad an der Kasse.

← KASSE
Erwachsene 7,50 €
Ermäßigt 4,00 €
(für Kinder, Schüler und Jugendliche)

Südbad

Abends sind genau 900 € in der Kasse. Sie ist sich ganz sicher, dass sie an 60 Erwachsene Eintrittskarten verkauft hat. Warum stimmt die Kasse nicht? Erkläre.

MEDIEN

Tabellenkalkulation. Terme

🅼🅺 Programme zur Tabellenkalkulation helfen, große Zahlenmengen zu verwalten oder mathematische Probleme zu berechnen und darzustellen.

Beispiel: Über einem Tabellenblatt findet man ganz oben drei Bereiche.

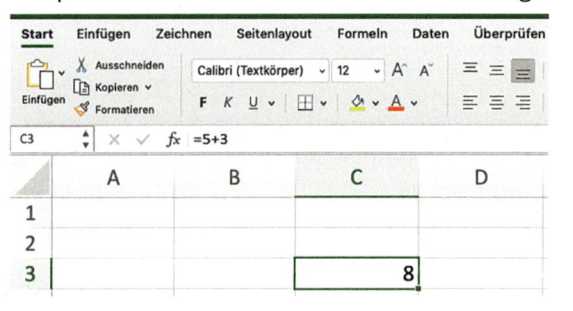

Registerleiste

Menüband

Bearbeitungsleiste

Tipp!
Spalten: A; B; C …
Zeilen: 1; 2; 3
Markierte **Zelle** im Beispiel heißt C3.

Tabellenblatt

Mithilfe des **Menübands** kannst du das Aussehen der Schrift und der Zellen verändern. Dies nennt man **formatieren**.
In der **Bearbeitungsleiste** sieht man den Term, der in Zelle C3 steht (=5+3). Nach dem Drücken der **Eingabetaste** (Enter-Taste) berechnet das Programm den Wert des Terms und zeigt ihn in der Zelle C3 an. Jede Rechenanweisung wird durch ein Gleichheitszeichen eingeleitet. Fehlt das Gleichheitszeichen, rechnet das Programm nicht.

○ **1** 🅼🅺 🖥 Erkunde dein Tabellenkalkulationsprogramm.
   a) Schreibe in die Zelle A1 das Wort Addition. Verändere die Schriftart, die Schriftgröße und die Farbe. Verändere die Zelle, indem du Rahmenlinien einfügst oder die Füllfarbe wechselst. Was kannst du noch verändern?
   b) Schreibe nun den Term 30 + 70 ohne Gleichheitszeichen in Zelle A2 und mit Gleichheitszeichen in Zelle B2. Vergleiche dann beide Zellen. Was fällt dir auf?

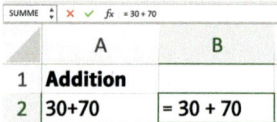

○ **2** 🅼🅺 🖥 Berechne mit deinem Tabellenkalkulationsprogramm.
   a) $27 - 9$ b) $10 + 11 + 12 + 13$ c) $293 - 78 - 33 - 55$ d) $300 - (135 + 79)$

○ **3** 🅼🅺 🖥 In deinem Programm musst du bei der Multiplikation für das Malzeichen ein Sternchen * und bei der Division für das Geteiltzeichen einen Schrägstrich / eingeben. Berechne.
   a) $345 \cdot 222$ b) $2 \cdot 3 \cdot 4 \cdot 5$ c) $111 : 3$
   d) $2 \cdot (5 + 8)$ e) $(79 + 21) : 25$ f) $(45 + 82) \cdot (25 + 73)$

○ **4** 🅼🅺 🆂🅿 🖥 Mithilfe der Maus kann man Inhalte aus einer Zelle auf eine andere **übertragen**.
   (1) Übernimm die Eingaben und markiere die Zelle B2 wie in der Abbildung.
   (2) Bewege den Mauszeiger auf die rechte untere Ecke. Der Zeiger verändert sich in ein schwarzes Kreuz. Drücke nun die linke Maustaste.
   (3) Halte die Maustaste gedrückt und bewege den Mauszeiger entlang der Zeile. Beschreibe, was passiert.

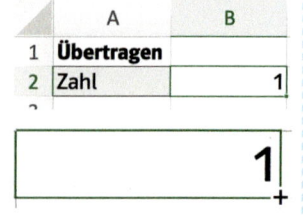

4 Multiplizieren und Dividieren

MEDIEN

○ **5** [MK] [SP] 🖥 Durch Übertragen kannst du Zahlenfolgen erzeugen.
  a) Übernimm die Eingaben und markiere die beiden Zellen B2 und C2 wie in der Abbildung. Verwende die Maus zum Übertragen. Was fällt dir auf? Beschreibe.
  b) Übertrage die Zahlen 5 und 10.

	A	B	C
1	Übertragen		
2	Zahlenfolge	1	2

● **6** [MK] 🖥 Mit dem Tabellenkalkulationsprogramm kann man auch den Wert von Termen mit Variablen berechnen.
  a) Übernimm die Eingaben aus der Abbildung.
  In Zelle B2 schreibst du eine Zahl, die für x eingesetzt werden soll. Jetzt kannst du in den Rechenanweisungen immer B2 statt x verwenden.
  In Zelle B4 schreibst du für den Term x + 5 also =B2+5.
  b) Lasse nun den Wert des Terms 2 · x berechnen. Überlege, was du dafür in die Zelle B5 eintragen musst.
  c) [SP] Gib in Zelle B2 weitere Zahlen für x ein. Was fällt dir auf?

	A	B
1	Werte von Termen mit Variablen	
2	x=	3
3	Term	Wert des Terms
4	x+5	=B2+5
5	2*x	

○ **7** [MK] 🖥 Will man für einen Term mehrere Werte berechnen, kann man die Tabelle besonders schnell durch das Übertragen mit der Maus erstellen.
  a) In Zeile 2 schreibst du alle Zahlen auf, die für x eingesetzt werden sollen.
  Übernimm dafür die Eingaben aus der Abbildung und erzeuge die Zahlen von 0 bis 10 durch Übertragen.

	A	B	C
1	Werte eines Terms mit Variablen		
2	x	0	1

  b) In Zeile 3 wird der Wert des Terms 2 · x + 1 für alle Zahlen aus Zeile 2 berechnet.
    (1) Schreibe in Zelle B3 die Rechenanweisung mit B2 statt x, also =2*B2+1.
    (2) Markiere die Zelle B3. Übertrage die Rechenanweisung mithilfe der Maus auf die anderen Zellen der Zeile 3. Das Programm passt die Rechenanweisung automatisch für alle Zellen aus Zeile 2 an.
    Dadurch wird immer die richtige Zahl für x eingesetzt und der Wert des Terms berechnet.

	A	B	C	D
1	Werte eines Terms mit Variablen			
2	x	0	1	2
3	2*x+1	=2*B2+1		

	A	B	C	D
1	Werte eines Terms mit Variablen			
2	x	0	1	2
3	2*x+1	1		

  c) Überprüfe die Rechenanweisung in E3 und L3.
  d) Erstelle eine Tabelle für x von 0 bis 10 für folgende Terme.

  $x + 5$ $3 \cdot x$ $7 \cdot x + 8$ $(4 \cdot x + 6) : 2$

● **8** [MK] Janira möchte für einige Tage zum Skifahren. Sie berechnet die Kosten für die Übernachtungen in einer Jugendherberge mithilfe ihres Tabellenkalkulationsprogramms.

	A	B	C	D	E	F	G	H
1	Kosten für die Jugendherberge							
2	Preis pro Nacht	28,00 €						
3	Anzahl der Nächte	1	2	3	4	5	6	7
4	Gesamtkosten	28,00 €	56,00 €	84,00 €	112,00 €	140,00 €	168,00 €	196,00 €

Entscheide, welche Rechenanweisung geeignet ist, um den Wert in Zelle C4 zu berechnen. Begründe.

  1 =B2+B4   **2** =C3+28   **3** =B2+B2   **4** =28*C3

EXTRA: Zahlenmuster

Familie Grün legt einen Garten mit Bäumen, Blumenbeeten und einem Kürbisbeet an.

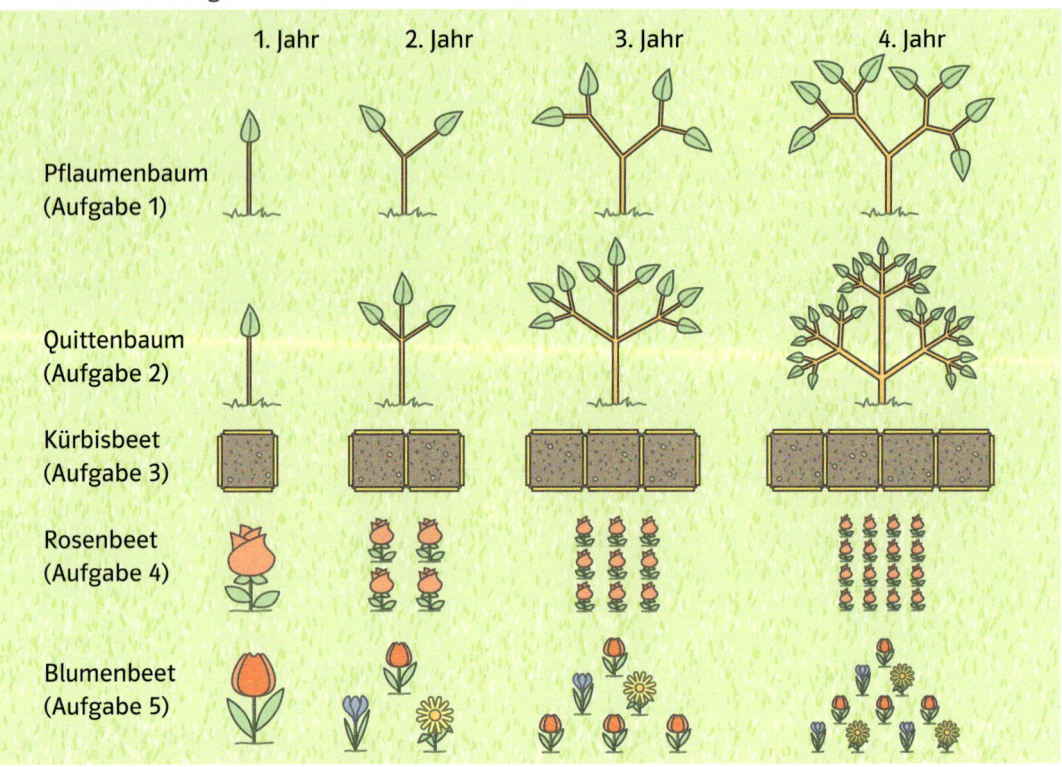

1. Jahr   2. Jahr   3. Jahr   4. Jahr

- Pflaumenbaum (Aufgabe 1)
- Quittenbaum (Aufgabe 2)
- Kürbisbeet (Aufgabe 3)
- Rosenbeet (Aufgabe 4)
- Blumenbeet (Aufgabe 5)

1
a) Wie viele Blätter hat der Pflaumenbaum im 2., 3., ... 7. Jahr?
b) Wann hat er erstmals mehr als 1000 Blätter?

2 Wie viele Blätter hat der Quittenbaum nach 5 Jahren und nach 10 Jahren?

3 Das Kürbisbeet wird jedes Jahr vergrößert. Immer drei Bretter geben ein neues Fach.
a) Frau Grün kauft nach dem zweiten Jahr 50 Bretter. Wie lange reicht dieser Vorrat?
b) Wie viele Bretter wären nach 20 Jahren verbaut?
c) Gibt es ein Jahr, in dem insgesamt genau 75 Bretter gebraucht wurden?

4 Das quadratische Rosenbeet wird jedes Jahr vergrößert. Wie viele Rosen kommen im 1., 2., 3., ... Jahr hinzu? Nenne die Regel.

5 In einem dreieckigen Beet pflanzt Frau Grün regelmäßig verteilt rote, gelbe und blaue Blumen.
a) Füllt die Tabelle aus. Besprecht gemeinsam, welche Regelmäßigkeiten euch auffallen.
b) Setzt die Tabelle ein Stück weit fort, ohne das Beet weiter zu zeichnen.

Jahr	1	2	3	4	5	6	7	8	9	10
Anzahl roter Blumen	1							16		
Anzahl gelber Blumen	0						6			
Anzahl blauer Blumen					3					
Anzahl aller Blumen										

Zusammenfassung

Multiplizieren
Die Multiplikation ist die vereinfachte Schreibweise einer Summe mit gleichen Summanden.
Man verwendet die Begriffe Faktor und Produkt.

$7 + 7 + 7 + 7 + 7$
$= 5 \cdot 7$
$= 35$

Erster Faktor · Zweiter Faktor
$5 \cdot 7 = 35$
Produkt — Wert des Produkts

Schriftliches Multiplizieren
Beim schriftlichen Multiplizieren werden die Teilprodukte berechnet und addiert.
Um das Ergebnis zu überprüfen, ist ein Überschlag immer hilfreich.

```
  4 9 3 · 3 2
    1 4 7 9
  +   9 8 6
        1 1
  1 5 7 7 6
```

Überschlag:
$500 \cdot 30 = 15\,000$

Dividieren
Die Division ist die Umkehrung der Multiplikation. Man verwendet die Begriffe Dividend, Divisor und Quotient.

$56 : 7 = 8$,
da $8 \cdot 7 = 56$

Dividend : Divisor
$56 : 7 = 8$
Quotient — Wert des Quotienten

Schriftliches Dividieren
Beim schriftlichen Dividieren arbeitet man von links nach rechts. Um das Ergebnis zu überprüfen, rechnet man die Probe mit der Umkehraufgabe.

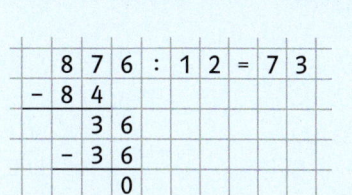

```
  8 7 6 : 1 2 = 7 3
- 8 4
    3 6
  - 3 6
      0
```

Probe:
```
  7 3 · 1 2
      7 3
  + 1 4 6
    8 7 6
```

Potenzen
Ein Produkt mit gleichen Faktoren lässt sich kürzer als Potenz schreiben.

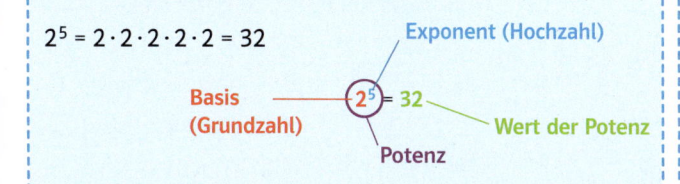

$2^5 = 2 \cdot 2 \cdot 2 \cdot 2 \cdot 2 = 32$

Basis (Grundzahl) — 2^5 — Exponent (Hochzahl)
$2^5 = 32$ — Wert der Potenz
Potenz

Vertauschungsgesetz (Kommutativgesetz)
In Produkten dürfen **Faktoren vertauscht** werden.

$8 \cdot 9 = 9 \cdot 8 = 72$

Verbindungsgesetz (Assoziativgesetz)
In Produkten dürfen **Klammern beliebig gesetzt** werden.

$2 \cdot (5 \cdot 8) = (2 \cdot 5) \cdot 8$

Klammern zuerst. Punkt vor Strich
Für die Reihenfolge beim Rechnen gelten Regeln:

Klammer zuerst
$35 : (18 - 13) = 35 : 5 = 7$

Innere Klammer vor äußerer Klammer
$52 - ((7 + 3) \cdot 5)$
$= 52 - (10) \cdot 5$
$= 52 - 50$
$= 2$

Punkt vor Strich
$7 + 8 \cdot 5 = 7 + 40 = 47$

Abschließend von links nach rechts rechnen.

Verteilungsgesetz (Distributivgesetz)
Das Verteilungsgesetz wird zum Ausmultiplizieren und Ausklammern verwendet.

Ausmultiplizieren
$8 \cdot (50 + 7)$
$= 8 \cdot 50 + 8 \cdot 7$
$= 400 + 56$
$= 456$

Ausklammern
$13 \cdot 11 + 13 \cdot 9$
$= 13 \cdot (11 + 9)$
$= 13 \cdot 20$
$= 260$

Basistraining

1 Multipliziere im Kopf.
a) 3 · 12
9 · 8
11 · 9
14 · 3
5 · 15

b) 7 · 12
18 · 3
16 · 4
3 · 23
37 · 2

c) 10 · 13
8 · 30
20 · 6
40 · 7
9 · 50

2 Berechne im Kopf.
a) Verdopple: 12; 13; 18; 23; 29; 34; 56.
b) Verdreifache: 15; 22; 31; 33; 45; 57.
c) Verfünffache: 7; 9; 13; 20; 25; 32; 44.
d) Halbiere: 24; 36; 52; 76; 106; 198; 502.

3 Multipliziere schriftlich.
a) 73 · 16
47 · 19
68 · 23
82 · 57

b) 124 · 13
108 · 22
235 · 18
409 · 31

c) 1234 · 3
4287 · 4
6543 · 5
8989 · 9

4 Multipliziere. Achte auf die Nullen.
a) 85 · 20
59 · 30
124 · 50
105 · 60
206 · 80

b) 208 · 40
875 · 50
305 · 280
109 · 90
707 · 70

5 Dividiere im Kopf.
a) 36 : 6
35 : 7
42 : 6
48 : 8
63 : 9

b) 75 : 5
72 : 6
96 : 8
84 : 12
108 : 9

c) 309 : 3
280 : 4
350 : 7
525 : 5
636 : 6

6 Dividiere. In den Blumen findest du die Ergebnisse.
a) 172 : 4
235 : 5
522 : 6
273 : 7

b) 1465 : 5
5184 : 6
5964 : 7
8577 : 9

(Blumen: 293, 864, 87, 852, 953, 43, 47, 39)

7 Berechne
a) die Hälfte von 64.
b) das Doppelte von 35.
c) ein Viertel von 128.
d) das Fünffache von 49.

8 Forme so um, dass der Divisor keine Nullen mehr hat. Berechne.

Beispiel: 420 : 70 = 42 : 7 = 6

a) 280 : 40
640 : 80
3500 : 70
6300 : 90

b) 2800 : 400
5400 : 600
5600 : 700
81 000 : 9000

9 Mache zunächst einen Überschlag. Rechne dann.
a) 77 · 12
b) 405 · 19
c) 13 · 39
d) 294 · 21
e) 28 · 22
f) 513 · 17
g) 41 · 69
h) 703 · 29

10 Ordne die Überschläge richtig zu.

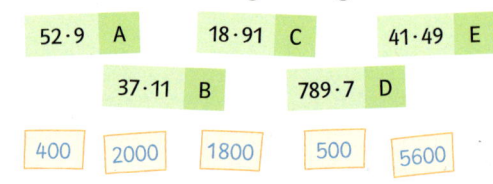

52 · 9 A   18 · 91 C   41 · 49 E
37 · 11 B   789 · 7 D

400   2000   1800   500   5600

11 Übertrage ins Heft und berechne.

a)
·	26	45	69	73	82	97	138
12							

b)
:	2	3	4	6	9	12	18
36							

12 Übertrage ins Heft und setze das richtige Rechenzeichen.

+   −   :   ·

a) 24 ■ 25 = 49
b) 72 ■ 8 = 9
c) 9 ■ 11 = 99
d) 144 ■ 12 = 12
e) 65 ■ 5 = 13
f) 95 ■ 15 = 80
g) 32 ■ 16 = 2
h) 98 ■ 7 = 14

4 Multiplizieren und Dividieren

13 [SP] Ordne den Rechenausdrücken die richtigen Bezeichnungen zu.
a) 245 + 512
b) 996 : 12
c) 24 · 18
d) 328 − 79

| Differenz | Quotient | Produkt | Summe |

14 Mache einen Überschlag, bevor du schriftlich rechnest.
a) 4812 : 4
b) 5929 : 7
c) 4255 : 5
d) 6392 : 8
e) 4182 : 6
f) 9812 : 11
g) 3591 : 7
h) 5964 : 12

15 Dividiere. Es entsteht ein Rest.
a) 106 : 3
b) 541 : 7
c) 147 : 4
d) 293 : 8
e) 128 : 5
f) 485 : 9
g) 255 : 6
h) 679 : 12

16 Berechne schriftlich.
a) 405 : 15
b) 10 815 : 15
c) 13 080 : 20
d) 2100 : 28
e) 4216 : 17
f) 1176 : 12

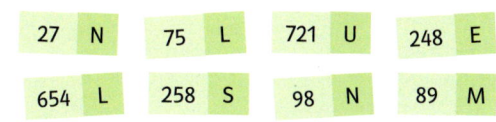

| 27 N | 75 L | 721 U | 248 E |
| 654 L | 258 S | 98 N | 89 M |

Achtung: _ _ _ _ _ !

17 Schreibe als Potenz, bevor du rechnest.
a) 6 · 6
b) 5 · 5 · 5
c) 2 · 2 · 2 · 2
d) 3 · 3 · 3 · 3
e) 10 · 10 · 10 · 10
f) 2 · 2 · 2 · 2 · 2 · 2 · 2

18 Setze die Zeichen + und · richtig ein.
a) 3 ■ 4 ■ 5 = 17
b) 8 ■ 4 ■ 2 = 14
c) 25 ■ 5 ■ 4 = 45
d) 4 ■ 8 ■ 2 = 20
e) 12 ■ 3 ■ 5 = 27
f) 2 ■ 4 ■ 8 = 16

19 Beachte Punkt vor Strich.
a) 8 − 12 : 6
b) 32 + 16 · 2
c) 37 + 3 · 7
d) 24 − 24 : 6
e) 2 · 3 + 4 · 5
f) 5 + 2 · 3 − 4
g) 17 + 36 : 9
h) 56 : 7 − 63 : 9

20 Berechne.
a) 3 · (17 + 13) − 87
b) 15 · (25 − 18) − 104
c) 4 · (28 − 16) − 40 : 8
d) 20 + 3 · 7 − (45 − 15)

21 [SP] Schreibe zuerst als Text. Berechne dann mit dem Verteilungsgesetz.

Beispiel: Addiere zum Produkt von 29 und 12 das Produkt von 11 und 12.
29 · 12 + 11 · 12
= (29 + 11) · 12
= 40 · 12 = 480

a) 7 · 15 + 13 · 15
b) 9 · 48 − 9 · 38
c) 27 · 7 − 17 · 7
d) 16 · 33 + 4 · 33

22 Ergänze die fehlende Klammer.
a) 25 − 15 : 2 = 5
b) 9 · 5 + 6 = 99
c) 45 − 15 · 2 = 60
d) 25 − 5 : 2 = 10
e) 2 + 3 + 4 · 5 = 45
f) 6 : 3 − 1 · 5 = 5
g) 8 · 4 − 5 · 2 = 54
h) 60 : 5 − 4 : 2 = 4

23 Rechne vorteilhaft durch Vertauschen der Faktoren.

Beispiel: 4 · 7 · 20 · 25 · 5
= 4 · 25 · 20 · 5 · 7
= 100 · 100 · 7 = 70 000

a) 5 · 9 · 20
b) 25 · 7 · 4
c) 3 · 25 · 2 · 4
d) 50 · 3 · 9 · 2
e) 40 · 11 · 25
f) 9 · 125 · 7 · 8

24 Setze die fehlenden Werte ein.

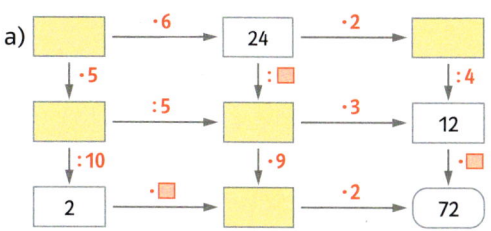

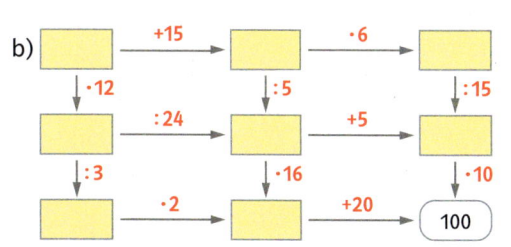

25 [MK] Erstelle mit deinem Tabellenkalkulationsprogramm eine Tabelle für x von 0 bis 10 für folgende Terme.
a) $x \cdot x$
b) $4 \cdot x + 3$
c) $5 \cdot (30 − x)$
d) $(x + 3) : 2$
e) $12 \cdot x \cdot x − 12 \cdot x$
f) $(x + 2) \cdot (x + 3)$

109

Anwenden. Nachdenken

26 Ersetze die Kästchen.

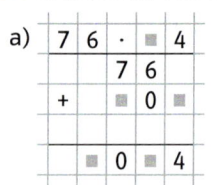

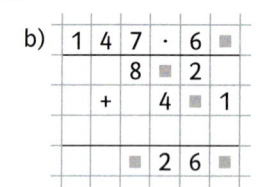

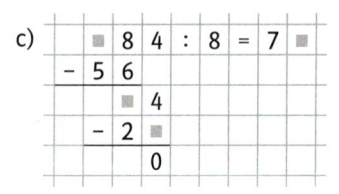

a)
```
  7 6 · ▪ 4
      7 6
+   ▪ 0 ▪
  ▪ 0 ▪ 4
```

b)
```
  1 4 7 · 6 ▪
        8 ▪ 2
+     4 ▪ 1
      ▪ 2 6 ▪
```

c)
```
  ▪ 8 4 : 8 = 7 ▪
  – 5 6
      ▪ 4
    – 2 ▪
        0
```

27 Vervollständige die Zahlenmauern. Nebeneinander liegende Steine werden multipliziert.

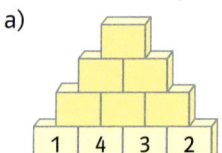

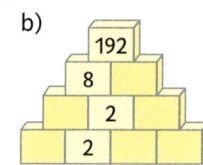

a) Zahlenmauer mit unterer Reihe: 1, 4, 3, 2

b) Zahlenmauer mit 192 oben, darunter 8, 2; untere Reihe beginnt mit 2

c) Vertausche in Teilaufgabe a) die Zahlen in der unteren Reihe so, dass das Ergebnis im obersten Stein am kleinsten wird.

28 Zahlen lassen sich durch Produkte mit zwei Faktoren darstellen.

24 36 42 45 60

Beispiel: $18 = 1 \cdot 18 = 2 \cdot 9 = 3 \cdot 6$
Die Zahl 18 lässt sich durch drei verschiedene Produkte mit zwei Faktoren darstellen.

a) Untersuche die Zahlen.
b) Welche Zahl hat die meisten Produkte?

29 SP Rechne richtig. Erkläre den Fehler.

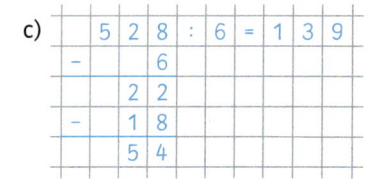

a)
```
  6 5 4 · 3 1
    1 9 6 2
+   6 5 4
    1 1
  2 6 1 6
```

b)
```
  1 3 2 · 4 0 2
      5 2 8
+     2 6 4
        1
    5 5 4 4
```

c)
```
  5 2 8 : 6 = 1 3 9
  –     6
        2 2
      – 1 8
          5 4
```

30 Die rote Zahl entsteht nach zwei unterschiedlichen Rechenschritten aus der grünen.

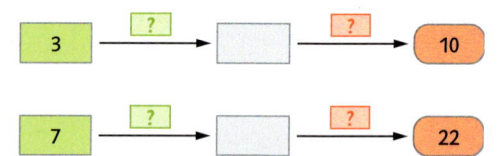

3 → ? → ☐ → ? → 10

7 → ? → ☐ → ? → 22

a) Findet heraus, wie die rote aus der grünen Zahl entsteht.
b) Ermittelt die roten Partnerzahlen von 12; 20 und 52.
c) Erfindet eigene Aufgaben und stellt sie euch gegenseitig vor.

31 Wende die Rechengesetze an.
a) Was muss für die Platzhalter eingesetzt werden? Begründe.
$2 \cdot 3 = 3 \cdot 2$
$6 \cdot 5 = 5 \cdot 6$
…
$a \cdot b = ▪ \cdot ▪$

b) Erkläre die Rechenschritte.
$a \cdot b \cdot a = a \cdot a \cdot b = (a \cdot a) \cdot b$

32 Achte auf die Klammern. Die Kärtchen zeigen die Ergebnisse.
a) $25 - (27 - 11)$
b) $42 - 3 \cdot (52 - 17 - 23)$
c) $10 - (8 + 4 \cdot 12) : 7$
d) $15 - (20 - 8 \cdot 2) \cdot 3$
e) $5 - ((6 + 4) : 2 - 1)$
f) $15 - ((20 + 68) : 8 - 9) \cdot 5$
g) $50 - (10 - (43 - 19) : 8) \cdot 7 - 1$

9 0 6 3 1 2 5

33 Wo muss man eine Klammer setzen, wo nicht?
a) $8 + 6 \cdot 4 = 56$ b) $8 + 6 \cdot 4 = 32$
c) $8 \cdot 6 + 4 = 52$ d) $8 \cdot 6 + 4 = 80$
e) $8 \cdot 4 + 6 = 80$ f) $8 \cdot 4 + 6 = 38$

34 Erkläre den Fehler. Korrigiere im Heft.

a) $32 - 24 : 8 + 2 \cdot 3$
$= 8 : 8 + 2 \cdot 3$
$= 1 + 2 \cdot 3$
$= 3 \cdot 3$
$= 9$

b) $12 + (9 - 2 \cdot 4)$
$= 12 + 7 \cdot 4$
$= 19 \cdot 4$
$= 76$

○ 35 **MK** 💻 Lola kauft bei Bauer Lustig vier mittlere und acht große Eier. Herr Lustig gibt in seiner App zur Tabellenberechnung die Anzahl der Eier ein.

	A	B	C	D
1	Ei-Größe	M	L	
2	Preis pro Ei	0,30 €	0,40 €	
3	Anzahl der Eier	4	8	
4				
5	Gesamtpreis	4,40 €		
6				

a) Übernimm die Tabelle in dein Programm. Gib die Rechenanweisung zur Berechnung des Gesamtpreises in B5 an.
b) Marc kauft 6 M-Eier und 10 L-Eier.

○ 36 Nutze das Vertauschungs- und das Verbindungsgesetz zum Kopfrechnen.

Beispiel: $24 \cdot 25 = 6 \cdot (4 \cdot 25)$
$= 6 \cdot 100 = 600$

a) $42 \cdot 50$ b) $28 \cdot 25$ c) $250 \cdot 44$
d) $20 \cdot 55$ e) $125 \cdot 24$ f) $25 \cdot 4848$

● 37 $5 + 4 \cdot 3 - 2 : 1$

Setze eine Klammer so, dass
a) das Ergebnis möglichst groß wird.
b) das Ergebnis möglichst klein wird.
c) das Ergebnis 15 beträgt.

● 38 Die Klassen 5a (25 Kinder), 5b (27 Kinder) und 5c (26 Kinder) der Pestalozzi-Schule fahren gemeinsam auf Klassenfahrt. Für eine zweitägige Paddel-Tour wollen sie Canadier-Boote mieten.

CANOE-CHARTER

Verleihgebühr	1 Tag	2 Tage	3 Tage
3er-Canadier	23,00 €	40,00 €	55,00 €
4er-Canadier	30,00 €	50,00 €	70,00 €
5er-Canadier	40,00 €	60,00 €	80,00 €
7er-Canadier	65,00 €	110,00 €	155,00 €

a) Wie viele Canadier-Boote müssen gemietet werden, wenn der Preis für alle Klassen möglichst günstig sein soll? Berechne die Kosten.
b) Wie teuer wird die Tour, wenn die Klassen nicht gemeinsam paddeln wollen, sondern getrennt? Vergleiche mit den Kosten aus Teilaufgabe a).

○ 39 Prüfe, ob hier richtig gerechnet wurde.
a) $1^3 + 2^3 + 3^3 + 4^3 = 10^2$
b) $3^3 + 4^3 + 5^3 = 6^2$
c) $1^3 + 2^3 + 3^3 + 4^3 + 5^3 = 15^2$

○ 40 Große Zahlen lassen sich gut mit Zehnerpotenzen darstellen. Schreibe als Zahl und dann als Zehnerpotenz.
a) tausend   b) hunderttausend
c) eine Million   d) zehn Millionen
e) eine Milliarde f) eine Billion

● 41 Berechne die Aufgabenreihen. Betrachte die Ergebnisse. Kannst du eine Gesetzmäßigkeit erkennen?
a) $1 \cdot 2 + 3$ b) $4 \cdot 3 - 2 \cdot 1$
   $2 \cdot 3 + 4$ $5 \cdot 4 - 3 \cdot 2$
   $3 \cdot 4 + 5$ $6 \cdot 5 - 4 \cdot 3$
   $4 \cdot 5 + 6$ $7 \cdot 6 - 5 \cdot 4$
c) Setze die Teilaufgaben a) und b) um jeweils drei Aufgaben fort.

● 42 Mit einer Länge von 400 m und einer Breite von 60 m ist die Maersk Mc-Kinney Møller eines der größten Containerschiffe der Welt. Sie kann bis zu 18 000 Container laden. Die Container sind ungefähr 6 m lang und 2,50 m hoch.
a) Wie lang wird die „Containerschlange", wenn man alle 18 000 Container aneinanderreiht?
b) Wie hoch würde ein „Containerturm" werden, wenn man alle Container aufeinanderstapeln könnte?
c) In einem Container lassen sich ungefähr 6000 Paar Schuhe unterbringen. Könnte das Containerschiff die gesamte deutsche Bevölkerung (ca. 80 Millionen) mit einem Paar neue Schuhe versorgen?

---

eine Gesetzmäßigkeit
• eine Regel
• eine Vorschrift

ein Container
hier: ein großer stapelbarer Transport-Behälter (englisch: contain = enthalten)

4 Multiplizieren und Dividieren

Rückspiegel

D34 Teste dich

1 Multipliziere.
a) 46 · 8   b) 83 · 9   c) 27 · 14   d) 65 · 39   e) 268 · 7

2 Dividiere.
a) 96 : 3   b) 78 : 6   c) 98 : 7   d) 172 : 4   e) 126 : 9

3 Berechne.
a) 86 · 9   b) 133 : 7   c) 43 · 27   d) 184 : 8   e) 74 · 53

4 Nutze Rechenvorteile.
a) 5 · 7 · 4   b) 50 · 3 · 4   c) 2 · 5 · 15 · 20   d) 4 · 2 · 3 · 25 · 50

5 Achte auf Punkt vor Strich.
a) 44 + 8 · 7   b) 25 · 6 − 84 : 7

6 Wende das Verteilungsgesetz an.
a) 43 · 19 + 57 · 19   b) 53 · 34 − 33 · 34

7 Berechne.
a) 3^4 b) 4^3 c) 2^5

8 Achte auf die Klammer.
a) 12 + 3 · (25 − 16)   b) 38 − (8 + 4 · 12) : 4

9
$\boxed{5}\ \boxed{+}\ \boxed{-}\ \boxed{6}\ \boxed{8}\ \boxed{2}\ \boxed{\cdot}$

Bilde mit den vier Ziffern und den drei Rechenzeichen einen Term,
a) dessen Wert möglichst groß ist.
b) dessen Wert möglichst klein ist.

10 Welche Zahl steht für die Variable?
a) 19 − 6 : a = 16
b) (b + 12) : 4 = 5

11 In einer Sporthalle gibt es 20 Reihen mit je 80 Sitzplätzen. Eine Eintrittskarte kostet 15 €. Wie hoch sind die Einnahmen, wenn alle Sitzplätze ausverkauft sind?

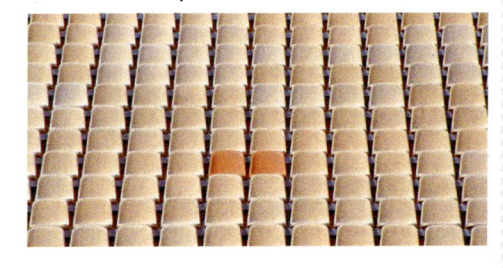

---

5 Berechne.
a) 369 · 78   b) 9036 : 12

6 Rechne vorteilhaft.
a) 125 · 5 · 8 · 4 · 3   b) 23 · 87 − 23 · 77

7 Achte auf Punkt vor Strich.
24 + 72 : 9 − 12 · 2 − 7

8 Welche Zahl steht für die Variable?
a) $5^x = 125$ b) $y^4 = 81$

9 Finde den **Fehler** und korrigiere.

```
  1 2 + ( 9 − 2 · 4 )
= 1 2 +   7 · 4
= 1 2 + 2 8
= 4 0
```

10 Setze die Klammer richtig.
a) 3 + 12 · 4 − 5 = 55
b) 15 − 3 · 12 − 8 : 2 = 1

11 Achte auf die Klammern.
a) 9 − (13 + 7 · 5) : (44 − 6 · 4 − 12)
b) 40 − 3 · 12 − ((67 − 2 · 24 + 8) : 9)

12 $\boxed{8}\ \boxed{5}\ \boxed{+}\ \boxed{6}\ \boxed{3}\ \boxed{2}\ \boxed{-}\ \boxed{\cdot}\ \boxed{:}\ \boxed{(}\ \boxed{)}$

Bilde mit den fünf Ziffern, den vier Rechenzeichen und der Klammer einen Term, dessen Wert möglichst
a) groß ist.
b) nahe bei null liegt.

→ Die Lösungen findest du auf Seite 244.

Standpunkt | Geometrie. Vierecke

Wo stehe ich?

Ich kann ...	gut	etwas	nicht gut	Lerntipp!
A mit dem Lineal Längen genau messen,	■	■	■	→ Seite 229
B mit dem Geodreieck Strecken genau zeichnen,	■	■	■	→ Seite 229
C Geraden und Strecken unterscheiden,	■	■	■	→ Seite 229
D prüfen, ob zwei Geraden parallel oder zueinander senkrecht sind,	■	■	■	→ Seite 230
E achsensymmetrische Figuren erkennen und Symmetrieachsen einzeichnen,	■	■	■	→ Seite 230
F Figuren benennen,	■	■	■	→ Seite 231
G Rechtecke und Quadrate zeichnen.	■	■	■	→ Seite 231

Überprüfe dich selbst:

D35 Teste dich

A Miss die Länge der Gegenstände.
a)
b)

Tipp!
Nimm dein Geodreieck zu Hilfe.

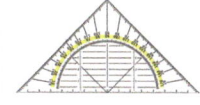

B Zeichne eine Strecke mit folgender Länge:
a) 3 cm   b) 7,5 cm   c) 45 mm

C Notiere alle Strecken und alle Geraden.

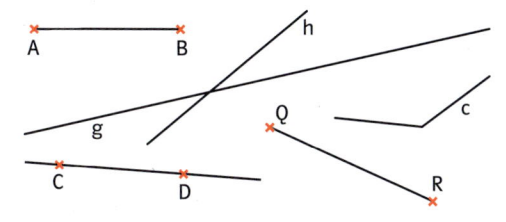

D Notiere alle Geraden, die
a) zueinander parallel sind.
b) zur Geraden g senkrecht sind.

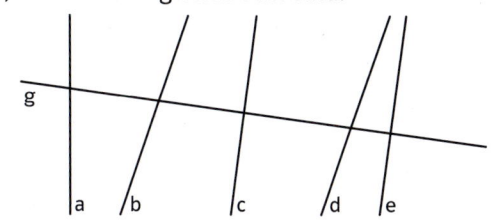

E Eine der Figuren ist achsensymmetrisch. Übertrage ins Heft und zeichne alle Symmetrieachsen ein.

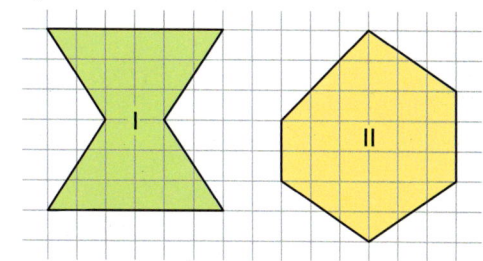

F Gib die Namen der einzelnen Figuren an.

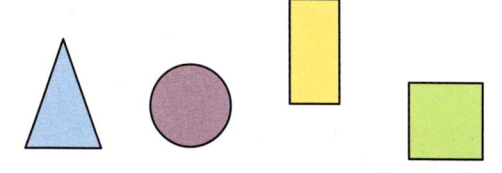

G
a) Übertrage ins Heft und ergänze zu einem Rechteck.

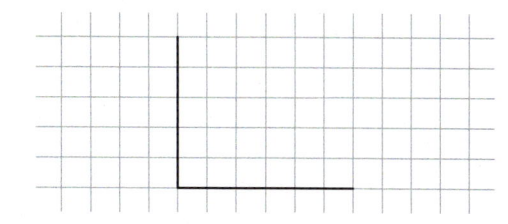

b) Zeichne ein Quadrat mit 2 cm Seitenlänge.

→ Die Lösungen findest du auf Seite 245.

5 Geometrie. Vierecke

1 Papierstücke kannst du falten. Dabei entstehen Faltlinien. Falte so, dass sich die Linien nicht kreuzen.

2 Wenn du das Papier mehrmals faltest, können Kreuzungen entstehen.
Wie viele Kreuzungen können entstehen, wenn man viermal faltet?
Stelle weitere Faltbilder her.

ein Schnittpunkt

3 Lege zwei Streichhölzer senkrecht zueinander. Ergänze mit zwei Streichhölzern zu einem Viereck. Lege zwei Streichhölzer parallel zueinander. Ergänze mit zwei Streichhölzern zu einem Viereck. Beschreibe die Vierecke.

Ich lerne,

- wie man Strecke und Gerade unterscheidet und zeichnet,
- wie man Senkrechte und Parallelen erkennt, unterscheidet und zeichnet,
- wie man Abstände misst,
- wie man mit einem Koordinatensystem arbeitet,
- wie symmetrische Figuren aussehen,
- woran man Quadrate und Rechtecke erkennt,
- dass es neben Quadrat und Rechteck noch andere interessante Vierecke gibt,
- wie man mit einer dynamischen Geometriesoftware Objekte im Koordinatensystem darstellt und symmetrische Figuren erzeugt.

1 Strecke, Gerade und Halbgerade

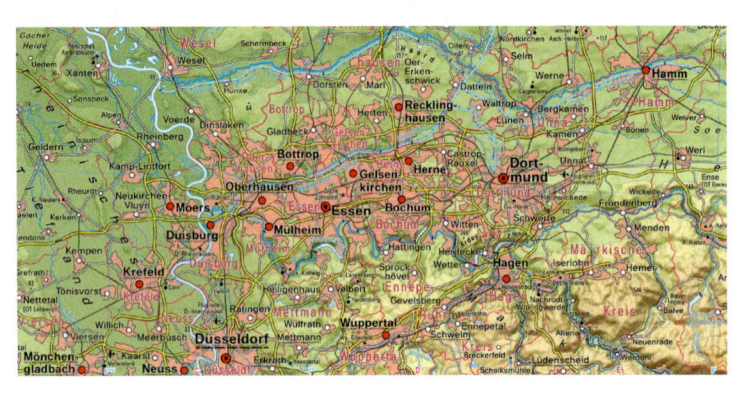

Bahnlinien, Straßen und Wege sind selten geradlinig.
→ Welche Vorteile, welche Nachteile hätten schnurgerade Verbindungen?
→ Welche Stadt liegt auf der geradlinigen Verbindung Krefeld–Essen?
→ Trifft die geradlinige Verbindung Mönchengladbach–Düsseldorf auf einen Ort, wenn man sie verlängert?
→ Suche selbst nach drei Orten in Luftlinie.

Merke

Eine **Strecke** ist die geradlinige Verbindung zwischen zwei Punkten. Sie wird mit ihrem Anfangspunkt und ihrem Endpunkt bezeichnet. Man schreibt: $\overline{AB}$.
Man liest: „Strecke AB".

Die Strecke $\overline{AB}$ ist 3,5 cm lang.
Schreibe: $\overline{AB}$ = 3,5 cm.

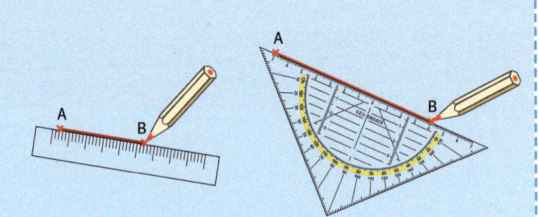

So zeichnet man Strecken.

Eine **Gerade** hat keinen Anfangspunkt und keinen Endpunkt. Sie ist eine in beide Richtungen beliebig weit verlängerte Strecke. Geraden werden mit kleinen Buchstaben bezeichnet.
Man schreibt: g.
Man liest: „Gerade g".
Eine **Halbgerade** hat einen Anfangspunkt und keinen Endpunkt. Eine Halbgerade nennt man auch **Strahl**.

So zeichnet man Geraden.

Beispiele

Tipp!
Der Punkt, in dem sich Linien schneiden, nennt man **Schnittpunkt**.

sich schneiden
• sich kreuzen
• einen gemeinsamen Punkt haben

a) Jeder der Punkte A; B; C; D und E ist mit allen anderen durch eine Strecke verbunden. Von jedem Punkt gehen also vier Strecken aus und in jedem Punkt enden vier Strecken.

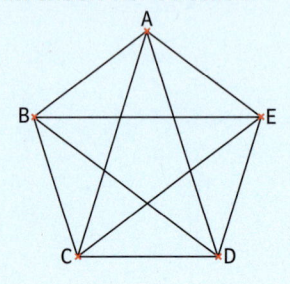

b) Die Strecke $\overline{AB}$ und die Gerade g haben den **Schnittpunkt** S.

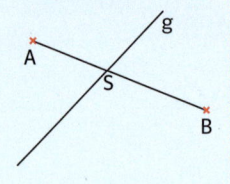

c) Die Halbgerade m beginnt in Punkt P.

d) Der **Mittelpunkt M** halbiert die Strecke $\overline{AB}$.

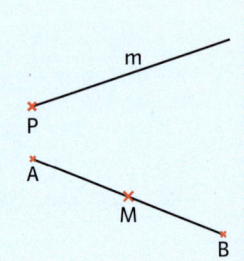

5 Geometrie. Vierecke

Tipp!
Punkte werden mit Großbuchstaben bezeichnet und mit einem Kreuz gekennzeichnet.

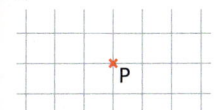

1 Bezeichne die Punkte.
Verbinde alle Punkte durch Strecken.

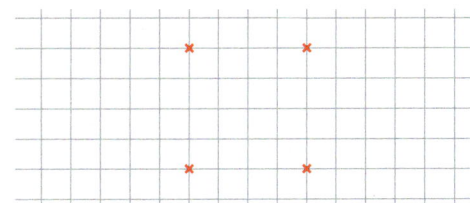

2 Benenne alle Strecken.
Miss ihre Längen.

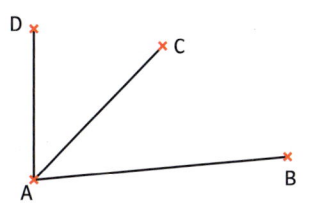

Alles klar?

D36 Fördern

A Wie viele Strecken und wie viele Geraden erkennst du?

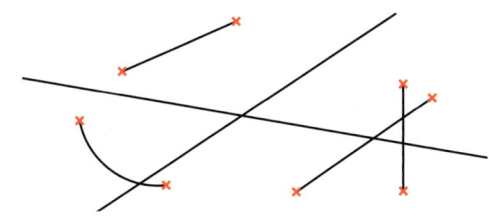

B Benenne die angegebenen Strecken.

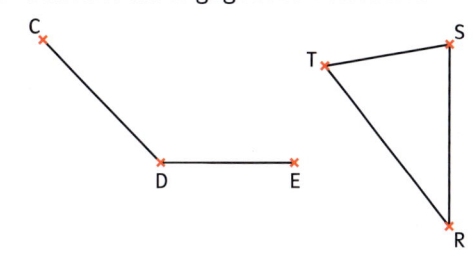

3 Verbinde alle Punkte und bezeichne die Strecken.
a)
b)

3 Verbinde alle Punkte und bezeichne die Strecken. Markiere die Schnittpunkte.

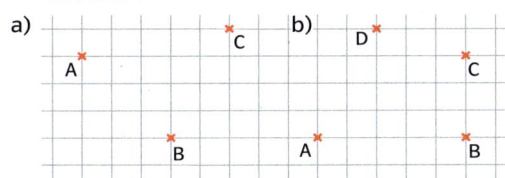

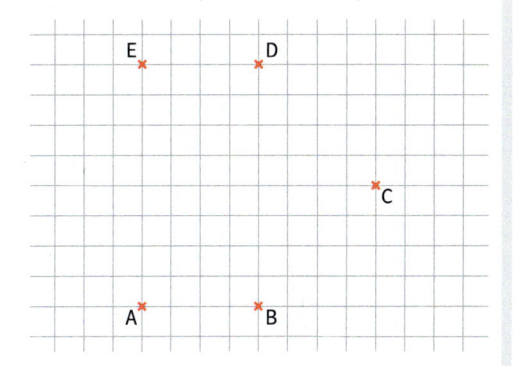

4 Auf der Geraden g liegen die Punkte C; D; E und F.

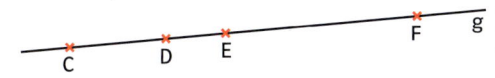

a) Wie viele Strecken findest du?
b) Bezeichne die Strecken.

4 Gib die Strecken, Geraden und Halbgeraden an.
a)
b)

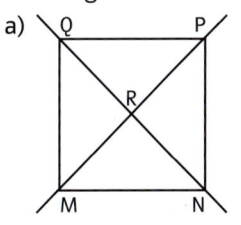

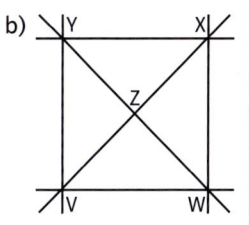

5 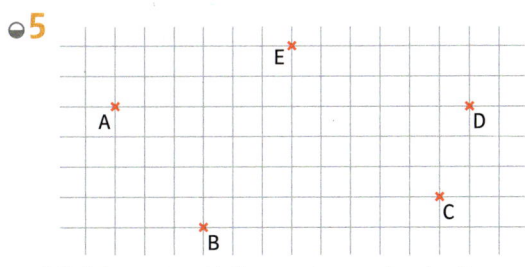
a) Zeichne eine Halbgerade von Punkt C aus durch Punkt B.
b) Zeichne die Strecken $\overline{AD}$ und $\overline{CE}$. Markiere den Schnittpunkt mit S.
c) Zeichne eine Gerade h durch den Punkt B und den Schnittpunkt S.

5 Zeichne drei Geraden in dein Heft, sodass auf dem Zeichenblatt
a) ein Schnittpunkt entsteht.
b) drei Schnittpunkte entstehen.
c) zwei Schnittpunkte auf dem Blatt und ein Schnittpunkt außerhalb entstehen.

→ Die Lösungen zu „Alles klar?" findest du auf Seite 246.

2 Zueinander senkrecht

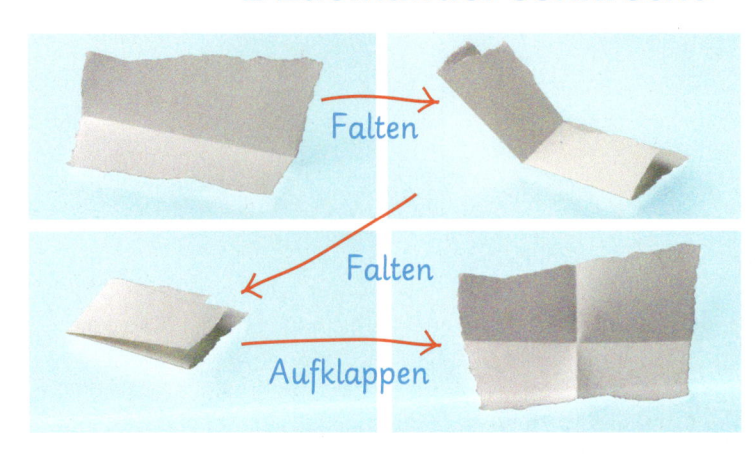

Falte ein Blatt Papier nacheinander so wie auf den Fotos.
→ Beschreibe die Figur, die entsteht, wenn du das Blatt Papier aufklappst.
→ Vergleiche dein Faltpapier mit dem Faltpapier deines Partners oder deiner Partnerin.
→ Sucht im Klassenzimmer Linien, die so zueinander liegen, dass man das gefaltete Papier mit der Ecke anlegen kann.
→ Welche Linien auf dem Geodreieck liegen so zueinander wie die Faltlinien?

Tipp! Orthogonalität: zueinander senkrecht

Merke Zwei Geraden g und h, die so zueinander liegen wie die lange Seite und die Mittellinie des Geodreiecks, sind **zueinander senkrecht** oder **orthogonal**.
Sie haben einen Schnittpunkt und bilden **rechte Winkel**.
Man schreibt: $g \perp h$.
Man liest: Die Gerade g steht senkrecht auf der Geraden h.
In Zeichnungen markiert man rechte Winkel mit dem Zeichen ⦜.

Beispiel Die Gerade g und der Punkt P sind gegeben. Durch P soll die zu g senkrechte Gerade h gezeichnet werden. Die Abbildung zeigt, wie du das Geodreieck anlegen sollst. In der ersten Figur liegt P auf g, in der zweiten nicht.

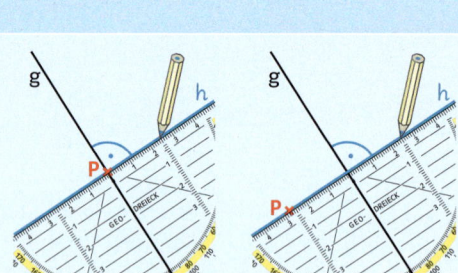

senkrecht zueinander liegen
man sagt auch:
senkrecht aufeinander stehen

○**1** **Prüfe** zuerst mit Augenmaß. Kontrolliere dann mit deinem Geodreieck, ob die Geraden zueinander senkrecht liegen. Notiere die Orthogonalität mit dem Zeichen ⊥.

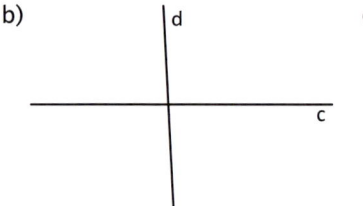

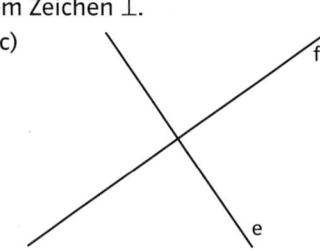

a) b) c)

○**2** Die Gerade e geht durch den Punkt P und steht senkrecht auf der Geraden h.
a) Markiere einen rechten Winkel.
b) Zeichne mit dem Geodreieck eine Gerade d, die senkrecht auf h steht und durch den Punkt Q verläuft. Wiederhole dies für eine Gerade f durch den Punkt R.

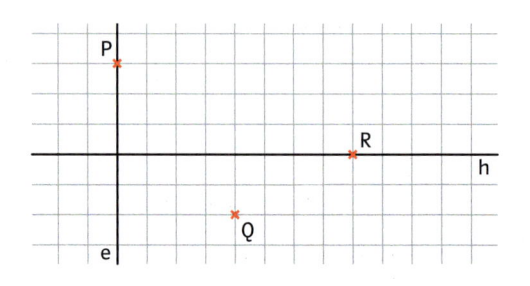

5 Geometrie. Vierecke

Alles klar?

D37 Fördern

A Prüfe, welche Geraden zueinander senkrecht liegen. Beispiel: a ⊥ e.

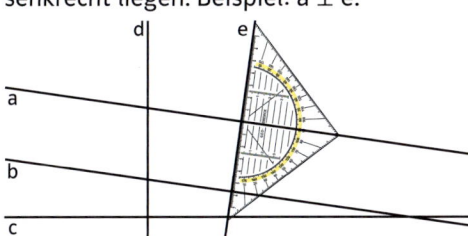

B Zeichne mit dem Geodreieck durch den Punkt P eine Senkrechte zur Geraden g.

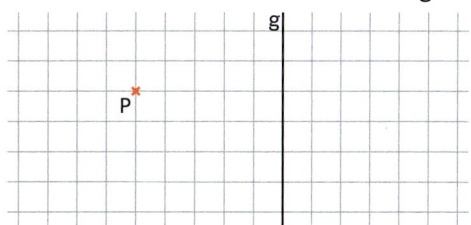

○ **3** Welche der Geraden sind zueinander senkrecht? Prüfe mit dem Geodreieck. Beispiel: e ⊥ g.

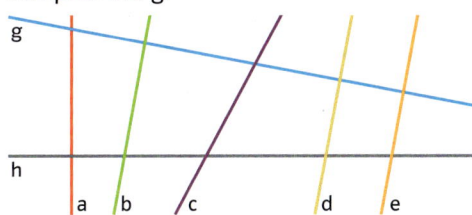

● **3** Prüfe die Geraden auf Orthogonalität. Notiere mit dem Zeichen ⊥.

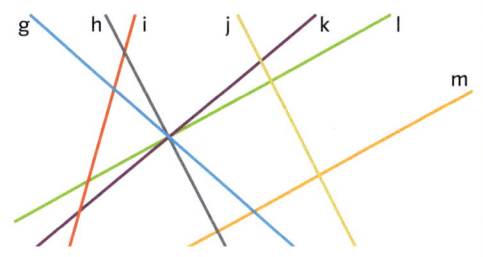

○ **4** Zeichne durch jeden der Punkte A; B und C eine Gerade. Die Geraden sollen senkrecht auf g stehen.

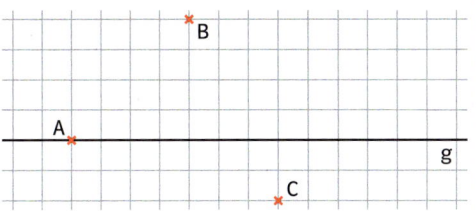

● **4** Zeichne durch jeden der Punkte P; Q und R eine Gerade, die senkrecht auf der Geraden g steht. Kannst du eine gemeinsame Eigenschaft dieser Geraden finden?

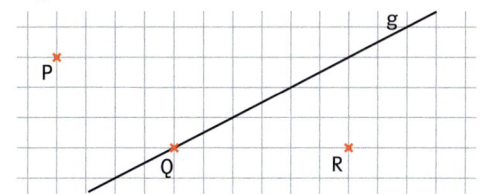

● **5** Verbinde gegenüberliegende Ecken. Prüfe mit dem Geodreieck, ob die Strecken zueinander senkrecht sind.

a)   b)

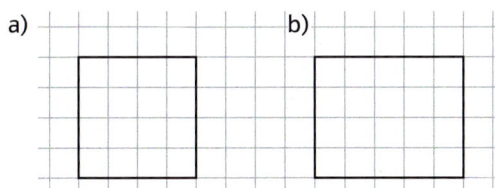

● **5** Verbinde gegenüberliegende Ecken. Prüfe mit dem Geodreieck, ob die Strecken zueinander senkrecht sind.

a)   b)

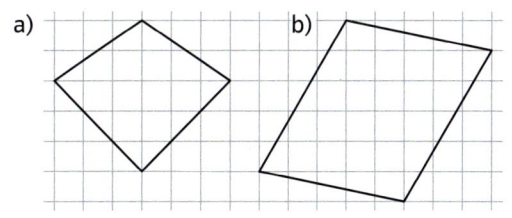

● **6** Zeichne die Figur ab. Beginne bei Punkt A. Setze die Figur um sechs Strecken fort.

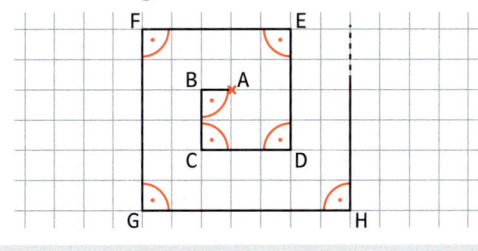

● **6** Der Streckenzug ist nach einer Regel gezeichnet. Setze ihn möglichst weit fort.

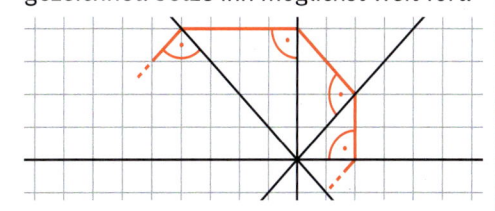

→ Die Lösungen zu „Alles klar?" findest du auf Seite 246.

3 Zueinander parallel

Julia und Elias basteln sich für das nächste Spiel ihrer Mannschaft eine „Fan-Klatsche". Die Streifen sind immer 2 cm breit.

→ Falte ein Blatt Papier zu einer Klatsche wie auf dem Foto.
→ Beschreibe deiner Partnerin oder deinem Partner, wie die Faltlinien zueinander liegen.
→ Sucht im Klassenzimmer Strecken, die so zueinander liegen wie die Faltlinien.
→ Welche Linien auf dem Geodreieck liegen so zueinander wie die Faltlinien?

Merke

Zwei Geraden heißen **parallel**, wenn sie eine gemeinsame Senkrechte haben.
Man schreibt: g ∥ h.
Man liest: „Die Gerade g ist parallel zur Geraden h."
Parallele Geraden schneiden sich nicht.

Zwei Strecken heißen parallel, wenn sie auf parallelen Geraden liegen.
Man schreibt: $\overline{AB} \parallel \overline{CD}$.
Man liest: „Die Strecke AB ist parallel zur Strecke CD."

Beispiel

Der Punkt P und die Gerade g sind gegeben. Durch P soll parallel zu g die Gerade h gezeichnet werden. Die Bilderfolge zeigt, wie du h findest.

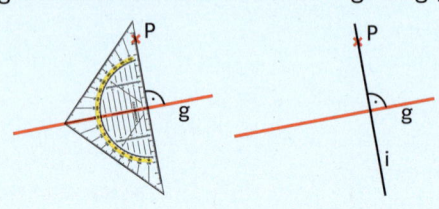

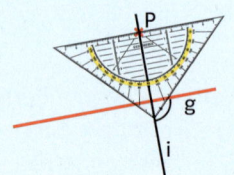

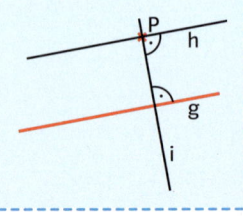

○ **1** Zeichne durch den Punkt P eine Gerade h. Die Gerade h soll parallel zur Geraden g verlaufen.

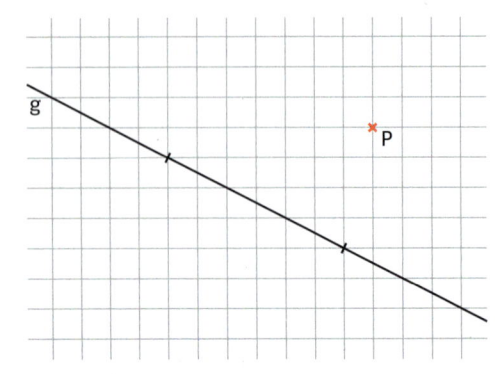

○ **2** Zeichne durch den Punkt A eine Gerade h und durch den Punkt B eine Gerade i. Die Geraden h und i sollen senkrecht auf g stehen. Wie liegen die Geraden h und i zueinander?

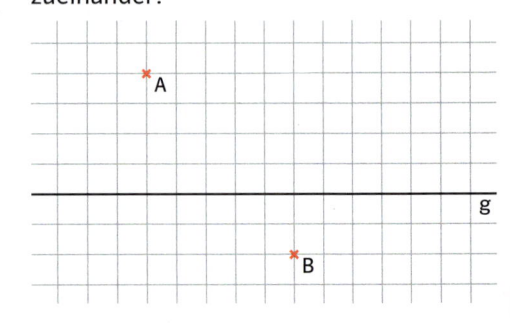

5 Geometrie. Vierecke

Alles klar?

D38 Fördern

A Eine zur Geraden h parallele Gerade g geht durch den Punkt A. Zeichne die Gerade g.

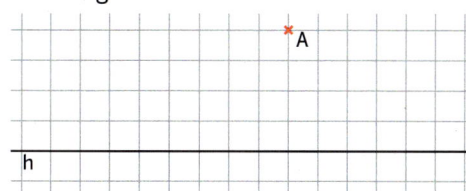

B Prüfe, welche Strecken zueinander parallel liegen. Beispiel: $\overline{AB} \parallel \overline{GH}$.

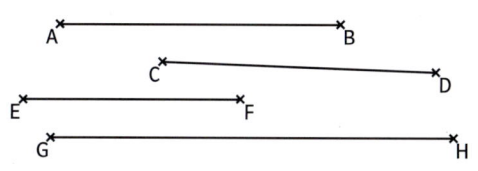

Tipp!

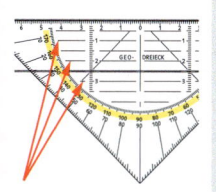

Diese Linien helfen dir zu prüfen, ob zwei Linien parallel verlaufen.

○3 Schätze zunächst, welche Geraden parallel ($\parallel$) bzw. nicht parallel ($\nparallel$) sind. Kontrolliere dann mit den Hilfslinien deines Geodreiecks. Setze das entsprechende Zeichen ein.

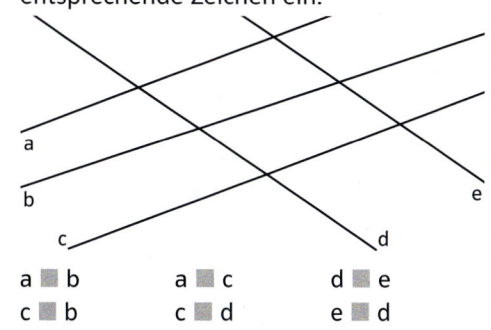

a ▪ b   a ▪ c   d ▪ e
c ▪ b   c ▪ d   e ▪ d

○4 Zeichne durch die Punkte C und D Parallelen zur Geraden h.

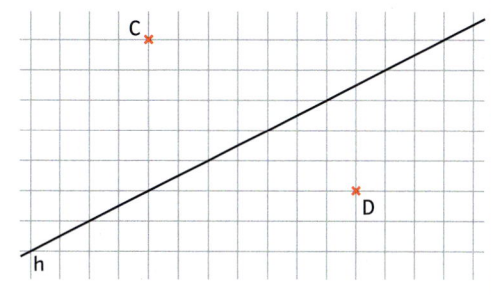

○5 Welche Seiten der Figur liegen parallel zueinander? **Überprüfe** mit dem Geodreieck.
a)   b)

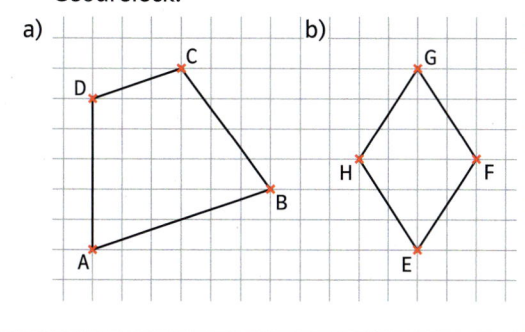

●3 Zeichne durch die Punkte A; B und C Parallelen zur Geraden a.

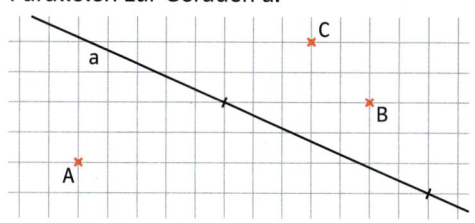

●4
a) Zeichne die Parallele g zur Geraden a durch den Punkt F.
b) Zeichne die Parallele h zur Geraden b durch den Punkt E.

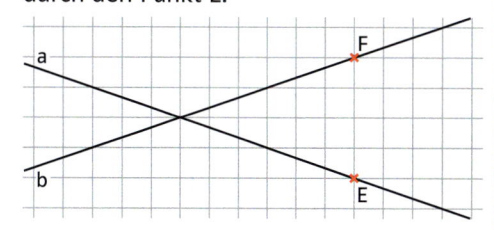

●5 Zeichne zu allen Seiten des Vierecks parallele Strecken, die durch den Punkt P verlaufen.
a)   b)

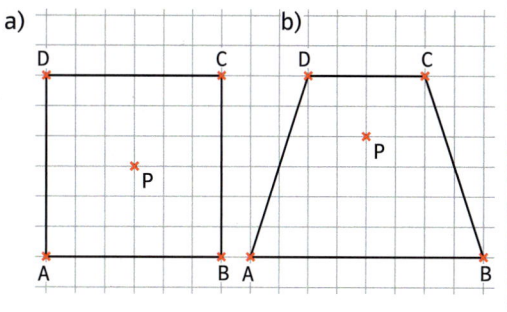

●6 Wie liegen die Geraden a und b, wenn
a) $a \perp c$ und $b \perp c$?
b) $a \parallel c$ und $c \parallel b$?
c) $a \perp c$ und $b \parallel c$?
Fertige jeweils eine Skizze an.

→ Die Lösungen zu „Alles klar?" findest du auf Seite 246.

4 Das Koordinatensystem

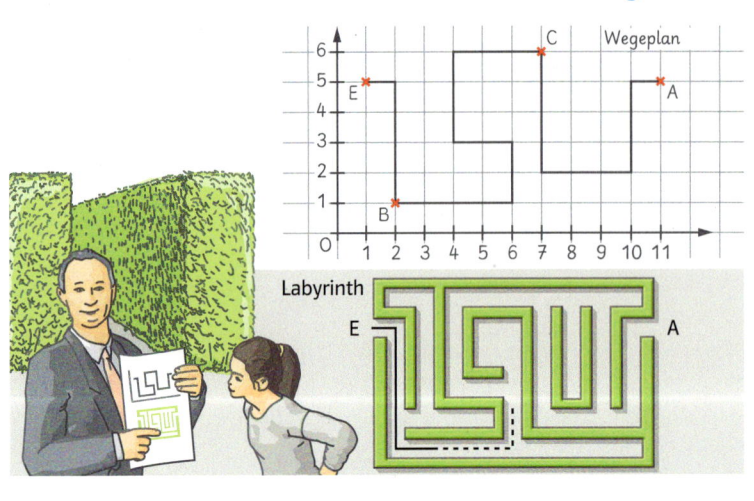

Viktorias Vater legt für einen Freizeitpark ein Labyrinth an. Dazu zeichnet er in ein Gitternetz einen Wegeplan.
Der Wegeplan zeigt an, welcher Weg sicher durch das Labyrinth führt.

→ Suche anhand des Wegeplans den Weg durch das Labyrinth.
→ Im Gitternetz hat der Eingang den Gitterpunkt E (1 | 5). Gib den Gitterpunkt des Ausgangs (A) an.
→ Benenne die Gitterpunkte von B und C, die auf dem Wegeplan liegen.
→ Sucht zu zweit einen weiteren Weg durch das Labyrinth.

Merke

Im **Koordinatensystem** werden Gitterpunkte durch zwei Zahlen beschrieben. Dazu zeichnet man zueinander senkrecht die **x-Achse** (Rechtsachse) und die **y-Achse** (Hochachse).
Der Punkt P hat die **Koordinaten** (7 | 4).
7 ist die **x-Koordinate**, 4 ist die **y-Koordinate**.
Man beschreibt den Punkt mit P (7 | 4).
Der **Koordinatenursprung** O hat die Koordinaten (0 | 0).

Tipp!
Erst x, dann y, wie bei der Reihenfolge im Alphabet.

Beispiele

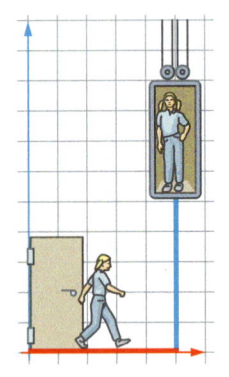

a) Um vom Koordinatenursprung O aus zum Punkt A zu gelangen, geht man 3 Kästchen nach rechts und 2 Kästchen nach oben.
Den Punkt B erreicht man, indem man von O aus 8 Kästchen nach rechts und 6 Kästchen nach oben geht.

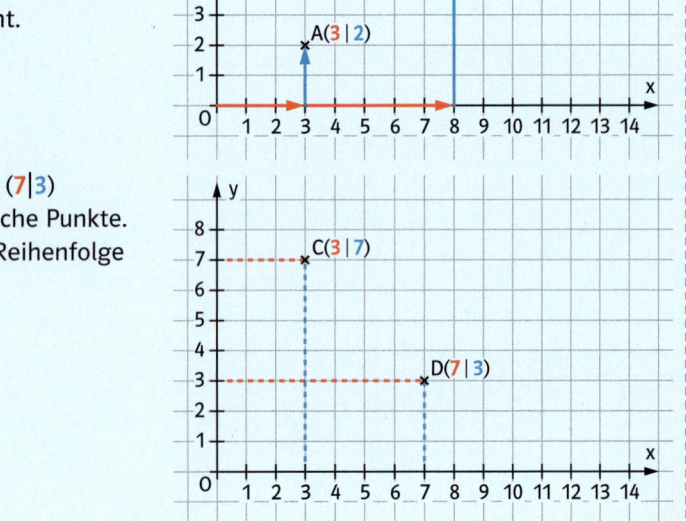

b) Die Koordinaten (3 | 7) und (7 | 3) beschreiben unterschiedliche Punkte. Es kommt immer auf die Reihenfolge der Koordinaten an.

Eselsbrücke für Koordinatensysteme: Man geht zuerst **hinein** und fährt dann nach **oben**.

122

5 Geometrie. Vierecke

1 Gib die fehlenden x- und y-Koordinaten der Punkte an.

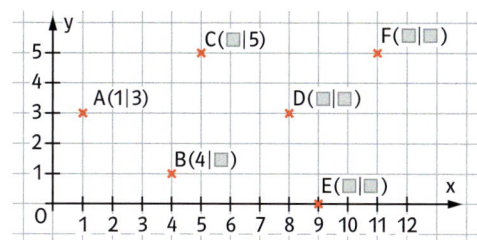

C(□|5); F(□|□); A(1|3); D(□|□); B(4|□); E(□|□)

2 Zeichne ein Koordinatensystem.
a) Trage folgende Punkte ein:
A(2|2); B(8|2); C(8|8) und D(2|8).
b) **Beschreibe** den Weg vom Koordinatenursprung zu den Punkten B bzw. D.

Alles klar?

D39 Fördern

A Ordne die Kärtchen den abgebildeten Punkten zu.

(6|5) (2|6) (0|3) (6|2)

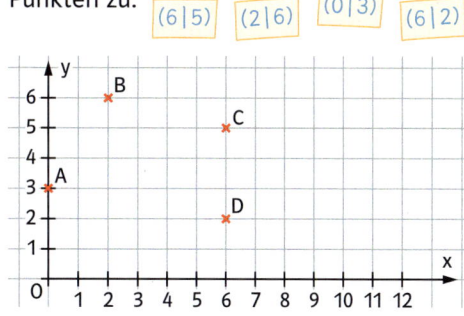

B Ergänze die Koordinaten der abgebildeten Punkte.

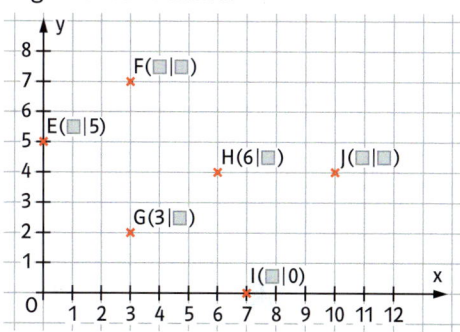

F(□|□); E(□|5); H(6|□); J(□|□); G(3|□); I(□|0)

3 Welcher Schatz ist an welchem Punkt vergraben?
a) A(5|1) b) B(9|3) c) C(3|5)
d) D(1|2) e) E(6|4) f) F(4|6)

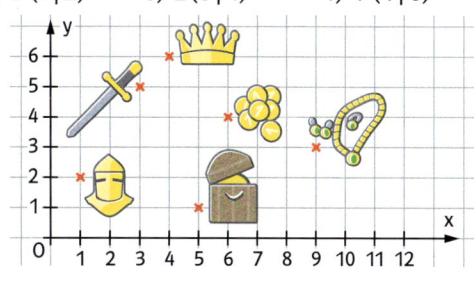

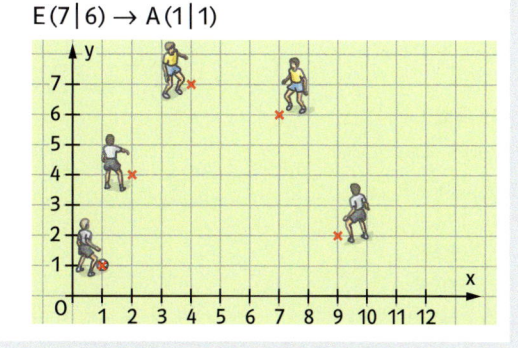

3
a) Notiere die Koordinaten der Eckpunkte des Vierecks.

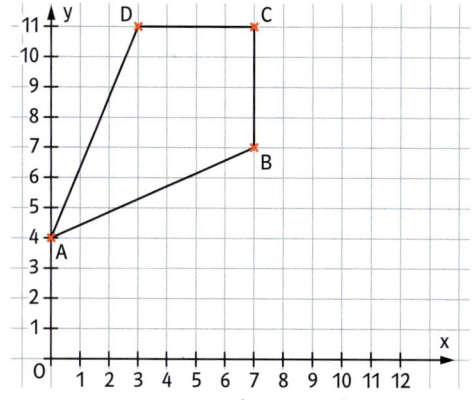

b) Trage die Punkte E(6|1); F(12|1); G(12|5) und H(6|5) ein und verbinde sie der Reihe nach. Wie heißt die Figur EFGH?

4 Zeichne den Weg des Balles ein.
A(1|1) → B(9|2) → C(4|7) → D(2|4) → E(7|6) → A(1|1)

4 Zeichne das Viereck mit den Eckpunkten A; B; C und D in ein Koordinatensystem. Markiere die Mittelpunkte der Seiten des Vierecks und gib die Koordinaten an.
a) A(1|1); B(5|1); C(5|7); D(1|7)
b) A(6|1); B(10|1); C(12|7); D(8|7)

→ Die Lösungen zu „Alles klar?" findest du auf Seite 246.

5 Geometrie. Vierecke

○**5** Benenne die markierten Punkte und gib die Koordinaten an.

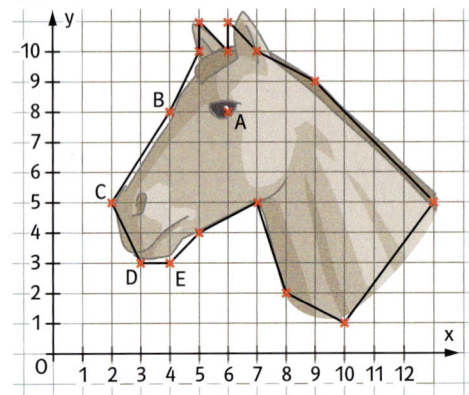

●**6** Zeichne die Punkte in ein Koordinatensystem. Verbinde die Punkte der Reihe nach zu einer Figur.
a) A(6|4); B(10|4); C(8|8)
b) A(8|2); B(10|2); C(10|4); D(8|4)

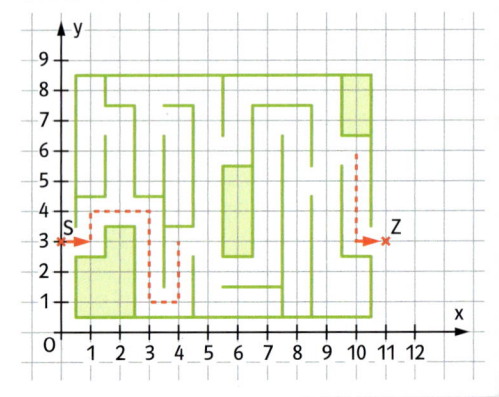

ein Labyrinth
eine unübersichtliche Anordnung von Wegen, bei der man den Ausgang finden muss

●**7** Timur hat sich Punkte für einen Weg von S nach Z durch das **Labyrinth** notiert:
S(3|8); A(3|5); B(5|5); C(5|1); D(9|1); E(9|3); Z(11|3)
a) Zeichne das Labyrinth und den Weg in ein Koordinatensystem.
b) Finde den zweiten Weg zum Ziel und notiere die Koordinaten.
c) [SP] 👥 Diktiere deinem Partner oder deiner Partnerin die Koordinaten. Vergleicht die Zeichnungen.

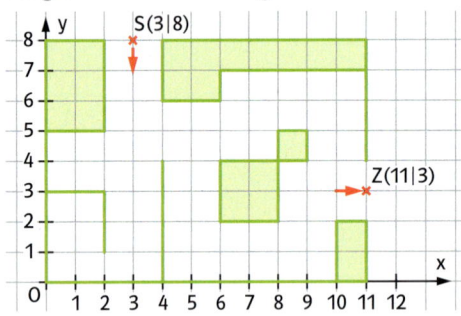

●**8** Die Punkte A(3|1); B(8|4) und C(5|7) sind Eckpunkte eines Dreiecks. Zeichne. Nenne die Koordinaten von je zwei Punkten,
a) die innerhalb des Dreiecks liegen.
b) die auf einer Dreiecksseite liegen.
c) die außerhalb des Dreiecks liegen.

◐**5** Zeichne die Punkte in ein Koordinatensystem. Verbinde sie der Reihe nach zu einer Figur. Verbinde gegenüberliegende Eckpunkte und bestimme die Koordinaten des Schnittpunkts.
a) A(0|3); B(3|1); C(6|5); D(3|7)
b) A(6|0); B(11|1); C(12|6); D(7|5)

●**6** Das Vogelbild wurde in ein Koordinatensystem übertragen.
a) Bestimme die Koordinaten der Eckpunkte.
b) Schreibe dir die Eckpunkte in einer Reihenfolge auf, sodass das Bild gezeichnet werden kann.
c) [SP] 👥 Diktiere die Koordinaten deinem Partner oder deiner Partnerin. Vergleicht die Bilder.

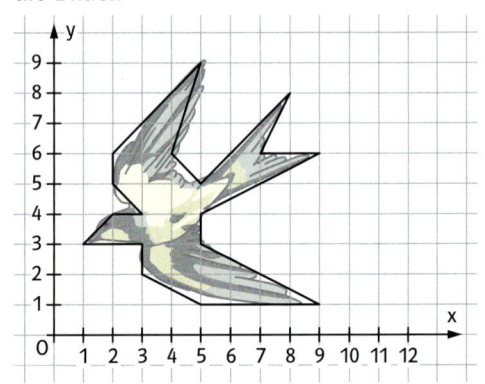

●**7** Ekatarina hat begonnen, den Weg durch das Labyrinth einzuzeichnen.
a) Nenne die Koordinaten des Startpunkts S und des Zielpunkts Z.
b) Finde zwei Wege vom Start zum Ziel.
c) Notiere die Eckpunkte des kürzesten Wegs, den du gefunden hast.
d) 👥 Vergleiche mit deinem Partner oder deiner Partnerin.

5 Entfernung und Abstand

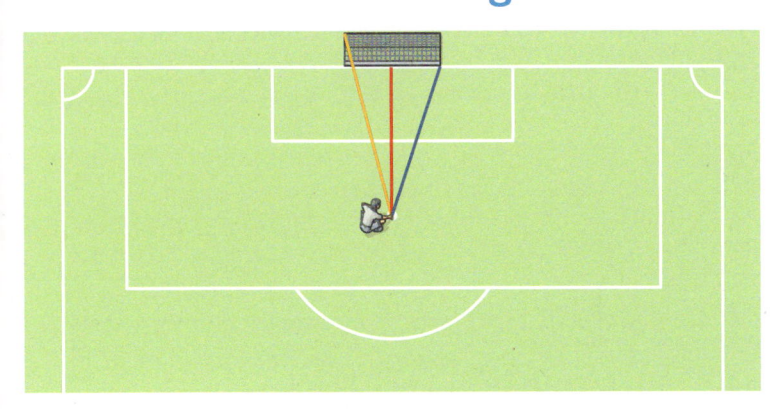

Der Platzwart bringt vor dem Spiel den Fußballplatz in Ordnung. Er muss den Elfmeterpunkt neu markieren.
→ Welche Linie ist elf Meter lang?
→ Wie liegt die rote Linie zur Torlinie?
→ Vergleicht die Längen der Linien zueinander.

Merke

Die **Entfernung** zweier Punkte voneinander ist die Länge der Verbindungsstrecke zwischen ihnen.

Die kürzeste Entfernung zwischen einem Punkt P und einer Geraden g nennt man den **Abstand von P zu g**. Er ist die Länge der Strecke, die von P aus senkrecht zu g führt.

Die kürzeste Entfernung zwischen zwei parallelen Geraden g und h ist der **Abstand von g und h**. Er kann auf jeder Strecke gemessen werden, die zu den Parallelen senkrecht verläuft.

Beispiele

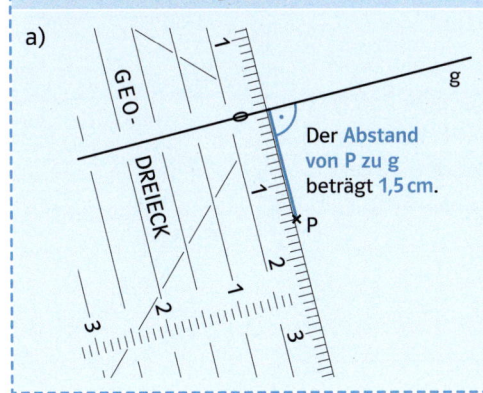

a) Der **Abstand von P zu g** beträgt **1,5 cm**.

b) Die Geraden g und h haben einen **Abstand von 1,5 cm** zueinander.

○**1**
  a) Miss mithilfe des Geodreiecks den Abstand der Punkte A und B von der Geraden g.
  b) Wie weit ist A von B entfernt?

○**2** Übertrage die zwei Parallelen ins Heft.
  a) Miss den Abstand der Geraden g und h in deinem Heft.
  b) Zeichne zwei Parallelen zur Geraden g mit einem Abstand von 1,5 cm.

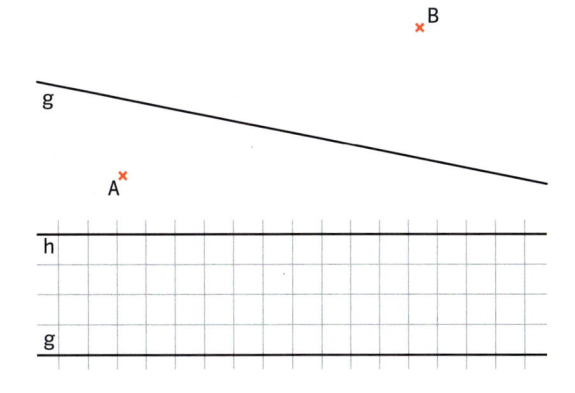

5 Geometrie. Vierecke

Alles klar?

D40 📄 Fördern

A [SP] Miss alle Entfernungen von P zu den anderen Punkten. Welcher Punkt hilft, den Abstand zur Geraden h zu bestimmen? **Begründe**.

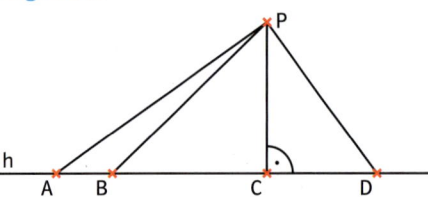

B Übertrage in Heft. Miss dann die Abstände der Punkte von der Geraden h.

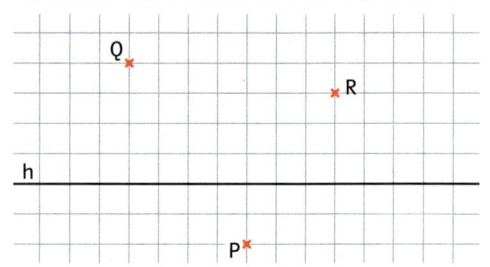

3
a) Übertrage ins Heft und miss die Entfernung der Punkte A und B.
b) Zeichne die kürzeste Entfernung der Punkte A und B zur Geraden h ein. Miss ihre Länge.

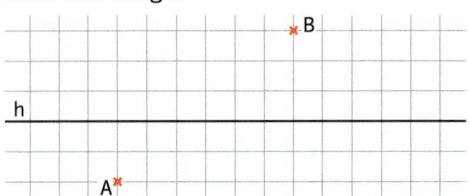

3
a) Übertrage ins Heft und miss alle Entfernungen von P zu den Eckpunkten.
b) Miss die Abstände von P zu den Seiten der Figuren.

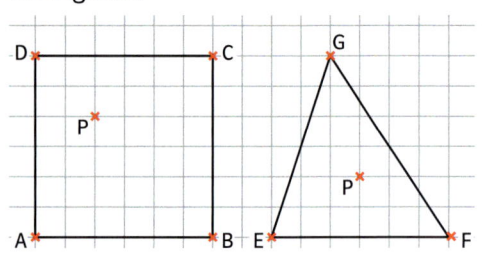

4
a) Übertrage ins Heft und miss alle Entfernungen von Punkt P zu den Eckpunkten.
b) Miss die Abstände von P zu den Seiten.

4 [SP] Übertrage ins Heft. Miss dann die Abstände der Punkte P; Q; R und S zu den Geraden g und h. Was fällt dir auf? **Erkläre**.

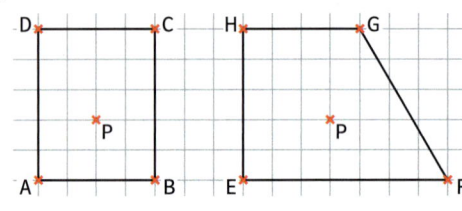

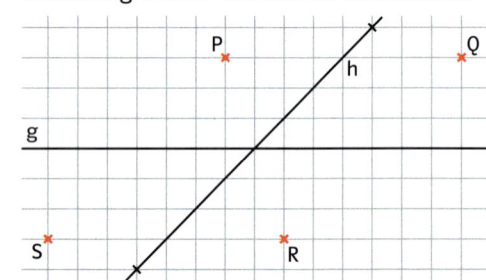

5
a) Zeichne auf der Geraden h drei Punkte ein, die 3 cm; 3,5 cm und 5 cm von P entfernt sind.
b) Welche Strecke gibt den Abstand von P zu h an? Kennzeichne mit dem rechten Winkel ⦜.

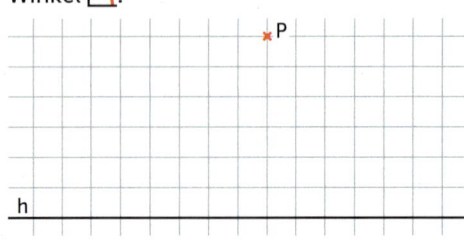

5 [SP] Zeichne die kürzeste Entfernung der Eckpunkte zu den gegenüberliegenden Seiten ein und miss ihre Länge. **Beschreibe**, was dir auffällt.
a) 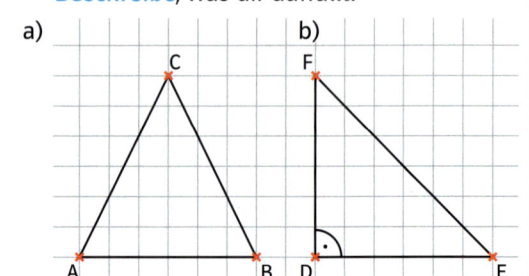
b)

126 → Die Lösungen zu „Alles klar?" findest du auf Seite 246.

6 Achsensymmetrie und Punktsymmetrie

Ein Blütenbild ist ein Beispiel für eine spiegelbildliche Figur.
→ Ein Blütenbild kannst du aus Zeichenkarton anfertigen. Wie erreichst du, dass eine Blüte sechs, acht oder fünf Spitzen hat?
→ Blütenbilder kannst du auch im Quadratgitter zeichnen. Stelle einen Spiegel auf die rote Gerade und beschreibe die Figur.

Spiegelbildliche Figuren kommen in Natur und Technik oft vor. Sie heißen **symmetrisch**, wenn man sie spiegeln kann, ohne dass sie ihr ursprüngliches Aussehen verändern.

Merke

Eine Figur heißt **achsensymmetrisch**, wenn sie aus zwei spiegelbildlichen Hälften besteht. Die Gerade, an der gespiegelt wird, heißt Symmetrieachse.

Die Verbindungsstrecke zwischen einem Punkt A und seinem Bildpunkt A' steht senkrecht auf der Symmetrieachse. Punkt und Bildpunkt haben von der Spiegelachse den gleichen Abstand.

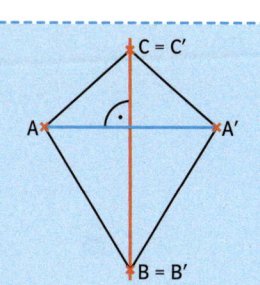

Bei einer **punktsymmetrischen** Figur schneiden sich alle Verbindungsstrecken spiegelbildlicher Punkte in einem Punkt Z. Der Punkt Z ist Mittelpunkt der Verbindungsstrecken und heißt Symmetriezentrum.

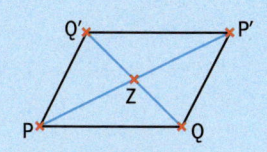

Beispiele

a) Figur mit einer Symmetrieachse

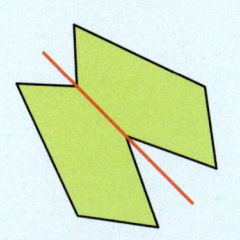

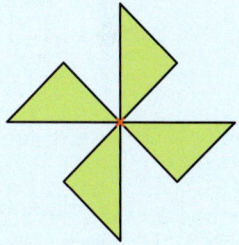

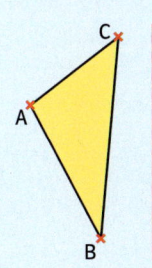

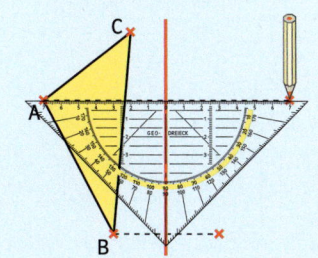

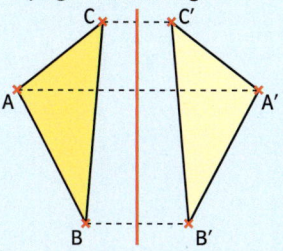

b) Figur mit zwei Symmetrieachsen

c) Figur mit einem Symmetriezentrum

d) So kannst du selbst spiegelbildliche Figuren erzeugen.

1. Zeichne die Symmetrieachse.
2. Trage die Bildpunkte mit dem Geodreieck ab.
3. Benenne die Bildpunkte und verbinde sie zur spiegelbildlichen Figur.

5 Geometrie. Vierecke

1 Zeichne alle Symmetrieachsen ein oder markiere das Symmetriezentrum.
a) b)

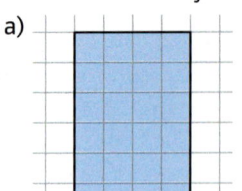

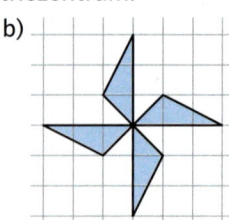

2 Ergänze die Figur zu einer achsensymmetrischen Figur. Markiere und bezeichne die Bildpunkte.

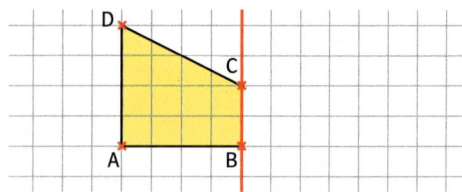

Alles klar?

D41 Fördern

A Übertrage die Figuren ins Heft und zeichne alle Symmetrieachsen ein.

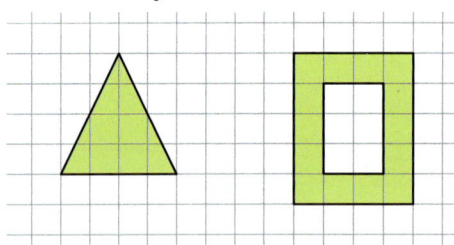

B Ergänze die Figur zu einer achsensymmetrischen Figur. Die rote Gerade ist die Symmetrieachse.

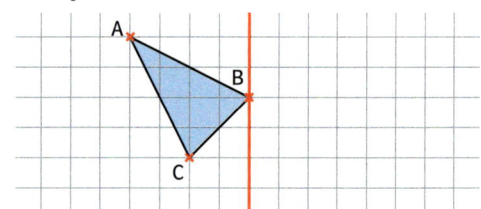

3 Zeichne die Figuren auf ein kariertes Papier und trage alle Symmetrieachsen ein. Schneide die Figuren aus und falte sie an den Symmetrieachsen.

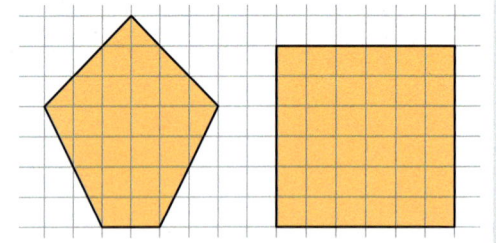

3 Zeichne alle Symmetrieachsen ein.
a) b)

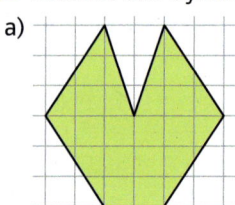

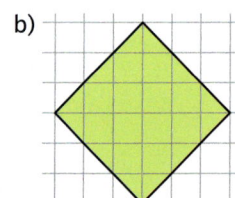

4

Knabenkraut Gelber Enzian Buschwindröschen

a) Wo liegen die Symmetrieachsen der Blütenbilder?
b) Welche Blütenbilder sind punktsymmetrisch?

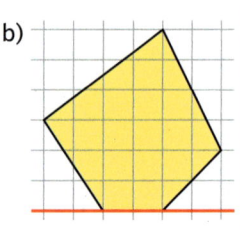

Tipp!
Du kannst das Spiegelbild eines Punkts auch durch Abzählen der Kästchen finden.

4 Ergänze zur achsensymmetrischen Figur.

Beispiel:

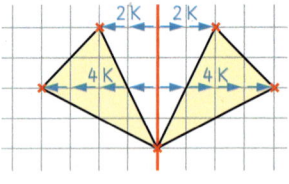

a) b)

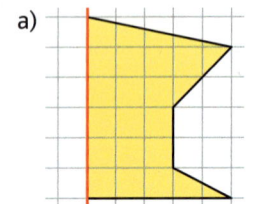

5 Die Punkte A(2|5); B(7|5) und C(7|10) bilden im Koordinatensystem die Eckpunkte eines Dreiecks. Zeichne das Dreieck.
a) Ergänze das Dreieck zu einer achsensymmetrischen Figur.
b) SP Besprecht zu zweit weitere Lösungswege.

→ Die Lösungen zu „Alles klar?" findest du auf Seite 246.

5 Welche Buchstaben haben eine oder mehrere Symmetrieachsen?

A B C D W X Y Z

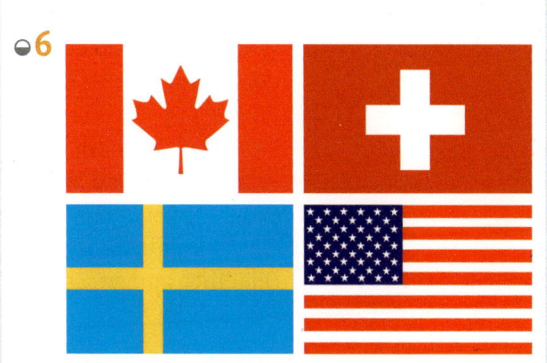

6

a) Welche Nationalflaggen sind achsensymmetrisch?
b) **SP** Beschreibe die Lage der Symmetrieachsen.
c) **MK** Sucht zu zweit weitere achsensymmetrische oder auch punktsymmetrische Nationalflaggen.

7 Spiegle die Figur an der Symmetrieachse. Gib die Koordinaten der Bildpunkte an.

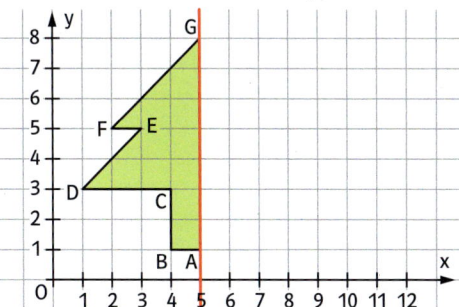

8 Übertrage die Figur mit den Symmetrieachsen an den linken Rand deiner Heftseite. Spiegle die Figur an der Symmetrieachse ganz links. Spiegle die neue Figur dann an der nächsten Spiegelachse. Spiegle weiter bis zum rechten Heftrand.

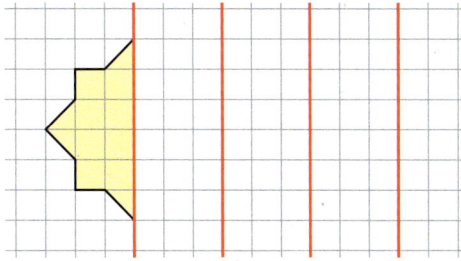

6 Valentin hat die Buchstaben O und T unterschiedlich zusammengestellt.
a) **Prüfe**, ob alle Wörter achsensymmetrisch sind. Zeichne die Symmetrieachse ein.

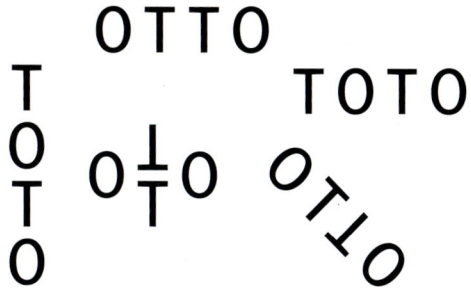

OTTO   TOTO   TOTO   OTOT   OTTO

b) Findest du weitere Buchstaben, mit denen man auf diese Art achsensymmetrische Wörter kombinieren kann?

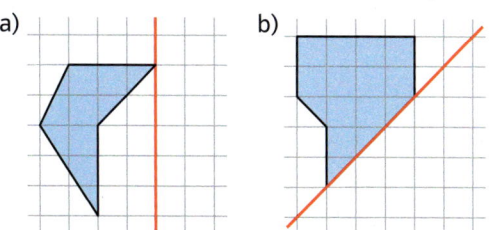

7 Ergänze zur achsensymmetrischen Figur.
a)   b)

8 Ergänze zur punktsymmetrischen Figur.
a)   b)

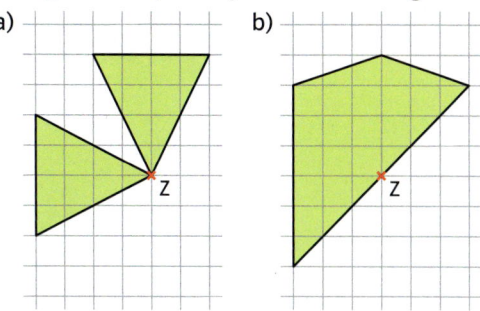

9 Die Symmetrieachse verläuft durch den Punkt P(0|4) parallel zur x-Achse. Spiegle die Punkte A(3|4); B(6|4); C(6|6) und D(2|6) an der Symmetrieachse. Gib die Koordinaten der Bildpunkte an.

10 Der Punkt Z(5|4) ist das Zentrum einer punktsymmetrischen Figur. Spiegle das Dreieck A(1|2), B(4|2) und Z. Verlängere dazu die Strecken $\overline{AZ}$ und $\overline{BZ}$ über den Punkt Z hinaus und verdopple die Längen der Strecken.

7 Rechteck und Quadrat

Muhamed faltet ein Papiertaschentuch auseinander und entdeckt dabei rechteckige und quadratische Formen.
Kannst du die Entdeckungen von Muhamed bestätigen?

→ Wie oft musst du das Taschentuch auseinander falten, dass es so vor dir liegt wie im Bild?
→ Wie viele Quadrate entdeckst du?
→ Prüft zu zweit, ob alle Rechtecke die gleiche Größe haben.
→ Findet im Klassenzimmer Rechtecke und Quadrate und beschreibt sie.

Merke

Ein Viereck mit vier rechten Winkeln nennt man **Rechteck**.
Die Eckpunkte werden mit Großbuchstaben bezeichnet und gegen den Uhrzeigersinn angeordnet.

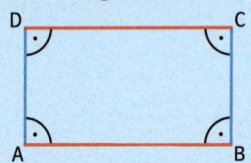

Das **Quadrat** ist ein besonderes Rechteck. Es hat vier gleich lange Seiten.

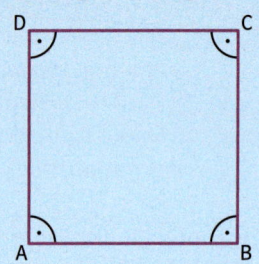

Im Rechteck sind gegenüberliegende Seiten gleich lang und parallel.

Beispiel

Die Bildfolge zeigt, wie man ein Rechteck mit 6 cm Länge und 4 cm Breite zeichnet, ohne die Karos im Heft zu Hilfe zu nehmen.

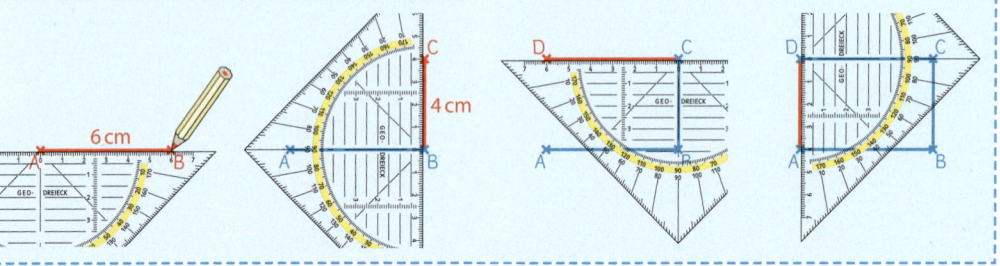

○1 Welche der folgenden Figuren sind Rechtecke, welche Quadrate?

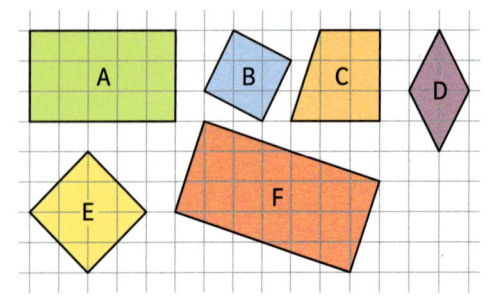

○2 Zeichne Rechtecke und Quadrate mit den angegebenen Seitenlängen.
Kennzeichne die Ecken mit den Buchstaben A; B; C und D und markiere die rechten Winkel.

a) Rechtecke: 5 cm und 3 cm
   4 cm und 6 cm
b) Quadrate: 4 cm
   25 mm

5 Geometrie. Vierecke

Alles klar?

D42　Fördern

A Welche Figur ist ein Rechteck, welche ein Quadrat?

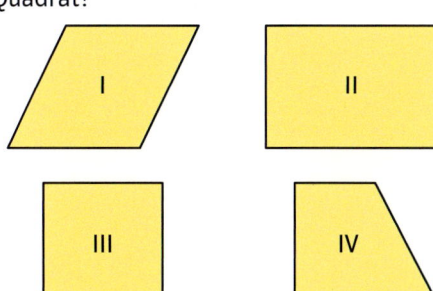

I　II　III　IV

B Zeichne in dein Heft und ergänze
a) zu einem Rechteck ABCD.
b) zu einem Quadrat EFGH.

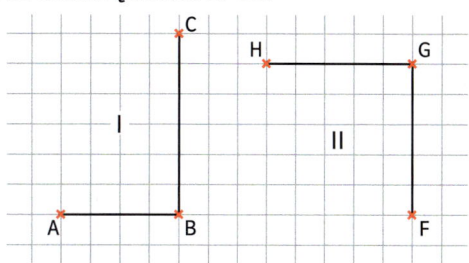

○ **3**
a) Ergänze zu einem Quadrat.

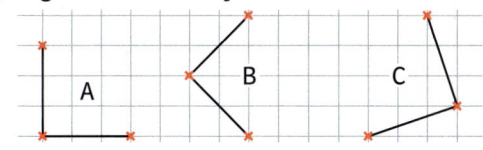

A　B　C

b) Ergänze zu einem Rechteck.

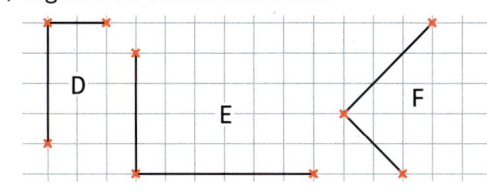

D　E　F

○ **4** Zeichne ein Rechteck mit folgenden Seitenlängen. Beschrifte die Eckpunkte.
a) 5 cm und 4 cm
b) 3 cm und 7 cm
c) 3,5 cm und 6 cm
d) 7,5 cm und 2 cm

● **5** Drei Eckpunkte eines Rechtecks ABCD sind gegeben. Zeichne das Rechteck in ein Koordinatensystem.
Lies die Koordinaten des vierten Eckpunkts ab.
a) A(1|2); B(9|2); C(9|8)
b) B(11|0); C(11|10); D(5|10)
c) A(4|1); B(10|4); D(2|5)
d) A(5|2); C(5|8); D(2|5)

● **6** SP Johannes sagt: „Jedes Rechteck ist ein Quadrat."
Lena erwidert: „Deine Aussage ist **falsch**! Jedes Quadrat ist ein Rechteck."
Wer hat recht? **Begründe**.

● **3** Zeichne ein Rechteck.
a) 3,5 cm und 6 cm
b) 25 mm und 3 cm
c) Eine Seite ist doppelt so lang wie die andere. Wähle die Maße selbst.
d) Eine Seite ist 3 cm kürzer als die andere.

● **4** Drei Eckpunkte eines Rechtecks bzw. eines Quadrats sind gegeben. Zeichne das Rechteck bzw. das Quadrat. Lies die Koordinaten des vierten Eckpunkts ab.
a) A(1|1); B(7|1); C(7|8)
b) A(4|2); B(14|7); C(12|11)
c) A(2|2); B(8|0); C(10|6)

● **5**
a) Zeichne ein Quadrat, das sich aus 64 Kästchen deines Mathematikheftes zusammensetzt.
b) 👥 **Untersucht** zu zweit, ob dies auch mit 32 Kästchen möglich ist.

● **6**
a) Zeichne auf weißem Papier ein Rechteck mit 6 cm und 3 cm Seitenlänge.
b) Beschrifte die Eckpunkte und zeichne die Diagonalen ein.
c) SP Miss die Länge der Diagonalen und **beschreibe** ihre Lage.

● **7** SP 👥 Katharina behauptet: „In jedem Quadrat halbieren sich die Diagonalen und stehen senkrecht aufeinander."
Hat Katharina recht? **Begründet** eure Entscheidung.

Tipp!
In einem Viereck heißen die Verbindungsstrecken gegenüberliegender Eckpunkte **Diagonalen**.

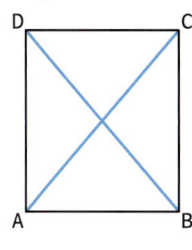

→ Die Lösungen zu „Alles klar?" findest du auf Seite 246.

8 Parallelogramm und Raute

Du benötigst drei Streifen aus buntem Transparentpapier. Zwei der Streifen sollen gleich breit sein. Lege die Streifen wie im Bild übereinander.
→ Welche Besonderheiten entdeckst du an den überdeckten Figuren?
→ Arbeitet zu zweit. Bewegt die Streifen. Wie ändern sich die Figuren?
→ Welche Figuren entstehen, wenn beim Bewegen die Kanten der Streifen zueinander senkrecht sind? Präsentiert eure Entdeckungen in der Klasse.

Merke

Ein Viereck, in dem je zwei gegenüberliegende Seiten parallel und gleich lang sind, nennt man **Parallelogramm**.

Rechtecke sind besondere Parallelogramme. Bei ihnen stehen benachbarte Seiten aufeinander senkrecht.

Eine **Raute** ist ein besonderes Parallelogramm.
Sie hat vier gleich lange Seiten.

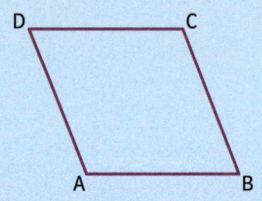

Quadrate sind besondere Rauten. Bei ihnen stehen benachbarte Seiten aufeinander senkrecht.

Beispiel

Die Bildfolge zeigt, wie man ein Parallelogramm zeichnet, ohne die Karos im Heft zu Hilfe zu nehmen.

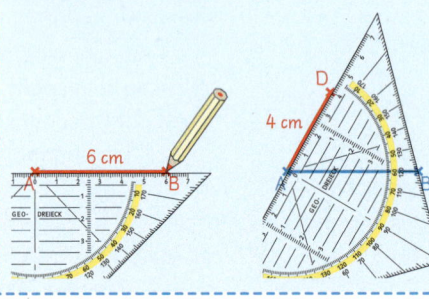

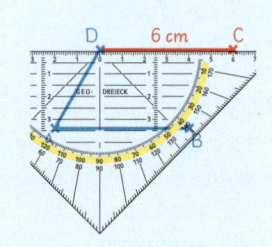

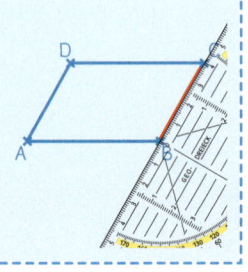

○ **1** Übertrage die Figur ins Heft und ergänze zu einem Parallelogramm. Bezeichne den Eckpunkt und miss die Seitenlängen.
a) b)

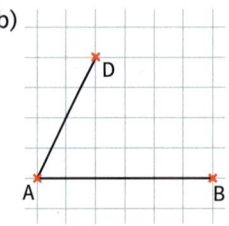

○ **2** Übertrage die Figur ins Heft und ergänze zu einer Raute.
a) b)

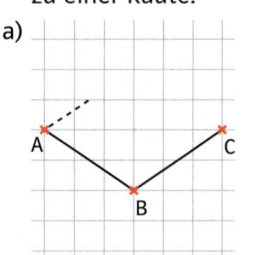

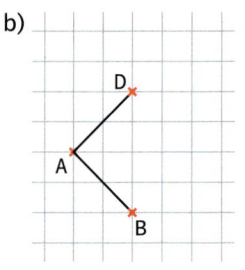

5 Geometrie. Vierecke

Alles klar?

D43 Fördern

A Übertrage die Figur ins Heft und ergänze zu einem Parallelogramm.
a)
b)

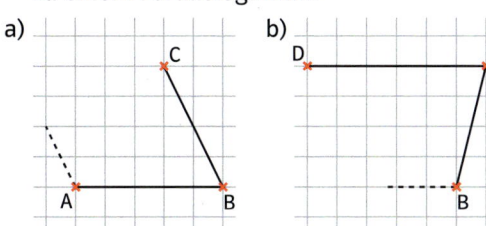

B Welche Vierecke sind Rauten?
a) 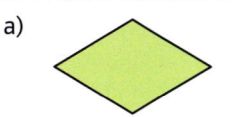
b) 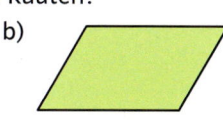
c) 
d)

3
a) Welche Vierecke sind Parallelogramme?
b) Welche Vierecke sind Rauten?

3
a) Welche Vierecke sind Parallelogramme?
b) SP Welches Viereck ist eine besondere Raute? Begründe deine Entscheidung.

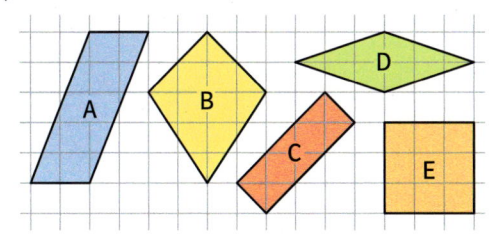

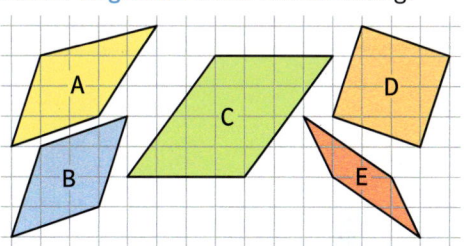

4 Ergänze zum Parallelogramm ABCD.
a) 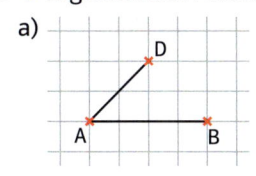
b) 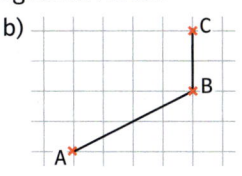
c) 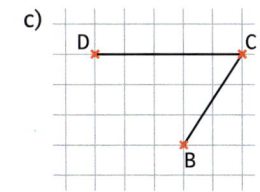
d)

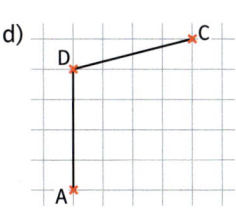

Tipp!
Den fehlenden Eckpunkt des Parallelogramms kannst du auch durch Auszählen der Kästchen finden.

4
a) Ergänze zu einem Parallelogramm ABCD.

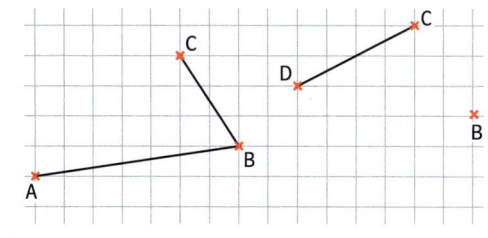

b) Ergänze zu einer Raute ABCD.

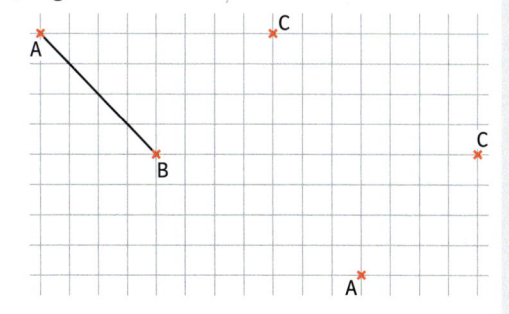

5 Zeichne mithilfe des Geodreiecks ein Parallelogramm mit folgenden Seitenlängen in dein Heft.
a) 4 cm und 6 cm
b) 5 cm und 7 cm
c) Vergleiche deine Zeichnungen mit den Zeichnungen deiner Partnerin oder deines Partners.

6 Drei Eckpunkte eines Parallelogramms ABCD sind gegeben. Welche Koordinaten hat der vierte Eckpunkt? Zeichne.
a) A(2|2); B(10|2); C(14|9)
b) A(5|4); B(12|4); D(2|10)
c) A(4|1); B(10|3); C(12|8)

5 Drei Eckpunkte eines Parallelogramms ABCD sind gegeben. Welche Koordinaten hat der vierte Eckpunkt? Zeichne.
a) A(3|2); B(14|2); C(16|10)
b) A(4|6); B(15|1); C(14|9)
c) A(4|1); B(14|4); D(7|6)
d) B(7|1); C(11|10); D(10|14)

→ Die Lösungen zu „Alles klar?" findest du auf Seite 247.

7 Wie viele Parallelogramme verstecken sich in der abgebildeten Figur? Wie viele davon sind Rauten?

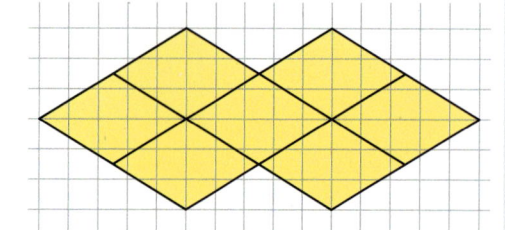

8 Übertrage das abgebildete Dreieck viermal auf ein kariertes Blatt Papier. Schneide die Dreiecke aus.

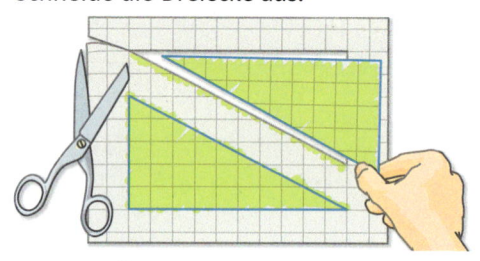

Lege aus ihnen
a) ein Quadrat.
b) ein Rechteck, das kein Quadrat ist.
c) eine Raute, die kein Quadrat ist.
d) ein Parallelogramm, das kein Rechteck ist.
e) Zeichne die Figuren mit ihren Teilungslinien ins Heft.

9 Die Punkte A und B sind Eckpunkte des Parallelogramms ABCD.

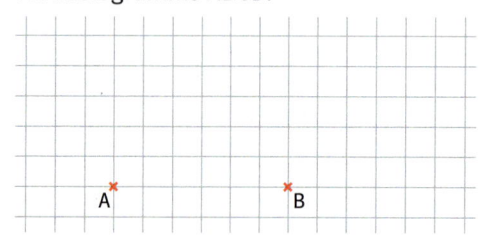

a) Gehe von B aus 3 Kästchen nach rechts und 5 Kästchen nach oben. Markiere dort den Punkt C.
b) Markiere den Punkt D. **Beschreibe** den Weg von C zu D und von D zu A.
c) Zeichne das Parallelogramm.
d) SP 👥 Erfinde eigene Parallelogramme und **beschreibe** deinem Partner oder deiner Partnerin den Weg zu den einzelnen Punkten.

6 👥 Versuche mit deinen Mitschülerinnen oder Mitschülern mit vier Geodreiecken folgende Figuren zu legen.
a) ein Quadrat.
b) ein Rechteck, das kein Quadrat ist.
c) ein Parallelogramm, das kein Rechteck ist.
d) SP Sophie behauptet: „Ich kann mit vier Geodreiecken auch eine Raute legen, die kein Quadrat ist."
Hat Sophie recht? **Begründet**.

7 Wie viele der Fenster sind Parallelogramme aber keine Rechtecke?

8 SP Verbinde im Viereck die Mittelpunkte benachbarter Seiten. Was fällt dir auf? **Prüfe** an anderen Vierecken, ob deine Vermutung richtig ist.
a) b)
c) d)

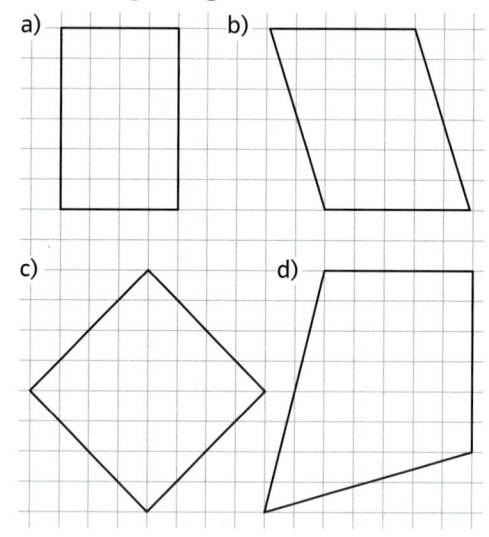

9 Zeichne in ein Parallelogramm ABCD
a) ein möglichst großes Rechteck
b) eine möglichst große Raute.
c) 👥 Vergleiche dein Ergebnis mit deiner Partnerin oder deinem Partner.

DGS. Koordinatensystem

MEDIEN

Mithilfe einer **Dynamischen Geometrie-Software** (DGS) kann man Objekte im Koordinatensystem darstellen. Manchmal muss man dazu erst das Koordinatensystem einrichten. Dafür gibt es Werkzeuge, die mit Schaltflächen betätigt werden, zum Beispiel:

Einblenden oder Ausblenden des Gitters

Einblenden oder Ausblenden der Achsen

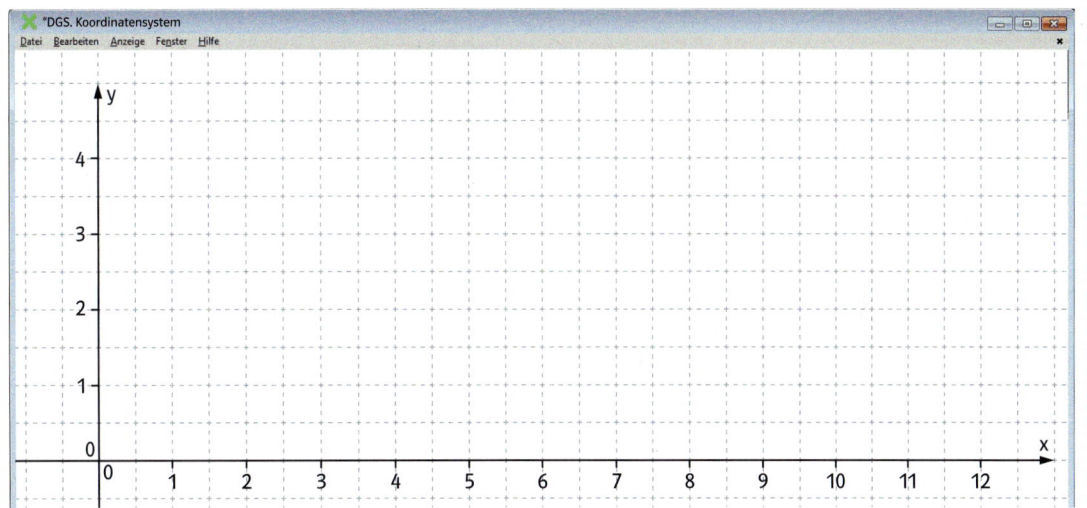

Durch weitere Werkzeuge kann man Punkte, Strecken, Halbgeraden, Geraden und Figuren (Dreieck, Viereck, Vieleck und Kreis) erzeugen.
Erkunde, wo sich diese Werkzeuge in deinem DGS-Programm befinden.

○ **1** Zeichne die Punkte A(2|1); B(4|1); C(4|5) und D(2|5) in das Koordinatensystem ein. Es gibt verschiedene Möglichkeiten, dies zu tun.
Punkte lassen sich auch verschieben, löschen und umbenennen.
Probiere es aus.

○ **2** Man kann Strecken, Halbgeraden und Geraden darstellen. Trage die Punkte A(1|3); B(1|1); C(2|5) und D(5|5) in ein Koordinatensystem ein.
Zeichne
a) eine Strecke s durch die Punkte A und B.
b) eine Halbgerade h von Punkt A aus durch den Punkt C.
c) eine Gerade g durch die Punkte A und D.
d) mehrere Kreise mit verschiedenen Radien um den Punkt A.

◐ **3** Verbinde die Punkte A(2|2); B(6|2); C(5|3) und D(3|3). Fülle das Viereck mit einer Farbe aus. Erstelle eine Fantasiefigur, indem du weitere Flächen hinzufügst. Färbe jede neue Fläche in einer anderen Farbe.

◐ **4** Zeichne vom Punkt P(4|5) Strecken mit der Länge 4 cm; 2,5 cm und 2 cm. Die Strecken sollen in unterschiedliche Richtungen gehen.

● **5** Zeichne die Punkte A(4|1); B(1|5) und P(3|4) sowie die Strecke $\overline{AB}$.
Bestimme eine Senkrechte zu $\overline{AB}$ durch P und lies den Abstand von P zur Strecke $\overline{AB}$ ab.
Zeichne die Parallele zu $\overline{AB}$ durch den Punkt P.

DGS. Symmetrie

Mit einem Geometrieprogramm kannst du schnell geometrische Zeichnungen, also auch symmetrische Figuren, erstellen.

1
a) Suche in deinem Programm die Werkzeuge, mit denen ein Vieleck gezeichnet, ein Punkt oder ein Objekt an einer Achse bzw. an einem Punkt gespiegelt wird. Probiere aus und achte besonders auf die Reihenfolge der Arbeitsschritte.
b) Zeichne ein Viereck ähnlich der Abbildung. Lege die Spiegelachse wie abgebildet. Um die zweite Hälfte der achsensymmetrischen Figur zu konstruieren, brauchst du die Funktion **Objekt bzw. Punkt an der Achse spiegeln**.

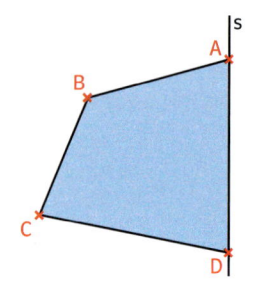

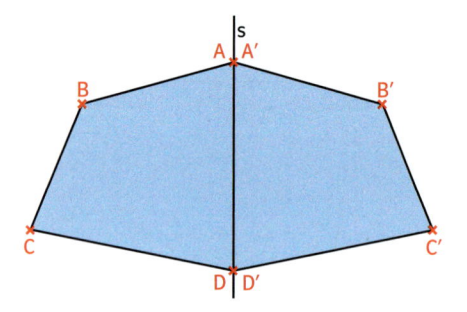

2 In den Abbildungen ist jeweils eine Hälfte der Figur dargestellt. Zeichne diese nach und ergänze sie zu einer achsensymmetrischen Figur.

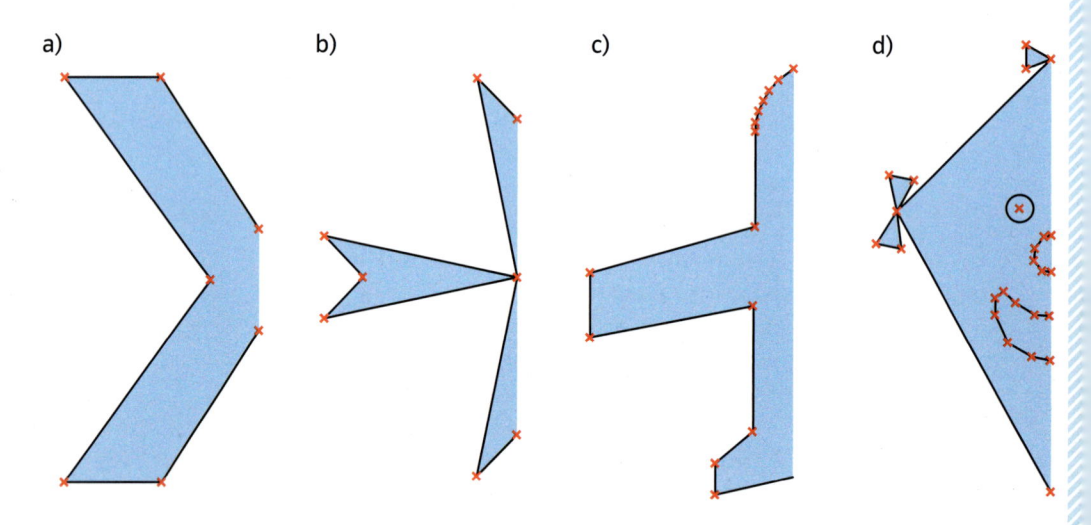

a)   b)   c)   d)

3 Du kannst mit deiner Geometriesoftware nicht nur achsensymmetrische, sondern auch punktsymmetrische Figuren erstellen.
a) Zeichne mit deiner DGS ein Quadrat und führe eine halbe Drehung um jeden Eckpunkt durch.
b) Zeichne ein Dreieck. Drehe die Figur mit einer Halbdrehung um den Mittelpunkt einer Seite. **Beschreibe** die entstandene punktsymmetrische Figur.
c) Zeichne eigene punktsymmetrische Figuren, die aus einer einzigen Grundfigur entstanden sind. Färbe die Figuren fantasievoll.

Zusammenfassung

Strecke, Gerade und Halbgerade
Eine **Strecke** ist die geradlinige Verbindung zwischen zwei Punkten. Eine **Gerade** hat keinen Anfangs- und keinen Endpunkt. Eine **Halbgerade** hat einen Anfangspunkt aber keinen Endpunkt.

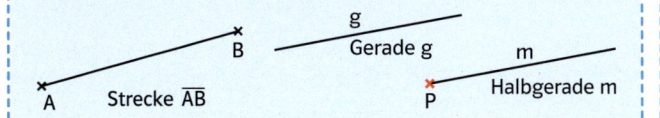

Zueinander senkrecht
Zwei Geraden sind **zueinander senkrecht** oder **orthogonal**, wenn sie so zueinander liegen, wie die lange Seite und die Mittellinie des Geodreiecks.

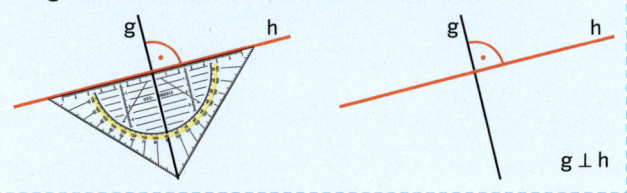

Zueinander parallel
Zwei Geraden, die eine gemeinsame Senkrechte haben, sind **parallel**. Parallele Geraden haben keinen Schnittpunkt.

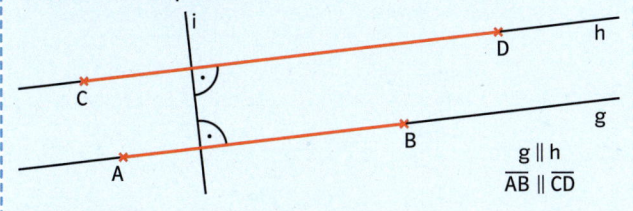

Das Koordinatensystem
Im Koordinatensystem gibt man Gitterpunkte durch eine x-Koordinate und eine y-Koordinate an.
Für den Punkt P mit dem x-Wert 8 und dem y-Wert 3 schreibt man P(8|3).

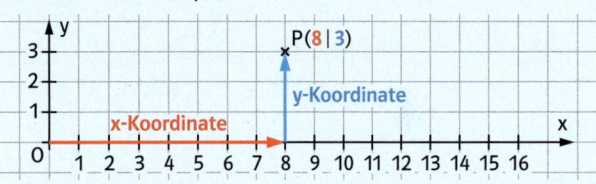

Entfernung und Abstand
Die kürzeste **Entfernung** zwischen einem Punkt B und einer Geraden h ist der Abstand von B und h. Zwei parallele Geraden haben einen **Abstand**. Man misst ihn auf einer Verbindungsstrecke, die zu beiden Geraden senkrecht steht.

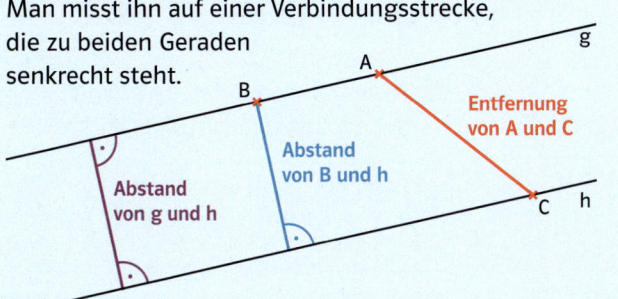

Symmetrische Figuren
Eine Figur mit zwei spiegelbildlichen Hälften heißt **achsensymmetrisch**. Die Gerade, an der gespiegelt wird, heißt **Symmetrieachse**.
Bei **punktsymmetrischen** Figuren schneiden sich alle Verbindungsstrecken entsprechender Punkte in einem Punkt Z, dem **Symmetriezentrum.** Die Abstände von Punkt und Bildpunkt zu Z sind gleich.

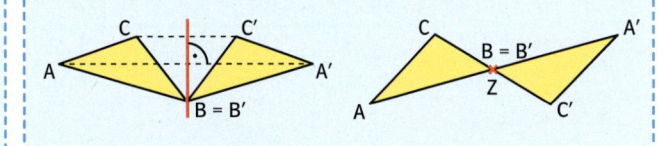

Rechteck und Quadrat
Das **Rechteck** hat vier rechte Winkel. Gegenüberliegende Seiten sind parallel und gleich lang.

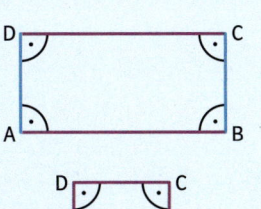

Das **Quadrat** ist ein besonderes Rechteck mit vier gleich langen Seiten.

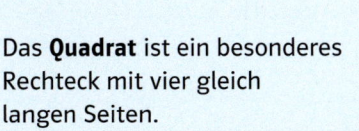

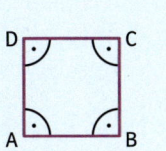

Parallelogramm und Raute
Das **Parallelogramm** hat parallele und gleich lange gegenüberliegende Seiten.

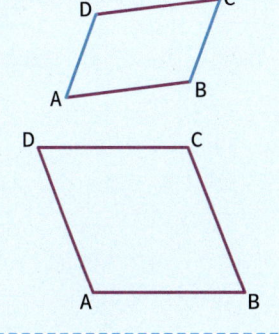

Die **Raute** ist ein besonderes Parallelogramm mit vier gleich langen Seiten.

Basistraining

1 Welche Linie ist eine Strecke, welche eine Gerade und welche eine Halbgerade?

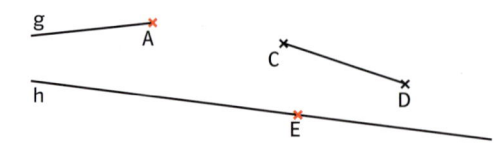

2
a) Miss die Länge der Strecken.
b) Zeichne die Strecken $\overline{EF}$ = 7 cm und $\overline{GH}$ = 37 mm. 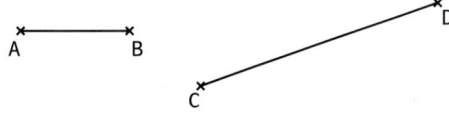

3 Welche Strecke ist länger, die rote oder die blaue? Erst schätzen, dann messen!

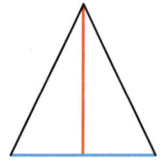

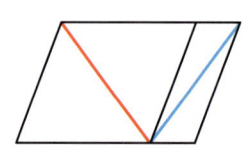

4 Welche Geraden sind senkrecht zueinander, welche parallel? Notiere mithilfe der Zeichen ⊥ und ∥.

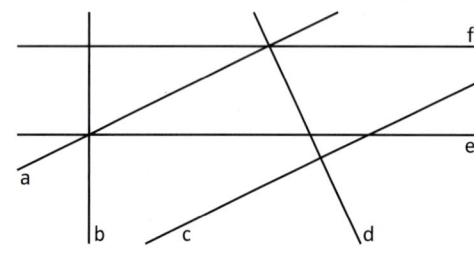

5 Zeichne durch jeden der roten Punkte
a) die Gerade, die auf der blauen Geraden senkrecht steht.
b) die zur blauen Geraden parallele Gerade.

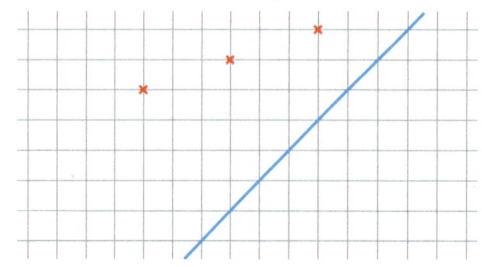

6 Vervollständige das Muster. Schaffst du es auch auf Papier ohne Quadratgitter?

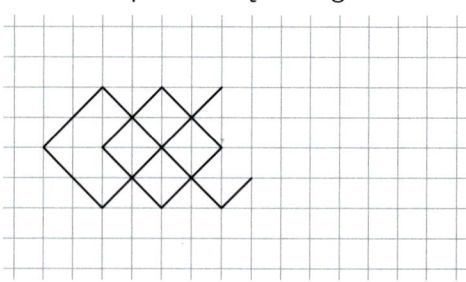

7 Schreibe die Koordinaten der Eckpunkte der Figuren auf.

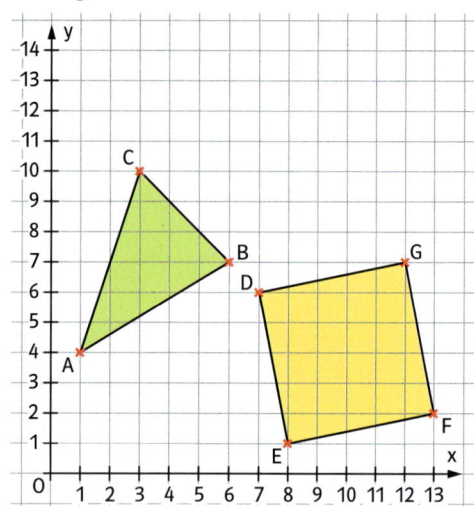

8 SP In einigen Koordinatensystemen wurden **Fehler** gemacht. **Beschreibe** sie.

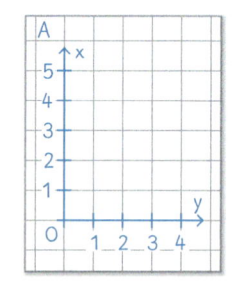

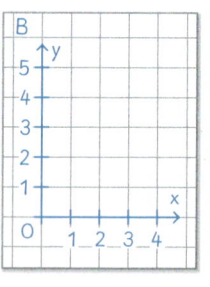

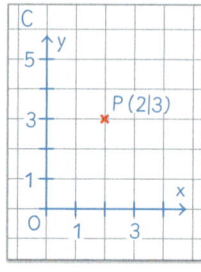

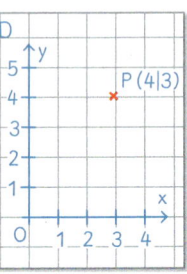

5 Geometrie. Vierecke

Tipp!
DGS heißt
Dynamische
Geometrie-**S**oftware.

○ 9 MK 💻 Trage die Punkte mit einer DGS in ein Koordinatensystem ein. **Prüfe**, ob die drei Punkte auf einer Geraden liegen.
a) A(2|7); B(6|5); C(10|3)
b) A(1|1); B(7|3); C(10|4)
c) A(3|6); B(6|4); C(8|3)

○ 10 Zeichne die Strecke $\overline{AB}$. Markiere den Mittelpunkt mit M und lies seine Koordinaten ab.
a) A(1|3); B(9|3)   b) A(0|5); B(10|1)
c) A(8|6); B(0|0)

○ 11 Übertrage ins Heft. Miss den Abstand zwischen
a) g und h.   b) i und j.

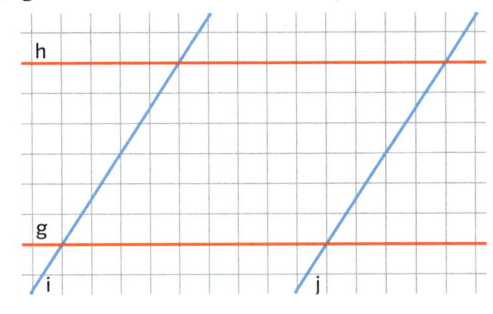

○ 12 Übertrage ins Heft.

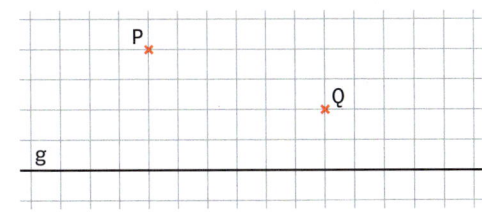

a) Bestimme die Abstände der Punkte P und Q zur Geraden g.
b) Trage auf der anderen Seite von g mit doppeltem Abstand die Punkte R und S ein.
c) Miss die Entfernungen zwischen P und Q und zwischen R und S.

○ 13 SP Wie viele Symmetrieachsen hat das Verkehrszeichen? **Beschreibe** ihre Lage.
a)   b)   c)

○ 14 Zeichne eine Gerade g. Zeichne parallele Geraden, die von g einen Abstand von 0,5 cm; 1 cm; 1,5 cm und 2 cm haben. Benutze die Linien deines Geodreiecks.

○ 15 Zeichne alle Symmetrieachsen ein.
a)   b)   c)

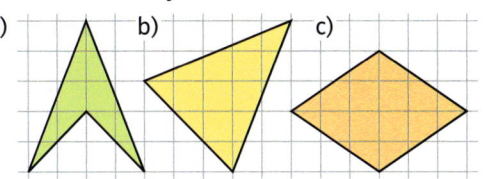

○ 16 Ergänze zur achsensymmetrischen Figur.
a)   b)   c)

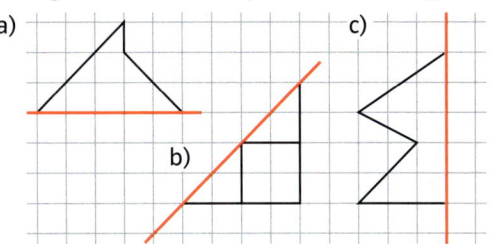

○ 17 Zeichne Rechtecke und Quadrate mit den angegebenen Seitenlängen.
a) Rechtecke: 4 cm und 3 cm
                6 cm und 45 mm
b) Quadrate: 5 cm
                3,5 cm
c) Bei welcher Figur ist die Summe der Seitenlängen am größten?

○ 18 Zeichne ein Rechteck mit den Seitenlängen 5 cm und 3 cm. Zeichne in das Rechteck ein Quadrat, das möglichst groß ist.

○ 19 SP 👥 Safiya diktiert ihrer Partnerin ein Rauten-Diktat:
„Markiere im Heft einen Punkt A – gehe drei Kästchen (K) nach rechts und zwei K nach oben – markiere den Punkt B – gehe zwei K nach oben und drei K nach links – markiere den Punkt C – …"
a) Folgt den Anweisungen und führt das Diktat zu Ende.
b) Stellt euch gegenseitig ein Parallelogramm-Diktat.

● 20 Die Punkte A(3|4); B(0|3); C(0|2) und D(3|3) sind Eckpunkte eines Vierecks. Gib die Art des Vierecks an und spiegle es an der Geraden durch die Punkte A und D.

Anwenden. Nachdenken

ein System
- eine Strategie
- ein Plan
- ein Schema
- ein Prinzip
- eine Ordnung

21
a) Verbinde alle Punkte durch Strecken. Überlege erst, zeichne dann.
b) Wie viele Strecken enthält die Figur? Zähle mit System.

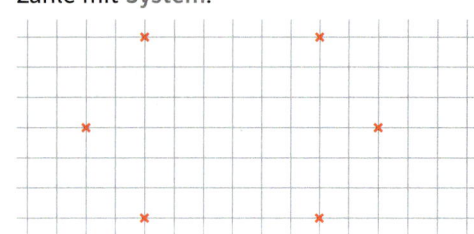

ein Fachwerkhaus
Das Gerüst dieses Hauses besteht aus stabilen Holzbalken. Die Lücke zwischen den Balken nennt man Fach.

22 Ein Fachwerkhaus hat viele Holzbalken.
a) Finde alle zueinander senkrechten Balken.
b) Finde alle zueinander parallelen Balken.
c) Erkennst du ein System?

Tipp!
DGS heißt **D**ynamische **G**eometrie-**S**oftware.

23 Zeichne die Vierecke in doppelter Größe. Verbinde die Mittelpunkte benachbarter Seiten. Gib für das entstandene Viereck eine besondere Eigenschaft an. Überprüfe dasselbe auch mit anderen Vierecken.

24 Ein Pfannkuchen wird durch drei Schnitte geteilt. Jeder Schnitt läuft geradlinig von Rand zu Rand.
a) Wie viele Stücke kann das geben? Zeichne.
b) Wie sieht es bei vier Schnitten aus?

25
a) Zwei Geraden durch A und drei Geraden durch B – wie viele Schnittpunkte gibt das?

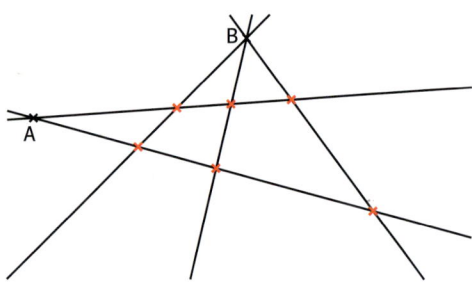

b) Vier Geraden durch A und fünf Geraden durch B: Musst du zeichnen, um die Schnittpunkte zu zählen?
c) SP Schreibe eine Regel für die Anzahl der Schnittpunkte auf.

26 Wie liegen die Geraden a und c zueinander, wenn
a) $a \parallel b$ und $b \perp c$?
b) $a \parallel b$ und $b \perp d$ und $d \perp c$?
c) $a \perp d$ und $b \parallel d$ und $d \parallel c$?

27 Die Punkte $A(4|7)$; $B(6|3)$; $C(8|7)$ und $D(6|11)$ sind Eckpunkte eines Vierecks. Zeichne. Nenne die Koordinaten von je zwei Punkten,
a) die innerhalb des Vierecks liegen.
b) die auf einer Viereckseite liegen.
c) die außerhalb des Vierecks liegen.

28 MK 🖥 Trage mit einer DGS zunächst die gegebenen Punkte in ein Koordinatensystem ein. Verbinde sie nacheinander. Setze einen weiteren Punkt so, dass der angegebene Buchstabe entsteht. Schreibe die Koordinaten des Punkts auf.
a) V: $(2|9)$; $(3|6)$; $(\blacksquare|\blacksquare)$
b) T: $(6|6)$; $(4|6)$; $(4|2)$; $(\blacksquare|\blacksquare)$
c) N: $(7|0)$; $(7|4)$; $(10|0)$; $(\blacksquare|\blacksquare)$
d) 👥 Stellt euch gegenseitig ähnliche Aufgaben.

29 SP Zeichne Punkte in ein Koordinatensystem, bei denen die x- und y-Koordinaten die gleichen Werte haben. Was fällt dir auf?

30 Marc hat beim Messen der Abstände zur Geraden g Fehler gemacht. Zeichne die Gerade g und die drei Punkte in dein Heft und finde die **Fehler**. Korrigiere.

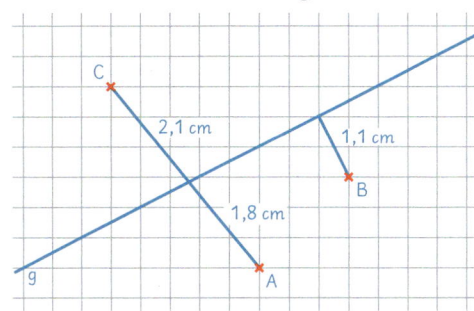

31 Das rot-weiße Schild an der Hauswand informiert die Feuerwehr darüber, dass 7,0 m vor dem Schild und 2,5 m nach rechts ein Wasseranschluss für einen Schlauch mit einer Dicke von 150 mm vorhanden ist.

ein Hydrant
ein Wasseranschluss
für die Feuerwehr

a) Wie muss das Schild aussehen, wenn der **Hydrant** 6,8 m vor und 11,3 m links des Schildes liegt und für einen Schlauch mit einem Durchmesser von 300 mm geeignet ist? Fertige eine Zeichnung an.
b) SP **Erkläre** deinem Partner oder deiner Partnerin das blaue Schild der Wasserleitung.
c) SP Erfinde weitere Schilder dieser Art. Kann deine Partnerin oder dein Partner **erklären**, was dein Schild bedeutet?
d) Suche derartige Schilder auf deinem Schulweg. Zeichne sie ab oder mache ein Foto.

32 Gib die fehlenden Koordinaten der Eckpunkte an.

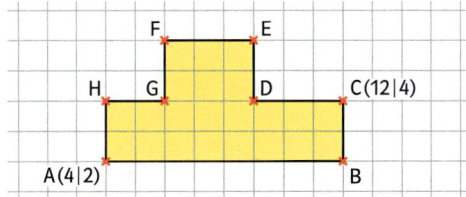

33 Raja wirft mit einem roten Würfel. Sascha wirft gleichzeitig mit einem blauen Würfel. Die gewürfelten Augenzahlen stellen Koordinaten dar, zum Beispiel (4|2), wenn rot 4 und blau 2 ist.

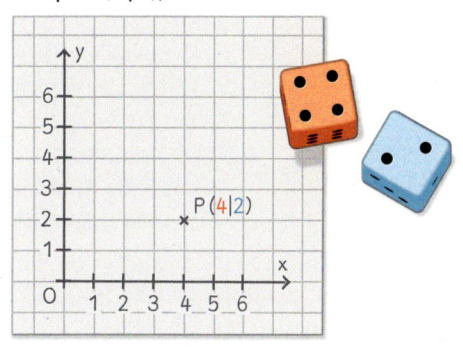

a) Würfelt zu zweit. Markiert eure Ergebnisse in einem Koordinatensystem.
b) Wie viele Punkte des Koordinatensystems kommen in Betracht?
c) Bei wie vielen Ergebnissen ist die Augensumme 6 und bei wie vielen 10? Markiert entsprechende Punkte im Koordinatensystem.

34
a) Zeichne den Punkt P, der von g den gleichen Abstand wie A und von h den gleichen Abstand wie B hat.

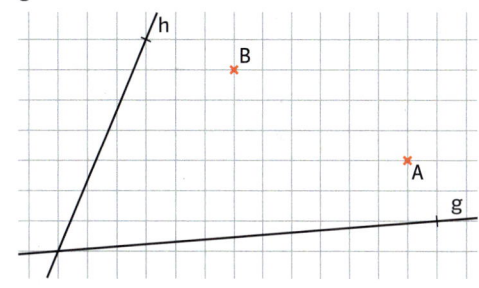

b) Findest du weitere Punkte mit den gleichen Bedingungen?

35 Zeichne einen Punkt, der von der Geraden g den Abstand 2 cm und zugleich von der Geraden h den Abstand 3 cm hat. Gibt es mehr als einen solchen Punkt?

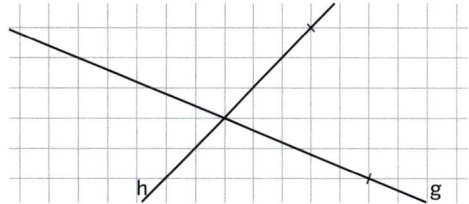

36 Zeichne eine Gerade g schräg in dein Heft und drei Punkte, die nicht auf der Geraden liegen.
Dein Partner oder deine Partnerin soll die Abstände der Punkte zur Geraden g schätzen.
Kontrolliert gemeinsam die geschätzten Längen durch Nachmessen.

37 SP Zwei Punkte, zwei parallele Geraden – miss alle Abstände. Manche Ergebnisse passen zusammen. Erkläre.

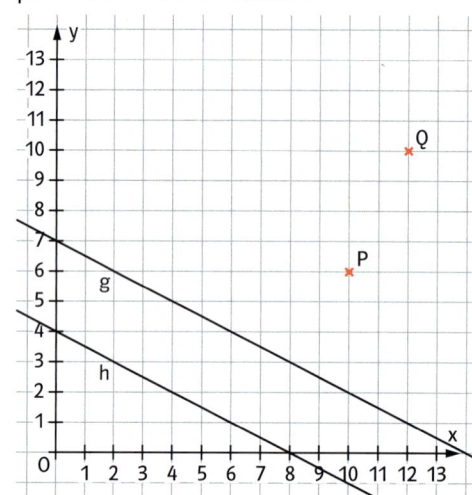

38 Welche der Geraden sind Symmetrieachsen?
a) b) 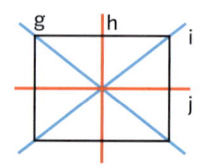 c) 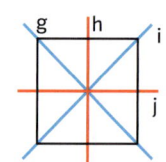 d)

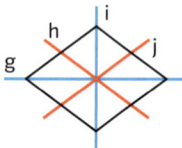

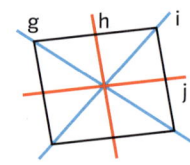

39 Welche Großbuchstaben lassen sich so schreiben, dass sie
a) eine Symmetrieachse haben?
b) zwei Symmetrieachsen haben?
c) mehr als zwei Symmetrieachsen haben?

A B C D E F G H I
J K L M N O P Q R
S T U V W X Y Z

40 SP Welche der beiden Spielkarten ist falsch dargestellt? Erkläre.

41 Zeichne ein Koordinatensystem. Erzeuge eine symmetrische Figur, indem du die Punkte A(5|1); B(5|6); C(2|4) und D(2|2) an der Symmetrieachse spiegelst. Die Symmetrieachse verläuft durch die Punkte A und B.

42 Ergänze zu einer punktsymmetrischen Figur mit dem Symmetriezentrum Z.
a) b) 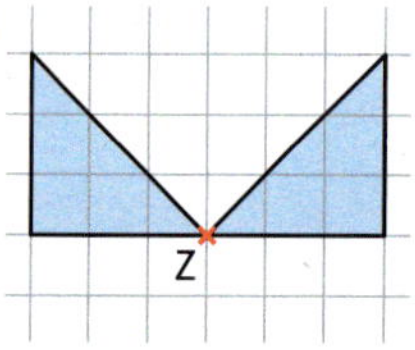 c) 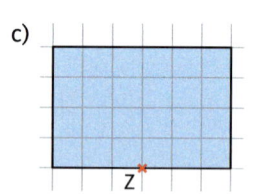 d)

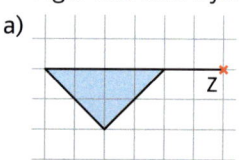

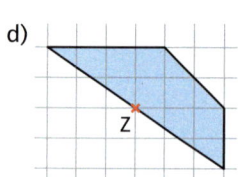

43 Erzeuge eine punktsymmetrische Figur, indem du das Dreieck am Punkt A spiegelst. Gib die Koordinaten des gespiegelten Dreiecks an.

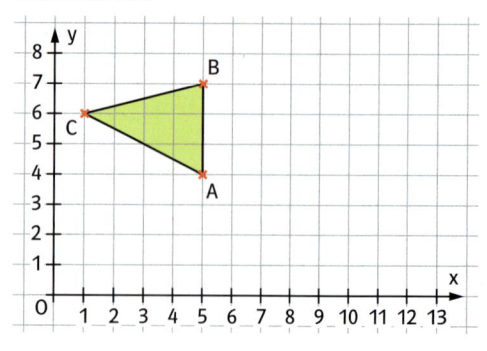

5 Geometrie. Vierecke

44 Zeichne die Figur in dein Heft. Färbe die Karos so, dass eine Figur entsteht, die
a) weder punkt- noch achsensymmetrisch ist.
b) punkt- und achsensymmetrisch ist.

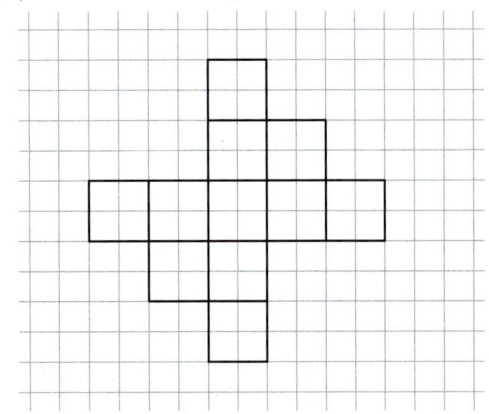

Tipp!
In einem Viereck heißen die Verbindungsstrecken gegenüberliegender Eckpunkte **Diagonalen**.

45 Anna und Luca zeichnen ein rechtwinkliges Dreieck. Das rechtwinklige Dreieck ist Teil eines Vierecks.
Für Anna ist die rote Linie die Diagonale des Vierecks, bei Luca ist sie die Symmetrieachse. Welche Vierecke entstehen bei Anna und Luca?

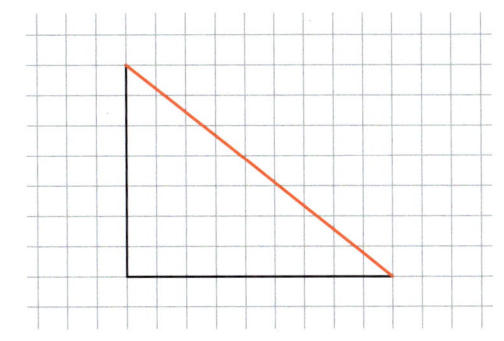

46 Das Muster enthält sechs Quadrate. Suche sie. Welche anderen Figuren kann man in diesem Muster **erkennen**? Zeichne das Bild ins Heft und male verschiedene Figuren mit unterschiedlichen Farben aus.

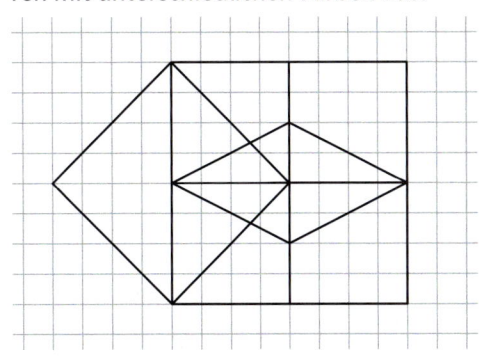

47 Zeichne die Figur. Sie besteht aus lauter Rechtecken. Beginne links unten und setze die Figur um zwei Rechtecke fort.

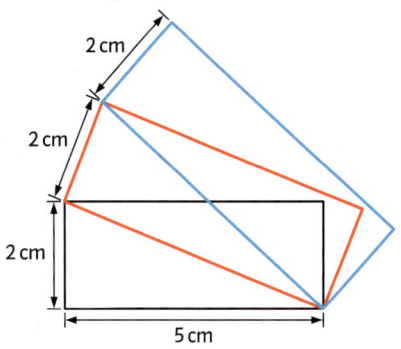

48 Holger sagt: „Bei der Raute und beim Rechteck schneiden sich die Diagonalen rechtwinklig." **Überprüfe** mithilfe einer Zeichnung, ob seine Aussage stimmt.

49 MK
a) 🖥 Zeichne alle Vierecksarten mithilfe einer Geometriesoftware.
b) 👥 Kontrolliert eure Ergebnisse in der Gruppe.

50
a) Zeichne alle Vierecksarten auf weißes Papier. Schreibe die Seitenlängen an die Figuren.
b) Benenne die Figuren.
c) 👥 Kontrolliert zu zweit eure Ergebnisse.

51 SP Welche Vierecke sind gemeint?

a) Das Viereck hat zwei Paare paralleler Seiten.

b) Das Viereck hat vier gleich lange Seiten.

c) Das Viereck hat benachbarte Seiten, die jeweils senkrecht aufeinander stehen.

52 MK SP 🖥 👥 Informiert euch über den Union Jack, der Flagge von Großbritannien. Sind Symmetrien vorhanden? **Präsentiert** eure Ergebnisse.

143

Rückspiegel

D44 Teste dich

○ **1** Zeichne die Punkte A(4|6); B(4|10) und C(8|10) in ein Koordinatensystem.
Vertausche bei jedem der Punkte die x-Koordinate und die y-Koordinate. Du erhältst die Punkte D; E und F.
Verbinde die Punkte so, dass eine symmetrische Figur entsteht.

○ **2** Zeichne ein Quadrat mit 3 cm Seitenlänge und ein Rechteck mit den Seitenlängen 8 cm und 5 cm. Beschrifte die Eckpunkte. Zeichne die Diagonalen ein, indem du die gegenüberliegenden Eckpunkte verbindest. Zeichne auf Papier ohne Quadratgitter.

○ **3** Die Gerade a soll durch den Punkt P gehen und auf der Geraden g senkrecht stehen. Zeichne.
Die Geraden b und c sollen durch den Punkt P gehen und auf den Geraden h und i senkrecht stehen.
Wie viele Symmetrieachsen hat die fertig gezeichnete Figur?

○ **3** Zeichne die Gerade durch P, die auf g senkrecht steht. Eine weitere Gerade soll durch P gehen und auf h senkrecht stehen.
Zeichne ebenso zwei Geraden durch R.
Wie viele Symmetrieachsen hat die fertig gezeichnete Figur?

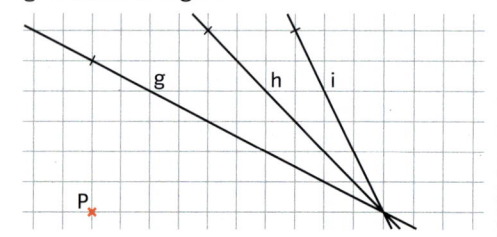

● **4** Ergänze zu einer achsensymmetrischen Figur.
a)   b)

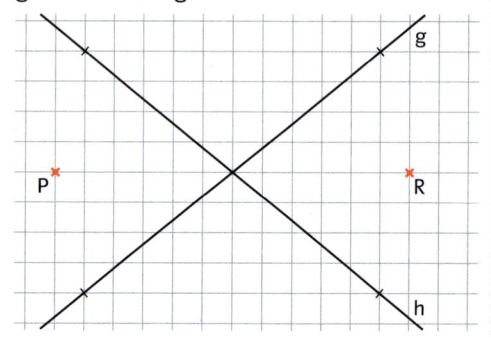

● **4** Ergänze in a) zu einer achsensymmetrischen, in b) zu einer punktsymmetrischen Figur.
a) 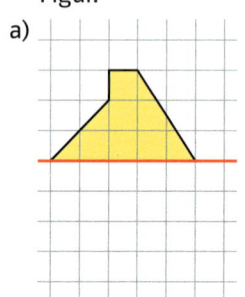   b)

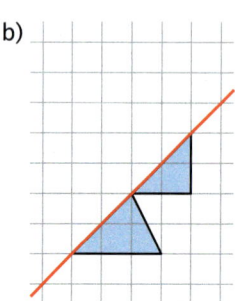

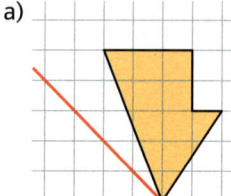

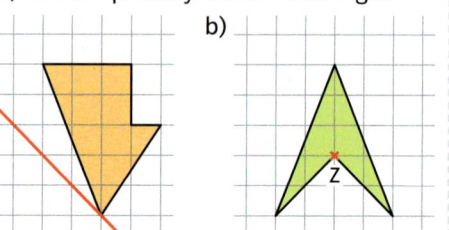

● **5**
a) Zeichne das Rechteck ABCD mit den Eckpunkten A(3|2); B(13|6) und C(11|11).
Welche Koordinaten hat der Eckpunkt D?
b) Zeichne das Parallelogramm ABCD mit den Eckpunkten A(3|3); B(14|3) und C(18|8). Welche Koordinaten hat der vierte Eckpunkt?

● **5**
a) Zeichne die Parallelogramme ABCD, von denen drei Eckpunkte gegeben sind:
A(6|6); B(13|5); C(18|10)
A(6|6); B(18|10); C(13|5)
A(18|10); B(6|6); C(13|5)
Ist ein besonderes Parallelogramm dabei?
b) Zeichne die drei Parallelogramme in einer einzigen Figur.

→ Die Lösungen findest du auf Seite 247.

Standpunkt | Größen und Maßstab

Wo stehe ich?

Ich kann ...	gut	etwas	nicht gut	Lerntipp!
A Längen, Gewichte und Zeitspannen schätzen,	◼	◼	◼	→ Seite 232
B Gewichte der Größe nach ordnen,	◼	◼	◼	→ Seite 232
C Gewichtseinheiten umwandeln,	◼	◼	◼	→ Seite 232
D Längenmaße der Größe nach ordnen,	◼	◼	◼	→ Seite 233
E Zeiteinheiten umwandeln,	◼	◼	◼	→ Seite 234
F Zeitspannen berechnen,	◼	◼	◼	→ Seite 234
G mit Größen rechnen,	◼	◼	◼	→ Seite 233; 234
H Sachaufgaben lösen.	◼	◼	◼	→ Seite 235

Überprüfe dich selbst:

D45 Teste dich

A Richtig oder falsch?
a) Deine Klassenzimmertür ist höher als 1 m.
b) Dein Mathematikbuch wiegt weniger als 5 kg.
c) Ein Bleistift ist länger als 40 cm.
d) Ein Katze wiegt ungefähr 20 kg.
e) Es gibt Menschen, die größer als 2 m sind.
f) Eine Tafel Schokolade wiegt mehr als ein Brötchen.
g) Ein 100-m-Lauf dauert etwa 10 Minuten.

B
a) Ordne die Gegenstände nach ihrem Gewicht.

b) Wie schwer könnten die einzelnen Gegenstände sein? Schätze.

C Wandle um.
a) 3 kg = ◼ g
b) 6000 g = ◼ kg
c) 1 t = ◼ kg
d) 3000 kg = ◼ t
e) $\frac{1}{2}$ kg = ◼ g
f) 2,5 kg = ◼ g

D Ordne der Größe nach.

3 cm | 2 mm | 1 km | 1 dm | 1 m

E Wandle um.
a) 1 Tag = ◼ h
b) 2 h = ◼ min
c) 5 min = ◼ s
d) 180 min = ◼ h
e) $\frac{1}{2}$ h = ◼ min
f) 120 s = ◼ min

F Wie lange dauert die Fahrt?

	Abfahrt	Ankunft
a)	07:30 Uhr	11:00 Uhr
b)	16:40 Uhr	18:50 Uhr
c)	09:45 Uhr	13:10 Uhr
d)	22:05 Uhr	01:10 Uhr

G Berechne.
a) 18 € + 3 € 75 ct
b) 9 € 50 ct − 3,75 €
c) 4750 g + 3000 g
d) 20 cm + 105 cm
e) 12 cm + 88 cm + 9 m
f) 1 t + 2000 kg
g) 2 h + 90 min

H Bei einer dreitägigen Radtour fährt Familie Kühn am ersten Tag 67 km, am zweiten 59 km und am dritten 43 km. Wie lang ist die gesamte Radtour?

→ Die Lösungen findest du auf Seite 249.

6 Größen und Maßstab

1 Deine Familie geht einen Tag ins Erlebnisbad. Welche Eintrittskarten lohnen sich für euch? Wie viel Euro würde der Eintritt für euch kosten? Rechne geschickt.

2 Die abgebildete Wasserrutsche hat eine Länge von 200 m. Legt diesen Weg auf eurem Schulhof zurück. Ein großer Schritt soll einem Meter entsprechen. Ihr müsst nicht nur geradeaus gehen.

Eintrittspreise

	Erwachsene	Kinder bis 14 Jahre
2 Std.-Karte	11,00 €	8,00 €
4 Std.-Karte	14,00 €	11,00 €
Tageskarte	19,00 €	15,00 €

Familientageskarte mit Kindern bis 12 Jahre 49,00 €

Kinder unter 4 Jahre freier Eintritt

3 Paula ist 11 Jahre alt, Uli ist 1,30 m groß. Beide dürfen nicht alle Rutschen benutzen. Überlegt gemeinsam, weshalb dies so sein könnte.

Ich lerne,

- wie man gut schätzen kann,
- wie man Größen in verschiedene Einheiten umrechnet,
- wie man mit Geld, Zeit, Massen und Längen rechnet,
- wie man mit Maßstabsangaben umgeht,
- wie man Sachaufgaben löst.

6 Größen und Maßstab

1 Schätzen

eine Skulptur
ein Kunstwerk, das aus einem Stück geformt wurde

Vor mehreren hundert Jahren wurden auf den Osterinseln über 1000 Skulpturen aus Stein von Hand erschaffen. Man nennt sie „Moai". Ob die Moais Götter oder einfach nur Vorfahren darstellen, ist bis heute unklar.
→ Schätze die Höhe der Skulpturen. Beschreibe, wie du vorgehst.
→ Vergleicht eure Ergebnisse.
→ Wo liegen die Osterinseln? Sucht im Atlas.

Nicht immer ist es möglich, eine Größe oder eine Anzahl genau anzugeben. Manchmal reicht ein ungefähres Ergebnis.

Merke Durch **Schätzen** kann man eine Länge, ein Gewicht, eine Zeitspanne oder eine Anzahl ungefähr ermitteln. Dabei verwendet man meistens **Vergleichsgrößen**.

Beispiel
1. Will man die Höhe der Räder oder die Höhe des Muldenkippers schätzen, so hilft der Vergleich mit der Körpergröße der Person.

2. Auf dem Foto passt die Person etwa zweimal in die Radhöhe. Ein Rad ist also knapp 4 m hoch.

3. Das Fahrzeug ist etwa doppelt so hoch wie ein Reifen. Demnach ist der Muldenkipper etwa 8 m hoch.

○**1** Schätze die Höhe deines Klassenzimmers. Als Vergleichsgröße kannst du die Klassenzimmertür oder die Tafel nehmen.

○**2** Ordne die Gegenstände nach ihrem Gewicht. Mit einer Waage kannst du nachprüfen, ob du richtig geschätzt hast.

○**3** 👥 Wer kann Zeiten gut schätzen? Um das festzustellen braucht ihr eine Stoppuhr oder eine Uhr mit Sekundenangabe. Jeder von euch versucht einmal 30 Sekunden gut zu schätzen. Dazu schließt die Versuchsperson die Augen und öffnet sie erst wieder, wenn sie glaubt, dass 30 Sekunden verstrichen sind. Diese Zeit wird mithilfe der Uhr von den anderen Gruppenmitgliedern gestoppt. Natürlich ist jedes Gruppenmitglied einmal die Versuchsperson.
Wer von euch hat am besten geschätzt?
Wie geht ihr vor, damit ihr ein gutes Ergebnis bekommt?
Versucht dasselbe mit einer Minute.

6 Größen und Maßstab

Alles klar?

D46 Fördern

A Schätze die Höhe des Schulgebäudes.
Tipp: Der Zaun ist 2,20 m hoch.

B In der Schillerschule gibt es die Klassen 5a, 5b und 5c.
Schätze, wie viele Fünftklässler und Fünftklässlerinnen in die Schillerschule gehen.
- 40 bis 50 Schüler und Schülerinnen
- 70 bis 90 Schüler und Schülerinnen
- mehr als 100 Schüler und Schülerinnen

○ **4** Lea wohnt im 6. Stock eines Hochhauses. Sie möchte wissen, wie hoch das ist. Kann ihr das Schätzen ihrer Zimmerhöhe helfen? Welches Ergebnis vermutest du?

○ **5** Schätze,
  a) wie lange du morgens die Zähne putzt.
  b) wie lange du in einer Woche Hausaufgaben machst.
  c) wie lange du täglich am Computer sitzt.

○ **6** Ordne folgende Tiere nach ihrem Gewicht: Hund, Katze, Pferd, Elefant, Biene, Ameise, Blaumeise, Taube.

◐ **7** Wie viele Kinder besuchen deine Schule? Überlege, wie du gut schätzen kannst. Prüfe dein Ergebnis, indem du nachfragst.

◐ **8** Schätzt, wie oft ihr am Tag eine Türklinke anfasst. Geht dabei euren Tagesablauf durch.

● **9** Schätzt,
  a) wie hoch die Hand aus der Erde ragt.
  b) wie groß die Steinskulptur sein müsste, wenn der ganze Mensch dargestellt wäre.

○ **4**
  a) Ordnet die Tiere nach ihrem maximalen Lauftempo.
  b) Ändert sich die Reihenfolge der Tiere, wenn sie nach dem Gewicht geordnet werden?
  c) MK **Überprüfe** deine Schätzung aus den Teilaufgaben a) und b). Recherchiere dafür, wie schnell und schwer die Tiere sind.

◐ **5** Ein Turm wird aus 1-Euro-Münzen gebaut. Er soll so hoch sein wie du.
Schätze, wie viele 1-Euro-Münzen du ungefähr benötigst. Wie gehst du vor?

● **6** SP Schätzt, wie viele Stunden ihr in einem Schuljahr in der Schule verbringt. **Erklärt** euch gegenseitig, wie ihr vorgegangen seid.

● **7** MK In einem Zeitungsbericht steht:

> **Noch mehr Andrang!**
> Nach Schätzungen der Veranstalter haben am Wochenende 10 000 Gäste unser Stadtfest besucht, das sind 2 000 Personen mehr als im vergangenen Jahr.

Wie könnte die Personenzahl ermittelt worden sein?

→ Die Lösungen zu „Alles klar?" findest du auf Seite 249.

2 Geld

Den Euro gibt es in Deutschland und in vielen anderen europäischen Ländern.
➔ Welche verschiedenen Cent- und Euro-Münzen gibt es? Welche unterschiedlichen Euro-Scheine gibt es?
➔ Betrachtet verschiedene 1-Euro-Münzen. Worin unterscheiden sie sich? Gibt es diese Unterschiede auch bei 2-Euro-Münzen oder bei den Cent-Münzen?
➔ Nennt mindestens fünf europäische Länder, die den Euro als Währung haben.
➔ Welche anderen Währungen kennt ihr noch?

eine Währung
das Geld, das in einem Land zum Bezahlen benutzt wird

Die Werte von Waren lassen sich mit **Geldbeträgen** angeben und vergleichen.
In den Ländern der Europäischen Währungsunion ist das Zahlungsmittel der Euro.

Merke
Für die Umwandlung gilt:
1 Euro = 100 Cent
1 € = 100 ct

Tipp!
5 € ist eine Größe.
Sie besteht aus
   5 €
Maßzahl Maßeinheit

Beispiele

a) Am häufigsten verwendet man die Kommaschreibweise, dazu kann man umwandeln.

7 € = 7,00 €
3 € 14 ct = 3,14 €
150 ct = 1,50 €

b) Geldbeträge addiert oder subtrahiert man, indem man die Beträge so untereinander schreibt, dass Komma unter Komma steht. Dann wird spaltenweise addiert oder subtrahiert.

```
  163,00 €         199,85 €
+  12,99 €       − 181,34 €
─────────        ─────────
  175,99 €          18,51 €
```

c) Beim Einkaufen kann es hilfreich sein, die Summe zu überschlagen.

Bananen 1,44 €   Paprika 2,49 €
Butter 1,95 €   Milch 0,89 €
Marmelade 2,09 €

Überschlag:
1,50 € + 2,50 € + 1 € + 2 € + 2 € = 9 €

○1 Wandle in Euro und Cent um.
a) 250 ct b) 452 ct c) 99 ct d) 1000 ct

○2 Wandle in die Kommaschreibweise um.
a) 8 € 50 ct b) 450 ct c) 805 ct d) 45 ct e) 45 € f) 8 € 5 ct
g) 50 ct h) 19 ct i) 10 ct j) 9 ct k) 1 ct l) 10 € 10 ct

○ **3** Schreibe untereinander und rechne.
a) 87,86 € + 13,14 €
b) 3,40 € + 1,40 € + 7,10 €
c) 76,79 € − 12,45 €
d) 300,45 € − 189,70 €

○ **4** Überschlage. Runde dazu die Geldbeträge auf volle Euro.
a) 1,98 € + 3,85 € + 0,96 €
b) 9,95 € − 4,98 €
c) 2,99 € · 3
d) 19,80 € : 4

Alles klar?

D47 Fördern

A Schreibe mit Komma.
a) 165 ct
b) 17 €
c) 9 € 45 ct
d) 25 ct

B Rechne schriftlich.
a) 4,39 € + 129,45 €
b) 183,78 € − 12,55 €

C Überschlage.
a) 1,90 € + 6,05 € + 0,90 €
b) 99,99 € − 7,80 €

○ **5** Berechne. Wandle wenn nötig um.
a) 83 € + 16,99 €
b) 120 € − 31,12 €
c) 43,75 € + 56,24 €
d) 97,99 € − 9,11 €
e) 12,48 € + 37 ct + 23 € + 1,05 €

○ **6** Ordne die Geldbeträge nach der Größe.
a) 26 €; 46,50 €; 50 ct; 1,26 €
b) 37,40 €; 37 €; 300 ct; 0,35 €

○ **7** Wie kann man die angegebenen Beträge mit möglichst wenigen Scheinen und Münzen bezahlen?
a) 32 €
b) 54 €
c) 133 €
d) 63 € 14 ct
e) 165,40 €
f) 98,69 €

○ **8** Ein Geldbetrag von 50 € kann aus verschiedenen Geldscheinen und Geldstücken zusammengesetzt werden. Notiere mindestens fünf Möglichkeiten.

○ **9** Frau Singer kauft in der Bäckerei für 7 € 85 ct und in der Metzgerei für 23,48 € ein. Sie hat 50 € dabei.

○ **5** Ordne der Größe nach.
a) 6 €; 62 ct; 620 ct; 6,02 €; 62 €
b) 14,04 €; 14 €; 140 ct; 140 €; 14 ct

○ **6** Jahn kauft sich am Getränkeautomaten einen Saft. Er kostet 80 ct.

Er wirft eine 2-Euro-Münze ein und erhält drei Münzen zurück. Welche Münzen könnten es sein?

○ **7** SP Kati und Murat kaufen ein.
a) Kati muss an der Kasse 9,60 € bezahlen und legt einen 10-€-Schein hin. Warum fragt die Verkäuferin nach 10 ct?
b) Murat muss 30,70 € bezahlen. Warum gibt er 41 € anstatt 40 €?

● **8** Frau Halter kauft 3 kg Äpfel zu je 1,95 €, 1 kg Trauben zu 3,90 € und 5 kg Kartoffeln zu je 0,90 €. Sie gibt der Verkäuferin einen 20-Euro-Schein, ein 20-Cent-Stück und ein 5-Cent-Stück. Wie viel Geld bekommt sie zurück?

→ Die Lösungen zu „Alles klar?" findest du auf Seite 249.

6 Größen und Maßstab

10 Alle 24 Kinder der Klasse 5a bestellen ein Schulshirt zum Preis von 12,00 €.
Wie viel Geld muss der Klassenlehrer einsammeln?

In Handwerksberufen:

eine Gesellin/ ein Geselle
eine Person mit abgeschlossener Ausbildung

eine Meisterin/ ein Meister
eine Person mit Ausbildung und zusätzlicher Fortbildung, die selbst andere Personen ausbilden darf

11 In der Glaserei Fink arbeiten drei Gesellen und zwei Gesellinnen, zwei Meister, drei Hilfskräfte und eine Bürokraft.
a) **SP** Herr Fink möchte die monatlichen Lohnkosten berechnen. Dazu schreibt er folgenden Term auf: 5G + 2M + 3H + B
Erkläre den Term.
b) Die Monatslöhne betragen:
Geselle/Gesellin: 2612 €
Meister: 3403 €
Hilfskraft: 2038 €
Bürokraft: 2363 €
Berechne die monatlichen Lohnkosten.

12 Conny und Samira gehen ins Kino. Sie kaufen sich zusammen noch eine Tüte Popcorn für 2 € 90 ct.

Conny bezahlt mit einem 20-Euro-Schein. Wie viel Geld bekommt sie zurück?

13 Sergej bringt seinen Computer zur Reparatur. Der Händler macht einen Kostenvoranschlag. Er rechnet mit eineinhalb Arbeitsstunden und verlangt für eine Stunde 85 €. Für das Ersatzteil rechnet er 37,90 €.
Wie teuer ist die Reparatur?

9 Marvin kauft im Zoogeschäft Fischfutter zu 5,25 €, zwei Wasserschnecken zu je 0,70 € und noch Neonfische zu je 0,90 €. Insgesamt bezahlt er 12,05 €.

a) Marvin gibt der Verkäuferin einen 20-€-Schein. Weshalb fragt sie ihn, ob er noch 2 € 5 ct hat?
b) Wie viele Neonfische hat Marvin gekauft?

10 Eiscafé Venezia
Erdbeertraum 4,60 €
Copa Cabana 5,90 €
Bananensplit 4,30 €
Gemischtes Eis 2,80 €
Cappuccino 2,80 €
Spaghettieis 3,80 €
Schwarzwaldbecher 4,90 €
Mineralwasser 2,20 €

a) Familie Gresch sitzt mit ihren beiden Kindern Michael und Carolin im Eiscafé. Michael möchte gern ein Spaghetti-Eis. Carolin einen Erdbeertraum. Im Geldbeutel sind nur noch 15 €. Was könnten sich die Eltern bestellen?
b) Paul zahlt sein Eis mit einem 10-€-Schein. Er erhält 5,10 € zurück.
c) Pia zahlt ihr Eis mit zwei Münzen. Sie erhält eine zurück.
d) Was können drei Personen für höchstens 12 € bestellen?

11 Frau und Herr Mey planen einen 14-tägigen Urlaub in Spanien. Der Flug hin und zurück kostet je Person 319 €. Der Mietwagen kostet pro Woche 90 €. Für das Hotel müssen sie für ihr Zimmer mit Frühstück pro Tag 120 € bezahlen. Für Essen, Eintritte und Sonstiges rechnen sie mit insgesamt 700 €.
Wie teuer wird der Urlaub ungefähr?

3 Zeit

Es gibt eine Vielzahl unterschiedlichster Uhren. Auch besondere Uhren wie die links abgebildete Wasseruhr, die im Europa-Center in Berlin steht, wurden entwickelt.
Grundsätzlich messen alle Uhren die Zeit.
→ Welche Arten von Uhren kennst du?
→ Stellt Besonderheiten von verschiedenen Uhren zusammen.

Bei der **Zeitmessung** unterscheidet man zwischen **Zeitpunkten** und **Zeitspannen**.
Nach einem **Zeitpunkt** fragt man mit **„wann?"** oder **„um wie viel Uhr?"**.
Nach **Zeitspannen**, die zwischen zwei Zeitpunkten liegen, fragt man mit **„wie lange?"**.

Merke

Die Einheiten für die Zeitmessung sind:
Jahr	**a**	1a = 365 d
Tag	**d**	1 d = 24 h
Stunde	**h**	1 h = 60 min
Minute	**min**	1 min = 60 s
Sekunde	**s**	

Beispiele

a) Zeitpunkte werden häufig mit Doppelpunkt geschrieben.

Unterrichtsende ist um 12:35 Uhr.

b) Zeitspannen können in verschiedenen Einheiten angegeben werden.

Die Tagesschau dauert 15 min.
Die Zeitspanne zwischen 07:40 Uhr und 12:45 Uhr beträgt 5 h 5 min.

c) Zeitspannen können in andere Einheiten umgewandelt werden.

2 min
= 2 · 60 s = 120 s
1 h 30 min
= 60 min + 30 min = 90 min
300 min
= 5 · 60 min = 5 h

Tipp!
Manche Abkürzungen stammen aus der lateinischen Sprache:
h = „hora"
d = „dies"
a = „annus"

○**1** Wandle um.
a) in Sekunden: 1 min; 15 min; 3 min 20 s
b) in Minuten: 1 h; 5 h; 11 h; 16 h
c) in Stunden: 1 d; 3 d; 5 d; $\frac{1}{2}$ d
d) in Tage: 1 a; 2 a; 4 a

Tipp!
1 Jahr hat 12 Monate

○**2** Wandle um.
a) in Minuten: 60 s; 120 s; 300 s; 30 s
b) in Stunden: 60 min; 180 min; 300 min
c) in Tage: 24 h; 48 h; 72 h; 120 h
d) in Jahren: 48 Monate; 96 Monate; 18 Monate

○3 Berechne die Zeitspanne.
a) von 07:00 Uhr bis 07:50 Uhr
b) von 10:30 Uhr bis 11:40 Uhr
c) von 13:45 Uhr bis 17:15 Uhr
d) von 06:59 Uhr bis 18:19 Uhr

○4 In welcher Zeiteinheit wird Folgendes gemessen?
a) die Dauer eines Schultags
b) dein Alter
c) ein 50-Meter-Lauf
d) die Zeit für die Hausaufgaben
e) eine Zugfahrt von Köln nach Berlin
f) die Dauer einer Woche

Alles klar?

D48 Fördern

A Wandle um.
a) 180 s in min
b) 240 min in h
c) 5 min in s
d) 48 h in d
e) $1\frac{1}{2}$ h in min
f) 4 min 20 s in s

B Wie lange dauert es
a) von 12:30 Uhr bis 16:20 Uhr?
b) von 09:35 Uhr bis 18:10 Uhr?

○5 Wie viele
a) Sekunden sind 5 min; 30 min; 60 min?
b) Minuten sind $\frac{1}{2}$ h; 2 h; 3 h; 24 h?
c) Stunden sind 2 d; 4 d; 10 d?

○6 Ordne die Zeitangaben richtig zu.
a) tägliche Hausaufgaben
b) nächtlicher Schlaf
c) 400-m-Lauf
d) Arbeitszeit pro Woche
e) Winterschlaf eines Igels
f) Sommerferien
g) eine Halbzeit beim Fußball

etwa 40 h
etwa 4 Monate
$6\frac{1}{2}$ Wochen
8 h bis 10 h
$\frac{3}{4}$ Stunde
1 h bis 2 h
90 s bis 150 s

○7 👥 Stoppt die Zeit, die ihr benötigt
a) für das Zählen bis 100.
b) für die Wegstrecke vom Klassenzimmer auf den Schulhof und zurück.
c) um das Alphabet rückwärts aufzusagen.

○8 Übertrage die Tabelle in dein Heft und ergänze.

	Abfahrt	Fahrtdauer	Ankunft
a)	07:30 Uhr	1 h 30 min	▪
b)	14:15 Uhr	3 h 45 min	▪
c)	12:20 Uhr	▪	14:30 Uhr
d)	19:25 Uhr	▪	21:30 Uhr
e)	▪	3 h 30 min	12:00 Uhr
f)	▪	1 h 55 min	09:00 Uhr

●5 Gib das Ergebnis in der nächstgrößeren Einheit an.
a) 34 s + 146 s
b) 42 min + 38 min + 40 min
c) 22 h + 120 min
d) 2 h + 46 h
e) 57 min 48 s + 2 min 12 s

●6 Übertrage die Tabelle und ergänze sie.

	Abfahrt	Fahrtdauer	Ankunft
a)	06:10 Uhr	3 h 46 min	▪
b)	11:17 Uhr	▪	14:07 Uhr
c)	▪	4 h 45 min	10:30 Uhr
d)	23:15 Uhr	7 h 50 min	▪
e)	18:35 Uhr	▪	02:55 Uhr
f)	▪	7 h 43 min	06:00 Uhr

●7 Bei den Olympischen Spielen 1936 in Berlin gewann Son Kitei den Marathonlauf in 2 h 29 min 20 s. 2018 siegte Eliud Kipchoge beim Berlin-Marathon in 2:01:39 h. Wie viele Sekunden war Kipchoge früher im Ziel als Kitei?

→ Die Lösungen zu „Alles klar?" findest du auf Seite 249.

9 Der Regionalexpress (RE) fährt um 09:51 Uhr in Aachen ab und erreicht Hamm um 12:39 Uhr.
Wie lange dauert die Fahrt?

10 Hier haben sich **Fehler** eingeschlichen. Finde und korrigiere sie.
a) 1 Tag = 12 Stunden
b) 300 Minuten = 3 Stunden
c) $\frac{1}{2}$ Minute = 50 Sekunden
d) von 11:11 Uhr bis 12:00 Uhr sind es 89 Minuten.

11 Gib den Zeitpunkt an.
a) 45 min nach 10:05 Uhr
b) 23 min vor 12:03 Uhr
c) eine halbe Stunde nach 14:55 Uhr
d) eine halbe Stunde vor 15:25 Uhr
e) 9 Stunden nach 21:30 Uhr
f) 2 Stunden 15 Minuten vor 01:15 Uhr

12
a) Wie viele Stunden und Minuten hast du in einer Woche Unterricht?
b) Wie lange dauern alle deine Pausen in einer Schulwoche zusammen?
c) An welchem Wochentag bist du am längsten in der Schule? Wie viele Stunden und Minuten bist du an diesem Tag von zu Hause weg?

13 Betrachte die Uhren.
a) Wie spät ist es in New York, wenn es bei uns 24:00 Uhr ist?
b) Wie spät ist es bei uns, wenn es in Rio 12:00 Uhr ist?

BERLIN	NEW YORK	RIO DE JANEIRO
12:00	06:00	07:00

c) **SP** Dennis behauptet: „Als bei der Fußballweltmeisterschaft in Rio de Janeiro das Finale am Sonntag um 16:00 Uhr begann, war es bei uns drei Stunden vor Mitternacht." Hat er recht?

8 Einer Studie zufolge schauen in Deutschland 10-13-jährige Kinder täglich durchschnittlich 102 Minuten fern.
Fabian hat sich über das Wochenende seine Fernsehzeiten notiert:

Freitag:
16:10 - 17:00 Wissen über Meere
19:05 - 20:15 Spielfilm

Samstag:
16:00 - 16:30 Reisesendung
20:15 - 22:00 Quizsendung

Sonntag:
08:35 - 09:00 Wissen über die Welt
17:00 - 17:30 Wissen über Vulkane

An welchem der drei Tage hat er mehr, an welchem weniger als der Durchschnitt der Kinder ferngesehen?

9 Hier haben sich **Fehler** eingeschlichen. Finde und korrigiere sie. Es gibt immer drei Möglichkeiten zur Korrektur.

	Beginn	Dauer	Ende
a)	07:25 Uhr	4 h 35 min	12:35 Uhr
b)	19:30 Uhr	45 s	20:15 Uhr
c)	00:01 Uhr	23 h	23:59 Uhr

10 Luka macht eine Radtour.

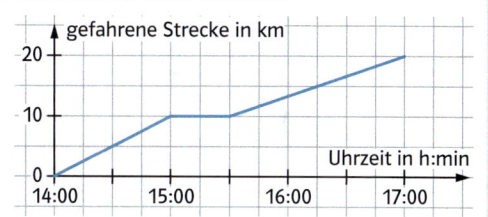

a) Wie lange ist Luka unterwegs?
b) Wie viele Minuten dauert seine Pause?
c) Wie viele Kilometer fährt er?

11 Leni sagt: „Mir ist heute auf dem Weg zur Schule etwas Dummes passiert."
Was könnte sie meinen?

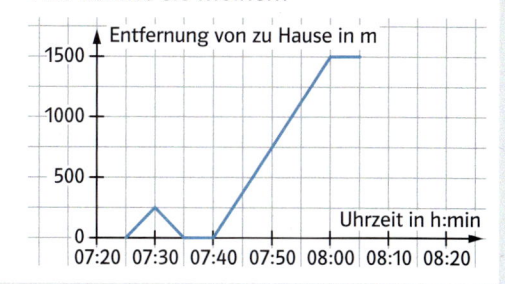

14 Emma wohnt in Karlsruhe. Sie möchte ihre Großeltern in Köln besuchen.

Abfahrt *Departure*		Karlsruhe Hbf	
Zeit *Time*	Zug *Train*	in Richtung *Destination*	Gleis *Track*
18:39 ✗außer Sa	RE 16851	Rastatt 18:51 – Baden-Baden 18:58 – Bühl (Baden) 19:05 – Achern 19:10 – Renchen 19:15 – Appenweier 19:19 – **Offenburg 19:24**	9
18:40	ICE 376	Mannheim Hbf 19:14 – **Frankfurt (Main) Hbf 19:53**	3
18:49 ✗außer Sa	ICE 102	Mannheim Hbf 19:23 – Frankfurt (Main) Flughafen Fernbf 20:06 – Siegburg/Bonn 20:47 – Köln Hbf ⊙ 21:05 – Dortmund Hbf 22:21 – **Hannover Hbf 00:18**	3

a) Wann fährt der Zug los? Auf welchem Gleis? Wann kommt Emma in Köln an? Wie lange ist sie unterwegs?
b) In Mannheim steigt eine Freundin ein, die bis Frankfurt fährt. Wie lange können die beiden miteinander plaudern?

15 Viola und Zineb wollen sich um 14:30 Uhr am Eingang des Erlebnisbades treffen. Viola braucht noch 10 Minuten zum Packen ihrer Badesachen, 25 Minuten für die Fahrt mit dem Fahrrad und noch 2 Minuten zu Fuß zum Treffpunkt. Wann muss sie spätestens losfahren?

16 Hier sind zwei berühmte römische Herrscher abgebildet:

Gaius Julius Caesar,
* 100 v. Chr.,
† 44 v. Chr.,
Konsul: 59 v. Chr. bis 44 v. Chr.

Nero,
* 37 n. Chr.,
† 68 n. Ch.,
röm. Kaiser: 54 n. Chr bis 68 n. Chr.

a) Wie alt wurde Caesar? Wie viele Jahre war er Konsul?
b) Wie lange lebte Nero? Wie viele Jahre war er römischer Kaiser?

der Schalttag
Alle vier Jahre hat der Februar 29 statt 28 Tage. Diese Jahre heißen **Schaltjahr**.

12
a) Wie lange fährt der RE 11598 von Herzogenrath nach Erkelenz?

Linie	RE 11598	RE 10411	RB 11065	RE 10413	RB 11058
Aachen Hbf	06:52	07:14	07:38	08:14	08:38
Aachen Schanz	06:55	07:18	07:41	08:18	08:41
Aachen West	06:58	07:21	07:43	08:21	08:43
Kohlscheid			07:49		08:49
Herzogenrath	07:06	07:29	07:53	08:29	08:53
Übach-Palenberg	07:11	07:35	07:58	08:35	08:58
Geilenkirchen	07:15	07:39	08:02	08:39	09:02
Lindern	07:21	07:45	08:07	08:45	09:07
Brachelen			08:10		09:09
Hückelhoven-Baal	07:26	07:50	08:13	08:50	09:13
Erkelenz	07:33	07:56	08:18	08:56	09:18
Herrath			08:26		09:21
Wickrath			08:30		09:25
Rheydt Hbf	07:41	08:05	08:32	09:05	09:29
Mönchengl. Hbf	07:45	08:10	08:35	09:10	09:35

RE - Regionalexpress
RB - Regionalbahn

b) Welche Fahrt dauert mit der RB 11065 länger, Kohlscheid – Herrath oder Aachen Hbf – Brachelen?
c) Wie lange fährt der RE 10413 von Aachen-West nach Mönchengladbach Hbf?
d) Herr Walter kommt um 07:30 Uhr in Kohlscheid auf dem Bahnhof an. Wann kann er in Rheydt sein?
e) SP 👥 Erstellt selbst weitere Aufgaben mit dem Fahrplan.

13 Julius Caesar ließ den Vorläufer des heute gültigen Kalenders aufstellen. Ein Jahr hatte 365 Tage, jedes vierte Jahr zusätzlich einen **Schalttag**.
Mit welcher durchschnittlichen Jahreslänge rechnete Caesar? **Bestimme** den Unterschied zur genauen Dauer eines Jahres: 365 d 5 h 48 min 46 s.

14 Die letzte Veränderung am Kalender wurde von Papst Gregor XIII. durchgeführt. Er ließ den 29. Februar in den **Schaltjahren** ausfallen, deren Jahreszahl durch 100, aber nicht durch 400 teilbar ist.
a) SP Mit den Informationen aus Aufgabe 13 kannst du dies **erklären**.
b) Welches der Jahre 1600, 1700, 1800, 1900, 2000 war ein Schaltjahr?
c) Ist das Jahr 2100 ein Schaltjahr? Warum?

4 Masse

Einer der stärksten Raupenkräne der Welt kann die enorme Masse von 3000 Tonnen heben.
→ Ein kleines Auto wiegt ungefähr 1 t. Wie viele dieser Autos könnte der Kran theoretisch auf einmal heben?
→ Schätzt, wie lang die Autoschlange wäre, wenn diese Autos Stoßstange an Stoßstange stehen. Ein kleines Auto ist etwa 4 m lang.

In vielen Alltagssituationen möchte man wissen, wie schwer ein Gegenstand ist. Dazu bestimmt man die **Masse** des Gegenstands. Häufig sagt man statt Masse auch Gewicht.

Merke

Für Massen gibt es verschiedene Einheiten:
Tonne   **t**   1 t = 1000 kg
Kilogramm   **kg**   1 kg = 1000 g
Gramm   **g**   1 g = 1000 mg
Milligramm   **mg**
Die Umrechnungszahl bei Masseneinheiten ist die Zahl 1000.

Beispiele

a) Beim Umrechnen von Masseneinheiten und beim Darstellen der Kommaschreibweise hilft die Stellenwerttafel.

t			kg			g			mg			
100	10	1	100	10	1	100	10	1	100	10	1	
	4	2	5	0								4250 kg = 4,250 t
					1	3	7	5				1375 g = 1,375 kg
								6	8	9	5	6895 mg = 6,895 g

b) Beim Rechnen muss man darauf achten, dass die Größen die gleiche Maßeinheit haben.
4 kg 700 g + 300 g = 4700 g + 300 g = 5000 g = 5 kg

c) Beim Multiplizieren oder Dividieren rechnet man nur mit der Maßzahl und hängt die Maßeinheit hinterher an:
9000 g : 3 = 3000 g   250 kg · 2 = 500 kg

Tipp!
3 kg ist eine Größe. Sie besteht aus
3 kg
Maßzahl   Maßeinheit

○ **1** Wandle um.
a) in Gramm: 2 kg; 1 kg 125 g; $\frac{1}{2}$ kg; 5000 mg; 2,250 kg
b) in Kilogramm: 14 t; 3 t 512 kg; 8000 g; 4,750 t
c) in Tonnen: 2000 kg; 19 000 kg; 500 kg

6 Größen und Maßstab

○2 Schreibe in der angegebenen Einheit.
a) 2 kg 100 g = ▪ g
b) 2 kg 10 g = ▪ g
c) 2 kg 1 g = ▪ g
d) 1 t 500 kg = ▪ kg
e) 1 t 50 kg = ▪ kg
f) 1 t 5 kg = ▪ kg
g) 4 g 200 mg = ▪ g
h) 4 g 20 mg = ▪ g
i) 4 g 2 mg = ▪ g

○3 Berechne.
a) 8 t + 4500 kg
b) 3 kg + 2700 g
c) 1 kg 700 g − 800 g

○4 Welche Maßeinheiten verwendet man für das Gewicht folgender Gegenstände?
Buch, Flugzeug, Blatt Papier, Auto, Lkw-Beladung, Vogelfeder, Fahrrad, Standardbrief

Alles klar?

D49 Fördern

A Wandle um.
a) 1 kg 200 g = ▪ g
b) 5,200 kg = ▪ g
c) 1 t 850 kg = ▪ kg
d) 4 g 300 mg = ▪ mg
e) 2500 g = ▪ kg
f) 4000 kg = ▪ t

B Berechne.
a) 4 kg 500 g + 2 kg
b) 2 t + 1500 kg
c) 1 kg − 750 g
d) 3 g + 3000 mg
e) 1 g − 900 mg
f) 1 t − 990 kg

○5 Wie viel
a) Gramm sind 2 kg; 0,800 kg; $\frac{1}{2}$ kg?
b) Kilogramm sind 3 t; 0,900 t; $\frac{1}{2}$ t?
c) Kilogramm sind 3000 g; 3250 g?
d) Tonnen sind 4 t + 3000 kg?

○6 Ordne die Massen der Größe nach.
750 g; 7 kg; 7,200 kg; 7000 mg; $\frac{1}{2}$ t; 7 t.

○7 Ordne die Gewichtsangaben den Tieren richtig zu.

5 t | 4 kg | 100 mg | 15 g | 60 kg | 350 kg

●5 Ordne von leicht nach schwer.
Biene; Floh; Maus; Ameise; Hase; Pferd

●6 Drei Massenangaben gehören jeweils zusammen. Notiere die Lösungswörter:

A 3050 g	A 5 t 500 kg	A 0,035 kg
T 500 g	P 0 kg 35 g	T 5,500 kg
H 5500 g	O $\frac{1}{2}$ kg	M 3,050 kg
S 3500 mg	R 3 kg 50 g	R 0,500 kg
R 5500 kg	U 5 kg 500 g	I 3,500 g
O 35 g	K 3 g 500 mg	D 5,500 t

●7 Ein Hühnerei wiegt etwa 60 g. Wie schwer sind 4 Lagen zu je 30 Eiern ungefähr?

●8 Nennt jeweils zwei Lebensmittel, die ungefähr folgendes Gewicht haben:
100 g; 250 g; 500 g; 1 kg.
Wie könntet ihr eure Ergebnisse prüfen?

→ Die Lösungen zu „Alles klar?" findest du auf Seite 249.

8 Rechne im Kopf.
a) 140 g + 550 g
285 kg + 65 kg
202 t + 99 t
b) 560 kg − 250 kg
1000 g − 499 g
202 t − 99 t
c) 60 g · 5
100 · 3 t
50 kg · 9
d) 27 kg : 9
77 g : 11
1500 g : 3

9 Ergänze jedes Stockwerk. Das Ergebnis steht oben.

a) Summe 3,5 kg
850 g + 2650 g
2 kg + ___
___ + 1400 g
2,900 kg + ___
___ + 2340 g

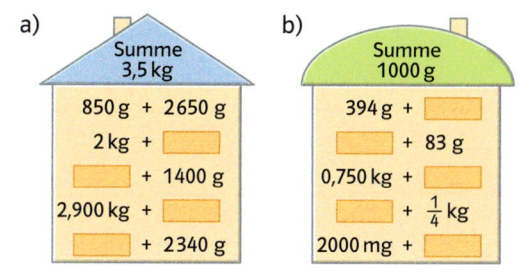

b) Summe 1000 g
394 g + ___
___ + 83 g
0,750 kg + ___
___ + $\frac{1}{4}$ kg
2000 mg + ___

das Porto
der Preis, der für das Verschicken von Post gezahlt werden muss

10 Zwölf Schülerinnen und Schüler backen in der Schulküche Brot.

Roggenmischbrot
1500 g
1 kg Mehl
700 ml Wasser
20 g Salz
10 g Hefe

a) Nadir weiß, dass 1 ml Wasser 1 g wiegt. Warum wiegt das Brot nach dem Backen „nur" etwa 1500 Gramm?
b) Jedes Kind soll ein 500-Gramm-Brot mitnehmen. Welche Zutatenmengen braucht man insgesamt?

11 Im Fahrstuhl ist ein Schild angebracht:

VERTIKAL
Fahrstuhl GmbH
6 Personen
450 kg

ÜBERLAST
BITTE KABINE VERLASSEN

a) Mit wie viel Kilogramm pro Person wird hier gerechnet?
b) **SP** Vier Erwachsene befinden sich bereits im Fahrstuhl. Sie wiegen zusammen 400 kg. Es wollen noch zwei Personen zusteigen. Was meinst du zu diesem Vorhaben?

9 Rechne im Kopf.
a) 860 g + 550 g
679 kg + 404 kg
285 kg + 865 kg
b) 560 kg − 290 kg
1000 g − 371 g
242 t − 99 t
c) 60 g · 15
1400 · 3 t
50 kg · 13
d) 99 kg : 9
84 g : 21
1530 g : 3

10 Ein DIN-A4-Blatt wiegt etwa 5 g.
a) In einem Karton sind 5 mal 500 Blatt verpackt. Wie viel wiegt ein Karton?
b) In der Schule wird häufig mit kopierten Blättern gearbeitet. Clara hat 120 Blätter in einen 28 g schweren Schnellhefter eingeordnet. Wie schwer ist der volle Schnellhefter ungefähr?
c) Salih möchte seinem Freund Erik einen vierseitigen Brief auf DIN-A4-Papier schicken. Das Porto für einen 20-Gramm-Brief beträgt 85 Cent.
Reicht eine 85-ct-Briefmarke?
d) Ein Lkw hat DIN-A4-Blätter mit einem Gesamtgewicht von 7,5 t geladen. Wie viele Blätter sind das ungefähr?

11 Auf dem Mond zeigt eine Waage nur den sechsten Teil deines Gewichts an.

a) Janik wiegt auf der Erde 42 kg.
b) Der Astronaut Neil Armstrong betrat am 21. Juli 1969 um 03:56 Uhr unserer Zeit als erster Mensch den Mond. Er wog dort mit Ausrüstung nur 29 kg. Zeige, dass die Waage auf der Erde 174 kg anzeigte.

12 Herr Ulmer kauft in einem Baumarkt 2 kg Schrauben zum Preis von 10,99 €. Auf der Verpackung steht keine Angabe über die Stückzahl. Zu Hause wiegt er 10 Stück. Die Waage zeigt 51 Gramm.

5 Länge

Tipp!
1 Klafter
= 4 Ellen
= 6 Fuß
= 8 Spannen
= 24 Handbreiten
= 96 Fingerbreiten

Früher benutzte man die Arme, die Beine oder die Finger zum Messen von Längen. Diese Körperteile sind aber nicht bei allen Menschen gleich lang. Deshalb kam es immer wieder zu Unstimmigkeiten.

→ Benutze deine Arme, Füße oder Hände zum Messen von verschiedenen Längen im Klassenzimmer. Vergleicht die Ergebnisse untereinander.

→ Messt die Länge eurer Köpergröße und vergleicht diese mit der Länge eures Klafters. Was stellt ihr fest?

Die Grundeinheit unserer Längenmessung ist 1 m.

Merke

Für Längen gibt es folgende Einheiten:

Kilometer	km	1 km = **1000** m
Meter	m	1 m = 10 dm
Dezimeter	dm	1 dm = 10 cm
Zentimeter	cm	1 cm = 10 mm
Millimeter	mm	

Die Umrechnungszahl bei Längeneinheiten ist die Zahl 10, außer bei **km**!

Beispiele

a) Beim Umrechnen von Längeneinheiten und beim Darstellen der Kommaschreibweise hilft die Stellenwerttafel.

Tipp!
2 m ist eine Größe.
Sie besteht aus
2 m
Maßzahl Maßeinheit

km			m			dm	cm	mm	
100	10	1	100	10	1	1	1	1	
		3	4	5	0				3450 m = 3 km 450 m = 3,450 km
				7	2	5			725 cm = 7 m 25 cm = 7,25 m
							6	2	62 mm = 6 cm 2 mm = 6,2 cm

b) Beim Rechnen muss man darauf achten, dass die Größen die gleiche Maßeinheit haben.
12 m 70 cm + 230 cm = 1270 cm + 230 cm = 1500 cm = 15 m

c) Beim Multiplizieren oder Dividieren rechnet man nur mit der Maßzahl und hängt die Maßeinheit hinterher an.
34 m · 5 = 170 m   2500 km : 5 = 500 km

○**1** Wandle um.
   a) in Millimeter: 4 cm; 3 cm 4 mm; $\frac{1}{2}$ cm   b) in Zentimeter: 8 dm; 6 dm 7 cm; 2 m; 70 mm
   c) in Dezimeter: 3 m; $\frac{1}{2}$ m; 50 cm; 450 cm   d) in Meter: 3 km; 200 cm; $\frac{1}{2}$ km; 90 dm

○**2** Schreibe in der angegebenen Einheit.
   a) 1 m 12 cm = ■ cm   b) 5 cm 6 mm = ■ mm   c) 3,45 m = ■ cm
   d) 8 km 500 m = ■ m   e) 8 km 50 m = ■ m   f) 8 km 5 m = ■ m

○**3** Schreibe in gemischter Schreibweise.

   Beispiel: 46 dm = 4 m 6 dm

   a) 99 dm   b) 3400 m   c) 12,500 km   d) 240 cm   e) 24 mm

6 Größen und Maßstab

4 Berechne.
a) 45 cm + 70 cm
b) 87 dm – 28 dm
c) 1 km 400 m + 850 m
d) 3 m + 120 cm
e) 15 000 m – 3 km
f) 7 m 28 cm + 3 dm

5 Welche Maßeinheit verwendet man für
a) die Breite eines DIN-A4-Blatts?
b) die Körpergröße einer Person?
c) die Dicke eines Streichholzes?
d) die Höhe eines Aussichtsturms?
e) die Tiefe eines Sees?
f) die Entfernung von München nach Hamburg?

Alles klar?

D50 Fördern

A Wandle um.
a) 300 cm = ■ m
b) 14 cm = ■ mm
c) 7 m 45 cm = ■ cm
d) 8000 m = ■ km
e) 2 km 650 m = ■ m
f) 9 dm 6 cm = ■ cm

B Berechne.
a) 65 cm + 90 cm
b) 500 m + 1225 m
c) 99 cm – 9 mm

6 Übertrage die Tabelle in dein Heft und ergänze die fehlenden Werte.

	m	dm	cm	mm
	1,5	15	150	1500
a)	2,5	■	■	■
b)	■	300	■	■
c)	■	■	550	■
d)	■	■	■	1000
e)	0,07	■	■	■
f)	■	■	8	■

6 Nenne zwei Gegenstände, die etwa
a) 5 mm
b) 1 dm
c) 30 cm
d) 1 m
e) 10 m
f) 100 m
lang, breit oder hoch sein könnten.

7 Welche Aussagen sind richtig?
(A) 1 m ist so lang wie 10 dm.
(B) 1 m ist so lang wie 100 dm.
(C) 1 m ist so lang wie 1000 mm.
(D) 1 dm ist so lang wie 100 mm.
(E) 1 km ist so lang wie 100 000 cm.

7 Ordne von kurz nach lang.

101 m   34 dm   30 mm   11 cm
4 m   9 km   9,200 km
2 mm   4,02 m

8 Was bedeutet dieses Verkehrsschild? Für wen ist es wichtig?

8 Ordne der Länge nach:
Lkw mit Anhänger, Bleistift, Speicherstick, Pkw, Länge eines DIN-A4-Blatts, Länge eines 5-€-Scheins, Omnibus, Flugzeug, Länge eines Fußballfelds

9
a) Schätze und überprüfe: Ist deine Schrittlänge länger oder kürzer als 1 m?
b) Gib die Länge und die Breite deines Klassenzimmers in Schritten an.
c) Miss 10 m ab. Wie viele Schritte brauchst du für diese Entfernung?

9 Rechne in Meter um. Gib das Ergebnis in der gemischten Schreibweise und in der Kommaschreibweise an.

Beispiel: 135 cm = 1 m 35 cm = 1,35 m

a) 415 cm; 534 cm; 999 cm; 1010 cm
b) 12 dm; 88 dm; 123 dm; 2345 dm

→ Die Lösungen zu „Alles klar?" findest du auf Seite 249.

eine Staffel
hier: vier Schwimmerinnen oder Schwimmer teilen sich die Strecke gleichmäßig auf

10 Ein Schwimmwettbewerb findet in einem 50 m langen Becken statt.

a) Wie viele Bahnen muss eine 4-mal-100-m-**Staffel** schwimmen?
b) Wie viele Bahnen sind es für eine 4-mal-400-m-Staffel?

11 Berechne. Wandle um, wenn nötig.
a) 75 cm · 9
   850 m · 6
b) 3,50 m · 8
   1,5000 km · 7
c) 34 cm · 99
   2,25 m · 25
d) 68,4 cm : 6
   13,05 m : 9

12 Richtig oder **falsch**?
Die Buchstaben bei den richtigen Lösungen ergeben ein Lösungswort.
a) 12 m − 150 cm = 10,50 m (S)
b) 145 dm : 5 = 29 dm (P)
c) 3 km − 250 dm = 750 dm (A)
d) 15 · 40 mm = 6 dm (O)
e) 200 · 15 cm = 3 m (L)
f) 132 cm : 4 = 33 cm (R)
g) 22 dm + 35 mm = 2235 mm (T)

13 Elisa und Pinar besteigen einen Aussichtsturm. Sie zählen 150 Stufen. Eine Stufe ist 18 cm hoch. Welche Höhe hat die Aussichtsplattform etwa?

14 Familie Ucan ist auf der Autobahn unterwegs. Der Verkehrsfunk meldet, dass auf ihrer Strecke ein 8 km langer Stau ist. Wie viele Fahrzeuge stecken ungefähr in dem zweispurigen Stau? Rechne für ein Fahrzeug einschließlich des Abstands zum vorausfahrenden Fahrzeug mit 10 m.

15 Suche im Atlas die Längen der Flüsse Rhein, Elbe und Donau. Berechne den Unterschied zwischen dem längsten und dem kürzesten der drei Flüsse.

ein Knäuel
ein Faden, der zu einer Kugel aufgewickelt wurde

10 Zum Basteln muss ein 25 m langes Seil in acht gleich lange Stücke zerschnitten werden. Wie erhältst du die Teilstücke, ohne zu messen? Wie lang ist ein solches Teilstück?

11
a) Wer aus eurer Klasse hat den kürzesten, wer den weitesten Schulweg?
b) Erstellt eine Rangliste zur Schulweglänge der Schülerinnen und Schüler eurer Klasse.
c) Stellt euch der Größe nach von klein nach groß auf.
d) Messt eure Körpergröße. Wie groß ist der Unterschied zwischen dem größten und dem kleinsten Mitglied eurer Klasse?

12 Ein Woll-Pullover wiegt 800 g. Der Faden eines 50-g-**Knäuels** Wolle ist 85 m lang.
a) Wie viel Meter Wolle wurden für den Pullover verbraucht?
b) Ein langer Schal wiegt 250 g.

13 Mike notiert immer montags und freitags den Kilometerstand am Fahrrad.

Woche	Montag	Freitag
1. Woche	76,4 km	86,9 km
2. Woche	86,9 km	100,5 km
3. Woche	112,8 km	123,3 km
4. Woche	123,3 km	134,6 km

Stellt verschiedene Berechnungen auf.

14 Marvin hat die Schulwege seiner Mitschülerinnen und Mitschüler notiert:

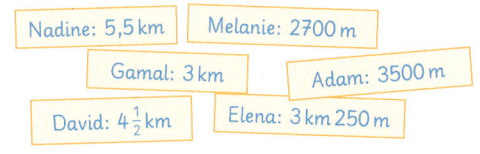

Nadine: 5,5 km
Melanie: 2700 m
Gamal: 3 km
Adam: 3500 m
David: $4\frac{1}{2}$ km
Elena: 3 km 250 m

Vergleiche mithilfe eines Diagramms.

6 Maßstab

Dieser Frosch ist nur etwa 8 mm lang. Im Bild ist er vergrößert dargestellt.
→ Zeige ohne zu messen mit deinem Daumen und Zeigefinger die Länge des Frosches.
→ Miss links im Bild die Länge des Frosches in mm. Um wievielmal länger ist er im Bild als in Wirklichkeit?
→ Überlegt euch weitere Gegenstände, die so groß sind wie der Frosch.

Wanderkarten, Baupläne oder Karten im Atlas geben die Wirklichkeit verkleinert an. Ist ein Bauplan zum Beispiel 100-mal kleiner gezeichnet als das Gebäude in Wirklichkeit ist, so sagt man „er ist im Maßstab 1 zu 100 gezeichnet". Man schreibt dafür 1 : 100.
Ist ein Gegenstand 5-mal größer als in der Wirklichkeit dargestellt, so sagt man „er ist im Maßstab 5 zu 1 abgebildet". Man schreibt dafür 5 : 1.

Merke

Der **Maßstab** ist ein Maß für die Verkleinerung oder Vergrößerung.

Ein Maßstab 1 : 100 000 bedeutet: Eine Strecke auf der Karte ist 100 000-mal kleiner abgebildet als in Wirklichkeit.
1 cm auf der Karte entspricht 100 000 cm = 1000 m = 1 km in der Wirklichkeit.

Ein Maßstab 10 : 1 bedeutet: Eine Strecke ist in der Abbildung 10-mal größer abgebildet als in Wirklichkeit.
10 cm auf der Abbildung entsprechen 1 cm in der Wirklichkeit.

Beispiele

a) Auf einer Wanderkarte mit dem Maßstab 1 : 50 000 ist die Entfernung von einem zu einem anderen Punkt 6 cm lang. In Wirklichkeit beträgt die Entfernung
6 cm · 50 000 = 300 000 cm = 3000 m, also 3 km.

b) Eine Kopflaus ist im Maßstab 10 : 1 abgebildet.
Ist sie auf dem Bild 30 mm lang, so ist sie in Wirklichkeit 30 : 10 = 3 mm lang.

○ **1** SP Was bedeuten diese Maßstäbe? Schreibe einen passenden Satz auf.

Beispiel: Der Maßstab 1:50 bedeutet: 1 cm auf der Karte entspricht 50 cm in Wirklichkeit.

a) 1 : 10 b) 1 : 100 c) 1 : 25 000 d) 1 : 1 000 000

6 Größen und Maßstab

○ **2** Zeichne eine 8 cm lange Strecke im angegebenen Maßstab in dein Heft.
   a) 1 : 2   b) 1 : 4   c) 2 : 1

○ **3** Ein rechteckiges Zimmer ist 4 m lang und 3 m breit. Zeichne es im Maßstab 1 : 100.

○ **4** Auf einem Stadtplan mit dem Maßstab 1 : 10 000 misst Jan die Entfernung zwischen seinem Wohnhaus und der Schule. Es sind 12 cm. Wie weit sind Wohnhaus und Schule voneinander entfernt?

Alles klar?

D51 Fördern

A Vervollständige die Tabelle im Heft.

Maßstab	1 cm auf der Karte sind in Wirklichkeit		
	cm	m	km
1 : 100	■	■	0,001
■ : ■	10 000	100	■
1 : 50 000	■	■	■

B Auf einer Wanderkarte mit dem Maßstab 1 : 25 000 sind zwei Orte 16 cm voneinander entfernt. Wie viele Kilometer sind die beiden Orte in Wirklichkeit voneinander entfernt?

C In einem Biologiebuch ist eine Zecke im Maßstab 5 : 1 abgebildet. Im Buch ist ihr Leib 2 cm lang und 1 cm breit. Wie lang und breit ist ihr Leib in Wirklichkeit?

○ **5** Eine Schulklasse macht einen Ausflug an den Bodensee. Die Schülerinnen und Schüler fahren mit der Fähre von Konstanz nach Meersburg und gehen von dort zu Fuß zum Pfahlbautenmuseum. Der Maßstab der Karte ist 1 : 100 000.
   a) Ermittle die Entfernung von Konstanz nach Meersburg.
   b) Wie weit ist es von der Anlegestelle in Meersburg bis zu den Pfahlbauten?

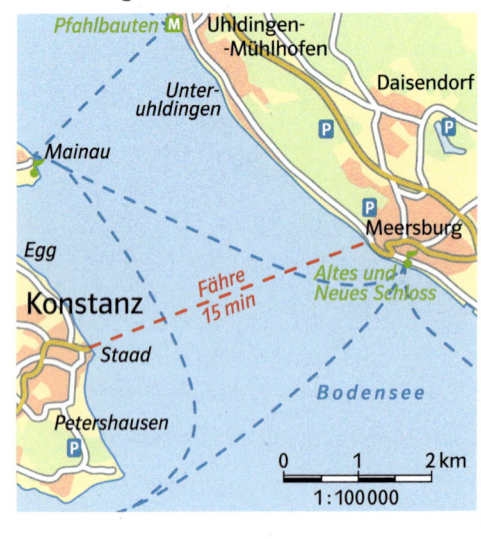

◐ **5** Wie viel Meter Fußbodenleisten werden in der Küche verlegt?

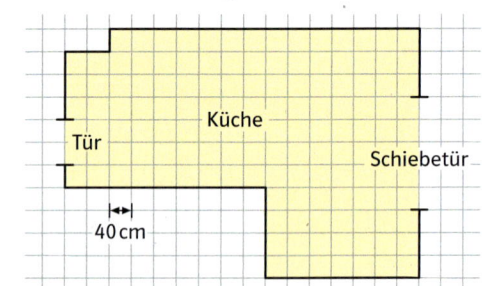

◐ **6** In welchem Maßstab sind die Pläne und Karten dargestellt? Ordne richtig zu.

A 1 : 100   B 1 : 25 000   C 1 : 3 000 000
D 1 : 25 000 000   E 1 : 90 000 000

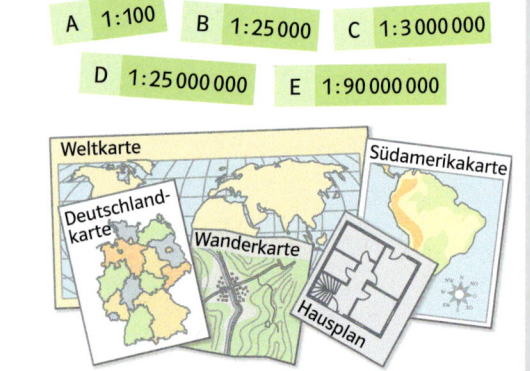

Weltkarte, Südamerikakarte, Deutschlandkarte, Wanderkarte, Hausplan

→ Die Lösungen zu „Alles klar?" findest du auf Seite 249.

6 Größen und Maßstab

6 Ergänze die Tabelle.

	Maßstab	Zeichnung	Wirklichkeit
a)	1:2	10 cm	■
b)	1:100	10 cm	■
c)	1:10 000	10 cm	■
d)	50:1	10 cm	■

7 Ergänze die Tabelle.

	Maßstab	Zeichnung	Wirklichkeit
a)	1:2	■	50 cm
b)	1:100	■	9 m
c)	1:10 000	■	700 m
d)	2500:1	■	3 mm

8

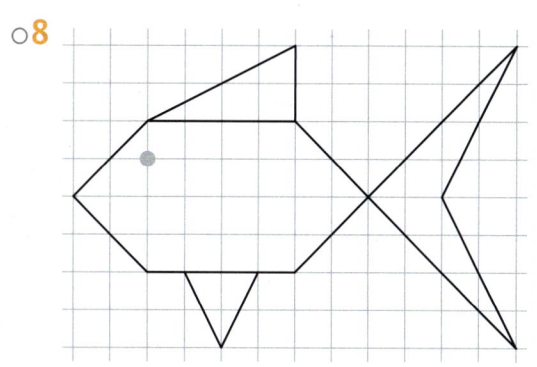

a) Zeichne den Fisch im Maßstab 1:1 in dein Heft.
b) Im Maßstab 3:1 wird der Fisch dreimal so groß. Zeichne ihn in dein Heft.
c) Zeichne den Fisch im Maßstab 1:2 in dein Heft.

9 Kleine Lebewesen werden häufig vergrößert dargestellt.

Diese Ameise ist im Maßstab 4:1 abgebildet. Gib die wirkliche Größe an.

10 Welcher Maßstab kann für die Abbildung verwendet werden? Ordne zu.

A 1:100   B 10:1   C 1:10 000

a) Grundriss einer Wohnung
b) Stadtplan
c) Blattlaus

ein Modell
ein Gegenstand aus der Wirklichkeit wird maßstäblich verkleinert oder vergrößert nachgebaut

7 Ergänze die Tabelle.

	Zeichnung	Wirklichkeit	Maßstab
a)	7 cm	700 cm	■
b)	9 cm	■	1:100
c)	6 cm	■	1:25 000
d)	4 cm	2 mm	■

8 Welcher Maßstab würde sich eignen, um den Gegenstand in dein Heft zu zeichnen? Ordne zu.

A 1:10   B 1:100   C 1:1000

a) den Einband des Mathematikbuchs
b) ein 12 m langes und 9 m breites Becken
c) der Fußboden des Klassenzimmers

9 Modell-Eisenbahnen gibt es in unterschiedlichen Maßstäben.

a) MK Recherchiere, welche Spuren es gibt. Notiere in einer Tabelle den Namen, die Spurweite der Normalspur und den zugehörigen Maßstab.

Name der Spur	Spurweite	Maßstab
H0	16,5 mm	1:87
⋮	⋮	⋮

b) Die Spur H0 entspricht maßstäblich der Spur der Deutschen Bahn. Berechne die Spurweite der Bahn.
c) Frau Mai möchte eine echte Bahn mit 1 m Spurweite auf einer H0-Anlage nachbauen. Dazu wählt sie TT-Schienen.
Überprüfe, ob die TT-Schienen dafür die richtige Spurweite haben.

10

a) SP 👥 Erklärt einander, was man unter dem Maßstab 1:2 und was man unter dem Maßstab 2:1 versteht.
b) In Wirklichkeit ist der Marienkäfer 9 mm lang. In welchem Maßstab ist er hier abgebildet?

165

7 Sachaufgaben

Zwei Schulklassen mit 40 Schülerinnen und Schülern planen einen Ausflug in das Museum „Höhle der Kristalle". Der Eintrittspreis beträgt je Schulkind 3,50 €, die Führung kostet je Schulklasse 30 €. An Buskosten fallen insgesamt 320 € an.

→ Die Lehrerinnen und Lehrer möchten den Ausflug nur durchführen, wenn er je Kind nicht mehr als 15 € kostet. Könnten sie den Museumsbesuch buchen?

→ Gib an, wie viel jedes Kind zahlen muss.

Für das Lösen von Sachaufgaben ist genaues Lesen eine wichtige Voraussetzung.

Merke

Lösungsplan für Sachaufgaben:
1. Lies die Aufgabe sorgfältig durch.
2. Entnimm dem Text die gegebenen und die gesuchten Größen.
3. Lege einen Rechenweg fest und berechne die gesuchten Größen.
4. Formuliere einen Antwortsatz.

Beispiel

Auf dem Wochenmarkt bietet Obsthändler Hermann Erdbeeren an.

2,5-kg-Korb 9,00 €
2 Schalen je 500 g 4,20 €
500 g-Schale 2,30 €

Frau Ritter braucht 4 kg Erdbeeren. Welche Erdbeerschalen soll sie kaufen?

1. sorgfältig die Aufgabe lesen
2. gegeben:
   2,5 kg Erdbeeren kosten 9,00 €
   2-mal 500 g Erdbeeren kosten 4,20 €
   500 g Erdbeeren kosten 2,30 €
   gesucht:
   günstigster Preis für 4 kg Erdbeeren
3. Es gibt verschiedene Möglichkeiten:
   A $8 \cdot 500\,g = 8 \cdot 2{,}30\,€ = 18{,}40\,€$
   B $4 \cdot 2 \cdot 500\,g = 4 \cdot 4{,}20\,€ = 16{,}80\,€$
   C $2{,}5\,kg + 2 \cdot 500\,g + 500\,g$
       $= 9{,}00\,€ + 4{,}20\,€ + 2{,}30\,€ = 15{,}50\,€$
4. Antwort: Frau Ritter soll einen Korb, 2 Schalen zu je 500 g und eine 500-g-Schale kaufen.

Tipp! Vergiss den Überschlag nicht, um dein Ergebnis zu überprüfen.

○ **1** Eine Schulklasse übt das Lösen von Sachaufgaben. Frage: Wie viel kostet der Schullandheim-Aufenthalt für jedes Kind? Laura unterstreicht:

> Die Klasse 5a fährt <u>fünf Tage</u> ins Schullandheim.
> Es entstehen Kosten in Höhe von <u>2300 €</u>.
> Die <u>13</u> Mädchen wollen in <u>4-Bett-Zimmern</u> schlafen. Die <u>12</u> Jungen in <u>2-Bett-Zimmern</u>.

Emre markiert:

> Die Klasse 5a fährt fünf Tage ins Schullandheim.
> Es entstehen Kosten in Höhe von ==2300 €==.
> Die ==13 Mädchen== wollen in 4-Bett-Zimmern schlafen. Die ==12 Jungen== in 2-Bett-Zimmern.

a) Was würdest du unterstreichen oder markieren?
b) Berechne den Preis für den Schullandheim-Aufenthalt für jedes Kind.

○2 Marcos hat in einem Radgeschäft ein Mountainbike für 599 € entdeckt. Es hat eine 30-Gang-Schaltung und wiegt 12,8 kg. Zusätzlich braucht er eine Satteltasche, die 21,50 € kostet. Die benötigte Fahrradbeleuchtung kostet 39,50 €.
Welche Angaben sind für Marcos wichtig?
Schätze: Reichen 650 € aus?

○3 Herr Nguyen parkt in einem gebührenpflichtigen Parkhaus.
a) Wie viel müsste er bezahlen, wenn er $4\frac{1}{2}$ h parkt?
b) Ab welcher Parkdauer gilt der Tageshöchstsatz?

Parkhaus Obere City

Parkgebühren:	
1. Stunde	kostenlos
2. Stunde	2,00 €
jede weitere Stunde	2,50 €
Tageshöchstsatz	12,00 €

Alles klar?

D52 Fördern

A Ilja fährt immer mit dem Fahrrad zur Schule, die 4 km entfernt ist. Über Mittag bleibt er in der Schule. Im vergangenen Monat gab es genau 4 Unterrichtswochen.
Wie viele Kilometer legte Ilja vergangenen Monat mit dem Fahrrad mindestens zurück?

Notiere dir alle wichtigen Angaben. Wie berechnest du die Antwort? Schreibe deinen Lösungsweg auf.

○4 SP Johann, Emma, Lukas und Ben sind auf der Kirmes. An der Achterbahn sind sich nicht alle sicher, ob sie damit fahren wollen. Die Einzelfahrt kostet 4,50 €, beim Kauf von drei Karten zahlt man 12,00 €. Was empfiehlst du den vier Kindern?

○5 Löse die Aufgaben. Schreibe deine Rechnungen auf.
a) 1 kg Äpfel kostet 1,50 €.
Was kosten 3 kg Äpfel?
b) 6 Flaschen Saft kosten 12 Euro.
Wie viel kostet 1 Flasche?
c) Zur Herstellung von 1 l Apfelsaft werden 1300 g Äpfel benötigt.
Wie viel kg Äpfel braucht man für 5 l?
d) Derya fährt eine Strecke von 6 km mit dem Fahrrad in 18 Minuten.
Wie lange braucht sie für 1 km?

○6 Welches Angebot ist günstiger?

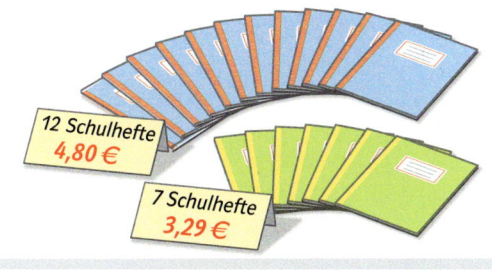

12 Schulhefte 4,80 €
7 Schulhefte 3,29 €

⊖4 Die Klasse 5b fährt ins Erlebnisbad „Seepark". Es sind 15 Mädchen, 14 Jungen und zwei Lehrkräfte dabei. Sie bleiben 6 Stunden.

Preise	Kurztarif (bis 3 Std.)	Tagestarif
Erwachsene	7,50 €	9,00 €
Kinder, Jugendliche	6,50 €	8,00 €

Welche Informationen würdest du unterstreichen? Berechne die gesamten Kosten für die Klasse 5b.

⊖5 Eine Tageszeitung wiegt etwa 150 g und kostet pro Ausgabe 1,50 €. In einem Jahr erscheint die Zeitung an etwa 300 Tagen.

a) Wie viel Kilogramm wiegen alle Zeitungen eines Jahres?
b) Was kosten sie für ein Jahr?

→ Die Lösungen zu „Alles klar?" findest du auf Seite 249.

7

a) Frau Cicek wechselt für den Urlaub 200 € in Schweizer Franken (CHF) um. Für 1 € bekommt sie 1,22 CHF.
b) Wie viele britische Pfund (GBP) und wie viele US-Dollar (USD) bekommt man für 100 €?

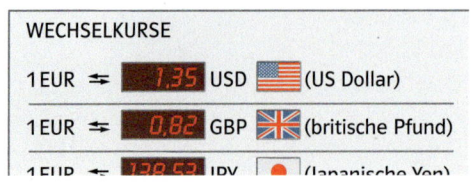

WECHSELKURSE

1 EUR ⇌	1,35 USD	(US Dollar)
1 EUR ⇌	0,82 GBP	(britische Pfund)
1 EUR ⇌	138,53 JPY	(Japanische Yen)

ein Staffellauf
mehrere Läuferinnen und Läufer teilen sich die Laufstrecke gleichmäßig auf

8
Im Jahr 2014 fanden die Olympischen Winterspiele in Sotschi statt. Die olympische Fackel wurde in einem Staffellauf von Griechenland nach Sotschi getragen.

Rund 14 000 Sportlerinnen und Sportler liefen dabei jeweils knapp 5 km. Wie lang war die gesamte Laufstrecke ungefähr?

9
a) Wie lange dauern die Fahrten der ICEs von Stuttgart nach Berlin?

Reiseauskunft			
Bahnhof	Uhrzeit	Umst.	Produkt
Stuttgart Hbf.	ab 11:51	1	ICE 610
Berlin Zool. Garten	an 17:17		ICE 878
Stuttgart Hbf.	ab 12:05	2	ICE 2390
			ICE 72
Berlin Zool. Garten	an 18:03		ICE 951
Stuttgart Hbf.	ab 12:51	0	ICE 108
Berlin Zool. Garten	an 18:17		
Stuttgart Hbf.	ab 13:27	1	ICE 576
Berlin Zool. Garten	an 19:02		ICE 641

b) SP Frau Schnell möchte frühestens um 11:45 Uhr in Stuttgart abfahren und spätestens um 18:30 Uhr in Berlin ankommen. Welche Verbindung würdest du ihr empfehlen? Begründe.

6
a) Vergleiche die Preise der Angebote. Lohnt es sich immer, Großpackungen zu kaufen?
b) SP Herr Wagner braucht 20 l Farbe. Was rätst du ihm? Begründe.

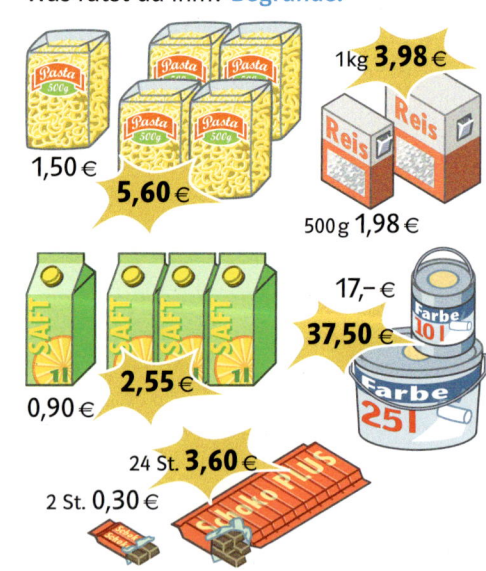

1,50 €   5,60 €   1 kg 3,98 €   500 g 1,98 €

0,90 €   2,55 €   17,– €   37,50 €

2 St. 0,30 €   24 St. 3,60 €

7
Die Transsibirische Eisenbahn ist die längste Bahnstrecke der Welt. Sie führt von Moskau nach Wladiwostok am Pazifischen Ozean. Mit dem Bau wurde im Jahr 1891 begonnen.
Die Gesamtstrecke beträgt 9288 km. Die Fahrt dauert 144 Stunden. Auf der Strecke gibt es ungefähr 400 Bahnhöfe.

a) Wenn man am Sonntag in Moskau wegfährt, an welchem Wochentag ist man dann in Wladiwostok?
b) Vor wie vielen Jahren wurde mit dem Bau der TRANSSIB begonnen?
c) SP 👥 Arbeitet zu zweit. Stellt euch abwechselnd Fragen, die ihr mithilfe des Textes beantworten könnt.

Mathematik in Beruf und Alltag

EXTRA

Bei beruflichen Fragen oder Kostenberechnungen im Alltag muss man oft Sachverhalte mathematisch lösen. Hierfür musst du dein mathematisches Wissen aus den vergangenen Jahren anwenden.

1 Herr Khalil ist Elektroinstallateur. Er verdient 18 € pro Stunde. Im vergangenen Monat hat er 168 Stunden gearbeitet. Seine Frau ist Verwaltungsangestellte. Ihr monatliches Gehalt beträgt 2100 €. Wie viel Euro verdienten sie im vergangenen Monat zusammen?

2 Herr Paul ist Berufskraftfahrer.

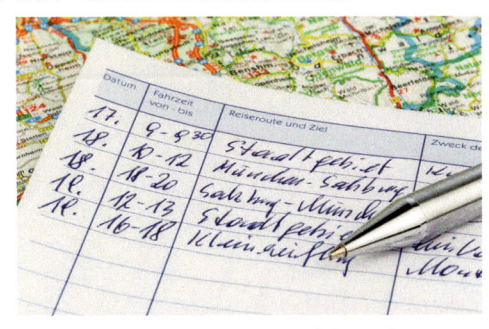

In dieser Woche notiert er folgende Uhrzeiten:

Tag	Fahrt-beginn	1. Pause	2. Pause	Fahrt-ende
Mo	06:00	10:00 – 10:30	13:00 – 13:30	16:00
Di	07:00	11:30 – 12:30	–	17:00
Mi	07:00	11:00 – 12:00	14:00 – 15:30	18:30
Do	07:30	12:00 – 13:30	–	18:00
Fr	06:30	10:00 – 10:30	12:00 – 12:30	15:30

a) Berechne für jeden Wochentag die Arbeitszeit. Bedenke, dass Pausen nicht zur Arbeitszeit gehören.
b) Herr Paul bekommt einen Stundenlohn von 14 €. Wie viel Euro verdiente er in dieser Woche?
c) Herr Paul fährt diese Woche noch am Samstag. Ergänze die Tabelle, lege die Uhrzeiten selbst fest. Beachte: Die gesamte Fahrtzeit soll nicht mehr als 9 h betragen. Plane nach spätestens 4 h 30 min eine Pause von mindestens 45 min ein. Berechne den Lohn für diesen Tag.

3 Melissa und ihr Bruder Jonah wohnen in der Nähe eines Reiterhofes. Sie hätten gern gemeinsam ein eigenes Pferd.

Laufende Kosten (jährlich)
Versicherung 110,- €
Steuern 95,- €
Reitplakette 30,- €
Hufschmied 70,- € (pro Beschlag ca. 3-mal im Jahr)

Reitkleidung
Reithose 99,- €
Reitstiefel 102,50 €
Kappe 32,- €
Gerte 19,50 €

Mietstall und Futter (jährlich)
1800,- €

Anschaffungen für das Pferd
Kaufpreis mind. 2000,- €
Sattel mind. 400,- €
Zaumzeug 60,- €
Steigbügel 75,- €
Pflegegerät (Striegel) 65,- €

Zeitlicher Aufwand
Pflege 1 h täglich
Fütterung $\frac{1}{2}$ h täglich
Stallreinigung 2 h wöchentlich
Ausführen u. Reiten 6 h wöchentlich

a) Wie viel kostet etwa ein Pferd samt Pferdeausstattung und Reitkleidung?
b) Wie hoch sind die jährlichen Kosten einschließlich Mietstall und Futter?
c) Welcher wöchentliche Zeitaufwand für Fütterung und Pflege eines Pferdes wäre von jedem Kind zu leisten?
d) Auf dem Reiterhof kann man für 12 € pro Stunde ein Pferd zum Reiten mieten. Berechne für Melissa die jährlichen Kosten, wenn sie 3 Stunden pro Woche reitet.

Zusammenfassung

Größen
Eine **Größe** besteht aus einer **Maßzahl** und einer **Maßeinheit**.

$$\underset{\text{Maßzahl} \quad \text{Maßeinheit}}{3\ \text{kg}}$$

Beim Addieren und Subtrahieren muss man darauf achten, dass die Größen die gleiche Maßeinheit haben.
3 kg + 2 kg = 5 kg
2 m + 20 cm = 200 cm + 20 cm = 220 cm

Schätzen
Oft genügt es, Größen ungefähr anzugeben.
Dann kann man **Schätzen**.
Dazu helfen **Vergleichsgrößen**.
Eine Packung Zucker wiegt rund 1 kg.
Vergleicht man das Gewicht einer mittelgroßen Melone mit einer Packung Zucker, dann kommt man auf rund 2 kg bis 3 kg.

Geld
Geldbeträge werden in Euro (€) und Cent (ct) angegeben.

1 € = 100 ct

7 € = 7,00 €
3 € 14 ct = 3,14 € = 314 ct
150 ct = 1,50 € = 1 € 50 ct

Zeit
Die Einheiten für die Zeitmessung sind:

Jahr	a	1 a = 365 d
Tag	d	1 d = 24 h
Stunde	h	1 h = 60 min
Minute	min	1 min = 60 s
Sekunde	s	

Masse
Um anzugeben, wie schwer ein Gegenstand ist, verwendet man folgende Maßeinheiten:

Tonne	t	1 t = 1000 kg
Kilogramm	kg	1 kg = 1000 g
Gramm	g	1 g = 1000 mg
Milligramm	mg	

Die Umrechnungszahl ist 1000.
1 t = 1,000 t = 1000 kg
1 kg 345 g = 1,345 kg = 1345 g

Länge
Die gebräuchlichsten Längeneinheiten sind:

Kilometer	km	1 km = 1000 m
Meter	m	1 m = 10 dm = 100 cm
Dezimeter	dm	1 dm = 10 cm
Zentimeter	cm	1 cm = 10 mm
Millimeter	mm	

Die Umrechnungszahl ist 10, außer bei Kilometer.
1 km = 1,000 km = 1000 m
1 m 23 cm = 100 cm 23 cm = 1,23 m

Maßstab
Der Maßstab gibt das **Maß der Verkleinerung** oder das **Maß der Vergrößerung** an.

Ein Maßstab 1 : 100 bedeutet:
Eine Strecke ist in der Abbildung 100-mal kleiner abgebildet als in Wirklichkeit.

Der Maßstab 10 : 1 bedeutet:
Eine Strecke ist in der Abbildung 10-mal größer abgebildet als in Wirklichkeit.

Sachaufgaben lösen
Sachaufgaben können so bearbeitet werden:

1. Lies die Aufgabe sorgfältig durch.
2. Entnimm dem Text die gegebenen und die gesuchten Größen.
3. Lege einen Rechenweg fest und berechne die gesuchten Größen.
4. Formuliere einen Antwortsatz.

Es ist sinnvoll, das Ergebnis mit einer Überschlagsrechnung zu überprüfen.

Basistraining

1
   a) Schätze, wie breit dein Zeigefinger ist und wie lang die Abstände Daumen-Zeigefinger und Daumen-Mittelfinger sind. Miss anschließend nach.
   b) Miss mit deiner Fingerbreite oder mit einer Fingerspanne die Breite deines Mathematikbuches, die Länge deines Schultisches und die Höhe deines Mäppchens. Überprüfe deine Messungen mit einem Lineal oder einem Meterstab.

2 Lege verschiedene Gegenstände auf den Tisch und sortiere sie dann durch Schätzen von leicht nach schwer: Einen Stift, ein Stück Kreide, ein Heft, dein Geodreieck.

3 Ordne die Gegenstände nach dem Preis. Beginne mit dem Gegenstand, der am wenigsten kostet.
Fernseher; Auto; Kinokarte; eine Kugel Eis; Haus; Geodreieck; Mathematikbuch

4 Sortiere
   a) von wenig nach viel: 4,04 €; 44 ct; 0,40 €; 4 € 40 ct; 44,04 €.
   b) von kurz nach lang: 3 dm; 30 mm; 3,03 m; 3,3 cm; 0,300 km; 3 mm; 3 m.
   c) von leicht nach schwer: 7 g; 7 mg; 7,070 kg; 7,7 g; 0,700 t; 700 g; 70 g.

5 Berechne. Deine Ergebnisse geben in der richtigen Reihenfolge ein Lösungswort.
   a) 140,50 € + 71,40 €
   b) 90,05 € − 42,35 €
   c) 5,60 € · 8
   d) 872 € : 8
   e) 36,56 € + 78 ct + 9,00 €
   f) 234 € − 999 ct
   g) 57 € · 12
   h) 2223 € : 9

44,80 €	(s)
46,34 €	(b)
247,00 €	(l)
684,00 €	(l)
211,90 €	(f)
109,00 €	(s)
224,01 €	(a)
47,70 €	(u)

6 Ein Geldautomat wechselt Euro-Münzen in Scheine. Welche Münzen und wie viele könntest du einwerfen, um einen 10-€-Schein zu erhalten? Überlege drei verschiedene Möglichkeiten.

7
   a) Matti kauft 1 kg Bananen, 1 kg Paprika, 1 Blumenkohl und 100 g Höhlenkäse. Wie viel Euro muss er bezahlen?
   b) **SP** Er zahlt mit einem 10-€-Schein. Die Verkäuferin fragt ihn: „Hast du noch 17 ct?" Warum könnte sie danach fragen?

8 Beantworte folgende Fragen.
   a) Gib die Zeitspanne einer Unterrichtsstunde an.
   b) Zu welchem Zeitpunkt beginnt bei euch die große Pause und wann endet sie? Wie lange dauert die große Pause?

9 Wandle um.
   a) 3 h in min   b) 5 min in s
   c) 2 d in h   d) 120 s in min
   e) $\frac{1}{2}$ h in min   f) 180 min in h

10 Berechne die fehlenden Angaben.

	Abfahrt	Fahrtdauer	Ankunft
a)	07:00 Uhr	130 min	■
b)	■	2 h 15 min	12:00 Uhr
c)	14:30 Uhr	■	18:15 Uhr
d)	11:50 Uhr	11 h 10 min	■

11 Schreibe ohne Komma.
a) 1,500 kg b) 2,785 kg
c) 4,650 t d) 13,001 t
e) 0,4 g f) 1,7 g

12 Schreibe mit Komma.
a) 9500 g b) 9500 kg
c) 950 g d) 95 mg
e) 9005 kg f) 9 kg 50 g

13 Berechne.
a) 23,409 kg + 560 g
b) 93 t − 23 000 kg
c) 170 g · 14
d) 920 g : 8
e) 2500 g + 1$\frac{1}{2}$ kg
f) 100 kg − 9000 g

14 Eine Fliesenlegerin hat 1,5 t Fliesenkleber bestellt, den eine Spedition liefert. Er ist in 30-kg-Säcken abgepackt.

Die Fliesenlegerin prüft die Lieferung auf Vollständigkeit. Wie viele Säcke müssten es sein?

15 Übertrage ins Heft und trage das richtige Zeichen < oder > oder = ein.
a) 250 cm ■ 2 m 5 cm
b) 3,70 m ■ 370 cm
c) 1 km 100 m ■ 10 100 cm
d) 17 mm ■ 1,7 cm
e) 14 dm ■ 1 m 40 cm
f) 2500 m ■ 2,050 km
g) 150 cm ■ 1 m 5 cm
h) 999 m 99 cm ■ 1 km

16 Stellt euch auf dem Schulhof ohne Zuhilfenahme eines Maßbands im Abstand von 5 m auf. Markiert dann eure beiden Standpunkte und messt nun euren Abstand genau nach.
Wie viel cm beträgt die Abweichung von 5 m? Macht einen weiteren Versuch.

17 Die Speiseterrasse in diesem Hotel befindet sich in der 7. Etage.

a) In welcher Höhe befindet sich die Terrasse ungefähr? Tipp: Überlege, wie hoch eine Etage sein könnte.
b) Familie Hoch befindet sich im Erdgeschoss und möchte zum Essen in die 7. Etage. Leider ist der Aufzug defekt. Schätze, wie viele Stufen sie ungefähr gehen müssten. Miss dazu die Stufenhöhe in deiner Schule.
c) Wie lang und wie breit sollte ein Tisch sein, damit 6 Personen bequem essen können? Zeichne zuerst eine Skizze.

18 SP Was bedeutet der Maßstab?
a) 1 : 100 b) 1 : 1 000 000 c) 5 : 1
Formuliere in Worten.

19 Diese Küchenarbeitsplatte ist im Maßstab 1 : 50 gezeichnet.

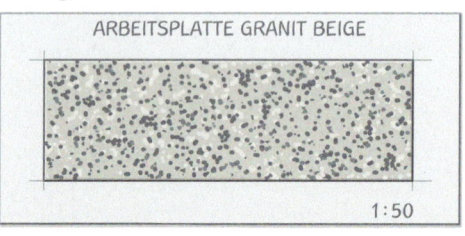

a) Wie lang und wie breit ist sie in Wirklichkeit?
b) Zeichne eine rechteckige Küchenarbeitsplatte, die 3,00 m lang und 100 cm breit ist, im Maßstab 1 : 50.

20 Bedirhan misst im Atlas die Strecke von Berlin nach Paris. Sie beträgt 18 cm. Der Maßstab ist auf der Karte mit 1 : 5 000 000 angegeben.
Wie viel Kilometer Luftlinie sind die beiden Städte voneinander entfernt?

Anwenden. Nachdenken

21 Herr Braun kauft im Baumarkt ein 4 m langes Kantholz. Schätze: Kann er dieses in einem Pkw transportieren?

22 MK Viele Kinder bekommen Taschengeld.

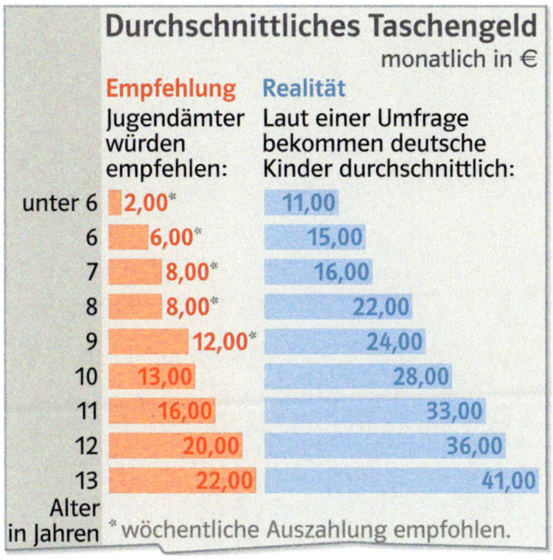

Durchschnittliches Taschengeld monatlich in €		
Alter in Jahren	Empfehlung Jugendämter würden empfehlen:	Realität Laut einer Umfrage bekommen deutsche Kinder durchschnittlich:
unter 6	2,00*	11,00
6	6,00*	15,00
7	8,00*	16,00
8	8,00*	22,00
9	12,00*	24,00
10	13,00	28,00
11	16,00	33,00
12	20,00	36,00
13	22,00	41,00

* wöchentliche Auszahlung empfohlen.

a) Wie viel Taschengeld empfehlen die Jugendämter monatlich für dich?
b) Bekommen Kinder in deinem Alter monatlich mehr oder weniger Taschengeld als die Jugendämter empfehlen?

die Portokosten
der Preis, der für das Verschicken von Post gezahlt werden muss

23 Nina kauft Briefmarken: 10 Marken für Postkarten zu je 0,70 €, 10 Marken für Standardbriefe zu je 0,85 € und 10 Marken für Großbriefe zu je 1,60 €.
a) Reichen 30,00 €?
b) MK Erkundige dich, was ein Großbrief ist.
c) MK Erkundige dich, wie hoch die Portokosten für einen Kompaktbrief sind.

24 Ein Sari wird von indischen Frauen getragen. Es ist ein mehrere Meter langes rechteckiges Stofftuch. Schätze die Länge des blauen Tuchs. Nimm die Stufen als Vergleichsgröße.

25 Beim Köln-Marathon 2018 erzielten die vier besten Schülerstaffeln folgende Zeiten: 2 h 53 min 28 s; 2 h 58 min 3 s; 3 h 8 min 56 s; 3 h 9 min 38 s.
a) Berechne die Zeitunterschiede dieser vier Staffeln.
b) Wie viele Sekunden hätte die vierte Staffel schneller sein müssen, um Erste zu werden?

26

Dienstag
8
Juli
☀ SA 05.01   ☾ MA 15.31
SU 21.38   MU 01.23

a) Was bedeuten die Abkürzungen auf diesem Kalenderblatt?
b) Welche Zeitspannen kannst du mit den Daten dieses 8. Juli berechnen?

27 MK Menschen schlafen verschieden lang.

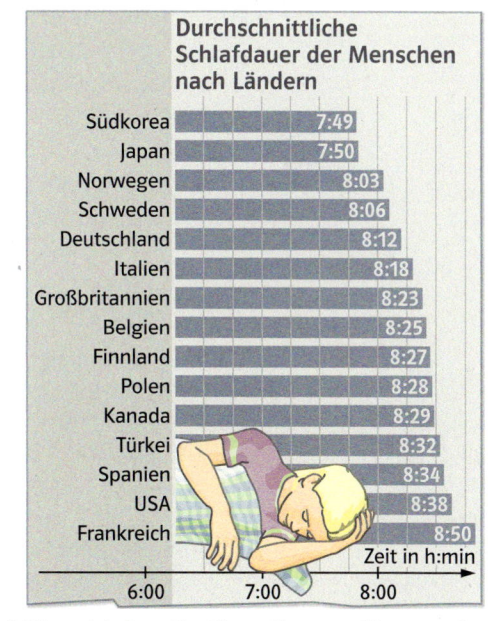

Durchschnittliche Schlafdauer der Menschen nach Ländern

Land	Zeit in h:min
Südkorea	7:49
Japan	7:50
Norwegen	8:03
Schweden	8:06
Deutschland	8:12
Italien	8:18
Großbritannien	8:23
Belgien	8:25
Finnland	8:27
Polen	8:28
Kanada	8:29
Türkei	8:32
Spanien	8:34
USA	8:38
Frankreich	8:50

a) Wo schlafen die Menschen am längsten?
b) Um wie viel Minuten schlafen die Menschen in Deutschland weniger lang als die Menschen in den USA?
c) Wie lange schläfst du ungefähr?

28 Der Wasserverbrauch liegt in Deutschland pro Person bei durchschnittlich 120 l am Tag. Berechne den Bedarf für einen 4-Personen-Haushalt pro Tag; pro Monat; pro Jahr.

29
a) Marc ist sehr müde und geht deshalb schon um 20 Uhr ins Bett. Seinen Wecker stellt er auf 7 Uhr. Wie lange hat Marc geschlafen, als der Wecker klingelt?
b) Der Wecker zeigt den Zeitpunkt an, an dem Aline ins Bett geht.

Wie lange kann sie schlafen, bis der Wecker um 08:00 Uhr klingelt?

30 Ein Fußballspiel (Dauer: zweimal 45 min) beginnt um 15:30 Uhr. Die Schiedsrichterin lässt am Ende der 1. Halbzeit zwei Minuten nachspielen. Die Halbzeitpause dauert 15 Minuten. Das Spiel endet um 17:22 Uhr. Wie viele Minuten wurden am Ende der 2. Halbzeit nachgespielt?

31 Ein Autofahrer fährt durchschnittlich mit 60 km/h. Das bedeutet: Er legt in einer Stunde 60 km zurück.
a) Wie weit kommt er in 2 h; $1\frac{1}{2}$ h?
b) Wie lange braucht er für 180 km?
c) Wie lange braucht er für 180 km, wenn er mit 90 km/h fährt?

32 Ordne folgenden Gegenständen das passende Gewicht zu:
eine Tafel Schokolade, ein Schulbuch, 1 kg Tomaten, ein Brief mit 3 DIN-A4-Blättern Papier, ein Liter Wasser, ein Auto.

1000 g   19 g   4 mg   650 g   1,480 t   100 g

33 Übertrage die Tabelle ins Heft und ergänze die fehlenden Werte.

	t	kg	g
a)	6,250		
b)		250	
c)			3 350 000
d)	0,350		
e)		1500	
f)	0,050		

34 Ergänze in deinem Heft.
a) ■ kg + 245 kg = 333 kg
b) ■ g + 875 g = 2 kg
c) 45,500 t − ■ t = 12 t
d) 170 g + ■ mg = 185 g
e) 500 g + ■ kg = 1 kg

35 Berechne.
a) 4,9 kg + 870 g
b) 21,4 t − 950 kg
c) 295 g + 2995 g + 1 kg
d) 1 kg 450 g + 2,500 kg + 7000 g
e) 2 kg 600 g · 12
f) 1,750 kg : 7

36 Lena und ihre Mutter kaufen auf dem Markt 2,5 kg Kartoffeln, 1200 g Tomaten, $\frac{1}{2}$ kg Champignons, 500 g Paprika, 1 Kopfsalat (600 g), 250 g Feldsalat und 1,5 kg Bananen.
a) Welches Gewicht tragen sie nach Hause, wenn der leere Einkaufskorb 900 g wiegt?
b) Ist deine volle Schultasche schwerer?

37 Die schwerste Robbe ist der See-Elefant. Er wiegt bis zu 3500 kg.

Das schwerste Tier, der Blauwal, wiegt 50-mal so viel.
Wie viel Tonnen sind das?

das Katasteramt (auch: Vermessungsamt)
Hier werden alle vermessenen Stücke Land (Flurstücke) aufgelistet. Diese Liste nennt man Kataster.

38 Die Allure of the Seas ist mit 362 m Länge eines der längsten Passagierschiffe der Welt.

Wie oft würde die Länge deines Klassenzimmers in die Schiffslänge passen?

39 Der Säntis ist ein gern besuchter Aussichtsberg in der Schweiz. Mit der Seilbahn kommt man bequem auf die Aussichtsplattform.
Die Höhe der Talstation befindet sich auf 1350 m, die Bergstation auf 2472 m.
In eine Gondel passen 85 Personen. Die Fahrt dauert 10 Minuten.
Für eine Berg- und Talfahrt zahlen Erwachsene 36,00 €, Kinder von 6 bis 16 Jahren kosten 18,00 €.
a) Wie viel kosten die Fahrkarten für Herrn und Frau Halter und ihre beiden 9 und 11 Jahre alten Kinder?
b) Wie groß ist der Höhenunterschied zwischen der Berg- und der Talstation?

40 Der längste Abschlag bei einem Golfturnier gelang vor mehreren Jahren einem Amerikaner. Er schlug den Golfball 471 m weit.

Schätze: Ist das ungefähr die Länge von
A zwei Fußballfeldern,
B drei Fußballfeldern,
C mehr als vier Fußballfeldern?

41 Der Grundriss eines Hauses ist im Maßstab 1 : 100 dargestellt. In der Zeichnung ist es 11 cm lang und 9,5 cm breit. Wie lang und wie breit ist das Haus in Wirklichkeit?

42 MK Im **Katasteramt** sind alle Grundstücke maßstäblich auf Flurkarten eingetragen. Recherchiere, in welchen Maßstäben die Flurkarten erstellt werden. **Begründe**, warum es sie in unterschiedlichen Maßstäben gibt.

43 In welchem Maßstab ist dein Mathematikbuch hier abgebildet?

44 Pia und Sven wiegen zusammen 75 kg. Sven ist 6 kg schwerer als Pia. Wie schwer ist Sven?

45 Gleiche Teile haben die gleiche Masse. Finde heraus, wie viel Gramm die einzelnen Teile wiegen.

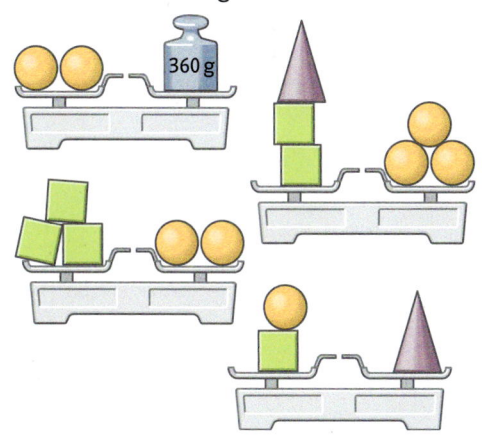

46 Im Rhein schwimmen täglich als Belastung mit: 40 000 t Kochsalz, 2200 t Öle und Fette, 18 400 t chemische Schadstoffe und 300 t Eisen. Ein Güterwaggon fasst 20 t und ist etwa 15 m lang.
Veranschauliche die Belastung des Rheins.

Rückspiegel

D53 Teste dich

1 Wandle um.
  a) 2,09 € = ▓ € ▓ ct
  b) 2 h 15 min = ▓ min
  c) 180 min = ▓ h
  d) 3,450 kg = ▓ g
  e) 8500 kg = ▓ t
  f) 1,52 m = ▓ cm

2 Berechne, wandle wenn nötig zuerst um.
  a) 17 € + 23,95 €
  b) 18 € − 83 ct
  c) 9,50 € · 7
  d) 2 kg − 450 g
  e) 900 g · 5
  f) 4 kg : 8
  g) 12 cm + 12 mm
  h) 2,50 m − 95 cm

3 Frau Braun fährt um 11:50 Uhr los und kommt um 14:15 Uhr an. Wie lange war sie unterwegs?

4
Parkhaus Altstadt - Einkaufszentrum
Parkgebühren:
erste Stunde: 2,00 €
jede weitere Stunde: 2,50 €
ab der 6. Stunde Tagestarif: 12,00 €
2 m | 10 | Hier gilt die StVO

Wie hoch sind die Gebühren
  a) für eine halbe Stunde parken?
  b) für 2 Stunden 50 Minuten parken?
  c) für 7 Stunden 15 Minuten parken?

5 Ein Aufzug hat eine Tragfähigkeit von 900 kg oder 12 Personen. Mit welchem Gewicht pro Person wird gerechnet?

6 Ordne der Größe nach.
3 m; 290 mm; 31 dm; 280 cm; 3,01 m; 1 km; 999,99 m; 101 m

7 Alis Vater ist Fernfahrer. Er fährt jede Woche dreimal die 450 km lange Strecke von Duisburg nach Paris und zurück. Ali behauptet: „Mein Vater fährt mit seinem Lkw in 4 Wochen mehr als 10 000 km."

8 Im Atlas beträgt die Strecke von Dortmund nach London 10,4 cm. Der Maßstab ist mit 1 : 5 000 000 angegeben.
  a) **SP** Erkläre, was diese Maßstabsangabe bedeutet.
  b) Wie viele Kilometer Luftlinie sind die beiden Städte voneinander entfernt?

4 Vanessa geht mit 20 € einkaufen: 4 Hefte zu je 0,85 €, 1 Geodreieck zu 2,10 €, 1 Päckchen Tintenpatronen zu 1,55 € und 1 Zirkel zu 7 € 45 ct. Sie möchte noch ein Poesiealbum zu 6,80 € kaufen.
  a) Reicht ihr Geld? Überschlage.
  b) Vanessa möchte das Poesiealbum gleich kaufen. Mache einen sinnvollen Vorschlag, wie sie mit dem Geld auskommen kann.

5 Ergänze in deinem Heft.
  a) 2,270 kg + ▓ g = 3250 g
  b) ▓ kg + 2,6 t = 6 t
  c) 4750 kg + $\frac{1}{4}$ ▓ = 5 t
  d) ▓ m + 150 cm = 7,70 m
  e) 2,040 km − ▓ m = 400 m

6 Carla geht ins Erlebnisbad. Auf ihrer Eintrittskarte steht unter anderem:

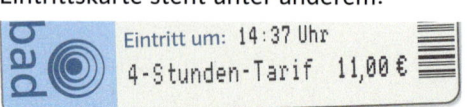

bad | Eintritt um: 14:37 Uhr
4-Stunden-Tarif 11,00 €

Carla möchte den Bus erreichen, der um 16:40 Uhr abfährt. Deshalb verlässt sie das Bad bereits um 16:23 Uhr.
  a) Wie lange war sie im Bad? Wie lange hätte sie noch bleiben können?
  b) Es gibt auch eine 2-Stunden-Karte zu 8,00 €. Hätte diese Karte ausgereicht?
  c) Sie hofft, dass sie 3,00 € zurückbekommt. Was meinst du?

7 Der Fußboden eines rechteckigen Zimmers ist 4,20 m lang und 3,40 m breit. Zeichne ihn im Maßstab 1 : 50.

→ Die Lösungen findest du auf Seite 250.

7 Umfang und Flächeninhalt

Standpunkt | Umfang und Flächeninhalt

Wo stehe ich?

Ich kann ...	gut	etwas	nicht gut	Lerntipp!
A Längen messen,	☐	☐	☐	→ Seite 229
B Längen umrechnen,	☐	☐	☐	→ Seite 160
C Längen addieren und subtrahieren,	☐	☐	☐	→ Seite 160
D Strecken mit gegebener Länge zeichnen,	☐	☐	☐	→ Seite 116
E Koordinatensysteme zeichnen, Punkte eintragen und ablesen,	☐	☐	☐	→ Seite 122
F Rechtecke und Quadrate erkennen und unterscheiden,	☐	☐	☐	→ Seite 130
G Rechtecke und Quadrate mit gegebenen Seitenlängen zeichnen,	☐	☐	☐	→ Seite 130
H Flächeninhalte von Figuren vergleichen.	☐	☐	☐	→ Seite 235

Überprüfe dich selbst:

D54 Teste dich

A Miss die Streckenlängen.

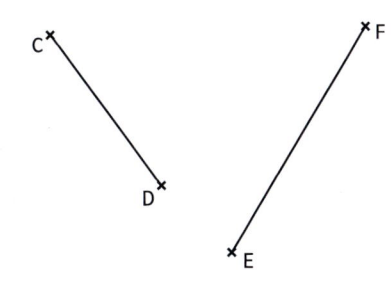

B Wandle in die angegebene Einheit um.
a) 7 m in dm b) 3 cm in mm
c) 50 mm in cm d) 400 cm in m

C Addiere oder subtrahiere.
a) 7 m + 6 m b) 22 m – 14 m
c) 8 cm + 2 mm d) 9 m – 2 dm
e) 1 km – 600 m f) 3 m – 50 cm

D Zeichne eine Strecke mit der Länge
a) 7 cm. b) 3,5 cm.
c) 1,2 dm. d) 5 mm.

E Zeichne im Koordinatensystem den Punkt P (3 | 4). Der Punkt Q liegt 6 Kästchen rechts und 4 Kästchen oberhalb von P. Trage den Punkt Q ein und gib seine Koordinaten an.

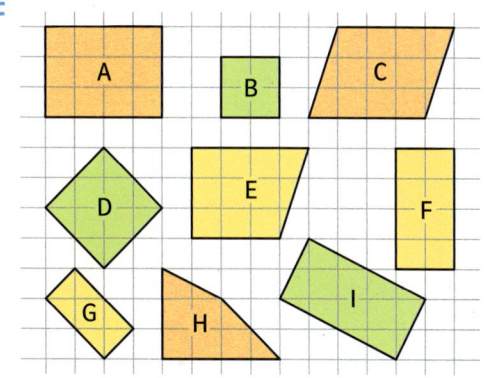

F
a) Welche Figuren sind Quadrate?
b) Welche Figuren sind Rechtecke, aber keine Quadrate?

G Zeichne auf weißem Papier das Quadrat mit der Seitenlänge
a) 5 cm; b) 8 cm;
das Rechteck mit den Seitenlängen
c) 7 cm; 5 cm; d) 8,5 cm; 5,5 cm.

H Welche der zwei Figuren hat den größeren Flächeninhalt?

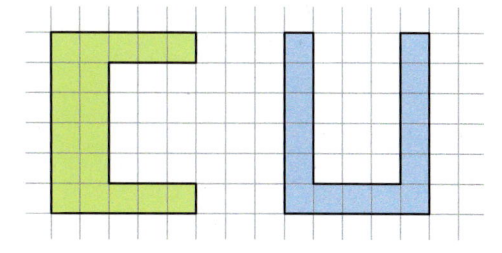

→ Die Lösungen findest du auf Seite 250.

7 Umfang und Flächeninhalt

1 Neun Quadrate, richtig aneinander gelegt, ergeben wieder ein Quadrat. Schneide die Quadrate aus und puzzle sie zu einem großen Quadrat zusammen.

2 Vom Quadrat zum Rechteck: Überlegt gemeinsam, ob sich die Länge des Weges außen um die Figur herum ändert, wenn die drei farbigen Teile anders angeordnet werden.

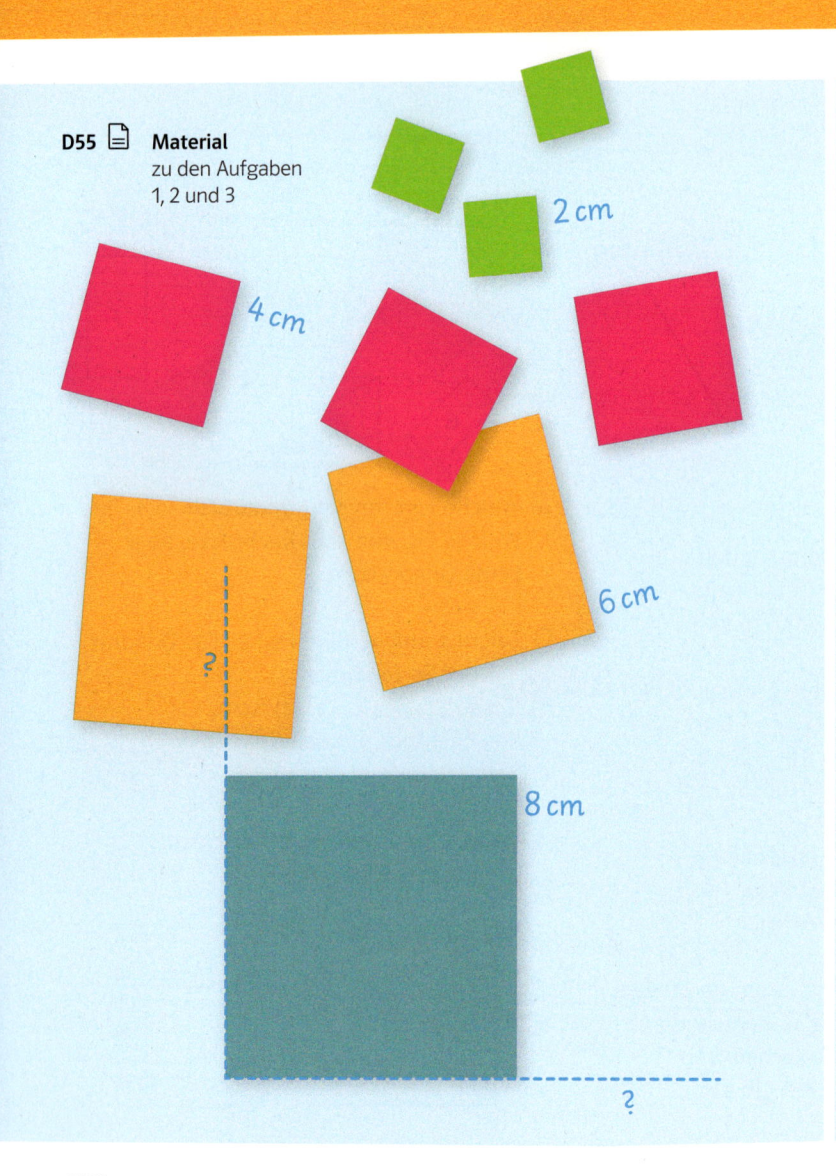

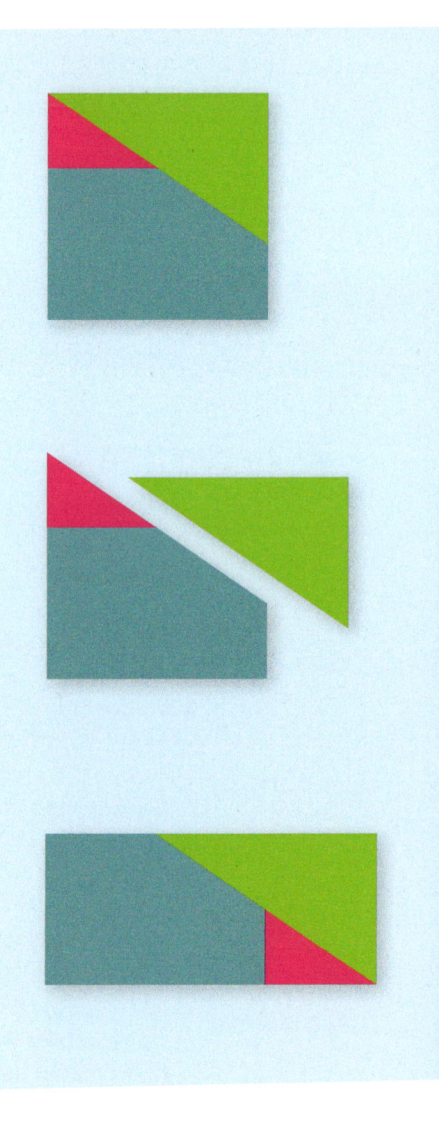

D55 **Material** zu den Aufgaben 1, 2 und 3

2 cm
4 cm
6 cm
8 cm
?
?

178

3 Welche Figur sieht größer aus, das T oder das Häuschen? Ist die Figur, die ihr für größer haltet, wirklich größer?

Ich lerne,

- wie man Flächen durch Auslegen vergleicht,
- wie man große und kleine Maßeinheiten für Flächen benutzt und umrechnet,
- wie man den Flächeninhalt von Rechtecken, Quadraten und rechtwinkligen Dreiecken berechnet,
- wie man den Umfang von Rechtecken, Quadraten und rechtwinkligen Dreiecken berechnet,
- wie man den Umfang und den Flächeninhalt von zusammengesetzten Figuren berechnet.

1 Flächeninhalt

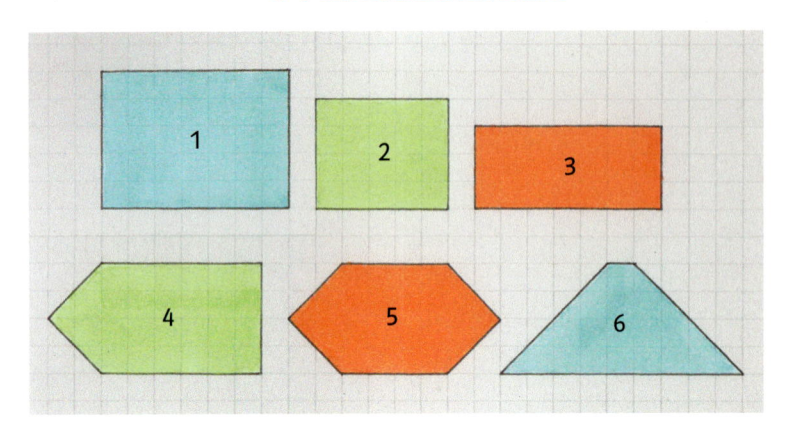

Große Figuren – kleine Figuren!
Manche Figuren kann man schon nach Augenmaß vergleichen.
→ Fatme hält Figur 5 für die kleinste.
  Lena meint, das sei Figur 4.
  Wer von euch stimmt für Figur 4, wer für 5?
  Legt eine Strichliste an.
  Vergleicht jetzt die Figuren
  • 1; 2 und 3;
  • 4; 5 und 6;
  • alle sechs Figuren.
Ordnet sie der Größe nach.

Figuren lassen sich der Größe nach vergleichen. Im Quadratgitter kann man ganze oder halbe Kästchen zählen. Zwei halbe Kästchen zählen als ein ganzes Kästchen.

Merke Zwei Figuren sind gleich groß, wenn sie gleich viele Kästchen (abgekürzt K) enthalten. Man sagt dann: Die Figuren haben den gleichen **Flächeninhalt**.

Beispiel

	linke Figur	rechte Figur
ganze K	5·5 + 1·4 + 1·3 = 32	4·6 + 1·4 + 1·2 = 30
halbe K ganze K	2 2:2 = 1	6 6:2 = 3
Flächen- inhalt in K	32 + 1 = 33	30 + 3 = 33

Die zwei Figuren haben also den gleichen Flächeninhalt.

Tipp!

○ **1** Bestimme den jeweiligen Flächeninhalt. Vergleiche.

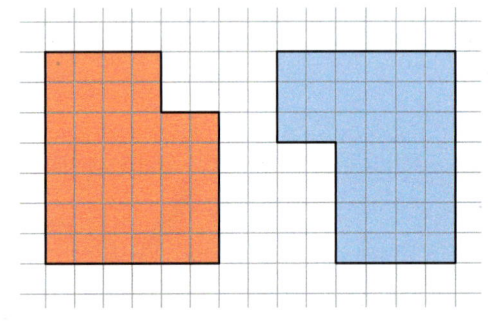

○ **2** Welche Figuren haben den gleichen Flächeninhalt?

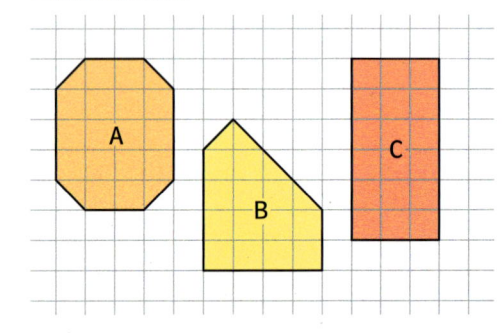

Alles klar?

D56 Fördern

A Wie viele Kästchen groß ist die grüne Figur?

B Zeige, dass die lila und die blaue Figur den gleichen Flächeninhalt haben.

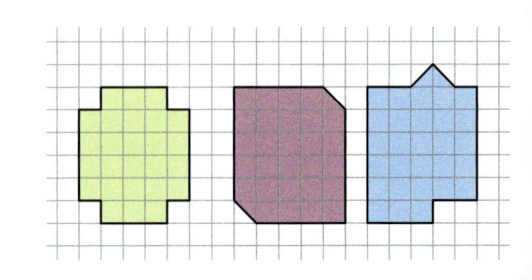

7 Umfang und Flächeninhalt

3 Gib den Flächeninhalt in Kästchen an. Welche Figuren sind gleich groß?

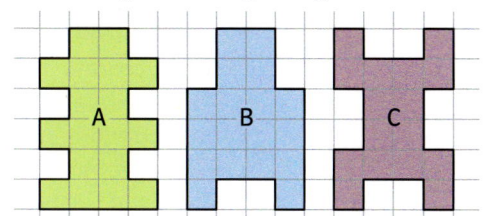

A B C

4 Welchen Flächeninhalt in Kästchen hat das Quadrat?

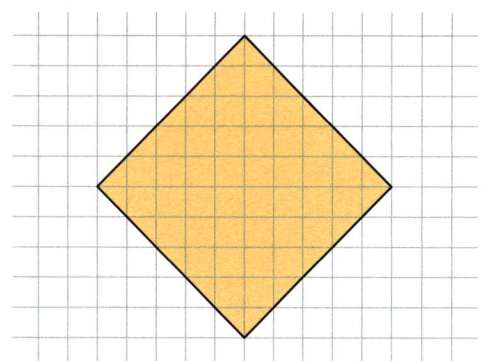

5 SP Lisa meint: „Das blaue Rechteck ist sicher größer als der grüne Rahmen." Vera zählt nur wenig und findet die Antwort sehr schnell. Überlegt zu zweit, welche Idee sie gehabt hat.

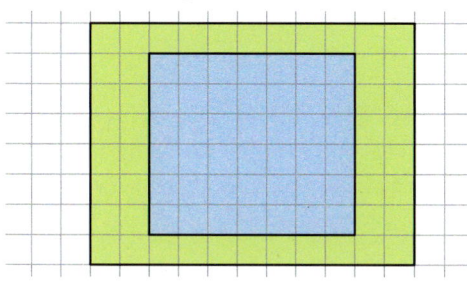

6 Spannt zu zweit auf dem Nagelbrett Figuren mit dem Flächeninhalt
a) 4 K. b) 6 K. c) 9 K.
Vereinbart, wann zwei Figuren mit gleichem Flächeninhalt als unterschiedliche Figuren gelten.

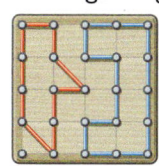

D57 **Material** zu den Aufgaben **6** und **5**

3 SP Welchen Flächeninhalt haben die Gespenster? Schätzt ab und besprecht, wie ihr vorgegangen seid.

Anton   Berta

4 Statt ein Kästchen zu halbieren, kann man auch ein Rechteck halbieren. Gib den Flächeninhalt der Figur an.

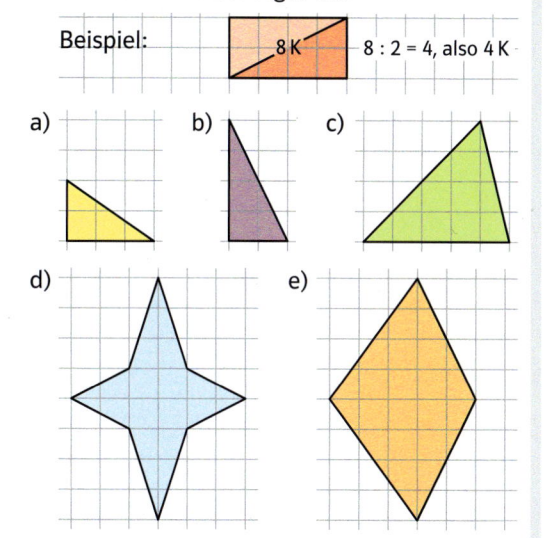

Beispiel: 8 K   8 : 2 = 4, also 4 K

a)   b)   c)

d)   e)

5 Adil zeichnet als Spielplan eine Figur mit mindestens 50 K Flächeninhalt. Bea färbt eine Teilfigur mit 5 K Flächeninhalt rot. Dann färbt Adil eine genauso große Teilfigur blau. Sie wechseln sich ab. Wer keine Figur mehr färben kann, hat verloren.
Hat man einen Vorteil, wenn man beginnen darf? Probiert es aus.

2 Flächenmaße

Die Schülerinnen und Schüler der Klasse 5b schneiden aus farbigem Tonpapier Quadrate mit 1 dm Seitenlänge aus. Sie möchten daraus größere Quadrate legen.
→ Ilka schreibt an die Tafel, wie viele Quadrate die Klasse für ein Quadrat mit zwei-, drei-, vier-, …, zehnfacher Seitenlänge braucht.
→ Simon und Lucas überlegen, wie viele 1-cm-Quadrate in das 1-dm-Quadrat hineinpassen würden.

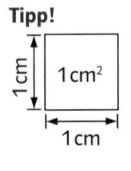

Seitenlänge	Quadrate
1	1
2	4
3	9
4	
5	
…	

Tipp! 1 cm² (Quadrat mit Seitenlänge 1 cm)

Eine Maßeinheit für Flächeninhalte ist der Quadratzentimeter. Das ist der Flächeninhalt eines Quadrats mit Seitenlänge 1 cm.

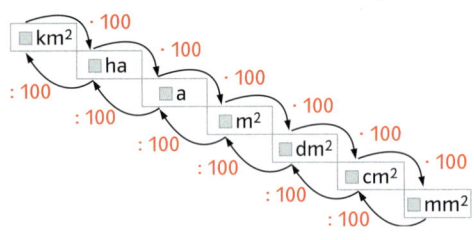

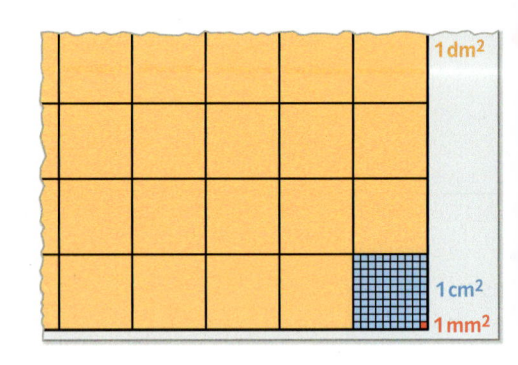

Umrechnung: km² · 100 → ha · 100 → a · 100 → m² · 100 → dm² · 100 → cm² · 100 → mm² (und umgekehrt : 100)

Merke **Flächeneinheiten (Flächenmaße)**

Quadratkilometer	km²	1 km² = 100 ha
Hektar	ha	1 ha = 100 a
Ar	a	1 a = 100 m²
Quadratmeter	m²	1 m² = 100 dm²
Quadratdezimeter	dm²	1 dm² = 100 cm²
Quadratzentimeter	cm²	1 cm² = 100 mm²
Quadratmillimeter	mm²	

Die **Umrechnungszahl** für Flächeninhalte ist **100**.

Beispiele Für Flächeninhalte gibt es drei verschiedene Schreibweisen.
a) **Gemischte Schreibweise** in zwei Einheiten und **Schreibweise in einer Einheit**.

km²	ha	a	m²	dm²	cm²	mm²	gemischt	in einer Einheit
			7	4	5		7 m² 45 dm²	745 dm²
				3	2	6 7	32 dm² 67 cm²	3267 cm²
		9	0	7			9 a 7 m²	907 m²

b) In der **Kommaschreibweise** steht zwischen den zwei Einheiten ein Komma.

km²	ha	a	m²	dm²	cm²	mm²	mit Komma
			6	4	1	2	64,12 m²
				5	7 8	5	57,85 dm²
		7	0	8			7,08 a

7 Umfang und Flächeninhalt

1 Was zeigen die Bilder?
Ordne ihnen die Flächenmaße 1 km²; 1 ha; 1 a; 1 m²; 1 dm²; 1 cm²; 1 mm² zu.

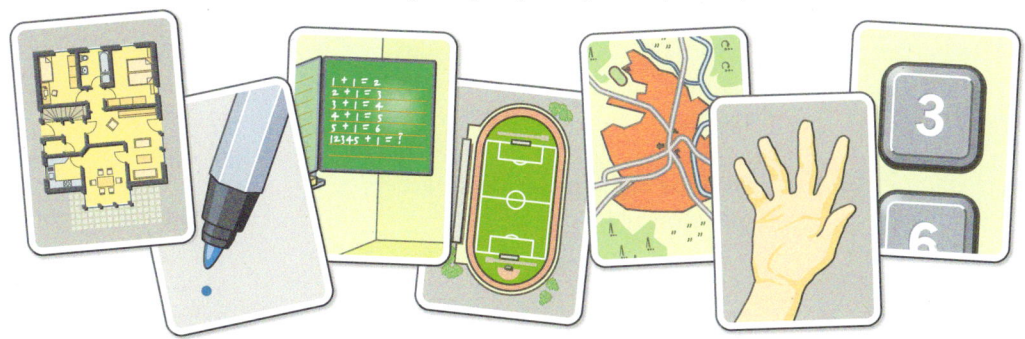

2 Wandle in die angegebene Schreibweise um.
a) 6 m² (dm²)
b) 3 dm² (cm²)
c) 90 dm² (cm²)
d) 3 m² 12 dm² (dm²)
e) 500 dm² (m²)
f) 200 m² (a)
g) 542 dm² (m² dm²)
h) 4260 cm² (dm² cm²)

Alles klar?

D58 Fördern

A Schreibe in der angegebenen Einheit.
a) 6 m² (dm²)
b) 7 dm² (cm²)
c) 12 m² 45 dm² (dm²)
d) 24 m² 31 dm² (dm²)

B Schreibe in gemischter Schreibweise, also in zwei Einheiten.
a) 750 dm²
b) 425 cm²
c) 5432 dm²
d) 670 cm²
e) 255 dm²

3 Schreibe in der nächstkleineren Einheit.
a) 7 m²
b) 9 dm²
c) 8 cm²
d) 17 m²
e) 45 m²
f) 40 m²
g) 5 a
h) 50 a

4 Schreibe in der Schreibweise einer Einheit.
a) 6 m² 25 dm²
b) 2 m² 15 dm²
c) 15 m² 27 dm²
d) 56 m² 50 dm²
e) 5 dm² 72 cm²
f) 55 dm² 72 cm²
g) 2 dm² 15 cm²
h) 24 dm² 18 cm²

5 Wandle in die angegebene Einheit um.
a) in m²: 5 a; 600 dm²; 950 000 cm²
b) in cm²: 7500 mm²; 8 dm²; 2 m²
c) in dm²: 7 ha; 900 cm²; 5 m²
d) in mm²: 3 cm²; 4 dm²; 11 km²

6 Schreibe in der nächstgrößeren Einheit.
a) 500 mm²
b) 300 cm²
c) 900 m²
d) 700 a
e) 8000 ha
f) 6400 dm²
g) 9200 cm²
h) 10 000 mm²

3 Schreibe in einer Einheit.
a) 56 m² 85 dm²
b) 20 dm² 61 cm²
c) 9 ha 42 a
d) 2 km² 31 ha
e) 4 cm² 67 mm²
f) 7 m² 90 dm²
g) 51 m² 30 dm²
h) 72 dm² 9 cm²

4 Schreibe in der Kommaschreibweise.
a) 7586 mm²
b) 3486 dm²
c) 4726 cm²
d) 9361 m²
e) 3970 a
f) 3907 a

5 Schreibe erst in einer Einheit, dann mit Komma.
a) 65 m² 12 dm²
b) 98 dm² 20 cm²
c) 19 cm² 47 mm²
d) 13 a 37 m²
e) 36 dm² 72 cm²
f) 34 ha 57 a

6 Mit Nullen kann man schnell **Fehler** machen. Korrigiere das Ergebnis.
a) 4 m² 3 dm² = 430 dm²
b) 60 dm² 9 cm² = 609 cm²
c) 35,70 m² = 35 m² 7 dm²
d) 80 cm² 40 mm² = 8,4 cm²

→ Die Lösungen zu „Alles klar?" findest du auf Seite 251.

7 Schreibe in gemischter Schreibweise.
a) $215\,m^2$　　b) $632\,dm^2$
c) $765\,dm^2$　　d) $7265\,dm^2$
e) $628\,mm^2$　　f) $6728\,mm^2$
g) $120\,a$　　h) $225\,a$

8 Schreibe mit Komma in der nächstgrößeren Einheit.

Beispiel: $275\,dm^2 = 2{,}75\,m^2$

a) $275\,cm^2$　　b) $345\,dm^2$
c) $1278\,cm^2$　　d) $2348\,dm^2$
e) $183\,dm^2$　　f) $1823\,dm^2$
g) $756\,m^2$　　h) $1756\,m^2$

9 Schreibe ohne Komma in der nächstkleineren Einheit.
a) $2{,}45\,m^2$　　b) $22{,}45\,m^2$
c) $8{,}25\,dm^2$　　d) $18{,}25\,dm^2$
e) $7{,}65\,cm^2$　　f) $72{,}65\,m^2$
g) $3{,}05\,cm^2$　　h) $25{,}80\,m^2$

10 Vor dem Rechnen musst du in gleiche Einheiten umwandeln.

Beispiel: $5\,m^2 + 435\,dm^2$
$= 500\,dm^2 + 435\,dm^2 = 935\,dm^2$

a) $5\,dm^2 + 34\,cm^2$　　b) $4\,dm^2 + 134\,cm^2$
c) $16\,a + 463\,m^2$　　d) $15\,cm^2 + 249\,mm^2$
e) $12\,m^2 - 60\,dm^2$　　f) $200\,m^2 - 1\,a$
g) $8\,m^2 + 112\,dm^2$　　h) $9\,dm^2 - 671\,cm^2$

11 Multipliziere oder dividiere.
a) $14\,m^2 \cdot 5$　　b) $27\,cm^2 \cdot 8$
c) $11\,ha \cdot 18$　　d) $20\,m^2 \cdot 5$
e) $65\,mm^2 : 5$　　f) $96\,a : 12$
g) $120\,cm^2 : 8$　　h) $192\,dm^2 : 12$

12 Wandle in die nächstkleinere Einheit ohne Komma um und multipliziere.
a) $1{,}25\,m^2 \cdot 3$　　b) $3{,}12\,m^2 \cdot 2$
c) $8{,}2\,m^2 \cdot 4$　　d) $4{,}72\,dm^2 \cdot 5$
e) $5{,}61\,cm^2 \cdot 6$　　f) $9{,}01\,cm^2 \cdot 7$
g) $8{,}09\,ha \cdot 8$　　h) $3{,}01\,km^2 \cdot 2$

13 In einem Mehrfamilienhaus mit sechs gleich großen Wohnungen beträgt die Gesamtfläche aller Wohnungen $672\,m^2$. Bestimme die Fläche einer Wohnung.

7 Wandle in die gemischte Schreibweise um.
a) $238\,cm^2$　　b) $4570\,dm^2$
c) $3509\,m^2$　　d) $503\,a$
e) $2450\,ha$　　f) $4002\,a$
g) $7070\,mm^2$　　h) $9999\,mm^2$

8 Wie oft passt die kleinere in die größere Fläche?
a) $30\,a$　in　$900\,a$
b) $5\,m^2$　in　$100\,m^2$
c) $12\,dm^2$　in　$72\,dm^2$
d) $15\,mm^2$　in　$150\,mm^2$
e) $4\,cm^2$　in　$1{,}2\,dm^2$
f) $13\,dm^2$　in　$1{,}56\,m^2$
g) $70\,a$　in　$49\,ha$
h) $100\,cm^2$　in　$1\,dm^2$

9 Wandle zuerst in die Schreibweise ohne Komma um, berechne dann.
a) $6{,}38\,m^2 \cdot 15$　　b) $6{,}15\,m^2 : 15$
c) $9{,}8\,dm^2 \cdot 16$　　d) $9{,}76\,a : 16$
e) $64{,}6\,km^2 \cdot 4$　　f) $64{,}4\,km^2 : 4$
g) $1{,}01\,m^2 \cdot 9$　　h) $111\,m^2 : 3$

10 Vor dem Rechnen musst du in passende Einheiten ohne Komma umwandeln.
a) $4\,m^2\,50\,dm^2 + 5\,m^2\,60\,dm^2$
b) $6\,a\,25\,m^2 + 7\,a\,80\,m^2$
c) $30\,ha\,20\,a - 28\,ha\,22\,a$
d) $32{,}25\,dm^2 - 2250\,cm^2$
e) $15{,}4\,dm^2 + 12{,}30\,dm^2 + 610\,cm^2$
f) $840\,m^2 + 25{,}64\,dm^2 + 5030\,cm^2$
g) $12\,km^2\,50\,ha + 356\,ha$
h) $698\,a - 5{,}98\,ha$

11 Wandle in die angegebene Einheit um.
a) in km^2: $50607\,a$; $971\,ha$; $7825947\,m^2$
b) in ha: $94\,km^2$; $697\,a$; $51\,a$; $25471\,m^2$
c) in a: $6\,km^2$; $71\,ha$; $20\,m^2$; $6241\,dm^2$

12 Wandle in die angegebene Einheit um und schreibe mit Komma. Achte auf die Nullen.
a) $48\,m^2\,8\,dm^2$　　in m^2
b) $92\,a\,5\,m^2\,40\,dm^2$　in m^2
c) $39\,ha\,6\,m^2$　　in a
d) $4\,dm^2\,80\,mm^2$　in mm^2

7 Umfang und Flächeninhalt

14 👥 Überlegt zu zweit, welche Maßeinheit hier sinnvoll ist:
Wohnzimmer; Handydisplay; Briefmarke; Fußballfeld; Großstadt; Heftseite; Teppich; Papiertaschentuch.

15 Von einer 1 km² großen Waldfläche muss ein Landwirt 7500 a für eine neue Autobahn verkaufen.
Welche Fläche hat er danach noch zur Verfügung? Notiere in Hektar.

16 Frau Wachendorf besitzt ein 12 ha 9 a großes Feld. Sie möchte es gleichmäßig auf ihre vier Kinder aufteilen. Berechne die Fläche, die jedes Kind erhält.

17 Von einem 1650 a großen Grundstück wird ein 420 a großer Teil abgetrennt. Der Rest wird in zwei gleich große Grundstücke geteilt. Wie viel m² groß sind diese zwei Grundstücke?

18 Louisa wohnt mit ihrer Familie in einer 78 m² großen Wohnung. Ihre Eltern bieten Louisa an, ihr 12 m² großes Zimmer gegen das 1200 dm² große Zimmer ihrer Schwester einzutauschen. Louisa findet das Zimmer ihrer Schwester viel größer und stimmt dem Tausch zu. Nimm Stellung dazu.

19 In einem Museum muss ein Bild aus Mosaiksteinen erneuert werden. Das gesamte Bild hat einen Flächeninhalt von 20 m². Ein einzelner kleiner Mosaikstein hat einen Flächeninhalt von einem Quadratzentimeter.
Wie viele Steine enthält das Bild?

eine Satzung
hier: Regeln zum Bebauen eines Grundstücks

ein Mosaik
ein Bild, das aus bunten Steinen zusammengesetzt ist

13 👥 Pia gibt eine Maßeinheit vor.
Nick und Selina nennen je eine Fläche, deren Flächeninhalt man in dieser Maßeinheit sinnvoll angeben kann. Pia entscheidet, ob die Antworten stimmen. Nach jedem Durchgang tauschen die drei ihre Rollen. Für eine richtige Antwort gibt es einen Punkt. Spielt das Spiel.

14 Eine Fabrik wird abgerissen. Es entsteht ein 2,65 ha großes Neubaugebiet.
Für Straßen und Grünflächen werden 1,70 ha reserviert.
Der Rest wird in Baugrundstücke aufgeteilt. Eine Satzung der Stadt schreibt vor, dass Baugrundstücke mindestens 300 m² groß sein müssen.
Wie viele Grundstücke kann es höchstens geben?

15 2016 wurde die Fläche Deutschlands mit rund 357 385 km² angegeben. 2017 hat man durch moderne Messverfahren herausgefunden, dass die Fläche um etwa 19 000 Hektar größer ist.
a) Gib die neue Gesamtfläche Deutschlands an.
b) Die Fläche von Nordrhein-Westfalen wurde 2017 mit etwa 34 113 km² angegeben. Die Fläche von Bayern wurde nun mit ungefähr 70 542 km² angegeben.
Um wie viel km² ist Bayern größer als Nordrhein-Westfalen?

3 Rechtecke

Die Schülerinnen und Schüler der Klasse 5b schneiden aus Pappe 1-m-Quadrate.
Sie möchten herausfinden, wie viele nötig sind, um ein Volleyballfeld auszulegen.
Lena wartet mit dem Zählen, bis der Boden ganz belegt ist.
Eva hat nicht so viel Geduld und überlegt mit Jonas, wie sie das Ergebnis schon vorher finden kann.

→ Habt ihr eine Idee, was Eva und Jonas überlegt haben?

In ein Rechteck von **10 m Länge** und **6 m Breite** passen 6 Streifen von 10 m Länge und 1 m Breite.
In jeden Streifen passen 10 Quadrate von 1 m Seitenlänge.
In das Rechteck passen also 60 Quadrate. Es hat den Flächeninhalt **60 m²**.

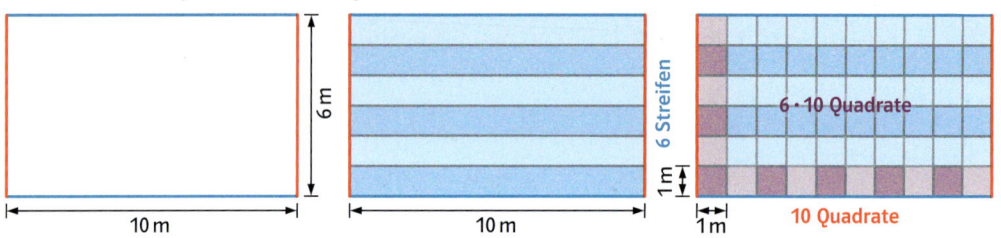

Der **Umfang** des Rechtecks mit 10 m Länge und 6 m Breite ist die Länge seines Rands.
Er beträgt also 10 m + 6 m + 10 m + 6 m = 32 m.

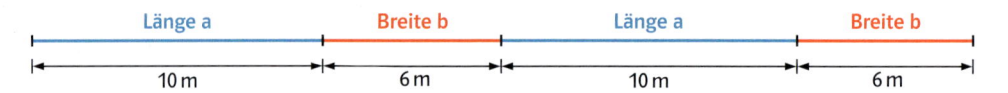

Merke

Flächeninhalt A des Rechtecks

$A = a \cdot b$

Umfang u des Rechtecks

$u = 2 \cdot a + 2 \cdot b$

Beachte: Haben Länge a und Breite b verschiedene Maßeinheiten, muss man sie durch Umwandeln auf die gleiche Maßeinheit bringen.

Flächeninhalt A des Quadrats

$A = a \cdot a$ oder $A = a^2$

Umfang u des Quadrats

$u = 4 \cdot a$

Tipp!
Flächen (englisch: **A**rea) werden mit A abgekürzt.

Beispiele

Seitenangaben des gelben Rechtecks: Länge a = 9 cm; Breite b = 5 cm

a) Berechnung des Flächeninhalts A:
   $A = a \cdot b$
   $A = 9\,cm \cdot 5\,cm = 45\,cm^2$
   Der Flächeninhalt A beträgt 45 cm².

b) Berechnung des Umfangs u:
   $u = 2 \cdot a + 2 \cdot b$
   $u = 2 \cdot 9\,cm + 2 \cdot 5\,cm$
   $ = 18\,cm + 10\,cm = 28\,cm$
   Der Umfang u beträgt 28 cm.

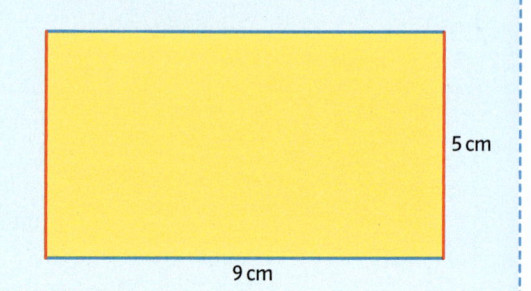

7 Umfang und Flächeninhalt

○ **1** Übertrage das Rechteck in dein Heft. Bestimme den Flächeninhalt und den Umfang des Rechtecks.

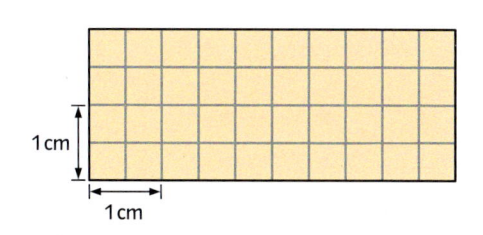

○ **2** Ein Rechteck hat die Länge und die Breite
a) 11 dm; 9 dm   b) 12 m; 4 m
Berechne Flächeninhalt und Umfang.

○ **3** Berechne Flächeninhalt und Umfang des Quadrats mit der Seitenlänge 8 cm.

Tipp!
Das Quadrat ist ein Rechteck mit vier gleich langen Seiten.

Alles klar?

D59   Fördern

A Zeichne ein Rechteck mit der Länge 12 cm und der Breite 5 cm. Bestimme den Flächeninhalt und den Umfang aus der Zeichnung und durch Rechnung.

B Berechne den Flächeninhalt und den Umfang des abgebildeten Grundstücks.

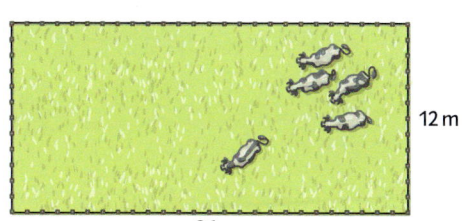

○ **4** Zeichne das Rechteck. Bestimme Flächeninhalt und Umfang.
a) 8 cm; 5 cm   b) 9 cm; 4 cm
c) 11 cm; 4 cm   d) 10 cm; 1 cm

○ **5**
a) Gib den Flächeninhalt und den Umfang der abgebildeten Quadrate an.

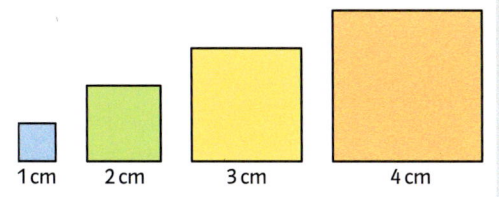

1 cm   2 cm   3 cm   4 cm

b) Gib Flächeninhalt und Umfang der Quadrate mit den Seitenlängen 5 cm; 6 cm; … 12 cm an.

◐ **6** Berechne aus dem Flächeninhalt A und der Länge a eines Rechtecks die Breite b.

Beispiel:
A = 45 cm²; a = 9 cm
b = 45 cm² : 9 cm = 5 cm
Die Breite beträgt 5 cm.

a) A = 48 cm²; a = 8 cm
b) A = 120 m²; a = 12 m
c) A = 72 dm²; a = 6 dm
d) A = 400 m²; a = 20 m
e) A = 20 m²; a = 50 dm

○ **4** Berechne den Flächeninhalt und den Umfang des Rechtecks.
a) 15 m; 8 m   b) 12 m; 11 m
c) 18 dm; 15 dm   d) 17 m; 12 m

◐ **5** Der Flächeninhalt und eine Seitenlänge eines Rechtecks sind gegeben. Berechne die zweite Seitenlänge.
a) 60 m²; 3 m   b) 45 cm²; 5 cm
c) 108 mm²; 27 mm   d) 154 m²; 14 m
e) 5 dm²; 5 dm   f) 144 m²; 12 m

◐ **6** Manche Grundstücke sind quadratisch. Berechne den Flächeninhalt. Gib das Ergebnis gemischt in a und m² an.
a) 27 m   b) 15 m
c) 25 m   d) 23 m

Tipp!
1 a = 100 m²

◐ **7**
a) Die Länge und die Breite eines Rechtecks sind gegeben. Suche ein Quadrat mit demselben Flächeninhalt.
A 8 cm; 2 cm   B 12 cm; 3 cm
b) Zeichne das Rechteck und das zugehörige Quadrat.
c) Vergleiche den Umfang der Figuren.

● **8** Ein Quadrat hat den Flächeninhalt
a) 25 cm².   b) 81 cm².   c) 121 cm².
Gib die Seitenlänge an. Probiere!

→ Die Lösungen zu „Alles klar?" findest du auf Seite 251.

7 Umfang und Flächeninhalt

ein Dock
Damit kann man Schiffe aus dem Wasser holen. So kommt man trocken an die Unterseite des Schiffes.

7 Zum 800. Geburtstag des Hamburger Hafens bemalten Künstler die 15 m hohe und 260 m lange Wand eines Docks. Welchen Flächeninhalt hat das Gemälde?

8 👥 Ein Fußballplatz muss mindestens 90 m lang und 45 m breit sein. Erlaubt sind maximal 120 m Länge und 90 m Breite. Für internationale Spiele muss der Platz 105 m lang und 68 m breit sein.
Rechnet zu zweit und vergleicht die verschiedenen Flächeninhalte und den jeweiligen Umfang.

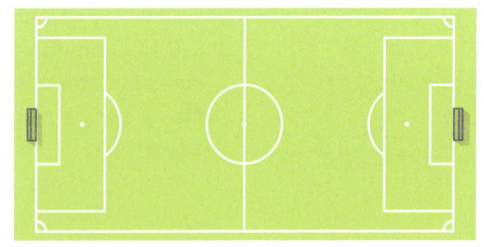

9 👥
a) Messt gemeinsam Länge und Breite des Mathematikbuchs und eures Klassenzimmers.
b) Berechnet die Flächeninhalte. Rundet dabei den Flächeninhalt auf dm² bzw. auf m².
c) Djamila wettet, dass 100 Mathematikbücher nicht reichen, um das Klassenzimmer auszulegen. Isa meint: Aber 1000 reichen bestimmt! Wer hat recht?

9 Berechne den Flächeninhalt und den Umfang des Rechtecks.
a) 5 m; 8 dm
b) 15 dm; 12 cm
c) 25 m; 12 dm
d) 33 m; 3 dm
e) 5 cm; 5 mm
f) 40 m; 5 dm

10 Ein Rechteck hat den Umfang 40 cm. Seine lange Seite ist um 10 cm länger als die kurze Seite. Berechne die Seitenlängen und den Flächeninhalt.
Probieren hilft und ist erlaubt!

11 Familie Raiser hat drei Angebote für Baugrundstücke bekommen:
A: Länge 25 m; Breite 20 m; Preis 70 000 €
B: Länge 30 m; Breite 18 m; Preis 64 800 €
C: Länge 26 m; Breite 20 m; Preis 65 000 €
a) Ordne die Grundstücke nach dem Flächeninhalt.
b) Um die Angebote zu vergleichen, dividiert man den Preis durch den Flächeninhalt. Welches Grundstück ist das günstigste?

12
a) Trage die Flächeninhalte der Quadrate mit der Seitenlänge 1 cm; 2 cm; …; 20 cm in die Tabelle ein.

Seitenlänge in cm	…	8	9	…
Flächeninhalt in cm²	…	64	81	…
Differenz in cm²	…	15	17	19	…

b) **SP** 👥 Sucht eine Regel für das schrittweise Anwachsen des Flächeninhalts. Das Bild hilft dabei.

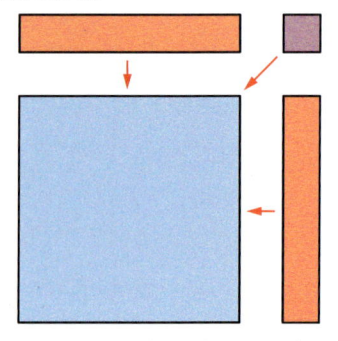

c) 👥 Prüft eure Regel an den Quadraten mit den Seitenlängen 25 cm und 26 cm nach.

Flächeninhalte schätzen

EXTRA

In vielen großen Städten wird diskutiert, mehr Parkplätze für Autos einzurichten. Auf dem Bild siehst du einen großen Parkplatz, wie man ihn zum Beispiel vor großen Supermärkten und Einkaufszentren findet.
Manchmal ist es hilfreich die **Größe der Flächen abzuschätzen**, wenn ein genaues Nachmessen nicht möglich ist. Du wählst eine kleinere Fläche, deren Größe du abschätzen kannst und überlegst dir, wie oft diese kleine Fläche in die große Fläche passt.

Beispiel:
Ein Parkplatz für ein Auto ist ungefähr 2,5 Meter breit und 5 Meter lang.
Flächeninhalt für einen Parkplatz:
$A = 25\,dm \cdot 50\,dm = 1250\,dm^2 = 12,5\,m^2$
Überlege nun, wie viele Parkplätze ungefähr auf dem Bild zu erkennen sind.
Flächeninhalt für etwa 220 Parkplätze:
$A = 220 \cdot 1250\,dm^2 = 275\,000\,dm^2 = 2750\,m^2$

Jede Fahrbahn zwischen den Parkplätzen ist ungefähr 55 m lang und 5 m breit. Es sind 7 Fahrbahnen zwischen den Parkplätzen zu erkennen.
Flächeninhalt zwischen den Plätzen:
$A = 55\,m \cdot 5\,m \cdot 7 = 1925\,m^2$

Beide Flächeninhalte addieren:
Gesamtflächeninhalt
$A = 2750\,m^2 + 1925\,m^2 = 4675\,m^2$
Der Parkplatz hat eine Größe von etwa $4675\,m^2$.

○ 1 Die Tischtennisplatte auf dem Schulhof ist in der Pause sehr beliebt. Deshalb wünschen sich die Kinder mehrere Platten. Eine Tischtennisplatte muss etwa 275 cm lang und 152 cm breit sein.
Es sollen fünf Platten so gebaut werden, dass man ausreichend Platz hat, um die Platte herum zu laufen. Wie viel m^2 Fläche müsste dafür auf dem Schulhof frei sein?

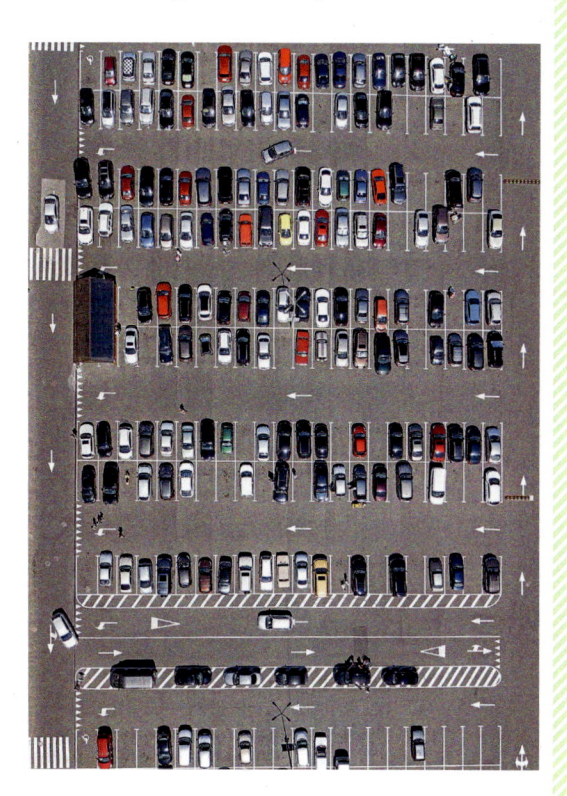

● 2 👥 Auf einer Rolle Küchenpapier sind ungefähr 50 Blatt. In einem Paket sind acht Rollen enthalten.
Könnt ihr damit euren gesamten Klassenraum auslegen? Überlegt vorher, wie groß ungefähr ein einzelnes Blatt Küchenpapier ist.

4 Rechtwinklige Dreiecke

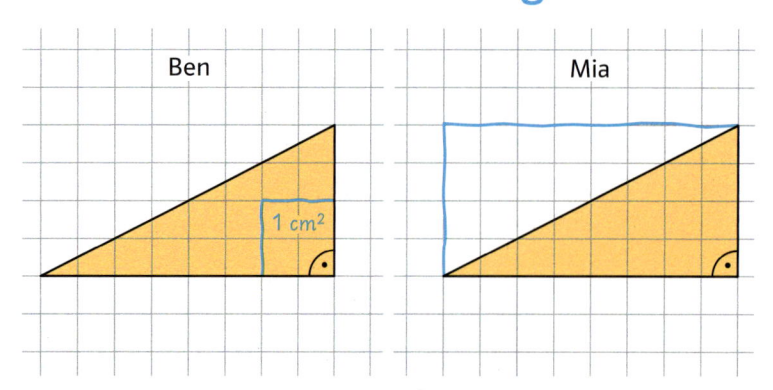

Ben und Mia wollen den Flächeninhalt des rechtwinkligen Dreiecks herausfinden. Sie gehen unterschiedlich vor.

→ Ben hat in das Dreieck ein 1 cm² großes Quadrat eingezeichnet. Beschreibe, wie er vorgeht.

→ Mia hat das Dreieck zu einem Rechteck ergänzt. Gib die Seitenlängen des Rechtecks an und berechne seinen Flächeninhalt.

→ Beschreibe die weitere Vorgehensweise von Mia.

Jedes rechtwinklige Dreieck entspricht einem halben Rechteck. Deswegen ist der Flächeninhalt eines rechtwinkligen Dreiecks halb so groß wie der Flächeninhalt des Rechtecks.

Merke

Flächeninhalt A des rechtwinkligen Dreiecks:
$A = (a \cdot b) : 2$

Beim Umfang u des rechtwinkligen Dreiecks addiert man alle drei Seitenlängen.
$u = a + b + c$

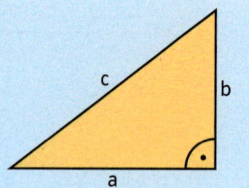

Beispiele

Seitenangaben des rechtwinkligen Dreiecks:
$a = 4\,cm;\ b = 3\,cm;\ c = 5\,cm$

a) Berechnung des Flächeninhalts A:
$A = (a \cdot b) : 2$
$A = (4\,cm \cdot 3\,cm) : 2 = 12\,cm^2 : 2 = 6\,cm^2$
Der Flächeninhalt A beträgt 6 cm².

b) Berechnung des Umfangs u:
$u = a + b + c$
$u = 4\,cm + 3\,cm + 5\,cm = 12\,cm$
Der Umfang u beträgt 12 cm.

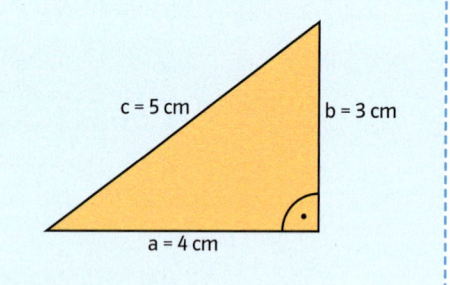

○1 Berechne den Flächeninhalt und den Umfang des rechtwinkligen Dreiecks.

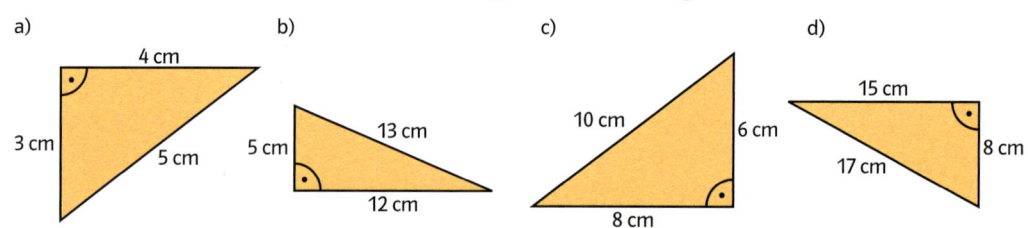

a) 4 cm, 3 cm, 5 cm
b) 5 cm, 13 cm, 12 cm
c) 10 cm, 6 cm, 8 cm
d) 15 cm, 8 cm, 17 cm

○2 Ein rechtwinkliges Dreieck hat die Seitenlängen a = 7 cm und b = 24 cm. Die Seite c liegt dem rechten Winkel gegenüber und ist 25 cm lang. Zeichne eine Skizze. Bestimme den Flächeninhalt und den Umfang des Dreiecks.

7 Umfang und Flächeninhalt

Alles klar?

D60 Fördern

A Berechne den Umfang und den Flächeninhalt des rechtwinkligen Dreiecks.

c = 29 cm; b = 21 cm; a = 20 cm

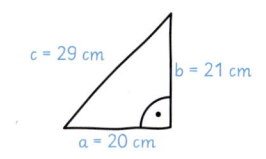

B Berechne den Flächeninhalt des rechtwinkligen Dreiecks mit den Maßen
a) a = 5 cm; b = 14 cm.
b) a = 4 cm; b = 10 cm.

3 Zeichne das rechtwinklige Dreieck mit den Seitenlängen a = 9 cm und b = 12 cm. Miss die Länge der Seite c. Berechne dann den Umfang und den Flächeninhalt.

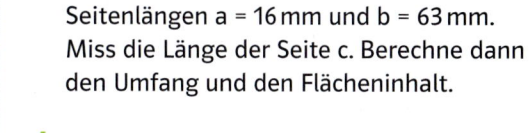

3 Zeichne das rechtwinklige Dreieck mit den Seitenlängen a = 16 mm und b = 63 mm. Miss die Länge der Seite c. Berechne dann den Umfang und den Flächeninhalt.

4 Bestimme den Flächeninhalt des rechtwinkligen Dreiecks.
a)
b)
1 cm

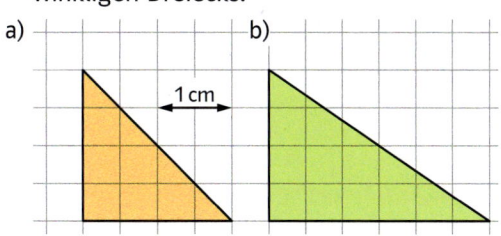

4 SP Finde den Fehler. Erkläre, was falsch gemacht worden ist. Berechne anschließend richtig im Heft.
a) 10 cm; 6 cm; 8 cm
$A = (10\,cm \cdot 8\,cm) : 2 = 40\,cm^2$

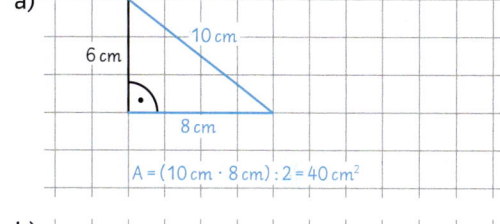

b) 2 cm; 2,5 cm
$A = 25\,mm \cdot 20\,mm = 500\,mm^2 = 50\,cm^2$

5 SP Finde den Fehler. Erkläre, was falsch gemacht wurde. Berechne anschließend richtig im Heft.
a) 8 cm; 5 cm
$A = 5\,cm \cdot 8\,cm = 40\,cm^2$

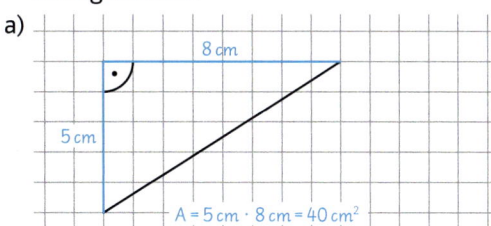

b) 4 cm; 3 cm; 5 cm
$u = 3\,cm \cdot 4\,cm \cdot 5\,cm = 60\,cm^2$

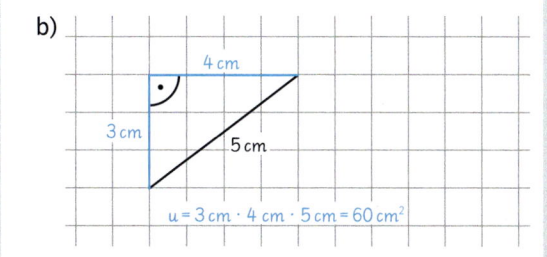

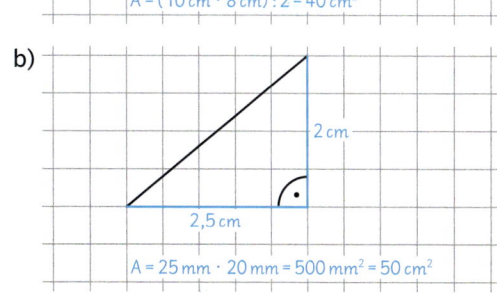

5 Das Dreieck besteht aus zwei rechtwinkligen Dreiecken. Berechne den gesamten Flächeninhalt.
4 cm; 1 cm; 3 cm

6 Ergänze die fehlenden Werte der rechtwinkligen Dreiecke in der Tabelle.

	a	b	A
a)	5 cm	6 cm	▇
b)	▇	10 cm	25 cm²
c)	12 cm	▇	42 cm²

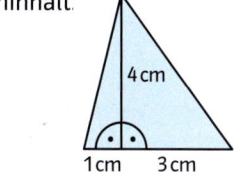

6 Das rechtwinklige Dreieck hat die Seitenlängen x, y und z.
Bestimme die Formel für den Umfang und den Flächeninhalt des Dreiecks.

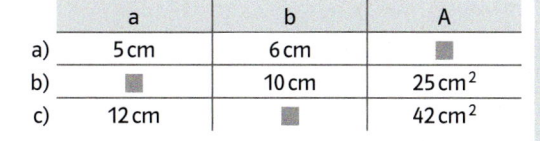

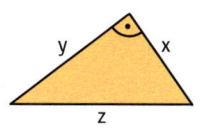

y, x, z

→ Die Lösungen zu „Alles klar?" findest du auf Seite 252.

5 Zusammengesetzte Figuren

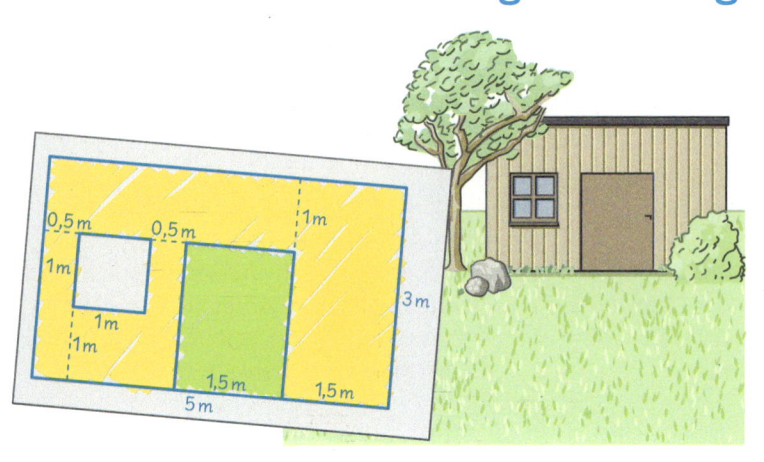

Reginas Vater möchte die Wand des Gartenhauses gelb und die Tür grün streichen. Dafür berechnet Regina zuerst die Wandfläche.
→ Regina zerlegt die Wandfläche in Rechtecke. Bestimme, wie groß die Fläche ist.
→ Tauscht euch zu zweit darüber aus, wie ihr die Fläche zerlegt habt.
→ Überlegt in der Klasse, ob man die Wandfläche auch anders berechnen kann.

An Häusern, Grundstücken, Gärten, Möbeln gibt es viele Flächen aus zusammengesetzten Figuren. Die Zerlegungslinien sind meistens nicht sichtbar.

Merke

Viele **zusammengesetzte Figuren** bestehen aus Rechtecken, Quadraten und Dreiecken. Solche Figuren lassen sich auch wieder in Rechtecke, Quadrate und Dreiecke zerlegen. Es gibt immer mehrere **Zerlegungen**. Man berechnet den Flächeninhalt dann als **Summe**.

Zusammengesetzte Figuren lassen sich auch durch Anlegen von Rechtecken, Quadraten oder rechtwinkligen Dreiecken zu einem großen Rechteck oder Quadrat **ergänzen**. Man berechnet den Flächeninhalt dann als **Differenz**.

Der Rand von zusammengesetzten Figuren besteht aus Strecken. Der **Umfang** ist die Summe der Streckenlängen.

Beispiele

a) **Zerlegung:** Die Figur wird zerlegt in zwei Rechtecke mit den Seitenlängen 8 cm und 6 cm und 3 cm und 2 cm.
$A = 8\,cm \cdot 6\,cm + 3\,cm \cdot 2\,cm$
$= 48\,cm^2 + 6\,cm^2 = 54\,cm^2$
Der Flächeninhalt beträgt 54 cm².

b) **Zerlegung:** Die Figur wird zerlegt in zwei Rechtecke mit den Seitenlängen 5 cm und 6 cm und 3 cm und 8 cm.
$A = 5\,cm \cdot 6\,cm + 3\,cm \cdot 8\,cm$
$= 30\,cm^2 + 24\,cm^2 = 54\,cm^2$
Der Flächeninhalt beträgt 54 cm².

c) **Ergänzung:** Zur Figur wird ein Rechteck mit den Seitenlängen 5 cm und 2 cm ergänzt. Dadurch entsteht ein Quadrat mit der Seitenlänge 8 cm.
$A = 8\,cm \cdot 8\,cm - 5\,cm \cdot 2\,cm$
$= 64\,cm^2 - 10\,cm^2 = 54\,cm^2$
Der Flächeninhalt beträgt 54 cm².

d) **Umfang:** Der Rand hat 6 Strecken.
$u = 8\,cm + 6\,cm + 5\,cm + 2\,cm + 3\,cm + 8\,cm$
$= 32\,cm$
Der Umfang beträgt 32 cm.

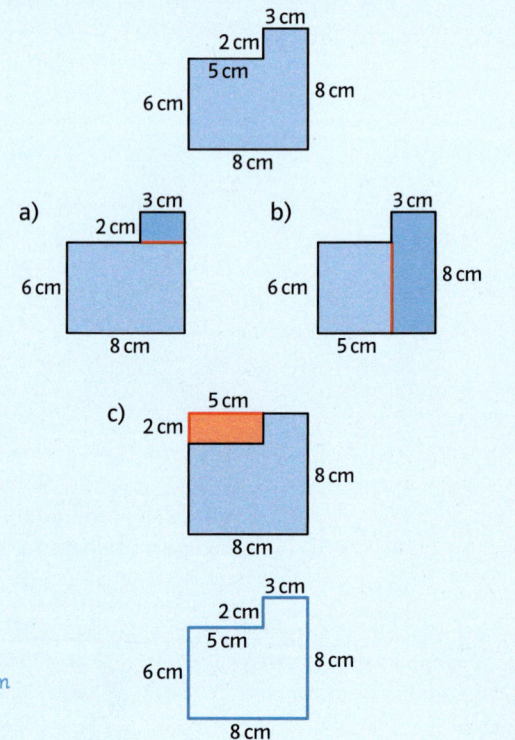

7 Umfang und Flächeninhalt

○ 1 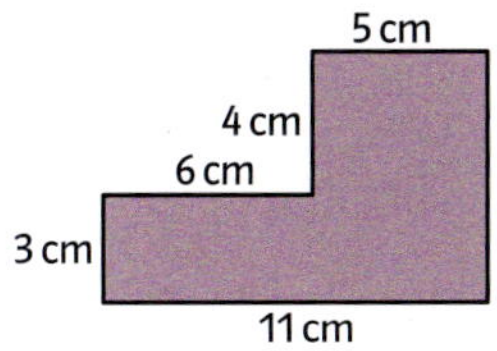
Figur mit Maßen: 5 cm, 4 cm, 6 cm, 3 cm, 11 cm
a) Zerlege die Figur in zwei Rechtecke oder ergänze sie zu einem Rechteck.
b) Berechne den Flächeninhalt.
c) Berechne den Umfang.

○ 2 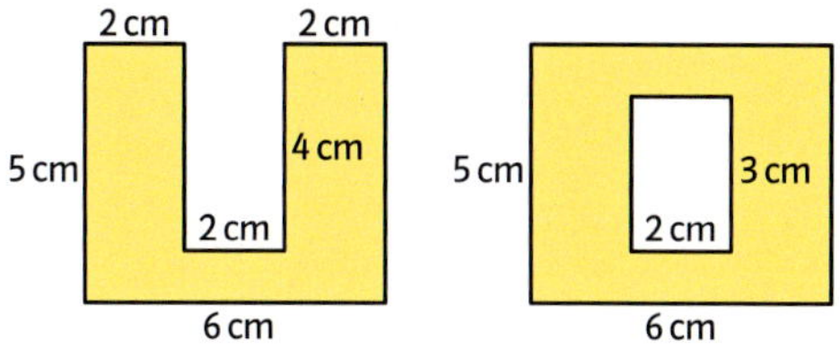
Buchstaben U und O mit Maßen: 2 cm, 2 cm, 5 cm, 4 cm, 2 cm, 6 cm und 2 cm, 5 cm, 3 cm, 2 cm, 6 cm
a) Berechne den Flächeninhalt der zwei Druckbuchstaben U und O.
b) Berechne den Umfang des Buchstaben U.

Alles klar?

D61 Fördern

A 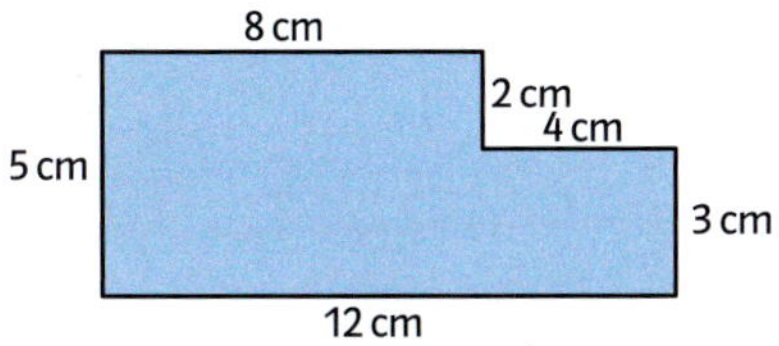
Figur mit Maßen: 8 cm, 2 cm, 4 cm, 5 cm, 3 cm, 12 cm
a) Berechne den Flächeninhalt der Figur.
b) Berechne den Umfang der Figur.

B Berechne den Flächeninhalt der Figur.
Maße: 2 cm, 2 cm, 2 cm, 2 cm, 6 cm, 6 cm

Tipp!
Trage die Strecken ein, die du zum Zerlegen oder Ergänzen brauchst.

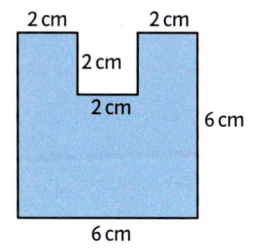

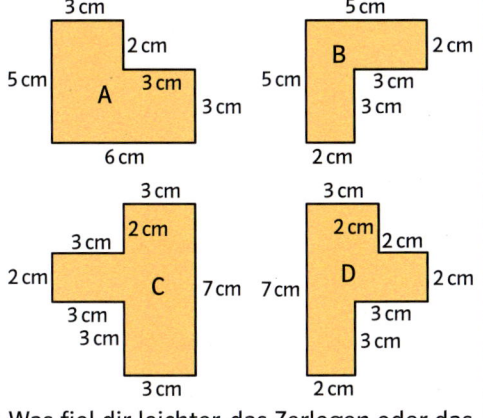

○ 3 Zeichne die Figuren ab. Berechne ihren Flächeninhalt
a) durch Zerlegen und Addition.
b) durch Ergänzen und Subtraktion.

Figur A: 3 cm, 2 cm, 5 cm, 3 cm, 3 cm, 6 cm
Figur B: 5 cm, 2 cm, 5 cm, 3 cm, 3 cm, 2 cm
Figur C: 3 cm, 2 cm, 3 cm, 2 cm, 7 cm, 3 cm, 3 cm, 3 cm
Figur D: 3 cm, 2 cm, 2 cm, 7 cm, 2 cm, 3 cm, 3 cm, 2 cm

c) Was fiel dir leichter, das Zerlegen oder das Ergänzen?

○ 4 Berechne den Flächeninhalt der Figur durch Ergänzung.
Maße: 7 cm, 4 cm, 3 cm, 2 cm, 2 cm

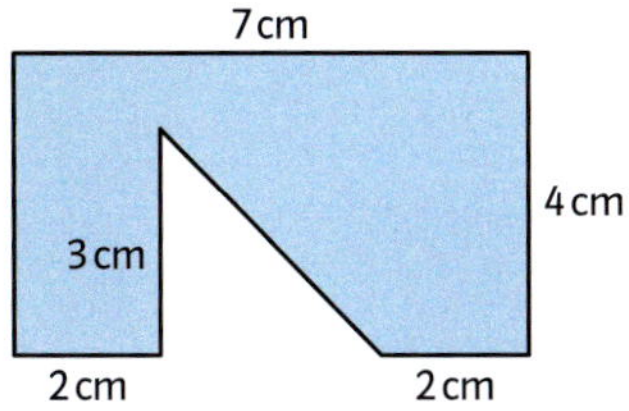

◔ 3 Berechne den Flächeninhalt und den Umfang der Figur.
Maße: 5 m, 9 m, 6 m, 4 m

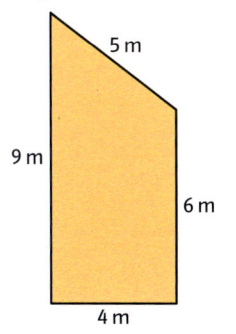

◔ 4 Aus der zusammengesetzten Figur ist eine Teilfigur ausgespart. Zeichne die Figur. Zerlege sie, damit du den Flächeninhalt berechnen kannst.
Maße: 2 cm, 6 cm, 2 cm, 2 cm, 2 cm, 2 cm, 2 cm, 1 cm, 1 cm, 6 cm

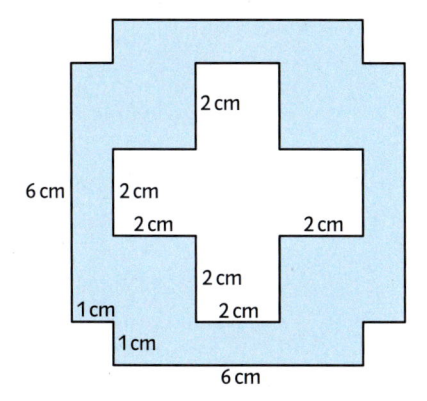

→ Die Lösungen zu „Alles klar?" findest du auf Seite 252.

5
a) **SP** Vergleiche den Flächeninhalt und den Umfang der Figuren ohne zu rechnen. **Erkläre**, wie du vorgehst.
b) Zeichne eine Figur, die denselben Umfang hat wie Figur F, aber einen kleineren Flächeninhalt.

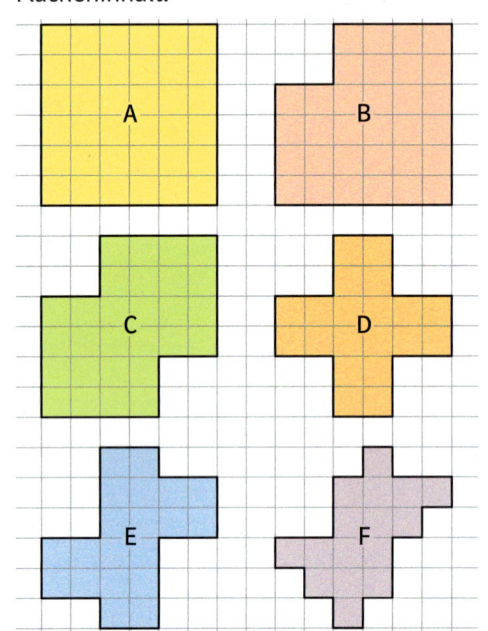

6
👥 Lisa zeichnet eine zusammengesetzte Figur. Dann streichen **Kilian** und **Lisa** abwechselnd je eine Teilfigur weg. Der Umfang muss dabei gleich bleiben.

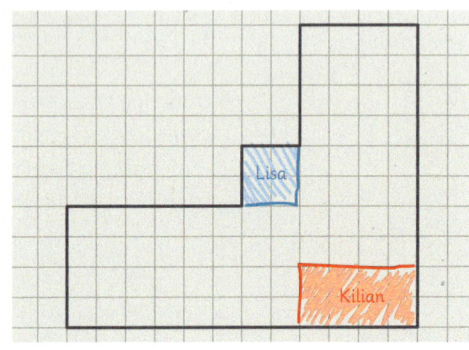

Sie spielen so lange, bis sich keine Teilfigur mehr wegstreichen lässt.
Spielt dieses Spiel zu zweit.

7
👥 Zeichnet zusammengesetzte Figuren mit dem Flächeninhalt 20 cm². Vergleicht sie untereinander. Findet ihr mehr als fünf verschiedene?

5
a) Berechne den Flächeninhalt der Figur auf mehrere Arten.
b) Berechne den Umfang der Figur.
c) **SP** 👥 Marie sagt: Die Figur hat den gleichen Umfang wie das kleinste Rechteck, das man drum herum legen kann. Überlegt zu zweit, warum das so ist.

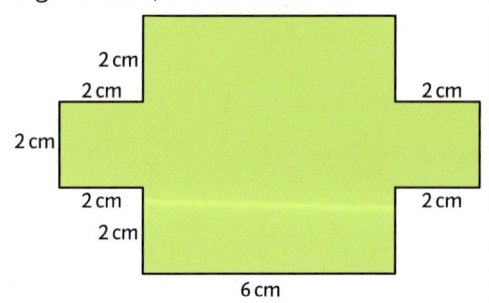

6
a) Berechne den Flächeninhalt der Figur.
b) **SP** 👥 **Erkläre** deinem Partner, wie man das Ergebnis ganz einfach finden kann. Schreibe deine **Begründung** auf.

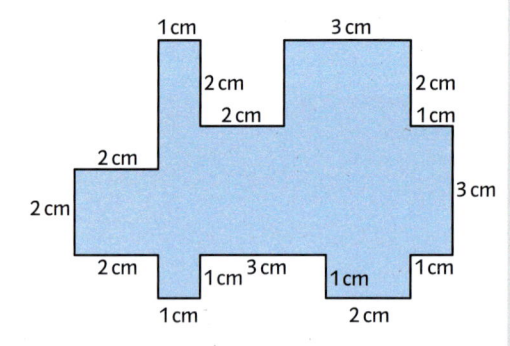

7
Wie musst du die sechs Rechtecke mit der Länge 6 cm und der Breite 4 cm zusammenlegen, damit eine Figur
a) mit möglichst kleinem Umfang entsteht?
b) mit möglichst großem Umfang entsteht?

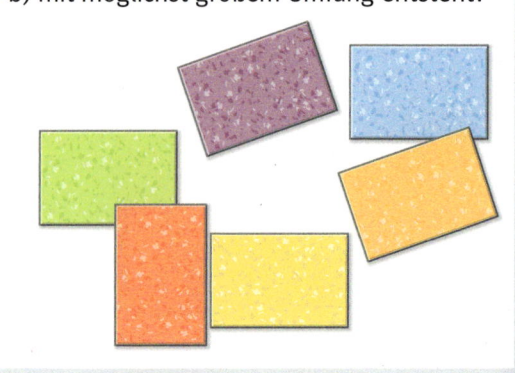

Zusammenfassung

Flächen vergleichen

Zwei Flächen sind gleich groß, wenn sie gleich viele Kästchen enthalten. Sie haben dann den gleichen **Flächeninhalt**. Die einfachsten Teilflächen sind ganze und halbe Kästchen.

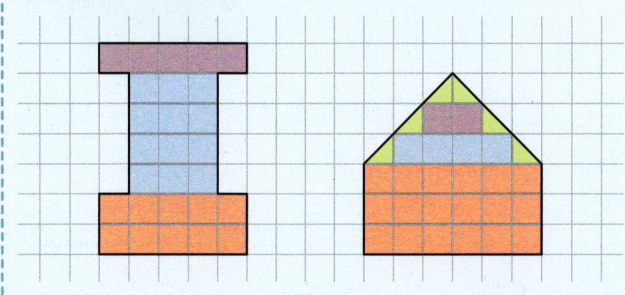

	linke Figur	rechte Figur
ganze Kästchen (K)	2·5 + 4·3 + 1·5 = 27	3·6 + 1·4 + 1·2 = 24
halbe K	0	2·3 = 6
ganze K	0	3
Flächeninhalt in K	27	24 + 3 = 27

Die zwei Figuren haben den gleichen Flächeninhalt.

Rechtecke

Flächeninhalt: $A = a \cdot b$
Umfang: $u = 2 \cdot a + 2 \cdot b$

Rechteck mit Länge $a = 6\,m$ und Breite $b = 8\,m$
$A = 6\,m \cdot 8\,m = 48\,m^2$ $u = 2 \cdot 6\,m + 2 \cdot 8\,m = 28\,m$
Der Flächeninhalt A   Der Umfang u
beträgt $48\,m^2$.   beträgt 28 m.

Ein **Quadrat** ist ein Rechteck mit vier gleich langen Seiten.
Flächeninhalt: $A = a \cdot b$
Umfang: $u = 4 \cdot a$

Rechtwinklige Dreiecke

Flächeninhalt: $A = (a \cdot b) : 2$
Umfang: $u = a + b + c$

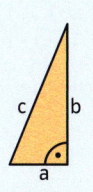

Rechtwinkliges Dreieck mit
$a = 5\,cm$; $b = 12\,cm$; $c = 13\,cm$
$A = (5\,cm \cdot 12\,cm) : 2 = 60\,cm^2 : 2 = 30\,cm^2$
Der Flächeninhalt A beträgt $30\,cm^2$.

$u = 5\,cm + 12\,cm + 13\,cm = 30\,cm$
Der Umfang u beträgt 30 cm.

Flächenmaße

Quadratkilometer	km^2	$1\,km^2 = 100\,ha$
Hektar	ha	$1\,ha = 100\,a$
Ar	a	$1\,a = 100\,m^2$
Quadratmeter	m^2	$1\,m^2 = 100\,dm^2$
Quadratdezimeter	dm^2	$1\,dm^2 = 100\,cm^2$
Quadratzentimeter	cm^2	$1\,cm^2 = 100\,mm^2$
Quadratmillimeter	mm^2	

Die Umrechnungszahl für Flächenmaße ist 100.
1 ha ist der Flächeninhalt eines Quadrats mit 100 m Seitenlänge.

Schreibweisen
Gemischt in zwei Einheiten oder
eine Einheit ohne Komma oder
eine Einheit mit Komma.
$12\,m^2\,45\,dm^2 = 1245\,dm^2 = 12{,}45\,m^2$
$4\,a\,80\,m^2 = 480\,dm^2 = 4{,}80\,a$
$8\,cm^2\,7\,mm^2 = 807\,mm^2 = 8{,}07\,cm^2$

Zusammengesetzte Figuren

Viele zusammengesetzte Figuren bestehen aus Rechtecken, Quadraten oder Dreiecken.

Flächeninhalt:
Die Figur in Teilfiguren **zerlegen** und A als Summe berechnen.
$A = 3\,cm \cdot 5\,cm + 2\,cm \cdot 3\,cm$

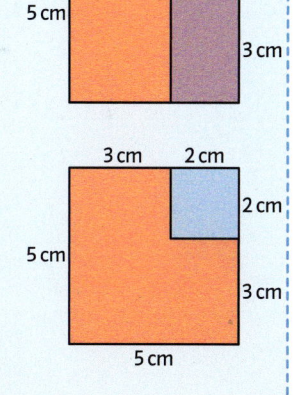

Die Figur mit Rechtecken, Quadraten oder Dreiecken zu einem großen Rechteck oder Quadrat **ergänzen** und A als Differenz berechnen.
$A = 5\,cm \cdot 5\,cm - 2\,cm \cdot 2\,cm$

Der Flächeninhalt A beträgt $21\,cm^2$.

Umfang:
Der Rand von zusammengesetzten Figuren besteht aus Strecken. Der Umfang ist die Summe der Streckenlängen.

$u = 5\,cm + 3\,cm + 2\,cm + 2\,cm + 3\,cm + 5\,cm = 20\,cm$
Der Umfang beträgt 20 cm.

Basistraining

1
a) Gib den Flächeninhalt in Kästchen an.
b) Welche Figuren haben den gleichen Flächeninhalt?
c) Welche Figur hat den größten Flächeninhalt, welche den kleinsten?

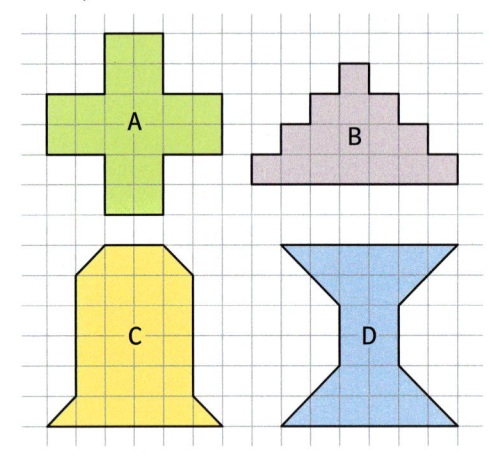

2 Wandle um.
a) $8\,m^2 = \blacksquare\,dm^2$
b) $7\,cm^2 = \blacksquare\,mm^2$
c) $45\,m^2 = \blacksquare\,dm^2$
d) $5\,a = \blacksquare\,m^2$
e) $22\,a = \blacksquare\,m^2$
f) $25\,m^2 = \blacksquare\,dm^2$
g) $20\,m^2 = \blacksquare\,dm^2$
h) $10\,dm^2 = \blacksquare\,cm^2$

3 Schreibe gemischt.
a) $250\,dm^2$
b) $354\,dm^2$
c) $3460\,cm^2$
d) $3466\,cm^2$
e) $720\,a$
f) $702\,a$
g) $5678\,m^2$
h) $5008\,m^2$

4 Berechne die Summe.
a) $7\,m^2 + 18\,m^2$
b) $18\,dm^2 + 32\,dm^2$
c) $75\,m^2 + 35\,m^2$
d) $33\,a + 66\,a$
e) $56\,a + 44\,a$
f) $15\,mm^2 + 34\,mm^2$

5 Wandle zunächst in die kleinere Einheit um, berechne dann.
a) $7\,m^2\,45\,dm^2 + 6\,m^2\,95\,dm^2$
b) $12\,km^2\,60\,ha + 75\,ha$
c) $57\,ha\,91\,a - 42\,ha\,99\,a$
d) $13\,a\,74\,m^2 - 7\,a\,8\,m^2$
e) $74\,m^2\,50\,dm^2 + 6\,m^2 + 13\,m^2\,71\,dm^2$
f) $61\,km^2 + 1900\,ha$
g) $8\,dm^2 + 80\,cm^2 - 10\,cm^2$
h) $50\,a\,63\,m^2 + 37\,m^2\,90\,dm^2$

6 Berechne den Flächeninhalt und den Umfang des Rechtecks mit den angegebenen Seitenlängen.
a) $5\,cm$; $4\,cm$
b) $8\,cm$; $3\,cm$
c) $15\,m$; $10\,m$
d) $6\,dm$; $6\,dm$
e) $3\,km$; $7\,km$
f) $30\,dm$; $15\,dm$
g) $40\,m$; $60\,m$
h) $25\,m$; $18\,m$

7 Wie oft passt die kleinere in die größere Fläche?
a) $4\,mm^2$ in $20\,mm^2$
b) $24\,m^2$ in $48\,m^2$
c) $6\,dm^2$ in $48\,dm^2$
d) $8\,cm^2$ in $400\,cm^2$
e) $25\,m^2$ in $500\,m^2$
f) $12\,cm^2$ in $132\,cm^2$

8 Berechne Flächeninhalt und Umfang des Rechtecks, Quadrats oder Dreiecks.

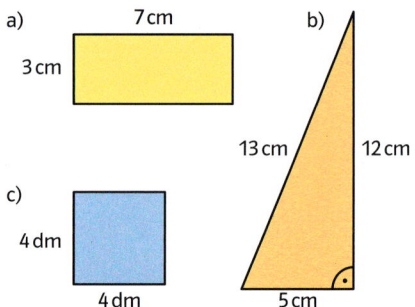

9 Der Flächeninhalt und die Breite eines Rechtecks sind gegeben. Berechne die Länge.
a) $30\,m^2$; $6\,m$
b) $48\,cm^2$; $8\,cm$
c) $200\,m^2$; $20\,m$
d) $125\,cm^2$; $5\,cm$
e) $24\,m^2$; $12\,m$
f) $10\,cm^2$; $2\,cm$

10 Wie groß ist der Flächeninhalt und der Umfang der Figur?

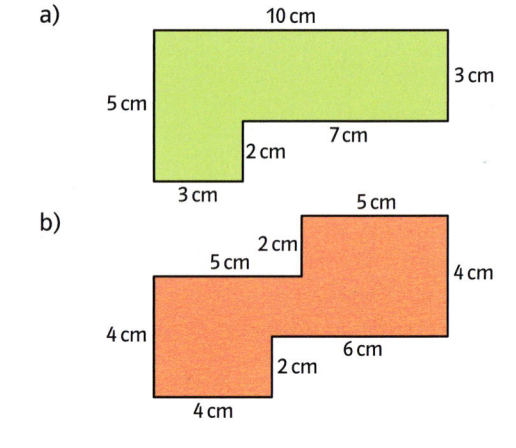

Anwenden. Nachdenken

11 Welche Figur hat den größten Umfang: das grüne Kreuz, das blaue Kreuz oder das orange Podest? Schreibe vor dem Kästchen-Zählen deine Vermutung auf.

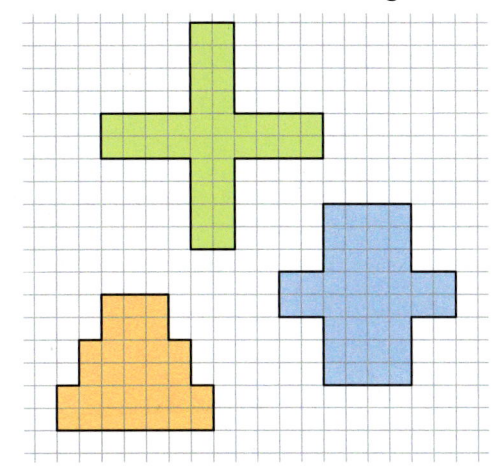

12 Hier geht es um die Null! Wandle in die kleinere Einheit um.
a) $10\,m^2\,35\,dm^2$
b) $10\,m^2\,5\,dm^2$
c) $20\,dm^2\,8\,cm^2$
d) $2\,m^2\,8\,dm^2$
e) $7\,m^2\,7\,dm^2$
f) $7\,m^2\,70\,dm^2$
g) $70\,m^2\,70\,dm^2$
h) $70\,m^2\,7\,dm^2$

13 Es gibt mehrere Möglichkeiten, den **Fehler** zu korrigieren. Findet zusammen mindestens zwei verschiedene Korrekturmöglichkeiten.
a) $2{,}5\,m^2 = 2\,m^2\,5\,dm^2$
b) $40{,}02\,m^2 = 40\,m^2\,20\,dm^2$
c) $60\,m^2 + 6\,dm^2 = 66\,m^2$
d) $4{,}80\,a + 20\,m^2 = 24{,}80\,m^2$
e) $10\,cm^2 \cdot 10 = 10\,dm^2$
f) $30\,dm^2 \cdot 50 = 150\,m^2$
g) $50\,m^2 : 25 = 20\,dm^2$

14 In einem Koordinatensystem sind die Eckpunkte eines Rechtecks $A(0\,|\,0)$; $B(5\,|\,0)$ und $C(5\,|\,6)$ gegeben.
a) Zeichne das Koordinatensystem und bestimme den fehlenden Eckpunkt D.
b) Bestimme den Umfang des Rechtecks in cm.
c) Berechne den Flächeninhalt des Rechtecks in cm^2.

15 In der Tabelle steht die Länge a eines Rechtecks. Das Rechteck soll den Flächeninhalt $10\,m^2$ haben.
Gib die fehlende Breite b an.

	Länge a	Breite b
a)	10 m	
b)	1 m	
c)	5 m	
d)	5 dm	
e)	2 m	
f)	2 dm	
g)	4 m	
h)	4 cm	

16 Die Seitenlängen eines Rechtecks sind mit den Variablen x und y benannt.
a) Gib die Formel zur Berechnung des Flächeninhalts an.
b) Gib die Formel zur Berechnung des Umfangs an.
c) Berechne die fehlenden Werte der Tabelle.

x	y	A	u
6 cm	7 cm		
	3 cm	$24\,cm^2$	
13 cm		$117\,cm^2$	
5 cm			24 cm

17
1. Partner 2. Partner
A 15 cm; 8 cm   B 24 cm; 5 cm
C 3 cm; 40 cm   D 20 cm; 6 cm
E 30 cm; 4 cm   F 12 cm; 10 cm

a) Berechnet abwechselnd den Flächeninhalt der Rechtecke.
b) SP Vergleicht die Umfänge. Schreibt auf, was euch auffällt.

18
a) Notiert abwechselnd Seitenlängen für Rechtecke mit dem Flächeninhalt $144\,cm^2$.
b) Welches Rechteck mit $144\,cm^2$ Flächeninhalt hat den kleinsten Umfang?
c) Findet ihr ein Rechteck mit einem Umfang, der größer als 288 cm ist?

D62 Material zu der Aufgabe 22

19
a) SP Was fällt dir auf, wenn du Flächeninhalt und Umfang des Rechtecks mit den Seitenlängen 6 cm und 3 cm berechnest?
b) Suche ein Quadrat mit derselben Eigenschaft.

20 Zeichne auf Karopapier ein Rechteck mit den Seitenlängen 13 cm und 8 cm.
a) Trenne von diesem Rechteck ein möglichst großes Quadrat ab.
b) SP Setze so oft wie möglich ebenso fort. Beschreibe die entstandene Zerlegung.

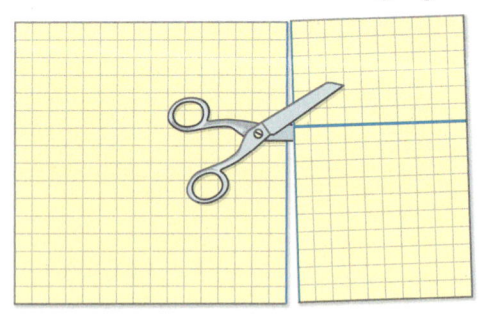

21 Das Rechteck ist mit Quadraten ausgelegt. Bei einigen ist die Seitenlänge nicht angegeben.
Trotzdem kannst du die Seitenlängen des Rechtecks berechnen. Berechne dann den Umfang des Rechtecks.
Welchen Flächeninhalt hat das Rechteck?

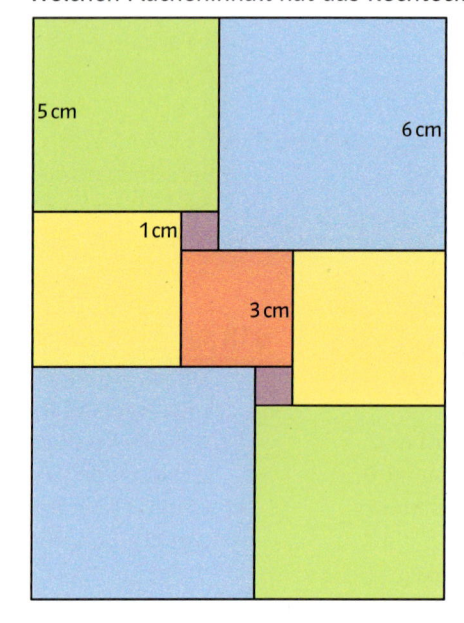

ein Beet
eine abgegrenzte Fläche zum Anbau von Pflanzen

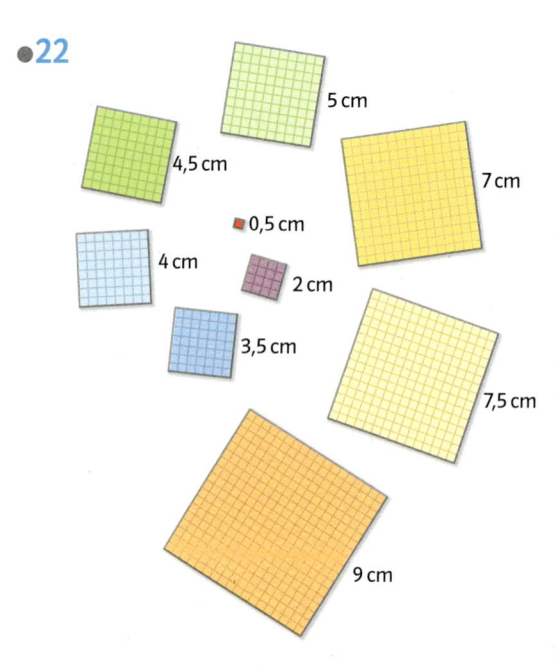

22

a) Zeichne die neun Quadrate auf Karopapier und schneide sie aus. Lege sie zu einem Rechteck zusammen.
b) Gib die Seitenlängen des Rechtecks an und berechne seinen Flächeninhalt.
Tipp: Die drei größten Quadrate gehören in die Ecken des Rechtecks.

23 Von einem 1720 m² großen Grundstück wird ein 860 m² großer Teil abgetrennt. Der Rest wird in zwei gleich große Teile geteilt. Wie groß sind die beiden Teile?

24 Im Hotel Seeblick bekommen alle Zimmer neue Teppichböden. Es gibt 15 Zimmer mit 20 m² Flächeninhalt und 25 Zimmer mit 16 m² Flächeninhalt.
a) Wie groß ist die Gesamtfläche?
b) 1 m² Teppichboden kostet 24 €. Wie viel Euro kostet die Erneuerung der Böden?

25 Auf einem 22,5 a großen Grundstück sollen sechs Gewächshäuser gebaut werden. Jedes ist 250 m² groß. Für die Wege braucht man 300 m². Ist noch Platz für vier Beete mit je 100 m² Fläche?

eine Buche
ein Laubbaum
(Laub = Blätter)

26 Eine Buche hat etwa 180 000 Blätter. Die Blätter sind im Durchschnitt 22 cm² groß.
a) Wie groß ist die gesamte Blattfläche?
b) Gib den Flächeninhalt in m² an.
c) Wie viele Jungbuchen mit einer Blattfläche von 50 m² könnten den alten Baum ersetzen?

27 Ein Quadrat mit dem Flächeninhalt 1 m² wird in 1000 gleich breite Streifen zerschnitten. Diese werden zu einem einzigen Streifen aneinander gelegt. Wie lang ist dieser Streifen?

28 MK Ein rechtwinkliges Dreieck hat die Seitenlängen a, b und c.

	A	B	C	D	E
1	a	b	c	A	u
2	5cm	12cm	13cm	30cm²	
3	8cm		17cm		40cm
4	6cm	8cm	10cm	48cm²	24cm

a) Gib die Rechenanweisungen für die Zellen E2 und D3 an.
b) Zeige, dass der Wert der Zelle B3 15 cm beträgt.
c) SP Erkläre den Fehler in Zelle D4. Gib die richtige Rechenanweisung an und berechne den Wert.

29 Ein Rechteck hat eine Breite von 16 cm und eine Länge von 9 cm.
a) Berechne den Flächeninhalt des Rechtecks.
b) Ein Quadrat soll den gleichen Flächeninhalt wie das Rechteck haben. Wie lang muss eine Seite des Quadrats sein?

30 Aus einem Quadrat ist ein kleineres Quadrat herausgeschnitten.
a) Zeichne diese Figur.
b) Berechne den Flächeninhalt der Figur.
c) Vergleicht eure Strategien.

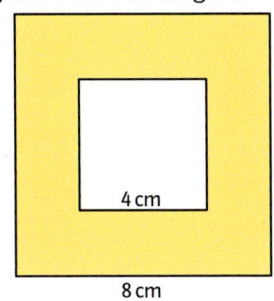

31 Berechne den Umfang und den Flächeninhalt der Figur. Zeichne dann eine Figur mit gleichem Umfang, die aber ganz anders aussieht.

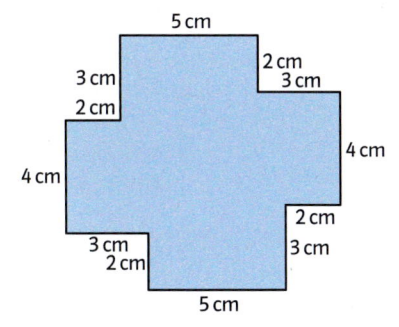

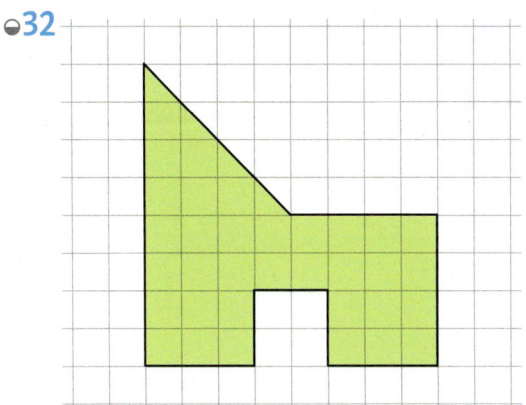

32
a) Berechne den Flächeninhalt der Figur durch Zerlegen.
b) Berechne den Flächeninhalt der Figur durch Ergänzen.
c) SP Welches Verfahren fiel dir leichter? Erkläre.

33 SP 👥 Ihr habt viele Aufgaben zu zusammengesetzten Figuren gelöst.
a) Sammelt alle Ergebnisse für den Umfang. Was fällt euch auf?
b) Versucht, eure Beobachtung zu begründen. Das Bild gibt einen Tipp, wie sich der Umfang der blauen Figur ändert, wenn man ein Quadrat ansetzt.

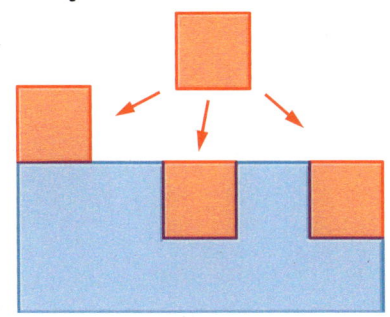

Rückspiegel

D63 Teste dich

○ **1** Gib den Flächeninhalt der zwei Figuren in Kästchen an.

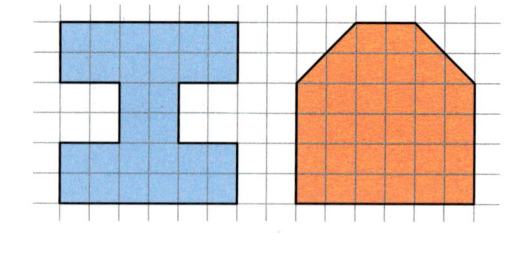

○ **2** Schreibe in der kleineren Einheit.
a) 7 m² 15 dm²   b) 55 m² 12 dm²

○ **3** Schreibe gemischt.
a) 625 dm²   b) 1245 cm²   c) 2048 mm²

○ **4** Ein Rechteck ist 6 m lang und 4 m breit. Gib Flächeninhalt und Umfang an.

○ **5** Schreibe in der angegebenen Einheit.
a) 5 m² (dm²)   b) 50 m² (dm²)
c) 96 cm² (mm²)   d) 2 dm² (cm²)
e) 2 a (m²)   f) 50 a (m²)

◐ **6** Schreibe mit Komma.
a) 350 dm²   b) 245 cm²
c) 245 mm²   d) 3560 dm²
e) 2222 cm²   f) 6458 m²

◐ **7** Berechne.
a) 37 m² + 12 m²   b) 25 m² – 12 m²
c) 25 dm² · 3   d) 32 m² : 4

◐ **8** Von einem 2400 m² großen Grundstück wird ein 1080 m² großer Teil abgetrennt. Der Rest wird in vier gleich große Teile zerlegt. Wie groß ist ein solcher Teil?

◐ **9** In einem rechtwinkligen Dreieck ist die Seite a = 4 cm lang und die Seite b = 8 cm. Berechne den Flächeninhalt.

◐ **10** Berechne den Flächeninhalt und den Umfang der Figur.

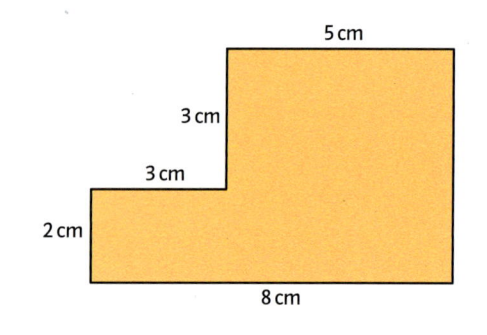

○ **5** Schreibe gemischt.
a) 5,24 m²   b) 27,12 m²   c) 6,75 a
d) 48,95 cm²   e) 432 cm²   f) 764 dm²

◐ **6** Schreibe mit Komma.
a) 782 cm²   b) 314 dm²   c) 740 m²
d) 6425 dm²   e) 2706 mm²   f) 2076 m²

◐ **7** Berechne. Gib das Ergebnis in einer Einheit ohne Komma an.
a) 44 m² + 17 m²   b) 44 m² – 17 m²
c) 28 a · 6   d) 750 m² : 15
e) 5,30 dm² · 3   f) 1,20 m² : 6

◐ **8** Ein Rechteck hat den Flächeninhalt 45 cm² und die Länge 15 cm. Berechne
a) die Breite.   b) den Umfang.

◐ **9** Ein rechtwinkliges Dreieck hat die Seitenlängen a = 85 mm und b = 132 mm. Die Seite c ist 157 mm lang und liegt dem rechten Winkel gegenüber. Berechne Flächeninhalt und Umfang.

● **10** Berechne den Flächeninhalt und den Umfang der Figur.

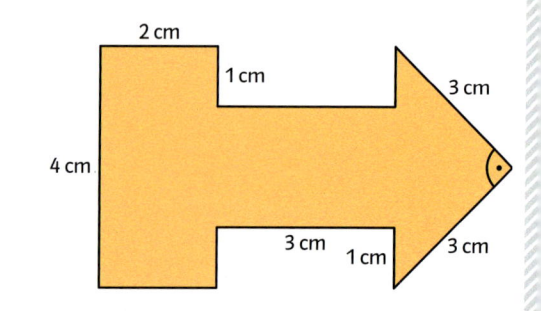

→ Die Lösungen findest du auf Seite 252.

Standpunkt | Brüche

Wo stehe ich?

Ich kann ...	gut	etwas	nicht gut	Lerntipp!
A gleichmäßig aufteilen und verteilen,	☐	☐	☐	→ Seite 236
B Bruchteile im Alltag erkennen,	☐	☐	☐	→ Seite 236
C Zahlen in eine Stellenwerttafel eintragen,	☐	☐	☐	→ Seite 35
D Zeiten in der nächstkleineren Einheit angeben,	☐	☐	☐	→ Seite 153
E Längen in der nächstkleineren Einheit angeben,	☐	☐	☐	→ Seite 160
F Massen in der nächstkleineren Einheit angeben,	☐	☐	☐	→ Seite 157
G mit Stufenzahlen umgehen.	☐	☐	☐	→ Seite 236

Überprüfe dich selbst:

D64 Teste dich

A
a) Verteile die Äpfel gleichmäßig an drei Personen.

b) Kannst du die Muffins auf 2; 3; 4; 5; 6 Personen gleichmäßig aufteilen?

B Welche Brüche sind dargestellt?
a)   b)   c)

C Trage die Zahlen in eine Stellenwerttafel ein.

HT	ZT	T	H	Z	E
☐	☐	☐	☐	☐	☐

a) 74   b) 743   c) 1638
d) 57 000   e) 61 948   f) 104 374

D Gib in der gesuchten Einheit an.
a) $\frac{1}{2}$ min = ☐ s   b) $\frac{1}{4}$ Jahr = ☐ Monate
c) $\frac{3}{4}$ h = ☐ min   d) $\frac{1}{2}$ Tag = ☐ h

E Wandle in die nächstkleinere Längeneinheit um.
a) 1 cm   b) 1 dm
c) 1 km   d) 1 m
e) 5 km   f) 20 m

F Wandle in die nächstkleinere Masseneinheit um.
a) 1 kg   b) 1 t
c) 1 g   d) 3 kg
e) 0,5 t   f) 50 g

G Berechne im Kopf.
a) 5 · 10   b) 1000 : 5
  5 · 100   1000 : 50
  5 · 1000   1000 : 500
  50 · 1000   1000 : 125

→ Die Lösungen findest du auf Seite 253.

8 Brüche

1 Gerecht teilen – für wie viele Personen ist das möglich? Geht das immer? Wie viel erhält jeder?

2 Kann man alles gerecht teilen? Findest du auch Beispiele, bei denen das schwierig oder unmöglich ist?

Ich lerne,

- wie man Bruchteile eines Ganzen darstellt,
- wie man Brüche schreibt,
- wie man Bruchteile von Größen bestimmt,
- wie man Größen in der Dezimalschreibweise angibt.

1 Bruchteile erkennen und darstellen

Ein Blatt Papier wird gefaltet.
Durch das Falten entstehen Felder.
→ Welche Felder sind gleich groß?
→ Teile ein Blatt durch Falten in 8 gleich große Teile. Vergleicht zu zweit eure Blätter.
→ Versucht nun ein Blatt in drei und anschließend in 12 gleich große Felder aufzuteilen. Erklärt eurer Klasse, wie ihr vorgegangen seid.

Wird ein Ganzes in 2; 3; 4; 5; … gleich große Teile zerlegt, so erhält man Halbe; Drittel; Viertel; Fünftel; …

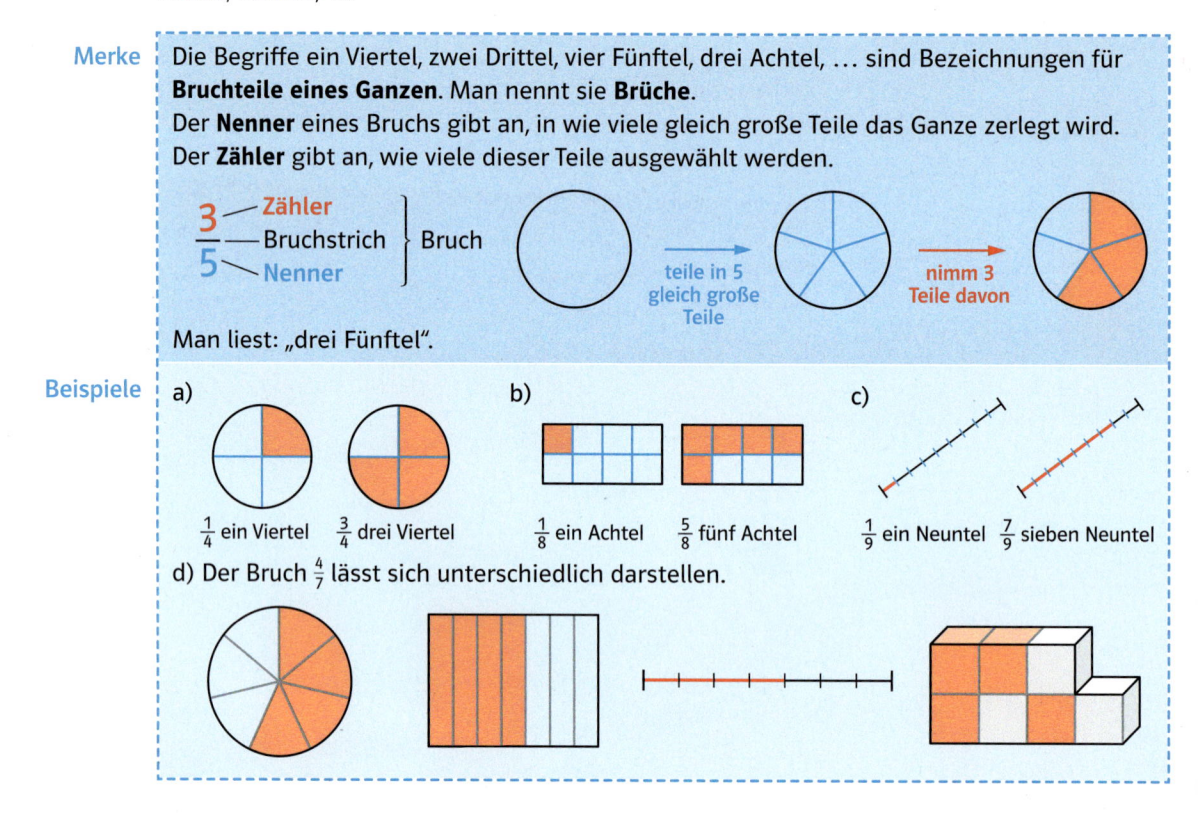

Merke

Die Begriffe ein Viertel, zwei Drittel, vier Fünftel, drei Achtel, … sind Bezeichnungen für **Bruchteile eines Ganzen**. Man nennt sie **Brüche**.
Der **Nenner** eines Bruchs gibt an, in wie viele gleich große Teile das Ganze zerlegt wird.
Der **Zähler** gibt an, wie viele dieser Teile ausgewählt werden.

$$\frac{3}{5} \begin{array}{l} \text{— Zähler} \\ \text{— Bruchstrich} \\ \text{— Nenner} \end{array} \Bigg\} \text{Bruch}$$

teile in 5 gleich große Teile → nimm 3 Teile davon

Man liest: „drei Fünftel".

Beispiele

a) $\frac{1}{4}$ ein Viertel $\frac{3}{4}$ drei Viertel

b) $\frac{1}{8}$ ein Achtel $\frac{5}{8}$ fünf Achtel

c) $\frac{1}{9}$ ein Neuntel $\frac{7}{9}$ sieben Neuntel

d) Der Bruch $\frac{4}{7}$ lässt sich unterschiedlich darstellen.

○**1** SP
a) Schreibe als Bruch: ein Halbes, ein Drittel, zwei Drittel, drei Viertel, acht Zehntel.
b) Schreibe fünf Brüche auf, die den Nenner 7 haben.
c) Schreibe fünf Brüche mit dem Zähler 3 auf.

○**2** In wie viele gleich große Teile ist das Ganze zerlegt? Wie heißt der gefärbte Bruchteil?
a)   b)   c)   d)   e)

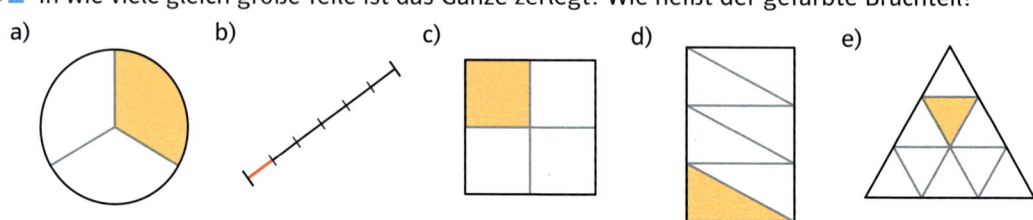

3 Wie heißt der gefärbte Bruchteil? Schreibe in Worten und als Bruch.

a)  b) 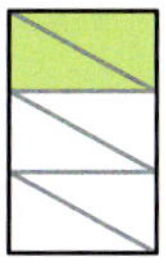 c) 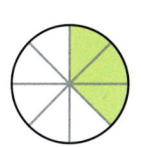 d) 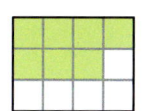 e)

4 Übertrage ins Heft. Färbe den angegebenen Bruchteil.

a) $\frac{1}{3}$ b) $\frac{1}{5}$ c) $\frac{5}{9}$ d) $\frac{3}{4}$ e) $\frac{2}{5}$

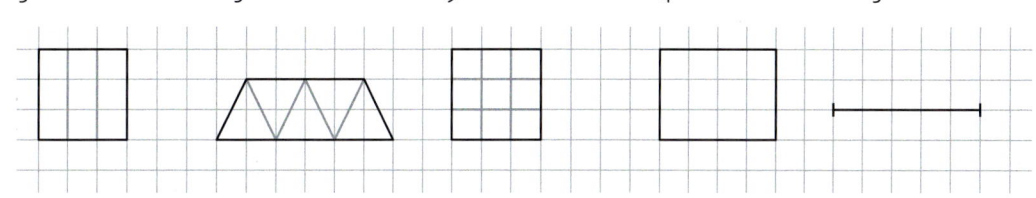

Alles klar?

D65 Fördern

A Welcher Bruchteil ist dargestellt?

a) 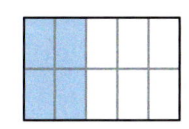 b) 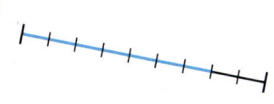 c)

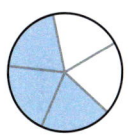

B Übertrage ins Heft und färbe den angegebenen Bruchteil der Fläche.

a) $\frac{3}{5}$ 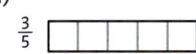 b) $\frac{7}{10}$ 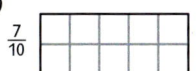 c) $\frac{9}{20}$

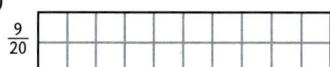

5 SP Ordne die Kärtchen richtig zu.

a) 0 — 1
b) 0 — 1
c) 0 — 1
d) 0 — 1

zwei Drittel   U $\frac{7}{10}$ zwei Sechstel
N $\frac{4}{9}$ Z $\frac{2}{3}$ vier Neuntel
sieben Zehntel   A $\frac{2}{6}$

5
a) Welchen Bruchteil der Gesamtfläche macht der Buchstabe aus?

A 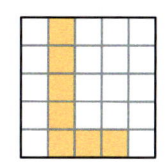   B

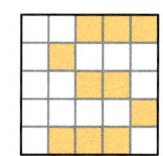

b) 👥 Schreibe weitere Buchstaben und lasse deine Partnerin bzw. deinen Partner den Bruchteil **bestimmen**.

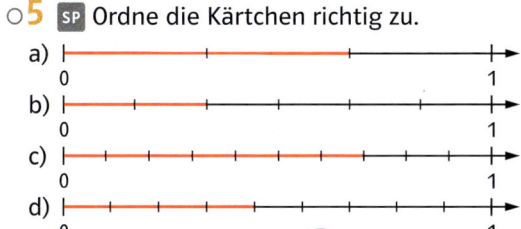

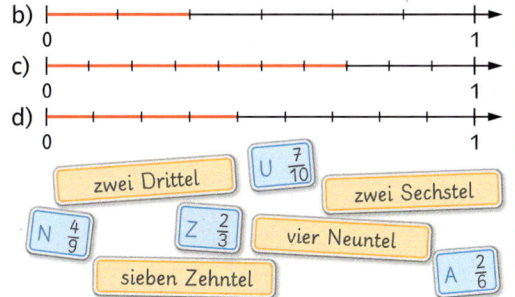

6 Welcher Bruchteil ist dargestellt?

a) b)

6 SP **Erkläre** die Aussagen.
a) Wir machen halbe-halbe.
b) In der ersten Halbzeit fiel das Tor.
c) Die Eishockeyteams kommen zum zweiten Drittel auf das Eis.
d) Im Mittelalter verlangten die Fürsten den Zehnten als Abgabe der Bauern.

→ Die Lösungen zu „Alles klar?" findest du auf Seite 254.

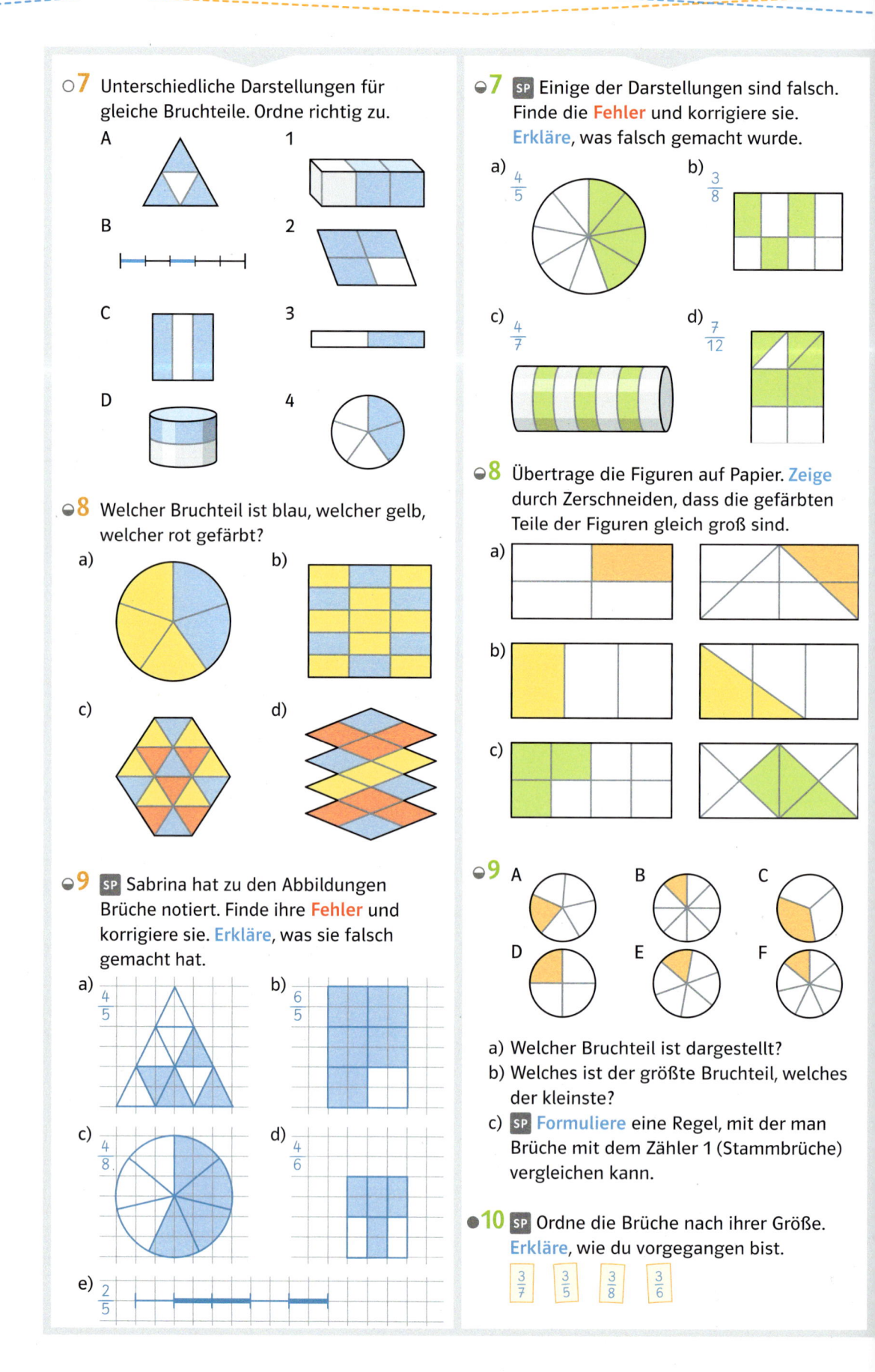

8 Brüche

7 Unterschiedliche Darstellungen für gleiche Bruchteile. Ordne richtig zu.

A B C D
1 2 3 4

8 Welcher Bruchteil ist blau, welcher gelb, welcher rot gefärbt?

a) b) c) d)

9 [SP] Sabrina hat zu den Abbildungen Brüche notiert. Finde ihre **Fehler** und korrigiere sie. **Erkläre**, was sie falsch gemacht hat.

a) $\frac{4}{5}$
b) $\frac{6}{5}$
c) $\frac{4}{8}$
d) $\frac{4}{6}$
e) $\frac{2}{5}$

7 [SP] Einige der Darstellungen sind falsch. Finde die **Fehler** und korrigiere sie. **Erkläre**, was falsch gemacht wurde.

a) $\frac{4}{5}$
b) $\frac{3}{8}$
c) $\frac{4}{7}$
d) $\frac{7}{12}$

8 Übertrage die Figuren auf Papier. **Zeige** durch Zerschneiden, dass die gefärbten Teile der Figuren gleich groß sind.

a) b) c)

9 A B C D E F

a) Welcher Bruchteil ist dargestellt?
b) Welches ist der größte Bruchteil, welches der kleinste?
c) [SP] **Formuliere** eine Regel, mit der man Brüche mit dem Zähler 1 (Stammbrüche) vergleichen kann.

10 [SP] Ordne die Brüche nach ihrer Größe. **Erkläre**, wie du vorgegangen bist.

$\frac{3}{7}$ $\frac{3}{5}$ $\frac{3}{8}$ $\frac{3}{6}$

8 Brüche

10 [SP] Jan kauft eine Pizza zum Mitnehmen. Um die Pizza besser essen zu können, lässt er sie in Stücke schneiden. **Beurteile.**

Soll ich sie in 8 Stücke schneiden?

Nein, 6! 8 Stücke schaffe ich nicht!

11 Übertrage das Rechteck fünfmal in dein Heft. Färbe den angegebenen Bruchteil.

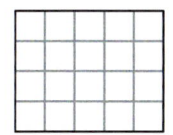

a) $\frac{1}{2}$ b) $\frac{1}{20}$ c) $\frac{1}{4}$ d) $\frac{1}{5}$ e) $\frac{1}{10}$

12 Stelle den Bruch im Heft dar.

Beispiel: $\frac{4}{6}$

a) $\frac{1}{3}$ b) $\frac{3}{7}$ c) $\frac{5}{8}$ d) $\frac{10}{12}$

13 Zeichne Rechtecke in dein Heft. Färbe einen Bruchteil davon. Lass die Zeichnung von deiner Partnerin oder deinem Partner kontrollieren und den Bruch benennen.

14 Wie viele Kästchen des abgebildeten Rechtecks musst du färben?

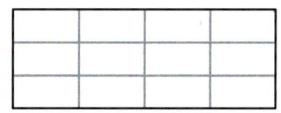

a) $\frac{1}{12}$ b) $\frac{7}{12}$ c) $\frac{1}{3}$
d) $\frac{2}{3}$ e) $\frac{3}{4}$ f) $\frac{5}{6}$

15 Übertrage die Figur ins Heft. Ergänze den Bruchteil zu einem Ganzen.

Beispiel: $\frac{1}{2}$

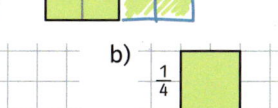

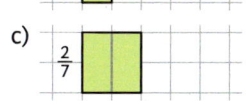

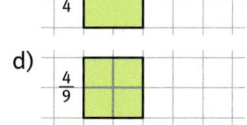

a) $\frac{1}{3}$ b) $\frac{1}{4}$ c) $\frac{2}{7}$ d) $\frac{4}{9}$

11 Zeichne Streifen mit einer Länge von 10 Kästchen mal 2 Kästchen. Stelle dann die folgenden Brüche dar. Es gibt immer mehrere Möglichkeiten.

Beispiel: $\frac{1}{10}$

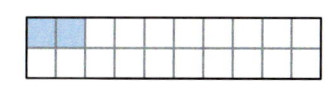

a) $\frac{1}{2}$; $\frac{1}{20}$; $\frac{1}{4}$; $\frac{1}{5}$ b) $\frac{3}{4}$; $\frac{13}{20}$; $\frac{9}{10}$; $\frac{2}{5}$

12 Wie viele Kästchen des Rechtecks musst du färben, um die Bruchteile darzustellen?

a) $\frac{1}{6}$; $\frac{1}{2}$; $\frac{3}{4}$; $\frac{11}{24}$ b) $\frac{7}{12}$; $\frac{2}{3}$; $\frac{5}{8}$; $\frac{4}{4}$

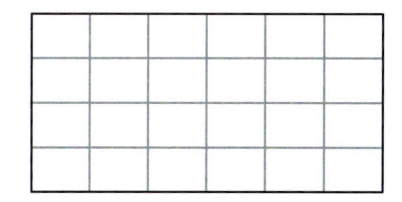

13
a) Stelle die Bruchteile jeweils in einem geeigneten Rechteck dar: $\frac{3}{4}$; $\frac{8}{15}$; $\frac{13}{18}$; $\frac{5}{11}$.

b) Veranschauliche die Bruchteile $\frac{5}{7}$; $\frac{4}{5}$; $\frac{3}{11}$ und $\frac{6}{9}$ mithilfe geeigneter Strecken.

14 Zeichne ein 12 Kästchen langes und 5 Kästchen breites Rechteck. Färbe $\frac{1}{3}$ der Fläche rot, $\frac{1}{4}$ grün und $\frac{2}{5}$ blau. Welcher Bruchteil bleibt frei?

15 Zeichne die Figur in dein Heft. Ergänze sie zu einem Ganzen.

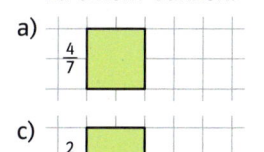

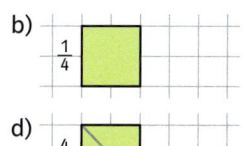

a) $\frac{4}{7}$ b) $\frac{1}{4}$ c) $\frac{2}{5}$ d) $\frac{4}{9}$

16 [SP] Sven behauptet: „Ich habe $\frac{2}{15}$ der Fläche gefärbt." Hat er recht? **Begründe.**

207

2 Bruchteile von Größen

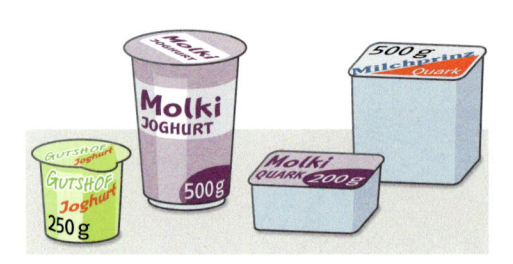

Sergej soll im Supermarkt $\frac{1}{2}$ kg Quark und $\frac{1}{4}$ kg Naturjoghurt kaufen. Ratlos steht er vor dem Regal.
→ Welche Packungsgröße soll Sergej kaufen? Erkläre.

Im Alltag spricht man häufig von $\frac{1}{4}$ Stunde; $\frac{1}{2}$ kg; $\frac{3}{4}$ l; … Dabei werden Brüche als **Maßzahlen** verwendet. Das Ganze ist dann eine Stunde; ein Kilogramm; ein Liter; …

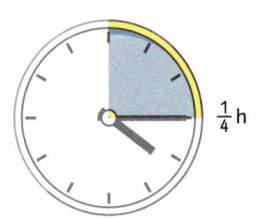

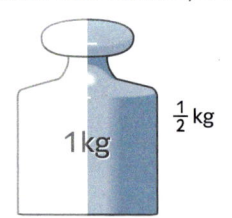

Merke $\frac{3}{4}$ m ist ein **Bruchteil** von 1 m.

Der **Nenner** 4 gibt an, in wie viele gleiche Teile 1 m geteilt wird.
Der **Zähler** 3 gibt an, wie viele dieser Teile genommen werden.

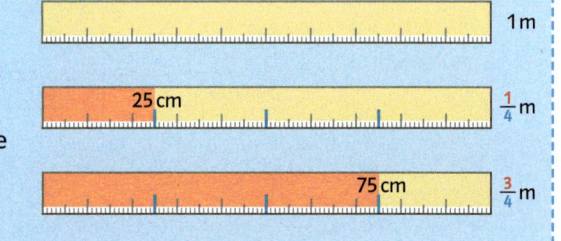

$\frac{3}{4}$ m = 75 cm

Beispiel Zum einfacheren Rechnen wandelt man zuerst in die kleinere Einheit um. 1 dm = 10 cm.
$\frac{2}{5}$ dm = $\frac{2}{5}$ von 1 dm = $\frac{2}{5}$ von 10 cm kann in verschiedenen Schreibweisen notiert werden:

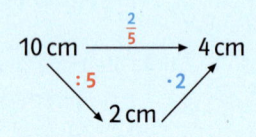

10 cm $\xrightarrow{\frac{2}{5}}$ 4 cm   oder   10 cm $\xrightarrow{:5}$ 2 cm $\xrightarrow{\cdot 2}$ 4 cm

○**1** Ordne die Kärtchen passend zu.
 a) Preis eines Brötchens   b) Dauer einer Schulstunde $\frac{3}{4}$ h $\frac{1}{4}$ kg $\frac{3}{10}$ m $\frac{1}{3}$ €
 c) Gewicht eines Butterpakets   d) Länge eines Lineals

○**2** Setze die Reihe immer um drei Schritte fort.
 a) $\frac{1}{10}$ cm = 1 mm; $\frac{2}{10}$ cm = 2 mm; …
 b) $\frac{1}{100}$ € = 1 ct; $\frac{2}{100}$ € = 2 ct; …
 c) $\frac{1}{1000}$ kg = 1 g; $\frac{2}{1000}$ kg = 2 g; …
 d) $\frac{1}{12}$ Jahr = 1 Monat; $\frac{2}{12}$ Jahr = 2 Monate; …

○**3** Schreibe ohne Brüche in der nächstkleineren Einheit.
 a) $\frac{1}{2}$ m; $\frac{1}{5}$ m; $\frac{1}{4}$ km   b) $\frac{1}{2}$ €; $\frac{1}{5}$ €; $\frac{1}{50}$ €   c) $\frac{1}{1000}$ kg; $\frac{1}{5}$ t; $\frac{1}{8}$ kg   d) $\frac{1}{4}$ h; $\frac{1}{24}$ d; $\frac{1}{6}$ Jahr

8 Brüche

Alles klar?

D66 Fördern

A Gib die markierte Strecke als Bruchteil und in einer kleineren Maßeinheit an.

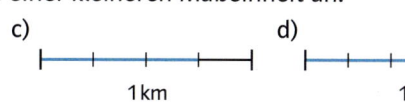

a)  1 cm   b)  1 dm   c) 1 km   d)  1 m

B Schreibe ohne Bruch.

a) $\frac{1}{4}$ kg = ■ g   b) $\frac{1}{10}$ € = ■ ct   c) $\frac{3}{4}$ m = ■ cm   d) $\frac{2}{3}$ h = ■ min

○ **4** Gib die Zeit, die seit 12:00 Uhr verstrichen ist, in h und min an.
a) 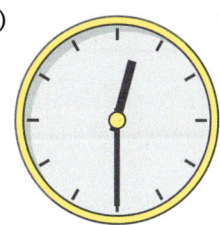   b)

● **4** Gib die Zeit, die seit 12:00 Uhr verstrichen ist, in h und min an.
a)   b)

○ **5** Gib die Füllmenge als Bruchteil von 1 kg und in g an.
a) 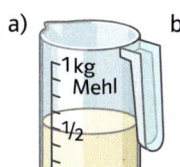   b) 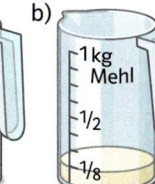   c)

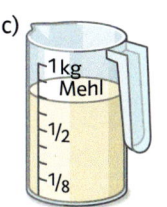

● **5** Gib die gefärbte Fläche als Bruchteil des Quadrats und in der nächstkleineren Einheit an.
a) 1 cm²   b) 1 m²   c) 1 ha

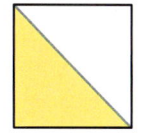

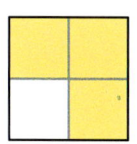

○ **6** Suche Paare gleicher Größe.

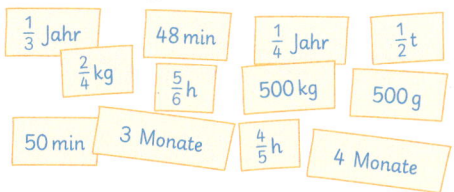

$\frac{1}{3}$ Jahr   48 min $\frac{1}{4}$ Jahr $\frac{1}{2}$ t
$\frac{2}{4}$ kg $\frac{5}{6}$ h   500 kg   500 g
50 min   3 Monate $\frac{4}{5}$ h   4 Monate

● **6** Schreibe in der vorgegebenen Einheit.

a) $\frac{2}{5}$ cm = ■ mm   b) $\frac{3}{5}$ m² = ■ dm²
c) $\frac{4}{5}$ min = ■ s   d) $\frac{21}{50}$ m = ■ cm
e) $\frac{13}{20}$ km = ■ m   f) $\frac{7}{8}$ km = ■ m

● **7** Schreibe in der vorgegebenen Einheit.

a) $\frac{1}{4}$ t = ■ kg   b) $\frac{2}{5}$ cm = ■ mm
c) $\frac{7}{20}$ € = ■ ct   d) $\frac{2}{5}$ cm² = ■ mm²
e) $\frac{3}{4}$ km = ■ m   f) $\frac{7}{10}$ kg = ■ g
g) $\frac{2}{3}$ h = ■ min   h) $\frac{3}{8}$ Tag = ■ h

● **7** Bestimme den Bruchteil.

a) 200 g = ■ kg   b) 100 g = ■ kg
c) 20 min = ■ h   d) 6 min = ■ h
e) 5 min = ■ h   f) 25 min = ■ h

● **8** Bestimme den Bruchteil.

a) 500 g = ■ kg   b) 250 g = ■ kg
c) 15 min = ■ h   d) 10 min = ■ h
e) 6 h = ■ Tag   f) 1 Monat = ■ Jahr

● **8** Ihr habt vier Massestücke: 50 g, 100 g, $\frac{1}{4}$ kg, $\frac{1}{2}$ kg.

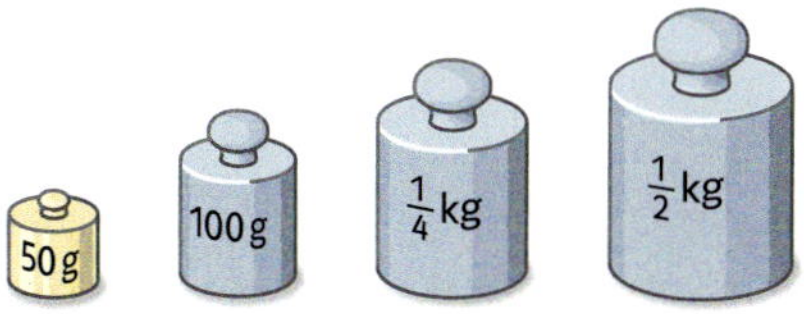

Gebt alle Massen an, die ihr damit auswiegen könnt.

→ Die Lösungen zu „Alles klar?" findest du auf Seite 254.

3 Dezimalzahlen

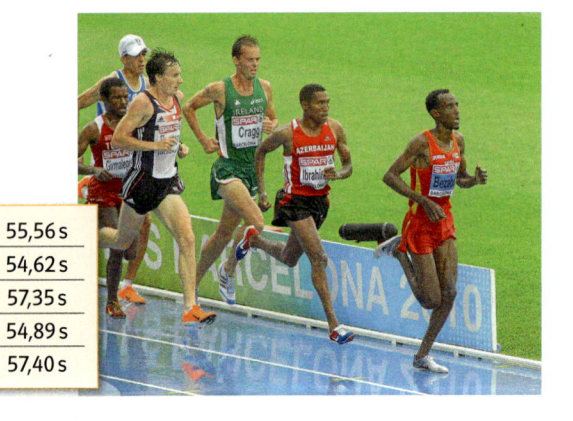

Runde 1	55,56 s
Runde 2	54,62 s
Runde 3	57,35 s
Runde 4	54,89 s
Runde 5	57,40 s

Bei 5000-m-Läufen werden neben der Gesamtzeit auch die Zeiten für die einzelnen Stadionrunden gemessen.
→ Welche Runde war am schnellsten, welche am langsamsten?
→ Die Rundenzeiten werden als „Kommazahl" notiert. Überlege mit deinem Partner oder deiner Partnerin, was die erste und die zweite Ziffer hinter dem Komma bedeuten.
→ Warum werden die Zeiten mit zwei Ziffern hinter dem Komma notiert? Diskutiert in der Klasse.

Kommazahlen werden auch **Dezimalzahlen** genannt. Die **Dezimalschreibweise** ist eigentlich eine einfache Schreibweise für Brüche mit einer Stufenzahl (10; 100; 1000; …) im Nenner.

Merke

Bei der **Dezimalschreibweise** stehen vor dem Komma Ganze.
Hinter dem Komma stehen
- an der ersten Stelle Zehntel,
- an der zweiten Stelle Hundertstel,
- an der dritten Stelle Tausendstel,
- …

Die Stellen hinter dem Komma heißen **Dezimalen** oder **Nachkommastellen**.
Dezimalzahlen können in eine erweiterte **Stellenwerttafel** eingetragen werden.

Tipp!
8,23 m liest man:
acht Komma zwei drei Meter.

Beispiel

Dezimalzahl	Stellenwerttafel					Bruch / Summe der Bruchteile
	Ganze		Dezimale			
	Zehner Z	Einer E	Zehntel z	Hundertstel h	Tausendstel t	
0,7		0	7			$\frac{7}{10}$
0,25		0	2	5		$\frac{2}{10} + \frac{5}{100} = \frac{25}{100}$
0,375		0	3	7	5	$\frac{3}{10} + \frac{7}{100} + \frac{5}{1000} = \frac{375}{1000}$
2,3		2	3			$2 + \frac{3}{10} = 2\frac{3}{10}$
12,75	1	2	7	5		$12 + \frac{7}{10} + \frac{5}{100} = 12\frac{75}{100}$

○ **1** SP Schreibe in der Dezimalschreibweise.
a) drei Komma sieben
b) null Komma eins fünf
c) zwei Komma null sechs
d) vier Komma vier null vier
e) dreißig Komma null zwei
f) null Komma null null fünf

○ **2** Übertrage die erweiterte Stellenwerttafel in dein Heft und trage die Dezimalzahlen ein.

Ganze					Dezimale		
ZT	T	H	Z	E	z	h	t

a) 3,6
b) 0,18
c) 1,565
d) 205,2
e) 8,203
f) 10 000,01
g) 9090,909
h) 37 801,549

3 Übertrage die Tabelle in dein Heft und fülle sie aus.

Dezimalzahl	0,3	0,7	0,01	0,23	■	■	■	■	■
Bruch	■	■	■	■	$\frac{6}{10}$	$\frac{31}{100}$	$1\frac{9}{10}$	$\frac{3}{100}$	$1\frac{3}{1000}$

Alles klar?

D67 Fördern

A Übertrage die Tabelle in dein Heft und ergänze fehlende Angaben.

Dezimalzahl	Stellenwerttafel					Sprechweise	Bruch
	Ganze		Dezimale				
	Z	E	z	h	t		
0,58						■	$\frac{58}{100}$
■						■	$1\frac{58}{100}$
0,205						■	$\frac{205}{1000}$
15,01						■	■
■						fünf Komma eins sieben	■
■						■	$\frac{50}{1000}$

4 Zeichne eine Stellenwerttafel in dein Heft. Trage die Dezimalzahlen ein.

a) 1,5
2,7
3,25
16,84

b) 7,04
15,02
0,458
200,35

c) 0,03
0,105
10,5
10,01

d) SP Lest euch gegenseitig die Zahlen vor.

5 Schreibe in Dezimalschreibweise.

a) 2 Z + 5 E + 3 z
b) 6 E + 2 z + 5 h
c) 1 Z + 9 z
d) 3 E + 3 h + 3 t

6 Schreibe die Dezimalzahl als Summe der Bruchteile.

Beispiel: $1{,}32 = 1 + \frac{3}{10} + \frac{2}{100}$

a) 1,7
b) 2,5
c) 0,31
d) 1,64

7 Ihr habt zehn Plättchen, die ihr beliebig in die Stellenwerttafel legen dürft.

Beispiel: 6,13

E	z	h
●●●●●●	●	●●●

a) Legt verschiedene Zahlen und notiert sie in Dezimalschreibweise.
b) Findet ihr die größte und die kleinste Zahl, die man legen kann?

4 Zeichne eine Stellenwerttafel in dein Heft. Trage die Dezimalzahlen der Größe nach ein. Beginne mit der kleinsten Zahl.

0,204   2,402   0,042   12,402   2,004

5 Schreibe die Dezimalzahl als Summe der Bruchteile.

a) 3,71
b) 0,25
c) 4,01
d) 2,389

6 Immer drei Kärtchen gehören zusammen. Welche sind das?

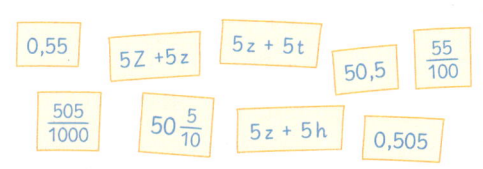

0,55   5 Z + 5 z   5 z + 5 t   50,5 $\frac{55}{100}$

$\frac{505}{1000}$ $50\frac{5}{10}$ 5 z + 5 h   0,505

7 Ihr habt zwölf Plättchen, die ihr beliebig in die Stellenwerttafel legen dürft.

Beispiel: 34,401

Z	E	z	h	t
●●●	●●●●	●●●●		●

a) Legt verschiedene Zahlen und notiert sie in Dezimalschreibweise.
b) Findet die größte und die kleinste Zahl, die man legen kann.

8 Brüche

8 Schreibe mit Komma.
a) 5 mm = ▩ cm
b) 300 m = ▩ km
c) 4 cm = ▩ dm = ▩ m
d) 2 mm = ▩ cm = ▩ dm = ▩ m

9
a) Welche Kärtchen gehören zusammen?

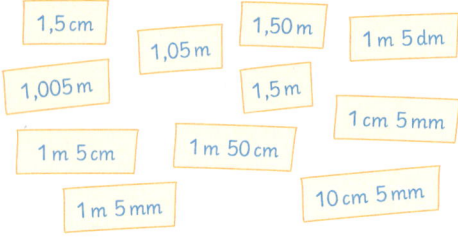

1,5 cm	1,50 m	1 m 5 dm
1,005 m	1,05 m	
	1,5 m	1 cm 5 mm
1 m 5 cm	1 m 50 cm	
1 m 5 mm		10 cm 5 mm

b) Ein Kärtchen bleibt übrig. Schreibe die Längenangabe als Dezimalzahl.

10 Schreibe das Rezept so um, dass keine Dezimalzahlen mehr darin vorkommen.

Erdbeer-Cupcakes

0,5 kg Erdbeeren
0,15 kg Zucker
0,2 kg Mehl
0,125 kg Butter
0,02 kg Frischkäse
0,05 kg Puderzucker

11 SP Hier haben sich **Fehler** eingeschlichen. **Erkläre** die Fehler und korrigiere.
a) 5,07 m = 5 m 7 dm
b) 3,25 kg = 3 kg 25 g
c) 12,12 dm = 1 2 dm 1 2 cm
d) 4,001 kg = 4 kg 10 g

8 Schreibe als Dezimalzahl.
a) $\frac{4}{1000}$ b) $\frac{40}{1000}$ c) $\frac{400}{1000}$
d) $\frac{34}{100}$ e) $\frac{25}{100}$ f) $\frac{975}{1000}$
g) $\frac{3}{1000}$ h) $8\frac{357}{1000}$ i) $1\frac{1}{100}$

9 Welche Kärtchen gehören zusammen?

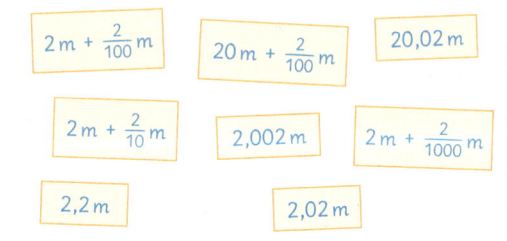

$2m + \frac{2}{100}m$	$20m + \frac{2}{100}m$	20,02 m
$2m + \frac{2}{10}m$	2,002 m	$2m + \frac{2}{1000}m$
2,2 m		2,02 m

10 SP Schreibe als Bruch und als Dezimalzahl.
a) vier Zehntel Euro
b) acht Tausendstel Kilometer
c) sieben Hundertstel Hektar
d) zwölf Tausendstel Kilogramm
e) fünfundzwanzig Hundertstel Euro
f) sechshundert Tausendstel Kilometer
g) 250 Tausendstel Liter

11 Schreibe in der nächstgrößeren Einheit und als Bruch.

Beispiel: 2038 g = 2,038 kg = $2\frac{38}{1000}$ kg

a) 7 cm   b) 105 ct   c) 8610 kg
   30 ct   328 ha   23 mm
   83 m²   427 g   481 dm²
   500 kg   9 cm²   330 m

12 Schreibe das Rezept mit Dezimalzahlen.

Schoko-Cupcakes mit Früchten

80 g Kakao
150 g Mehl
200 g Butter
250 g Crème fraîche
180 g Zucker

Zusammenfassung

Bruchteile

Teilt man ein Ganzes in gleich große Teile, so erhält man **Bruchteile**. Man schreibt Teile eines Ganzen als Bruch.

Ein Ganzes aufgeteilt in

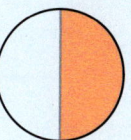

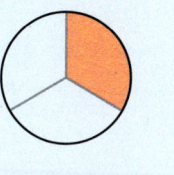

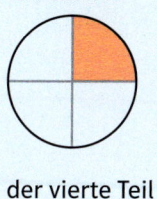

2 Teile:	3 Teile:	4 Teile:	...
ein Halbes	ein Drittel	ein Viertel	
die Hälfte	der dritte Teil	der vierte Teil	
$\frac{1}{2}$	$\frac{1}{3}$	$\frac{1}{4}$	

Brüche

Ein Bruch besteht aus einem **Zähler**, einem **Bruchstrich** und einem **Nenner**.

Der Nenner gibt an, in wie viele gleich große Teile das Ganze zerlegt wird. Der Zähler gibt an, wie viele dieser Teile ausgewählt werden.

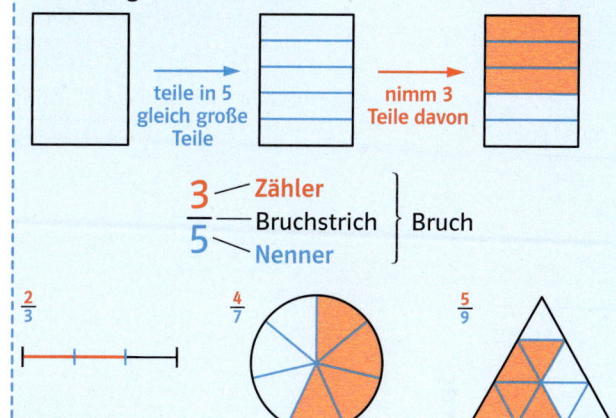

$$\frac{3}{5} \begin{array}{l} \text{— Zähler} \\ \text{— Bruchstrich} \\ \text{— Nenner} \end{array} \Bigg\} \text{Bruch}$$

Bruchteile von Größen

$\frac{3}{4}$ m ist ein Bruchteil von 1 m.

Der Nenner 4 gibt an, in wie viele gleiche Teile 1 m geteilt wird.
Der Zähler 3 gibt an, wie viele dieser Teile genommen werden.

$\frac{3}{8}$ kg = $\frac{3}{8}$ von 1 kg = $\frac{3}{8}$ von 1000 g

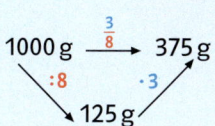

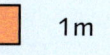

$$1000\,g \xrightarrow{\frac{3}{8}} 375\,g \qquad 1000\,g \xrightarrow{:8} 125\,g \xrightarrow{\cdot 3} 375\,g$$
$$\searrow_{:8} \nearrow_{\cdot 3}$$
$$ 125\,g$$

oder

Dezimalzahlen

Bei der **Dezimalschreibweise** stehen vor dem Komma Ganze.
Hinter dem Komma stehen an der ersten Stelle Zehntel, an der zweiten Stelle Hundertstel, an der dritten Stelle Tausendstel, ...
Die Stellen hinter dem Komma heißen **Dezimalen** oder **Nachkommastellen**.

Dezimalzahl	Stellenwerttafel					Bruch / Summe der Bruchteile
	Ganze		Dezimale			
	Zehner Z	Einer E	Zehntel z	Hundertstel h	Tausendstel t	
0,5		0	5			$\frac{5}{10}$
0,78		0	7	8		$\frac{7}{10} + \frac{8}{100} = \frac{78}{100}$
0,139		0	1	3	9	$\frac{1}{10} + \frac{3}{100} + \frac{9}{1000} = \frac{139}{1000}$

Basistraining

1 Setze im Heft fort.

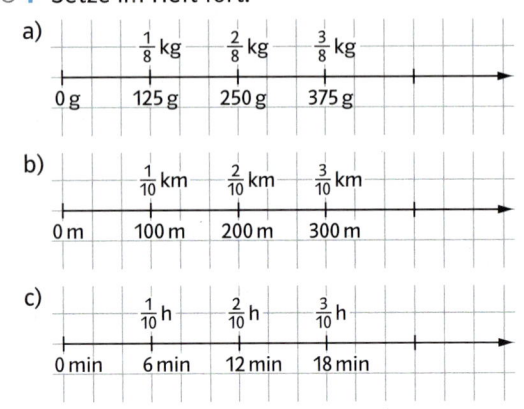

a) number line showing $\frac{1}{8}$ kg, $\frac{2}{8}$ kg, $\frac{3}{8}$ kg at 125 g, 250 g, 375 g

b) number line showing $\frac{1}{10}$ km, $\frac{2}{10}$ km, $\frac{3}{10}$ km at 100 m, 200 m, 300 m

c) number line showing $\frac{1}{10}$ h, $\frac{2}{10}$ h, $\frac{3}{10}$ h at 6 min, 12 min, 18 min

2 Welcher Bruchteil ist dargestellt?

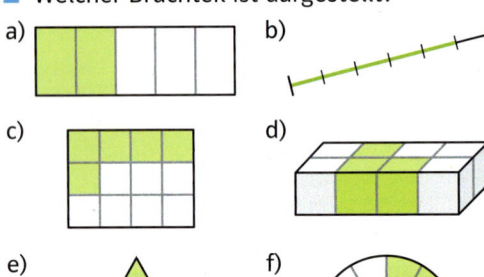

3 Übertrage ins Heft. Färbe den angegebenen Bruchteil.

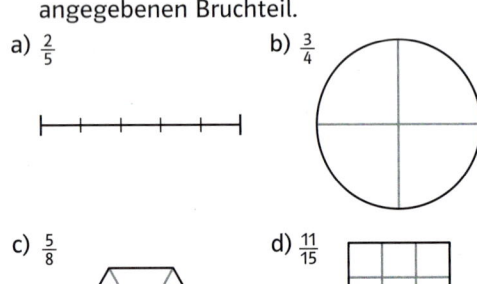

a) $\frac{2}{5}$ b) $\frac{3}{4}$ c) $\frac{5}{8}$ d) $\frac{11}{15}$

4 Wandle die Dezimalzahlen in Brüche um.
a) 0,5; 0,3; 0,7; 0,9; 0,8
b) 0,93; 0,72; 0,14; 0,39
c) 1,97; 7,54; 3,64; 9,87

5 Wie schwer sind die Lebensmittel? Gib in kg und in g an.

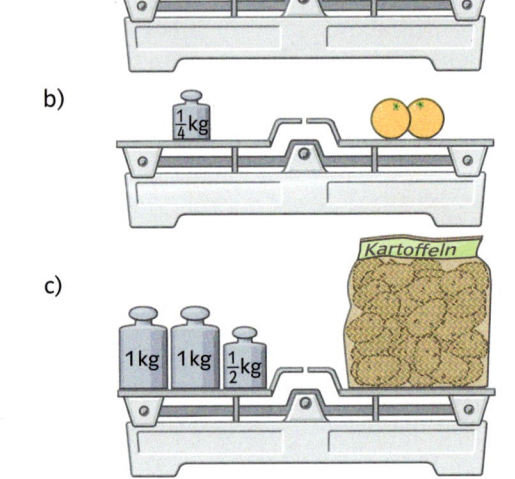

6 Gib die Länge der Strecke einmal in cm und einmal in mm an.

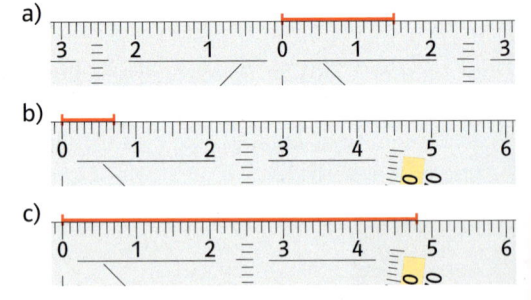

7 Wie viele Stunden sind seit 12:00 Uhr verstrichen? Gib in min und als Bruch in h an.

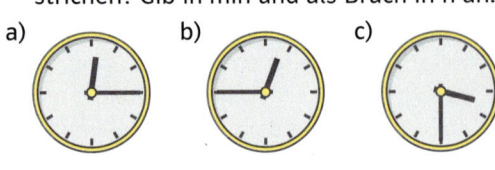

8 Schreibe jeweils als Dezimalzahl.

a) $\frac{1}{10}$; $\frac{19}{100}$ b) $\frac{9}{10}$; $\frac{37}{100}$ c) $\frac{326}{1000}$; $\frac{625}{1000}$

9 Schreibe jeweils als Bruch.
a) 0,1 m; 0,321 km; 0,45 m
b) 0,56 €; 0,40 €; 0,05 €

Anwenden. Nachdenken

10 Wie heißt der gefärbte Bruchteil?

a) b) 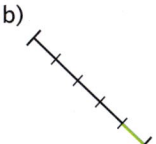 c) 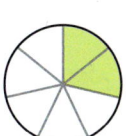
d) 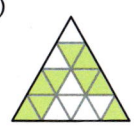 e)  f) 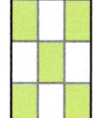
g) 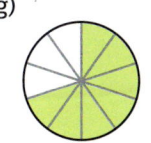 h)  i)

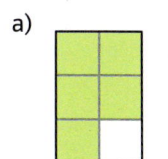

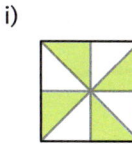

11 Welchen Bruchteil der Gesamtfläche stellen die gefärbten Flächen jeweils dar?

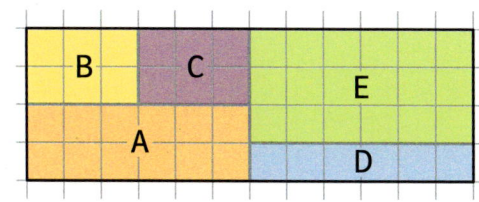

12 Bei Julias Geburtstag gibt es Linzer Torte vom Blech.

Welcher Bruchteil des Kuchens ist noch übrig, welcher ist bereits gegessen?

13 SP Halb voll oder nicht? Begründe.

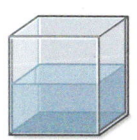

14 SP Begründe, welcher Bruch zum Bild passt.

a) $\frac{1}{3}$ oder $\frac{1}{4}$ b) $\frac{2}{3}$ oder $\frac{2}{5}$

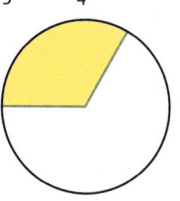

c) $\frac{3}{5}$ oder $\frac{2}{3}$ 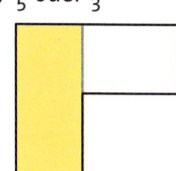 d) $\frac{1}{6}$ oder $\frac{1}{3}$

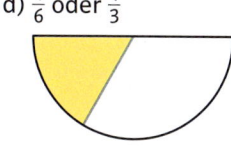

15 A 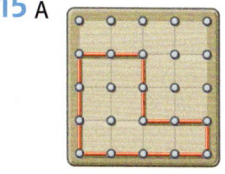   B 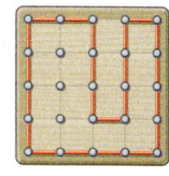   C 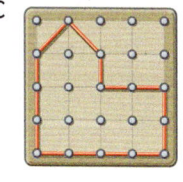   D

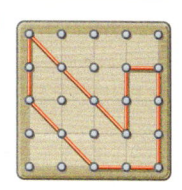

a) SP Erklärt euch gegenseitig, welcher Bruchteil des Bretts mit dem Gummiband umspannt ist.
b) Stellt euch gegenseitig ähnliche Aufgaben mithilfe des Nagelbretts.

16 SP Rudolf behauptet: „Die Bruchteile sind verschieden groß." Stimmt das?

a)

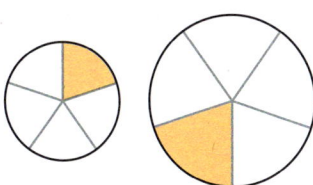

b)

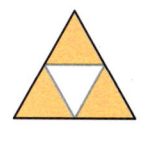

215

17 Gib den Flächenanteil der einzelnen Farben als Bruchteil des Rechtecks an.

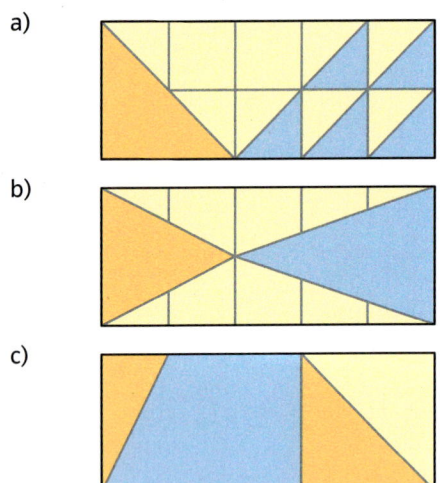

a)

b)

c)

18 In welcher Fläche kannst du den jeweiligen Bruch darstellen? Gib für jeden Bruch alle möglichen Figuren an.

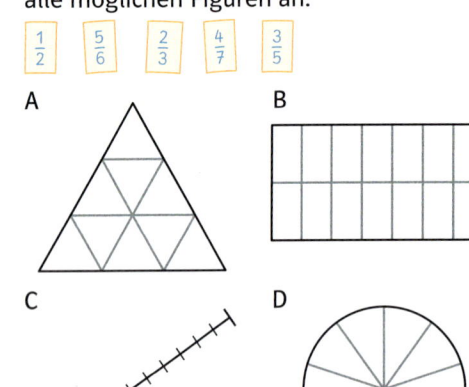

$\frac{1}{2}$ $\frac{5}{6}$ $\frac{2}{3}$ $\frac{4}{7}$ $\frac{3}{5}$

A B

C D

19 Zeichne fünf Rechtecke, die jeweils 12 Kästchen lang und 5 Kästchen breit sind. Färbe die folgenden Bruchteile davon:

$\frac{2}{3}$; $\frac{3}{4}$; $\frac{3}{5}$; $\frac{5}{6}$; $\frac{7}{10}$.

Ordne anschließend die Brüche nach ihrer Größe. Beginne mit dem größten Bruch.

20 Zeichne einen Quadratdezimeter. Färbe $\frac{1}{4}$ der Fläche rot, $\frac{2}{5}$ blau und $\frac{3}{10}$ gelb.
a) Welcher Bruchteil der Fläche bleibt weiß?
b) Wie viel cm² jeweils sind rot, blau, gelb, bzw. weiß? Überprüfe deine Lösung, indem du ein cm²-Raster mit Bleistift einzeichnest.

21
a) Ein Quader wird in fünf gleich große Platten zersägt. Anschließend wird jede Platte in sechs gleich große Stangen zersägt. Welcher Bruchteil des Quaders ist eine Stange?

b) Jede Stange wird in drei Würfel zersägt. Welcher Bruchteil des Quaders ist ein Würfel?

22 SP Schreibe zuerst als Bruch, dann in der Dezimalschreibweise.
a) 7 Hundertstel Meter
b) 4 Zehntel Euro
c) 2 Tausendstel Kilogramm
d) 14 Hundertstel Quadratmeter
e) 25 Tausendstel Kilometer

23 Ergänze.

	Abfahrt	Fahrtdauer	Ankunft
a)	08:30 Uhr	$\frac{3}{4}$ h	■
b)	12:07 Uhr	■	12:37 Uhr
c)	■	$\frac{1}{4}$ h	15:09 Uhr
d)	18:32 Uhr	$2\frac{2}{3}$ h	■
e)	■	$1\frac{5}{12}$ h	11:25 Uhr

24 Setze Längeneinheiten ein, sodass die Umwandlungen richtig sind. Es gibt mehrere Möglichkeiten.
a) 325 ■ = 32,5 ■
b) 3 ■ 25 ■ = 3,25 ■
c) 325 ■ = 0,325 ■
d) 3,25 ■ = 32,5 ■

8 Brüche

25 Schreibe als Bruchteil in einer größeren Einheit.
a) 20 min
   15 s
   6 h
   3 Monate
b) 100 g
   500 g
   250 g
   50 g
c) 5 mm
   100 m
   75 cm
   200 m

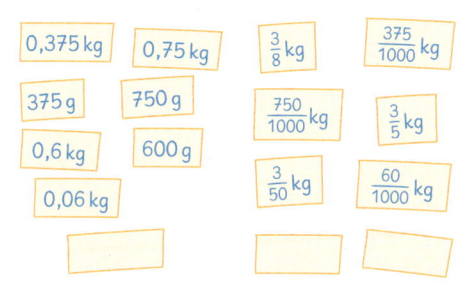

26 Immer vier Kärtchen gehören zusammen. Ergänze die leeren Kärtchen passend.

0,375 kg   0,75 kg $\frac{3}{8}$ kg $\frac{375}{1000}$ kg

375 g   750 g $\frac{750}{1000}$ kg $\frac{3}{5}$ kg

0,6 kg   600 g

0,06 kg $\frac{3}{50}$ kg $\frac{60}{1000}$ kg

27 👥 Die Schulzeitung wird durch Werbung finanziert. Man kann eine ganze, eine halbe, eine viertel oder eine achtel Seite kaufen.

ein Zählwerk
misst Anzahlen und Mengen und zeigt diese an

a) Es liegen zweimal $\frac{1}{8}$ Seite, einmal $\frac{1}{4}$ Seite und einmal $\frac{1}{2}$ Seite als Bestellung vor. Zeichnet eine mögliche Seitenaufteilung für die Werbeseite.
b) Für eine Werbeseite gibt es 5 Bestellungen. Welche Aufteilungsmöglichkeiten gibt es? Zeichnet.
c) Es liegen folgende Bestellungen vor:
1-mal 1 Seite; 3-mal $\frac{1}{2}$ Seite;
5-mal $\frac{1}{4}$ Seite und 10-mal $\frac{1}{8}$ Seite.
Wie viele Seiten Werbung sind erforderlich, um die bestellten Werbungen unterzubringen? Zeichnet alle Seiten mit möglichen Aufteilungen.
d) Gebt mögliche Aufteilungen an, um eine ganze Seite mit Werbung zu füllen.

28
a) Bilde aus diesen fünf Kärtchen vier Zahlen, die kleiner als 0,6 sind.

   [7] [5] [0] [2] [,]

b) Bilde fünf Zahlen, die größer als 7 sind.
c) Bilde vier Zahlen, die zwischen 0,5 und 5,2 liegen.

29 Schreibe als Dezimalzahl, achte auf die Nullen.
a) 7 kg   400 g
   7 kg   40 g
   7 kg   4 g
   3 kg   215 g
   3 kg   15 g
   3 kg   5 g
b) 12 m² 83 dm²
   12 m² 38 dm²
   12 m² 3 dm²
    9 m² 70 dm²
    9 m² 7 dm²
    0 m² 6 dm²

30 Schreibe als Bruch und in der nächstkleineren Einheit.

Beispiel: 0,53 € = $\frac{53}{100}$ € = 53 ct

a) 0,1 cm
   0,6 dm
   0,09 €
   0,07 cm²
   0,2 m
   0,21 €
b) 0,45 €
   0,63 ha
   0,81 m²
   0,73 €
   0,025 kg
   0,74 a
c) 0,04 km²
   0,941 km
   0,006 t
   0,37 kg
   0,10 €
   0,021 km

31 Schreibe als Dezimalzahl und als Bruch.
a) 3 km 500 m
   2 kg 50 g
   70 € 8 ct
b) 12 m 7 cm
   20 km 30 m
   91 m² 7 dm²

32 Ein **Zählwerk** zeigt 14,41 an. Bei dieser Dezimalzahl sind die Ziffern spiegelbildlich zum Komma.

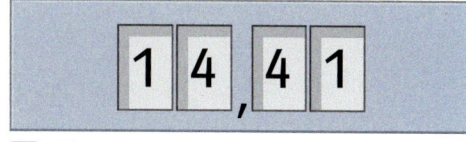

| 1 | 4 | , | 4 | 1 |

a) 🅢🅟 👥 Besprecht, wie ein Zählwerk funktioniert.
b) Wie oft muss das Zählrad für die erste Dezimale um eine Ziffer weiterrücken, bis wieder eine spiegelbildliche Dezimalzahl erscheint?
c) Wie oft muss die zweite Dezimale weiterrücken, bis wieder eine spiegelbildliche Dezimalzahl entsteht?

Rückspiegel

D68 Teste dich

1 Welcher Bruch ist durch die gefärbte Fläche dargestellt?
a) b) c) d) e) f)

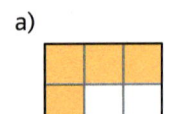

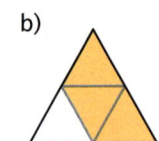

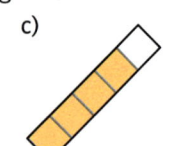

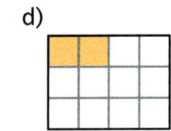

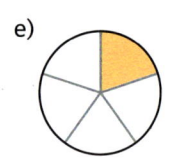

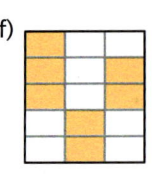

2 Übertrage die Figur in dein Heft. Färbe den angegebenen Bruchteil.
a) $\frac{2}{3}$ b) $\frac{3}{4}$ c) $\frac{7}{9}$ d) $\frac{1}{4}$

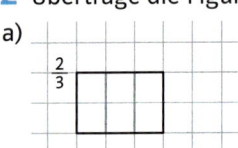

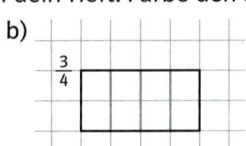

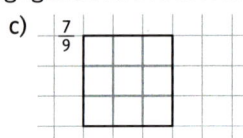

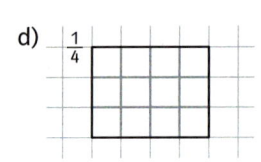

3 Wandle in die angegebene Einheit um.
a) in cm: $\frac{1}{10}$ m; $\frac{1}{5}$ dm; $\frac{1}{4}$ m
b) in min: $\frac{1}{2}$ h; $\frac{1}{4}$ h; $\frac{1}{6}$ h
c) in g: $\frac{1}{4}$ kg; $\frac{1}{50}$ kg; $\frac{1}{20}$ kg

4 Ergänze die Bruchschreibweise bzw. die Dezimalschreibweise.
a) $\frac{1}{10}$ m = ■ m
b) $\frac{19}{100}$ m² = ■ m²
c) ■ km = 0,007 km
d) ■ cm = 0,6 cm

5 Zeichne fünf Rechtecke, die 6 Kästchen lang und 4 Kästchen breit sind. Stelle die Bruchteile dar.
$\frac{1}{12}$; $\frac{3}{4}$; $\frac{2}{3}$; $\frac{5}{6}$; $\frac{7}{24}$

6 Wandle um.

	Bruch	Dezimalzahl	kleinere Einheit
a)	$\frac{1}{4}$ €	■	■
b)	■	0,8 cm	■
c)	■	■	500 g

7 Wandle in die nächstkleinere Einheit um.
a) $\frac{2}{3}$ h; $\frac{3}{5}$ min; $\frac{5}{6}$ Jahr
b) $\frac{1}{4}$ kg; $\frac{16}{50}$ g; $\frac{5}{8}$ t

8 Schreibe als Bruch.
a) 0,04 €; 0,30 €
b) 0,005 kg; 0,37 g
c) 0,08 m²; 0,46 a
d) 0,95 m; 0,941 km

9 Schreibe als Dezimalzahl.
a) $\frac{3}{100}$ m; $\frac{4}{10}$ cm; $\frac{9}{1000}$ km; $\frac{17}{100}$ m; $\frac{25}{1000}$ km
b) $\frac{40}{1000}$ kg; $\frac{650}{1000}$ g; $\frac{1}{2}$ t; $\frac{3}{4}$ kg; $\frac{2}{5}$ g

5 Gib die Größe der einzelnen Zimmer als Bruchteil der gesamten Wohnung und in m² an.

6 Wandle um.

	Bruch	Dezimalzahl	kleinere Einheit
a)	$\frac{3}{5}$ dm	■	■
b)	$\frac{7}{8}$ kg	■	■
c)	■	0,025 km	■
d)	■	■	57 m

7 Der Flügel einer Schultafel hat eine Fläche von 1 m². Auf ihm ist ein Quadratgitter eingezeichnet. Das Gitter hat in der Breite und in der Höhe je 20 Kästchen. Gib die Fläche eines Kästchens als Bruchteil des **Tafelflügels**, in cm² und in m² an.

ein Tafelflügel
das Seitenteil einer Tafel, die man aufklappen kann

→ Die Lösungen findest du auf Seite 254.

Grundwissen

Kapitel 1
Aufgabe C

Tabellen erstellen

Überlege, wie viele **Spalten** und **Zeilen** du brauchst. Denke an die Extra-Spalte für die **Beschriftung** und die Extra-Zeile für die **Überschriften**. Zeichne mit dem Lineal. Die Spalten laufen senkrecht, die Zeilen waagerecht.

1. Zeile für die Überschriften

1. Spalte zur Beschriftung

Autofarbe	Anzahl
Silber	
Weiß	
Schwarz	
…	

Zeilen — Spalten

1 Nils hat die Tiere seiner Freunde gezählt: vier Hunde, drei Goldhamster, vier Katzen, eine Maus. Erstelle eine Tabelle. Schreibe die Tierarten in die erste Spalte.

2 Sarah zählt in ihrem Schrank vier rote, zwei blaue, sieben weiße und ein grünes T-Shirt. Erstelle eine Tabelle. Schreibe die Farben in die erste Zeile.

Kapitel 1
Aufgaben A und B

Mit Strichlisten zählen

1. Zeichne eine Tabelle mit zwei Spalten.
2. Schreibe jedes Getränk in eine neue Zeile.
3. Mache einen **Strich** für jedes Getränk.
4. Je fünf Striche ergeben ein **Bündel**. Setze den fünften Strich quer.
5. Jetzt kannst du die Striche auszählen.

In der 1. Spalte steht, was gezählt werden muss.

Getränke	Anzahl
Tee	IIII
Saft	ⅢH ⅢH II
Milch	ⅢH I
Wasser	ⅢH III
…	

Tee: 4
Saft: 5 + 5 + 2 = 12
Milch: 5 + 1 = 6
Wasser: 5 + 3 = 8

Fünferbündel

3 Zähle die Sportnoten mithilfe einer Strichliste:
3; 3; 5; 2; 1; 2; 4; 2; 1; 2; 3; 6; 1; 2; 2;
3; 2; 2; 3; 1; 1; 2; 1; 3; 4; 2; 2; 3; 2; 1.

4 Florian hat im Kalender notiert, wann er Fußball spielt (**F**), Nachhilfe hat (**N**) und zum Schwimmen geht (**S**). Erstelle eine Strichliste. Zähle jeweils die Termine.

Mai – May – Maggio					
Montag		6 N	13 N	20 N	27 N
Dienstag		7 F	14 F	21 F	28 F
Mittwoch	1	8	15	22	29
Donnerstag	2	9 F	16	23 F	30
Freitag	3	10	17	24	31
Samstag	4 F	11 S	18 F	25 S	
Sonntag	5	12	19	26	

→ Die Lösungen findest du auf Seite 256.

Grundwissen Daten

Kapitel 1
Aufgabe D

Diagramme zeichnen

Säulendiagramm: Zeichne die Hochachse auf dein Blatt. Beschrifte sie an der Pfeilspitze. Teile die Hochachse in gleichmäßige Schritte ein. Beschrifte sie von unten beginnend mit den Zahlenwerten. Zeichne auf Höhe der 0 die Rechtsachse. Zeichne gleich breite Säulen in der richtigen Höhe und beschrifte sie an der Rechtsachse.

Balkendiagramm: Zeichne waagerechte Balken statt der senkrechten Säulen und vertausche die Achsen.

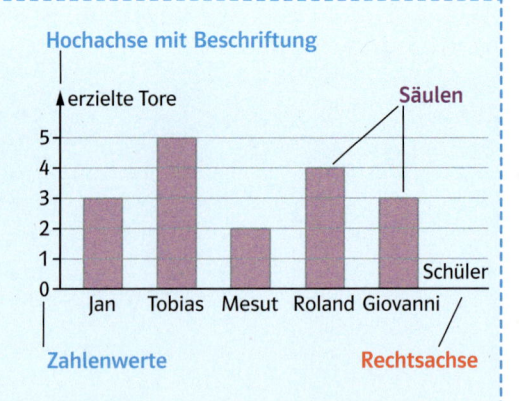

5 Eine Firma listet die Krankheitstage ihres Personals auf: 2; 5; 8; 3; 3; 3; 4; 2; 2; 5; 5; 5; 1; 2; 2; 2; 3.
Zeichne ein Säulendiagramm.

6 Die Firma befragt ihre Angestellten, wie sie zur Arbeit kommen. Mit dem Auto kommen 6 Personen, mit dem Bus 7, zu Fuß 3 und mit dem Fahrrad 1 Person. Zeichne ein Balkendiagramm.

Kapitel 1
Aufgaben E und F

Diagramme und Schaubilder

Säulendiagramm: Ermittle in der Überschrift das Thema des Diagramms. Lies an der Pfeilspitze Größe und Einheit ab. An der Hochachse kannst du erkennen, welchen Wert ein Karo oder ein Teilstrich hat. Betrachte die Säulen. Lies den dargestellten Wert an der Hochachse ab.

Balkendiagramm: Hier sind die beiden Achsen vertauscht. An der Rechtsachse stehen Größe und Einheit. Statt Säulen sind waagerechte Balken gezeichnet.

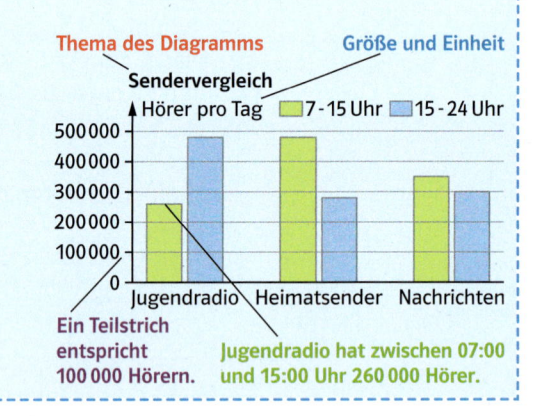

7 Lies die Daten aus dem Diagramm ab.
a) In welchem Land ist die Sehdauer am längsten?
b) Wo wird am kürzesten Fernsehen geschaut?
c) Vergleiche die Sehdauer in den anderen Ländern mit der Sehdauer der Deutschen.

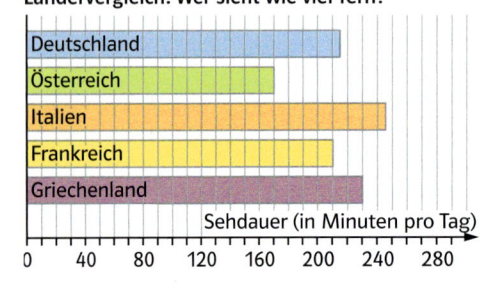

8
a) Was ist im Diagramm dargestellt?
b) Wofür steht eine gezeichnete Menschenfigur?
c) Wie viele Personen sehen insgesamt die drei Sendungen?

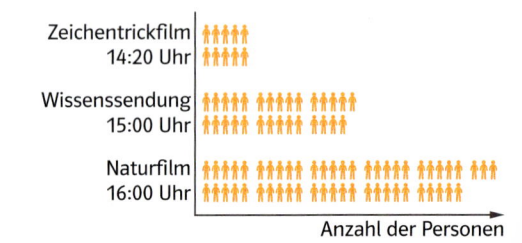

→ Die Lösungen findest du auf Seite 256.

Grundwissen **Zahlen**

**Kapitel 2
Aufgabe A**

Zahlen auf dem Zahlenstrahl ablesen

Ermittle, **in welchen Schritten** der Zahlenstrahl eingeteilt ist. Sind es Einer-Schritte, Zweier-Schritte, Zehner-Schritte, …?
Betrachte die eingetragenen **Zahlen, zwischen denen** die gesuchte Zahl steht.
Zähle den **Wert der gesuchten** Zahl ab.

Wie heißt die Zahl an dem roten Pfeil?

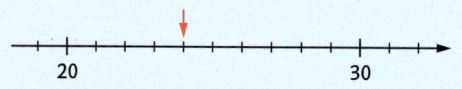

- Einteilung **in Einer-Schritten**.
- Die Zahl liegt **zwischen 20 und 30**.
- **Vier Striche nach der 20** → Die gesuchte Zahl ist die **24**.

9 Auf welche Zahlen zeigen die Pfeile?

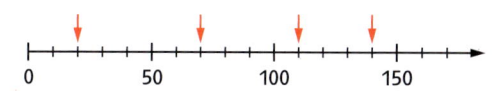

10 Lies die Zahlen am Zahlenstrahl ab.

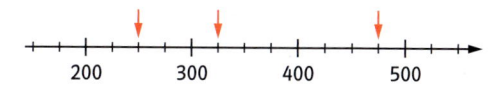

**Kapitel 2
Aufgabe B**

Zahlen auf dem Zahlenstrahl markieren

Ermittle, **in welchen Schritten** der Zahlenstrahl eingeteilt ist.
Überlege, **zwischen welchen beiden Zahlen** deine Zahl eingetragen werden muss.
Zeichne einen **Pfeil** an diese Stelle und **beschrifte ihn** mit deiner Zahl.

Markiere die Zahl 16.

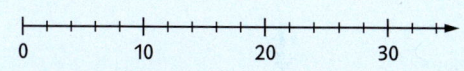

- Einteilung **in Zweier-Schritten**.
- Die Zahl 16 liegt **zwischen 10 und 20**.
- Die Zahl 16 wird **auf dem dritten Strich nach der 10** eingetragen.

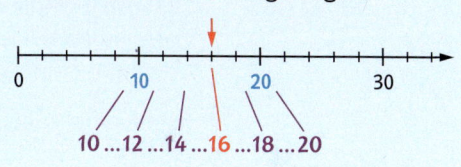

10 …12 …14 …16 …18 …20

11 Zeichne den Zahlenstrahl in dein Heft. Markiere die Zahlen 21; 26; 29 und 34 mit Pfeilen.

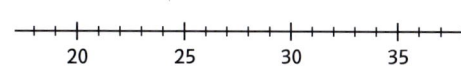

12 Trage die Zahlen 690; 720; 780 und 810 in den Zahlenstrahl ein.

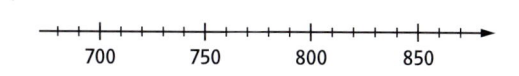

**Kapitel 2
Aufgabe C**

Zahlen in eine Stellenwerttafel eintragen

Beginne von rechts mit den **Einern**. Trage dann die **Zehner**, danach die **Hunderter** usw. in die Stellenwerttafel ein.

Trage 6492 in die Stellenwerttafel ein.
6492:

Tausender	Hunderter	Zehner	Einer
T	H	Z	E
6	4	9	2

13 Trage 28; 728; 1596; 37 049 und 51 602 in eine Stellenwerttafel ein.

14 Erstelle dir eine Stellenwerttafel und trage diese fünf Zahlen ein:
467; 3092; 76 309; 120 318 und 807 203.

→ Die Lösungen findest du auf Seite 256.

221

Grundwissen **Zahlen**

Kapitel 2
Aufgabe D

Zahlen in Stellenwerte zerlegen und erkennen

Entnimm die Ziffern aus der Stellenwerttafel und schreibe sie der Reihe nach auf. Schreibe auch die **Nullen** mit.
Denke an Dreierblöcke.

Wenn die Zahl in Stellenwerten notiert ist, musst du die fehlenden Stellen **durch Nullen ergänzen**.

Schreibe die Zahl aus der Stellenwerttafel.

Hundert-tausender	Zehn-tausender	Tausender	Hunderter	Zehner	Einer
HT	ZT	T	H	Z	E
7	2	1	0	8	3

7 HT + 2 ZT + 1 T + 8 Z + 3 E

Tausender   Einer

Die **Hunderter** fehlen: ergänze die 0.

721 083

15 Lies die Zahl aus der Stellenwerttafel ab und schreibe sie in Dreierblöcken.

HT	ZT	T	H	Z	E
3	0	7	9	0	3
		5	0	0	4
2	0	0	4	6	9
	5	4	0	7	1

16 Wie heißt die Zahl? Nimm eine Stellenwerttafel zu Hilfe. Denke an die Nullen.
a) 3 H + 2 Z + 1 E
b) 2 H + 6 Z
c) 6 H + 4 E
d) 5 T + 9 Z
e) 4 HT + 3 ZT + 7 T + 8 E

Kapitel 2
Aufgabe E

Zahlen in Worten schreiben und lesen

Zahlen bis Hunderttausend schreibt und liest man in einem Wort. Das Wort wird klein geschrieben.

Schreibe die Zahl 740 583.

HT	ZT	T	H	Z	E
7	4	0	5	8	3

siebenhundert**vier**zigtausend**fünf**hundert**drei**und**acht**zig

17 Schreibe die Zahl in Worten.
a) 453 087
b) 694 354
c) 830 571

18 Schreibe die Zahl in Ziffern.
a) einhundertsiebenundzwanzigtausenddreihundertsechsundneunzig
b) dreiundsiebzigtausendsechshundertfünf
c) zweihundertsechzigtausendfünfhundertacht
d) dreihundertvierzigtausendsiebenhundert

Kapitel 2
Aufgabe F

Vorgänger und Nachfolger einer Zahl nennen

Die Zahl direkt **links** neben einer Zahl auf dem Zahlenstrahl ist ihr **Vorgänger**.
Die Zahl direkt **rechts** neben einer Zahl auf dem Zahlenstrahl ist ihr **Nachfolger**.

Vorgänger	Zahl	Nachfolger
326	327	328
2039	2040	2041
51798	51799	51800

19 Vervollständige die Tabelle im Heft.

Vorgänger	Zahl	Nachfolger
878		
		4500
38 209		

20 Trage die Zahlen in eine Tabelle ein. Trage links den Vorgänger, rechts den Nachfolger ein.
2011; 62 930; 48 402; 18 599; 617 100; 310 530

→ Die Lösungen findest du auf Seite 257.

Grundwissen **Zahlen | Rechnen**

Kapitel 2
Aufgabe G

> **Zahlen nach ihrer Größe ordnen**
>
> Zahlen werden nach ihrer Lage auf dem Zahlenstrahl geordnet.
> < bedeutet „ist kleiner als".
> > bedeutet „ist größer als".
> Je weiter **links** eine Zahl auf dem Zahlenstrahl steht, desto **kleiner** ist sie.
> Je weiter **rechts** eine Zahl auf dem Zahlenstrahl steht, desto **größer** ist sie.
>
> 123   128   136
>
> Ordne, beginne mit der kleinsten Zahl:
> **123** < 128 < **136**
> **123** ist kleiner als 128 und 128 ist kleiner als **136**.
>
> Ordne, beginne mit der größten Zahl:
> **136** > 128 > **123**
> **136** ist größer als 128 und 128 ist größer als **123**.

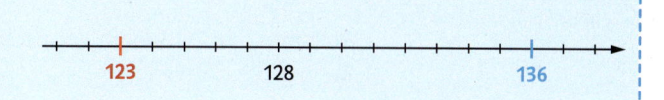

21 Ordne mit dem <-Zeichen. Beginne mit der kleinsten Zahl.
  a) 3725; 7352; 5273; 2357
  b) 11 305; 11 503; 11 350; 11 530

22 Ordne mit dem >-Zeichen. Beginne mit der größten Zahl.
  a) 8941; 1489; 4981; 9814; 8419
  b) 23 716; 22 176; 23 671; 22 761; 23 176

Kapitel 2
Aufgabe H

> **Zahlen runden**
>
> Betrachte die **Rundungsstelle**.
> Folgt nach der **Rundungsstelle** eine **0; 1; 2; 3** oder **4**, wird abgerundet.
> Folgt nach der **Rundungsstelle** eine **5; 6; 7; 8** oder **9**, wird aufgerundet.
>
> Runde 48 273 auf Zehner.
> 48 2⃞7⃞3 → 48 270
> Runde 39 385 auf Hunderter.
> 39 ⃞3⃞85 → 39 400
> Runde 27 384 auf Tausender.
> 2⃞7⃞384 → 27 000

23 Runde die Zahlen: 4739; 8291; 5293; 3945; 71 385 und 29 641.
  a) Runde auf Zehner.
  b) Runde auf Hunderter.
  c) Runde auf Tausender.

Kapitel 3
Aufgabe D

Kapitel 4
Aufgabe F

> **Platzhalter durch passende Zahlen ersetzen**
>
> Damit ein Rechenausdruck einen vorgegebenen Wert annimmt, muss man eine passende Zahl einsetzen. Diese Zahl erhältst du durch Probieren oder durch die Umkehraufgabe.
>
> | Probieren | | Umkehraufgabe | |
> |---|---|---|---|
> | 18 − ▧ = 5 | 11 · ▧ = 77 | 15 + ▧ = 25 | ▧ : 3 = 20 |
> | 18 − **13** = 5 | 11 · **7** = 77 | ▧ = 25 − 15 | ▧ = 20 · 3 |
> | Also gilt: ▧ = **13** | ▧ = **7** | ▧ = **10** | ▧ = **60** |

24 Ersetze den Platzhalter.
  a) 23 + ▧ = 32   b) 57 − ▧ = 42
  c) ▧ + 82 = 100   d) ▧ − 13 = 59

25 Ersetze den Platzhalter.
  a) 2 · ▧ = 16   b) ▧ : 9 = 4
  c) ▧ · 6 = 54   d) 56 : ▧ = 8

→ Die Lösungen findest du auf Seite 257.

Grundwissen Rechnen

Kapitel 3
Aufgaben A und C

Zahlen im Kopf addieren

So kannst du Zahlen im Kopf addieren:	38 + 26 = …
Zehner plus Zehner,	30 + 20 = 50
Einer plus Einer und	8 + 6 = 14
Teilsummen addieren.	= 64

So kannst du größere Zahlen	264 + 159 = …
im Kopf addieren:	200 + 100 = 300
Hunderter plus Hunderter,	60 + 50 = 110
Zehner plus Zehner,	Zwischensumme 410
Zwischensumme bilden und	4 + 9 = 13
Einer plus Einer.	Summe = 423
Beachte dabei die **Überträge**.	

26 Addiere im Kopf.
 a) 52 + 23   b) 67 + 48
 c) 167 + 16   d) 239 + 85

27 Addiere im Kopf.
 a) 158 + 34   b) 267 + 45
 c) 136 + 281   d) 153 + 179

Kapitel 3
Aufgaben E und G

Schriftlich addieren

Schreibe
Einer unter Einer,
Zehner unter Zehner,
Hunderter unter Hunderter, …

	H	Z	E
	3	8	2
+	1	4	5
		1	
	5	2	7

Addiere
zuerst die Einer,   2 + 5 = 7; schreibe 7
dann die Zehner,   4 + 8 = 12; schreibe 2; übertrage **1**
dann die Hunderter, …   **1** + 1 + 3 = 5; schreibe 5

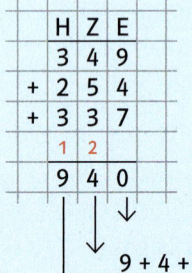

	H	Z	E
	3	4	9
+	2	5	4
+	3	3	7
	1	2	
	9	4	0

Schreibe die **Überträge**
unten links in die nächste Spalte.

 9 + 4 + 7 = 20; schreibe 0; übertrage **2**
 2 + 3 + 5 + 4 = 14; schreibe 4; übertrage **1**
 1 + 3 + 2 + 3 = 9; schreibe 9

28 Addiere schriftlich.
 a) 256 + 98   b) 167 + 387
 c) 153 + 249 + 74   d) 246 + 387 + 128

224   → Die Lösungen findest du auf Seite 257.

Grundwissen **Rechnen**

Kapitel 3
Aufgaben B und C

> **Zahlen im Kopf subtrahieren**
>
> So kannst du Zahlen im Kopf subtrahieren: 52 – 38 = …
> Subtrahiere zuerst die Zehner.   52 – 30 = **22**
> Subtrahiere dann die Einer vom **Zwischenergebnis**.   **22** – 8 = 14
> Manchmal ist es leichter, die zweite Zahl erst auf Zehner
> aufzurunden.   65 – 39 = …
> Subtrahiere die **gerundete** Zahl.   65 – **40** = **25**
> **Addiere** dann die Einer, die zuviel abgezogen wurden.   **25** + 1 = 26

29 Subtrahiere im Kopf.
     a) 37 – 14   b) 72 – 22   c) 84 – 37   d) 63 – 45

Kapitel 3
Aufgabe F

> **Schriftlich subtrahieren**
>
> Schreibe
> Einer unter Einer,
> Zehner unter Zehner,
> Hunderter unter Hunderter, …
>
> | H | Z | E |
> |---|---|---|
> | | 6 | 7 | 5 |
> | – | 2 | 3 | 8 |
> | | | 1 | |
> | | 4 | 3 | 7 |
>
> ↓ 8 bis **15** fehlen 7; schreibe 7; übertrage **1**
> ↓ **1** + 3 = 4; 4 bis 7 fehlen 3; schreibe 3
> 2 bis 6 fehlen 4; schreibe 4
>
> Subtrahiere
> zuerst die Einer,
> dann die Zehner,
> dann die Hunderter, …
> Schreibe die **Überträge**
> unten links in die nächste
> Spalte.
>
> | H | Z | E |
> |---|---|---|
> | | 9 | 3 | 8 |
> | – | 2 | 2 | 3 |
> | – | 2 | 4 | 2 |
> | | 1 | | |
> | | 4 | 7 | 3 |
>
> ↓ 2 + 3 = 5; 5 bis 8 fehlen 3; schreibe 3
> ↓ 4 + 2 = 6; 6 bis **13** fehlen 7; schreibe 7; übertrage **1**
> **1** + 2 + 2 = 5; 5 bis 9 = 4; schreibe 4

30 Subtrahiere schriftlich.
     a) 276 – 59   b) 376 – 249   c) 468 – 234 – 92   d) 593 – 325 – 148

Kapitel 3
Aufgabe H

> **Ergebnisse überschlagen**
>
> **Runde** alle Zahlen an der gleichen Stelle. Addiere oder subtrahiere **die gerundeten Zahlen**
> im Kopf. Du erhältst einen **Überschlag**.
>
>   489 + 234 + 68 = …   762 – 279 – 136 = …
>   4**9**0 + 2**3**0 + **7**0 = **790**   **8**00 – **3**00 – **1**00 = **400**
> Runden ↗   ↗   ↗   ↖ Überschlag   Runden ↗   ↗   ↗   ↖ Überschlag

31 Überschlage das Ergebnis.   **32** Überschlage das Ergebnis.
     a) 186 + 79   b) 86 + 142 + 216   a) 435 – 126   b) 826 – 54 – 189
     c) 378 + 823   d) 796 + 89 + 423   c) 693 – 258   d) 769 – 142 – 68

→ Die Lösungen findest du auf Seite 257.

Grundwissen Rechnen

Kapitel 3
Aufgabe I

> **Sachaufgaben lösen**
>
> Lies den Text der Aufgabe gründlich. **Unterstreiche die wichtigen Angaben** oder schreibe sie heraus.
>
> Beim Sportfest wirft Erik den Ball 34 m weit. Malte wirft 3 m weiter. Lisa wirft 6 m weniger als Erik.
> Um wie viel Meter wirft Malte weiter als Lisa?
>
> Überlege die **Rechnung** für diese Aufgabe.
> Rechne.
>
> **Rechung:**
> Malte: 34 m + 3 m = 37 m
> Lisa: 34 m − 6 m = 28 m
> Malte weiter als Lisa: 37 m − 28 m = 9 m
>
> **Prüfe** dein Ergebnis.
>
> **Probe:** 37 − 3 = 34; 28 + 6 = 34;
> 28 + 9 = 37
>
> Formuliere einen **Antwortsatz**.
>
> Malte wirft 9 m weiter als Lisa.

33 Zum Schulfest schafft Nils beim Kirschkern-Weitspucken 320 cm. Flori schafft 40 cm mehr und Armin 30 cm weniger als Nils. Wie weit spucken Flori und Armin?

Kapitel 4
Aufgabe A

> **Das kleine Einmaleins**
>
> Das Einmaleins kannst du gut in einer **Einmaleins-Tafel** üben.
>
> | · | 1 | 2 | 3 | 4 | 5 | 6 | 7 | 8 | 9 | 10 |
> |---|---|---|---|---|---|---|---|---|---|----|
> | 1 | 1 | 2 | 3 | 4 | 5 | 6 | 7 | 8 | 9 | 10 |
> | 2 | 2 | 4 | 6 | 8 | 10 | | | | | |
> | 3 | 3 | 6 | | | | | | | | |
> | 4 | 4 | | | | | | | | | |
> | 5 | 5 | | | | | | | | | |
> | 6 | 6 | | | | | | | | | |
> | 7 | 7 | | | | | | | | | |
> | 8 | 8 | | | | | | | | | |
> | 9 | 9 | | | | | | | | | |
> | 10 | 10 | | | | | | | | | |

34 Übertrage die Tabelle ins Heft und vervollständige sie aus dem Kopf.

35 Schreibe Einmaleins-Reihen, die dir schwerfallen, auf Klebezettel. Klebe sie an auffällige Stellen und übe sie häufig.

36 Nenne die Ergebnisse. Rechne im Kopf.
a) 3 · 7 b) 7 · 8 c) 7 · 4
d) 9 · 6 e) 6 · 7 f) 8 · 7

Kapitel 4
Aufgabe C

> **Im Kopf dividieren**
>
> Zerlege die Zahlen vorteilhaft wie in den beiden Beispielen.
>
> 42 : 3
> 30 : 3 = 10
> 12 : 3 = 4
>   14
>
> 108 : 9
> 90 : 9 = 10
> 18 : 9 = 2
>   12

37 Dividiere im Kopf.
a) 24 : 2 b) 72 : 3 c) 90 : 6 d) 108 : 4 e) 135 : 5 f) 112 : 7

→ Die Lösungen findest du auf Seite 258.

Grundwissen Rechnen

**Kapitel 4
Aufgabe B**

Mehrstellige Zahlen multiplizieren

Multipliziere zuerst die Einer, dann die Zehner, dann die Hunderter.

	H	Z	E	
	6	5	8	· 3
		2	4	
+		1	5	0
+	1	8	0	0
	1	9	7	4

3 · 8 = 24
3 · 5 = 15;   3 · 50 = 150
3 · 6 = 18;   3 · 600 = 1800

Schreibe die Ergebnisse untereinander.
Ergänze die **fehlenden Nullen** an der Einer- und Zehnerstelle.
Addiere dann die Zahlen.

In der Kurzschreibweise schreibst du alles in eine Zeile.

Kurzschreibweise:

	H	Z	E	
	6	5	8	· 3
	1	2		
	1	9	7	4

sprich:
8 · 3 = **24**; schreibe **4**;
übertrage **2**
5 · 3 + 2 = **17**; schreibe **7**;
übertrage **1**
6 · 3 + 1 = **19**; schreibe **19**

Achte auf den **Übertrag**!

38 Multipliziere schriftlich.
a) 276 · 4   b) 375 · 6   c) 462 · 7   d) 563 · 8

**Kapitel 4
Aufgabe D**

Mit Stufenzahlen multiplizieren und durch Stufenzahlen dividieren

So multiplizierst du mit 20:
Multipliziere **zuerst mit 2**.
Multipliziere das Ergebnis **anschließend mit 10**.

im Kopf
12 · 20 = …
12 · 2 = 24
24 · 10 = 240

So dividierst du durch 20:
Teile **zuerst durch 10**.
Teile **anschließend durch 2**.

280 : 20 = …
280 : 10 = 28
28 : 2 = 14

Beim schriftlichen Rechnen muss man häufig Nullen **anhängen** oder **weglassen**.

schriftlich
485 · 30 = …
485 · 3
1455
1455 · 10
14 550

oder kürzer
485 · 30
14 550

2040 : 40 = …
2040 : 10 = 204
204 : 4 = 51
− 20
  04
− 04
  00

39 Rechne im Kopf.
a) 6 · 30   b) 7 · 40   c) 8 · 60   d) 9 · 70

40 Berechne.
a) 43 · 20   b) 30 · 352
c) 6487 · 60   d) 23 715 · 70

41 Rechne im Kopf.
a) 520 : 20   b) 180 : 30   c) 160 : 40

42 Berechne.
a) 24 600 : 20   b) 49 200 : 30
c) 62 800 : 40   d) 25 400 : 50

→ Die Lösungen findest du auf Seite 258.

Grundwissen Rechnen

Kapitel 4
Aufgabe G

> **Die Regel „Punkt vor Strich" anwenden**
>
> **Multipliziere oder dividiere zuerst,** 42 − 7 · 2   300 : 6 + 24
> bevor du addierst oder subtrahierst.   = 42 − 14   =   50   + 24
>   =   28   =   74
>
> Was in **Klammern** steht,   (42 − 7) · 2   300 : (6 + 24)
> wird zuerst ausgerechnet.   =   35   · 2   = 300 :   30
>   =   70   =   10

43 Berechne.
  a) 12 + 8 · 7 und (12 + 8) · 7   b) 36 : 4 + 8 und 36 : (4 + 8)   c) 42 : 7 − 1 und 42 : (7 − 1)

Kapitel 4
Aufgabe I

> **Ergebnisse überschlagen**
>
> **Runde** alle Zahlen auf Zehner, Hunderter, Tausender, …
> Multipliziere oder dividiere anschließend die gerundeten Zahlen.
> Du erhältst einen **Überschlag** der gesuchten Zahl.
>
>   4987 · 70 = …   79 800 : 40 = …
>   5000 · 70 = 350 000   80 000 : 40 = 2000
> **Runden** ↗   ↖ **Überschlag**   **Runden** ↗   ↖ **Überschlag**

44 Überschlage.   **45** Überschlage.
  a) 186 · 70   b) 586 · 40   a) 4980 : 20   b) 89 100 : 30
  c) 20 · 823   d) 796 · 50   c) 75 880 : 40   d) 48 700 : 70

Kapitel 4
Aufgabe J

> **Sachaufgaben zum Multiplizieren und Dividieren lösen**
>
> Lies den Text der Aufgabe gründlich.   Die Nebenkosten werden auf die 10
> **Unterstreiche die wichtigen Angaben**   Wohnungen gleichmäßig verteilt.
> oder schreibe sie heraus.
>
> | Nebenkosten | in € |
> |---|---|
> | Heizung | 8800 |
> | Wasser | 1680 |
> | Abfall | 1500 |
>
> Berechne die Heizkosten für jede Wohnung.
>
> Überlege die **Rechnung** für diese   **Rechnung:**
> Aufgabe.   Dividiere die Kosten durch 10.
> Rechne.   8800 : 10 = 880
>
> **Prüfe** dein Ergebnis.   **Probe:** 880 · 10 = 8800
>
> Formuliere einen **Antwortsatz.**   Die Heizkosten betragen 880 € für jede
>   Wohnung.

46 Berechne die restlichen Nebenkosten für die einzelnen Wohnungen.

→ Die Lösungen findest du auf Seite 258.

Grundwissen **Geometrie**

Kapitel 5
Aufgabe A

Kapitel 7
Aufgabe A

Längen genau messen

So misst du eine Länge:
Lege an einem Ende der Strecke das Lineal bei **0** an.
Lies am anderen Ende die **Länge** ab.
Auch dein Geodreieck hat eine Maßeinteilung zum Messen.

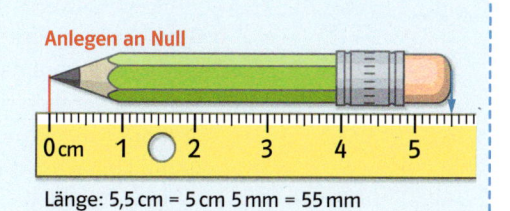

Anlegen an Null

Länge: 5,5 cm = 5 cm 5 mm = 55 mm

47 Miss die Längen der Strecken.

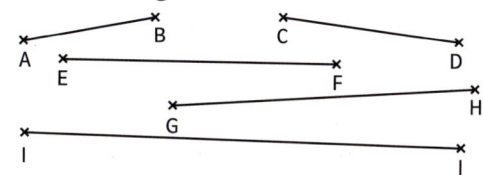

48 Miss die Länge des Gegenstands hier im Buch mit einem Lineal.
a)   b)

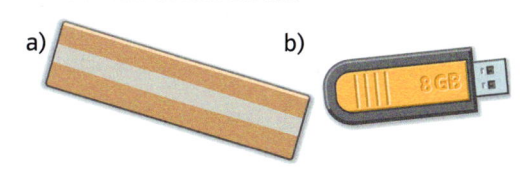

Kapitel 5
Aufgabe C

Geraden und Strecken

Eine Linie, die ohne Kurven und Biegungen verläuft, heißt **Gerade**. Sie hat keine Begrenzungen.

Eine gerade Linie mit Anfangs- und Endpunkt heißt **Strecke**.

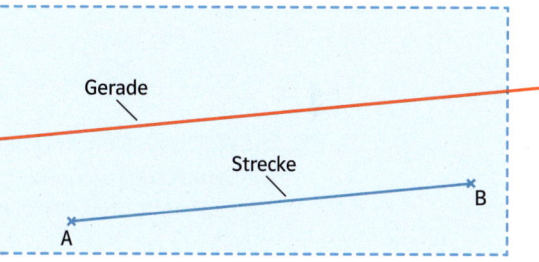

49 Finde alle Strecken und alle Geraden heraus.

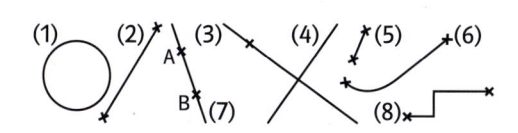

Kapitel 5
Aufgabe B

Strecken genau zeichnen

Zeichne einen **Anfangspunkt A.**

Lege dort das Lineal mit der 0 an und suche auf der Skala die Länge.
Markiere an dieser Stelle den **Endpunkt B.**

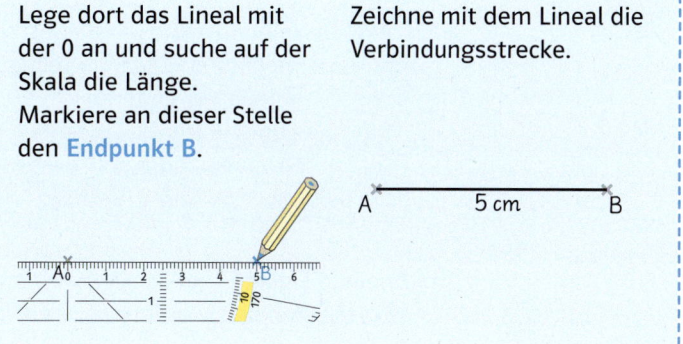

Zeichne mit dem Lineal die Verbindungsstrecke.

50 Zeichne eine Strecke mit folgender Länge in dein Heft.
a) 5 cm   b) 6,5 cm
c) 45 mm   d) 3,8 cm

51 Zeichne die Strecke auf ein weißes Blatt.
a) 4 cm   b) 5,3 cm
c) 39 mm   d) 6,1 cm

→ Die Lösungen findest du auf Seite 258.

Grundwissen **Geometrie**

**Kapitel 5
Aufgabe D**

Parallele und senkrechte Geraden

Auf deinem Geodreieck gibt es mehrere **parallele Linien**. Lege eine davon an und prüfe mit einer der anderen Linien, ob die Geraden parallel sind.

Geraden sind **senkrecht zueinander**, wenn sie so liegen wie die beiden kurzen Seiten des Geodreiecks.

Auch die Mittellinie ist **senkrecht zur** langen Seite des Geodreiecks.

parallele Linien prüfen:

senkrechte Geraden mit den kurzen Seiten des Geodreiecks prüfen:

senkrechte Geraden mit der Mittellinie prüfen:

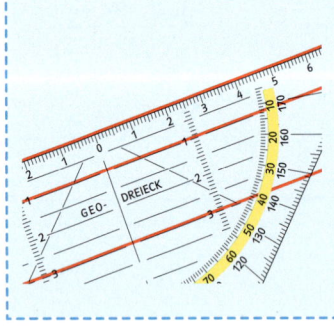

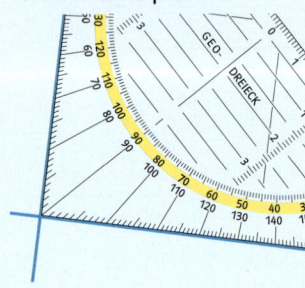

52 Welche Linien sind parallel, welche sind senkrecht zueinander? Prüfe mit dem Geodreieck.

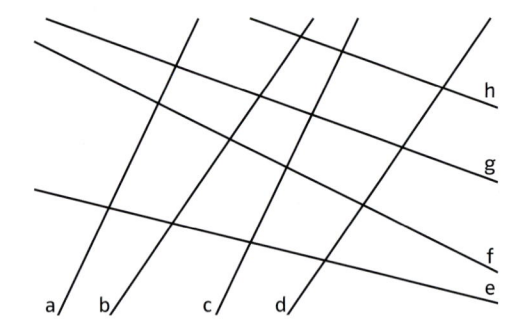

**Kapitel 5
Aufgabe E**

Achsensymmetrische Figuren

Achsensymmetrische Figuren bestehen aus zwei Teilfiguren. Die eine Teilfigur ist das **Spiegelbild** der anderen.
Die **Spiegelachse** trennt die beiden Teilfiguren voneinander.
Sie heißt auch **Symmetrieachse**.

53 Zwei der Figuren sind achsensymmetrisch. Wo verlaufen die Symmetrieachsen?

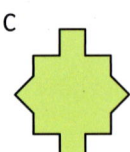

A   B   C

54 Übertrage ins Heft und zeichne alle Symmetrieachsen ein.

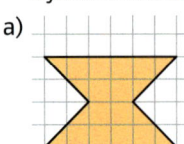

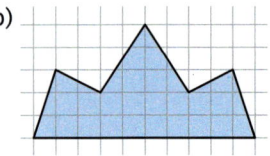

a)   b)

→ Die Lösungen findest du auf Seite 259.

Grundwissen **Geometrie**

Kapitel 5
Aufgabe F

Figuren benennen und erkennen

Geometrische Figuren werden häufig nach ihrer **Eckenzahl** benannt. Zusätzlich kann man sie durch gleich lange Seiten, rechte Winkel und Symmetrien unterscheiden.

Kreis   Dreieck   Viereck   Fünfeck   Quadrat   Rechteck

55 Benenne die Figuren. Am Karogitter erkennst du die Länge der Seiten.

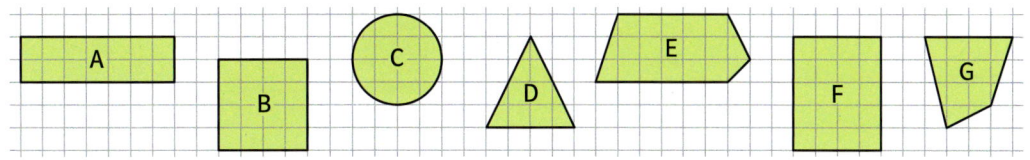

Kapitel 5
Aufgabe G

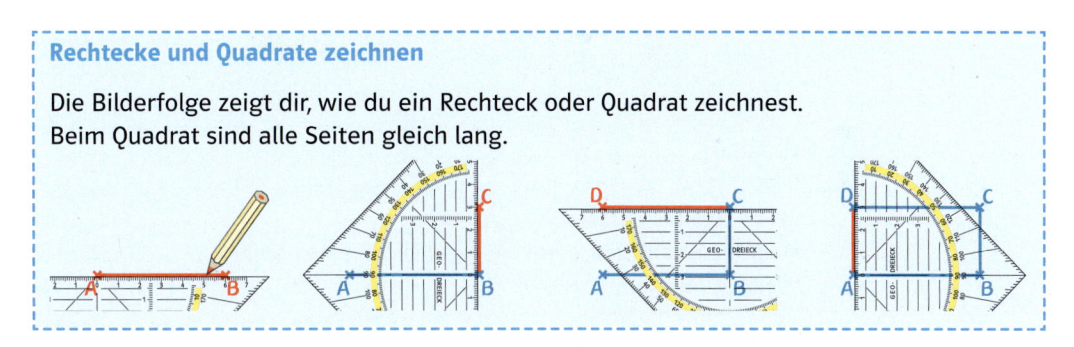

Rechtecke und Quadrate zeichnen

Die Bilderfolge zeigt dir, wie du ein Rechteck oder Quadrat zeichnest.
Beim Quadrat sind alle Seiten gleich lang.

56 Zeichne auf weißem Papier ein Rechteck mit 5,1 cm Länge und 3,9 cm Breite.

57 Übertrage die Punkte in dein Heft. Verbinde sie anschließend so, dass Quadrate und Rechtecke entstehen.

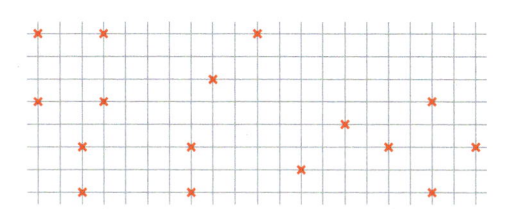

→ Die Lösungen findest du auf Seite 259.

Grundwissen **Größen**

Kapitel 6
Aufgabe A und B

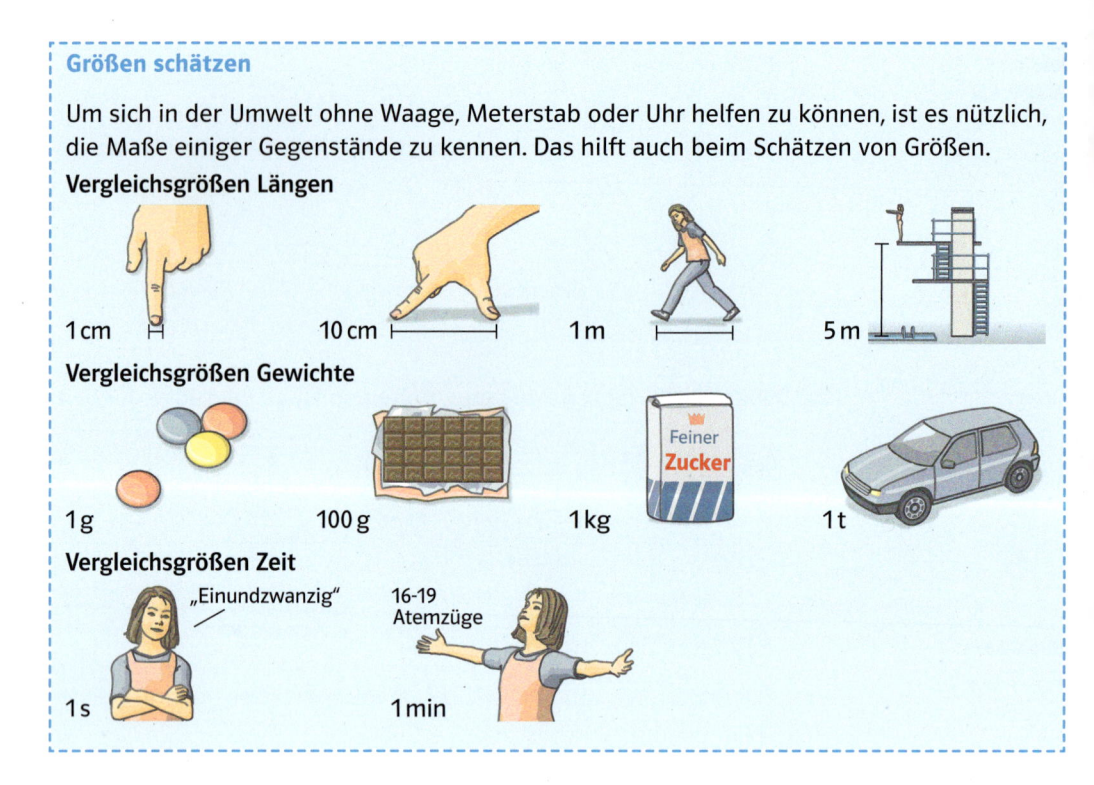

Größen schätzen

Um sich in der Umwelt ohne Waage, Meterstab oder Uhr helfen zu können, ist es nützlich, die Maße einiger Gegenstände zu kennen. Das hilft auch beim Schätzen von Größen.

Vergleichsgrößen Längen

1 cm   10 cm   1 m   5 m

Vergleichsgrößen Gewichte

1 g   100 g   1 kg   1 t

Vergleichsgrößen Zeit

„Einundzwanzig"   16–19 Atemzüge

1 s   1 min

58 Schätze die Längen.
a) Länge und Breite eines DIN-A4-Blattes
b) Dicke eines Buches
c) Länge und Breite eines Wohnraumes

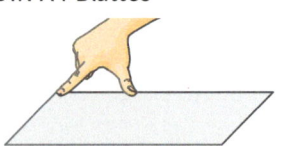

59 Schätze das Gewicht.
a) eine Milch-Packung
b) ein volles Saftglas
c) eine Tube Zahnpasta

60 Ordne ein Beispiel aus der Übersicht zu.
a) junger Elefant   b) Kuchen   c) Tablette   d) Brötchen

Kapitel 6
Aufgabe C

Gewichtseinheiten umwandeln

Gib Gewichte in Tonnen (t), Kilogramm (kg) und Gramm (g) an.
Die Umrechnungszahl ist 1000.

eine Tonne   1 t = 1000 kg
ein Kilogramm   1 kg = 1000 g
ein Gramm   1 g

61 Wandle um.
a) 12 t = ■ kg
b) 15 000 g = ■ kg
c) 3,5 kg = ■ g
d) 3200 kg = ■ t

→ Die Lösungen findest du auf Seite 259.

Grundwissen **Größen**

Kapitel 6
Aufgabe D

Längenmaße umwandeln und ordnen

Gib Längen in
Kilometer (km),   ein Kilometer   1 km = 1000 m
Meter (m),   ein Meter   1 m = 10 dm
Dezimeter (dm),   ein Dezimeter   1 dm = 10 cm
Zentimeter (cm) und   ein Zentimeter   1 cm = 10 mm
Millimeter (mm) an.   ein Millimeter   1 mm
                        Die Umrechnungszahl ist **10**.
                        Vorsicht bei Kilometern: Hier ist die Umrechnungszahl **1000**.

So wandelst du Längen um:
12 m = … dm   → 12 · **10** = 120   → 12 m = 120 dm
340 mm = … cm   → 340 : **10** = 34   → 340 mm = 34 cm
So ordnest du Längenangaben:
Wandle alle Längen in die kleinste Einheit um.
Ordne dann nach der Größe.

Umwandeln	320 cm		13 m		25 dm
	320 cm		1300 cm		250 cm
Ordnen	250 cm	<	320 cm	<	1300 cm
	25 dm	<	320 cm	<	13 m

62 Ordne. Beginne mit der kürzesten Strecke.
Wandle wenn nötig um.
a) 22 cm; 202 cm; 0,222 cm
b) 13 dm; 120 cm; 1250 mm
c) 5300 cm; 250 dm; 48 dm; 3,1 m

63 Ordne. Beginne mit der längsten Strecke.
a) 540 mm; 2345 mm; 345 mm
b) 3400 mm; 72 dm; 810 cm
c) 2900 m; 700 m; 8,8 km; 3500 m

Kapitel 6
Aufgabe G

Mit Gewichts- und Längenmaßen rechnen

Addiere und subtrahiere immer nur in den **gleichen Einheiten**.
Wandle verschiedene Einheiten vor dem Rechnen um.

Multipliziere immer nur mit einer **Anzahl**.

So dividierst du:
Länge : Länge = **Anzahl**
Länge : **Anzahl** = Länge
Gewicht : Gewicht = **Anzahl**
Gewicht : **Anzahl** = Gewicht

```
   400 g         48 cm        8 · 17 t = ?        180 km : 6 = ?
 + 1200 g       − 12 cm                           180 : 6 = 30
 +   50 g       −  9 cm       17 · 8
 +  500 g         27 cm         136               180 km : 6 = 30 km
  2150 g                     8 · 17 t = 136 t     180 km : 6 km = 30
```

64 Berechne.
a) 15,3 cm + 123 mm
b) 12 t − 3000 kg
c) 11 · 8 km
d) 24 g : 6
e) 96 kg : 4 kg
f) 13 · 20 mg

→ Die Lösungen findest du auf Seite 259.

Grundwissen Größen

Kapitel 6
Aufgabe E

Zeiteinheiten umwandeln

Gib **Zeitspannen** in den Einheiten Jahr, Monat, Tag, Stunde (h), Minute (min) und Sekunde (s) an. Rechne mit 24 oder 60 um.

ein **Tag**   1 **Tag** = 24 **h**
eine **Stunde**   1 **h** = 60 **min**
eine **Minute**   1 **min** = 60 **s**
eine **Sekunde**   1 **s**

Gib **Zeitpunkte** mit Datum und Uhrzeit an.

Am **24.12.2022** (oder 24. Dezember 2022) um **16:00 Uhr** gab es bei Familie Wagner Geschenke.

---

65 Wandle um.
a) 2 Tage = ■ h
b) 360 s = ■ min
c) 180 min = ■ h
d) 96 h = ■ Tage

Kapitel 6
Aufgabe F

Zeitspannen berechnen

Berechne **Zeitspannen** schrittweise.

14:30 Uhr bis 18:45 Uhr sind?
von 14:30 Uhr bis 15:00 Uhr: 30 min
von 15:00 Uhr bis 18:00 Uhr: + 180 min
von 18:00 Uhr bis 18:45 Uhr: + 45 min
                                255 min

Gib die **Zeitspannen** in der kleineren Einheit oder in gemischter Schreibweise an.

255 : 60 = 4 Rest 15 → 4 h 15 min

---

66 Berechne die Zeitspanne. Schreibe das Ergebnis in den zwei Schreibweisen.
a) 08:15 Uhr bis 09:00 Uhr
b) 12:10 Uhr bis 13:20 Uhr
c) 18:20 Uhr bis 21:39 Uhr

Kapitel 6
Aufgabe G

Mit Geld rechnen

Addiere und subtrahiere immer nur in den **gleichen Einheiten**.

```
   3,99 €        47 ct
+ 12,49 €      - 24 ct
+  2,99 €        23 ct
  19,47 €
```

Multipliziere immer nur mit einer **Anzahl**.

7 · 49 ct = ?

49 · 7
―――
 343
343 ct

So dividierst du:
Geldbetrag : Geldbetrag = **Anzahl**
Geldbetrag : **Anzahl** = Geldbetrag

35 € : **5** = ?
35 : **5** = 7
35 € : **5** = 7 €
35 € : 5 € = 7

---

67 Berechne.
a) 2,39 € + 15,99 €
b) 20,00 € − 17,49 €
c) 6 · 49 ct
d) 96 € : 4
e) 125 ct : 5 ct
f) 7 · 25 €

Grundwissen **Größen | Geometrie**

Kapitel 6
Aufgabe H

Sachaufgaben lösen

Lies den Text der Aufgabe gründlich. **Unterstreiche wichtige Angaben** oder schreibe sie heraus.	Eine Straße von 5,5 km Länge wird erneuert. Täglich schaffen die Arbeiter ungefähr $\frac{1}{2}$ km. Es sind schon 1500 m fertig. **Frage:** Wie viele Tage muss noch an der Straße gebaut werden?
Überlege den Rechenweg.	Rechenweg: Von 5,5 km die 1500 m subtrahieren. Das Zwischenergebnis durch $\frac{1}{2}$ km dividieren.
Wandle in die kleinste Einheit um.	5,5 km $\frac{1}{2}$ km 1500 m 5500 m 500 m 1500 m
Rechne.	Rechnung: 5500 m − 1500 m = 4000 m 4000 m : 500 m = <u>8</u>
Prüfe dein Ergebnis.	Probe: 8 · 500 4000 4000 + 1500 = 5500
Formuliere einen **Antwortsatz**.	Die Arbeiter brauchen noch 8 Tage.

68 Von einer Kabelrolle mit 50 m Kabel werden nacheinander 350 cm; 12,5 m; 7 m 50 cm und 8 m abgeschnitten. Reicht die Rolle noch für ein 20-m-Stück?

Kapitel 7
Aufgabe H

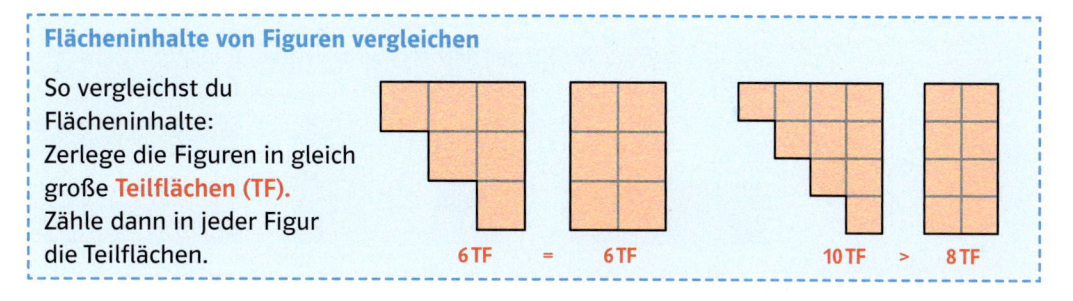

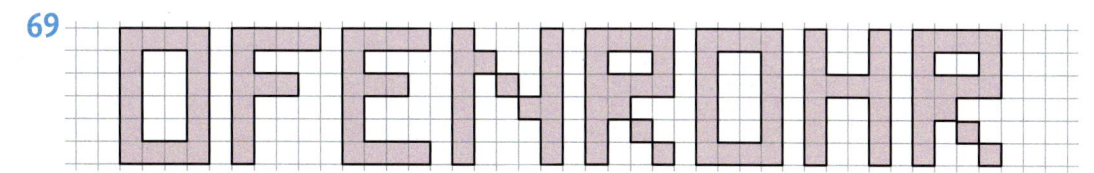

Flächeninhalte von Figuren vergleichen

So vergleichst du Flächeninhalte:
Zerlege die Figuren in gleich große **Teilflächen (TF)**.
Zähle dann in jeder Figur die Teilflächen.

6 TF   =   6 TF   10 TF   >   8 TF

69 OFENROHR

a) Vergleiche die Flächeninhalte der Buchstaben N und R.
b) Vergleiche die Flächeninhalte von E und H.
c) Welcher Buchstabe hat den kleinsten und welcher den größten Flächeninhalt?

→ Die Lösungen findest du auf Seite 260.

Grundwissen Rechnen

**Kapitel 8
Aufgabe A**

Gleichmäßig aufteilen

Aufgabe: Teile **vier Pizzen** auf **sechs Personen** auf.
So teilst du gleichmäßig auf:

| Es werden 4 ganze Pizzen aufgeteilt. | Teile jede Pizza in 6 gleich große Stücke. | Verteile nun so, dass immer gleich viele Stücke zusammenkommen. |

70 Verteile gleichmäßig
  a) 21 Gummibärchen auf 3 Personen.   b) 2 Äpfel und 2 Birnen auf 4 Personen.
  c) 3 Würstchen und 4 Brötchen auf 2 Kinder.

**Kapitel 8
Aufgabe B**

Bruchteile erkennen

In wie viele Teile ist das Ganze **zerlegt**?
Wie viele Teile davon werden **genommen**?

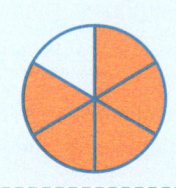

Das Ganze ist in **6** Teile zerlegt. Davon werden **5** Teile genommen.

Schreibe den Bruch $\frac{5}{6}$.

71 Schätze die Bruchteile der Farben in der Flagge. Beachte besonders den Rot-Anteil.
  a) Polen   b) Belgien   c) Österreich   d) Frankreich

**Kapitel 8
Aufgabe G**

Mit Stufenzahlen im Kopf rechnen

Die Zahlen 10; 100; 1000; 10 000; … nennt man **Stufenzahlen**.

$6 \cdot 10 = 60$
$6 \cdot 100 = 600$
$6 \cdot 1000 = 6000$

$13 \cdot 10 = 130$
$13 \cdot 100 = 1300$
$13 \cdot 1000 = 13\,000$

$4000 : 10 = 400$
$4000 : 100 = 40$
$4000 : 1000 = 4$

$36\,000 : 10 = 3600$
$36\,000 : 100 = 360$
$36\,000 : 1000 = 36$

72 Berechne.
  a) $6 \cdot 10$ b) $6 \cdot 100$ c) $6 \cdot 1000$ d) $60 \cdot 100$
  e) $10\,000 : 2$ f) $10\,000 : 20$ g) $10\,000 : 200$ h) $10\,000 : 20$

→ Die Lösungen findest du auf Seite 260.

# Lösungen der Kapitel

1 Daten | Standpunkt, Seite 7

A

Schuhgröße	Anzahl
32	I
33	II
34	IIII
35	III
36	IIII
37	III
38	I

B

Tier	Anzahl
Hund	17
Katze	11
Fische	5
Kaninchen	7
Hamster	3
andere	8

C

	Handy	Computer
Mädchen	8	4
Jungen	10	7

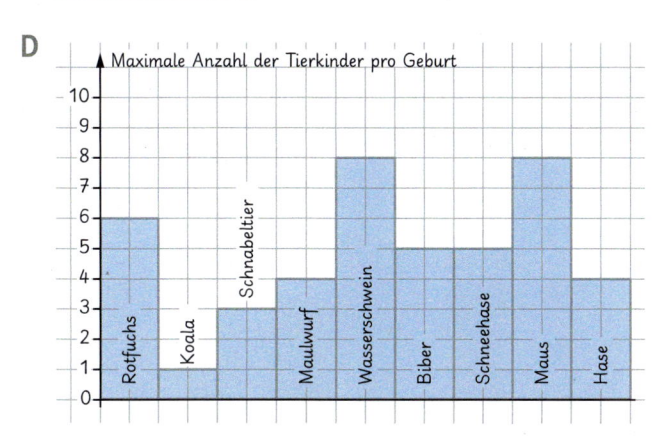

D

E Im Mai gab es 40 mm Niederschlag.
Im August waren es 75 mm.

F a) Es hat in Köln, Mönchengladbach und Paderborn geregnet.
b) In Köln gab es am 03.10. eine Temperatur von 16 °C.

1 Daten | Alles klar?, Seite 11

A a)

Taschengeld	12 €	14 €	16 €	20 €
Anzahl der Kinder	IIII I	I	IIII	I

b)

Taschengeld	12 €	14 €	16 €	20 €
Anzahl der Kinder	6	1	5	1

1 Daten | Alles klar?, Seite 13

A

Augenzahl	1	2	3	4	5	6
Anzahl der Würfe	7	11	10	13	10	9

Die Zahl 4 wurde am häufigsten gewürfelt.

1 Daten | Alles klar?, Seite 15

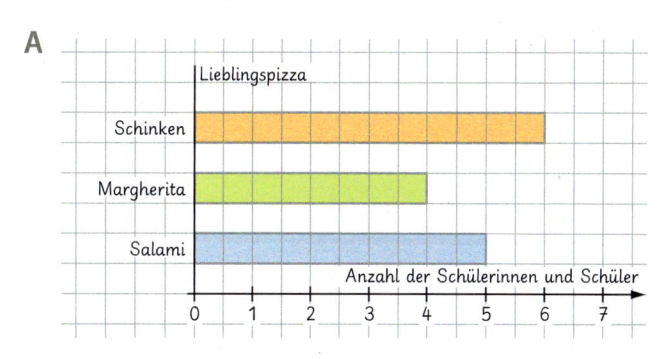

A

B Fehler: Die Säulen für „Rot" und „Grün" fehlen.
Vollständiges Säulendiagramm:

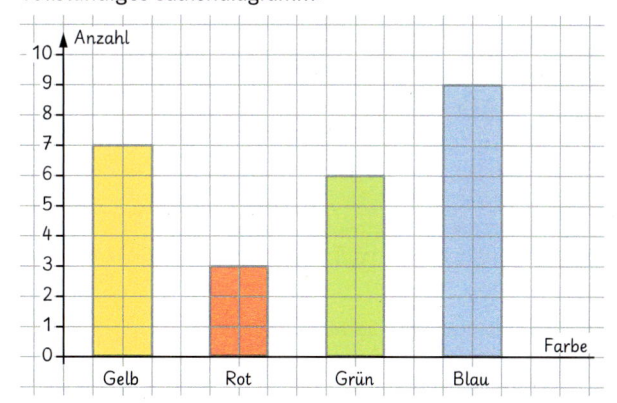

1 Daten | Alles klar?, Seite 20

A Die Werte für eine Farbe aus beiden Tabellen müssen zusammengezählt werden. Danach kann man das Ergebnis in eine einzige Häufigkeitstabelle eintragen.
Rot: 10 + 10 = 20
Gelb: 8 + 7 = 15
Blau: 5 + 9 = 14

Farbe	Rot	Gelb	Blau
gesamte Häufigkeit	20	15	14

Lösungen der Kapitel

B a)

(Säulendiagramm: Anzahl der Würfe nach Farbe)
- Grün: 16
- Rot: 14
- Gelb: 20
- Orange: 17
- Blau: 16
- Lila: 17

oder

(Balkendiagramm mit gleichen Werten)

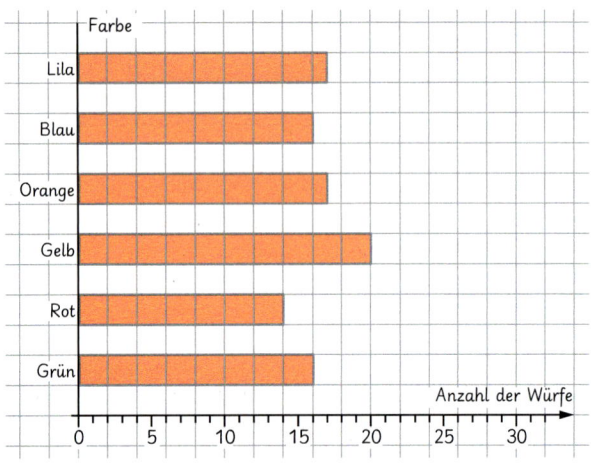

b) Die Farbe Gelb kam am häufigsten vor (mit 20 Würfen). Die Farbe Rot kam am seltensten vor (mit 14 Würfen).

1 Daten | Rückspiegel, Seite 28

1 a)

Verkehrsmittel	Lkw	Pkw	Motorrad	Fahrrad	Sonstige
Anzahl	8	37	3	17	2

b) *(Säulendiagramm der obigen Werte)*

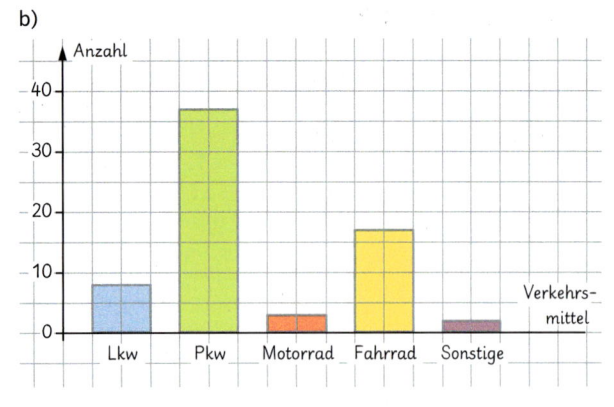

2 a)

Stunden	1	2	3	4	5
Strichliste	⊪⊪ ⊪⊪ ⦀	⊪⊪ ⊪⊪	⊪⊪ ⦁⦁	⦁⦁	⦁
Häufigkeitstabelle	13	10	7	2	1

b) *(Balkendiagramm: Tägliche Nutzung in Stunden)*
- 1 Stunde: 13
- 2 Stunden: 10
- 3 Stunden: 7
- 4 Stunden: 2
- 5 Stunden: 1

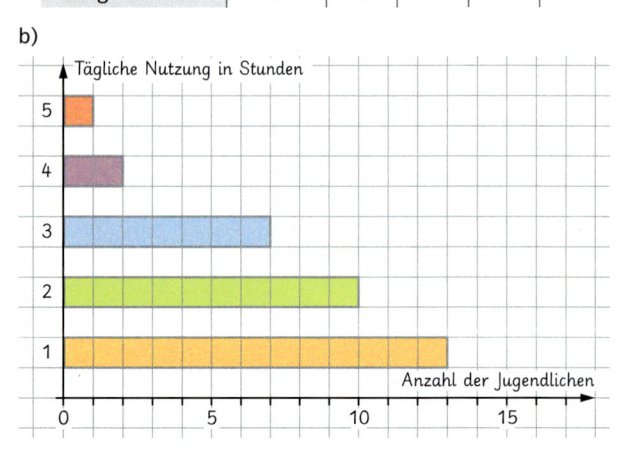

1 Daten | Rückspiegel, Seite 28, links

3 Beginnend mit dem Verein mit der niedrigsten Anzahl zuschauender Personen:
VfB Stuttgart (ca. 49 000);
Hamburger SV (ca. 52 000);
FC Schalke 04 (ca. 61 000);
Bayern München (ca. 65 000);
Borussia Dortmund (ca. 80 000).

4 *(Säulendiagramm Zuschauerzahl)*
- THW Kiel: ca. 9 100
- HSV Hamburg: ca. 7 700
- Rhein-Neckar Löwen: ca. 5 800
- Füchse Berlin: ca. 6 500

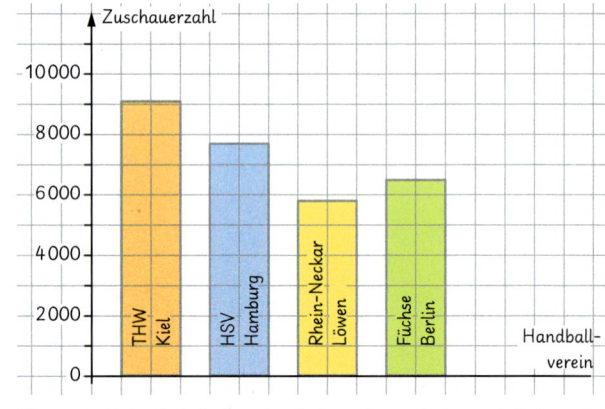

Wenn du Schwierigkeiten hast, dann kannst du auch folgende, leichtere Einteilung verwenden: 1 mm pro 100 Personen.

5 a) Das Streamen ist die beliebteste Art der Musikbeschaffung.
b) *(Balkendiagramm)*
- Streaming: ca. 72
- CDs: ca. 10
- Download: ca. 17

238

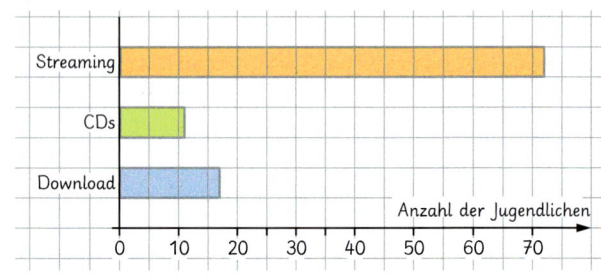

Lösungen der Kapitel

1 Daten | Rückspiegel, Seite 28, rechts

3 Ein halber Kreis entspricht dann 500 Kindern.
Ein Viertelkreis entspricht dann 250 Kindern.
Damit kann man die Mengen gut schätzen.

Unterricht	Anzahl Kinder
Blechblasinstrumente	250
Saiteninstrumente	250
Tasteninstrumente	125
Schlaginstrumente	125
Holzblasinstrumente	125
Gesang	125
insgesamt	**1000**

4 Insgesamt wurden 50 Spiele genannt.
Wenn das Streifendiagramm 10 cm = 100 mm lang werden soll, dann muss man für jedes Spiel 100 mm : 50 = 2 mm zeichnen.

	So lang muss der Abschnitt sein:
Jochen	15 · 2 mm = 30 mm = 3 cm
Ben	20 · 2 mm = 40 mm = 4 cm
Larissa	10 · 2 mm = 20 mm = 2 cm
Mehmet	5 · 2 mm = 10 mm = 1 cm

Siehe Abb. 1 unten

5 24 Würfe gab es.
Ein senkrechter Strich muss eine gerade Anzahl sein, da „Blau" zwischen zwei Strichen liegt.
Man kann also annehmen, dass ein senkrechter Strich für zwei Würfe steht.
Daraus kann man ablesen:
Lila: 2
Blau: 3
Orange: 5
Gelb: 8
Rot: 5
Zusammen sind dies 23 Würfe.
Die Farbe Grün kam also nur einmal vor.

2 Natürliche Zahlen | Standpunkt, Seite 29

A a) A – 1; B – 4; C – 5; D – 7
b) A – 10; B – 15; C – 25; D – 35

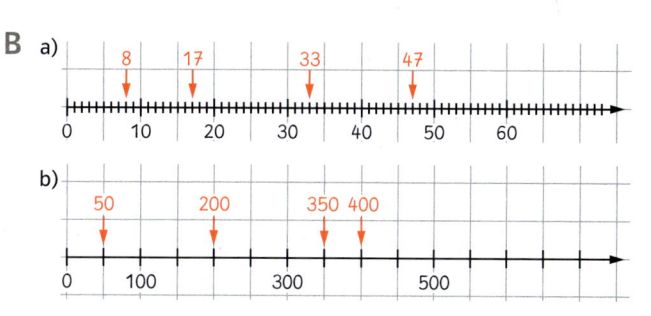

B a), b) (Zahlenstrahle)

C

Zahl	HT	ZT	T	H	Z	E
78					7	8
819				8	1	9
2389			2	3	8	9
17 035		1	7	0	3	5
230 081	2	3	0	0	8	1

D a) 5843 b) 38 928 c) 739 801 d) 90 060

E A und G; B und F; C und E; D und H

F a) 17; 220; 2669; 14 999
b) 288; 3221; 5890; 12 400

G a) 100 < 215 < 305 < 1005 < 10 005
b) 2469 < 2496 < 2649 < 2650 < 2694

H a) 57 ≈ 60   b) 847 ≈ 800
63 ≈ 60   882 ≈ 900
545 ≈ 550   3151 ≈ 3200
32 464 ≈ 32 460   37 834 ≈ 37 800

2 Natürliche Zahlen | Alles klar?, Seite 33

A Siehe Abb. 2 unten

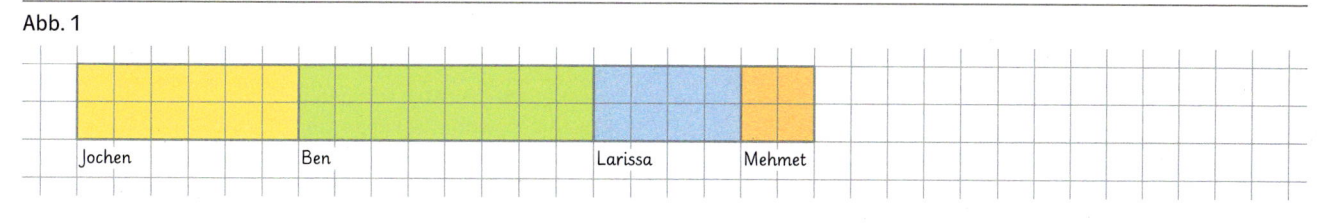

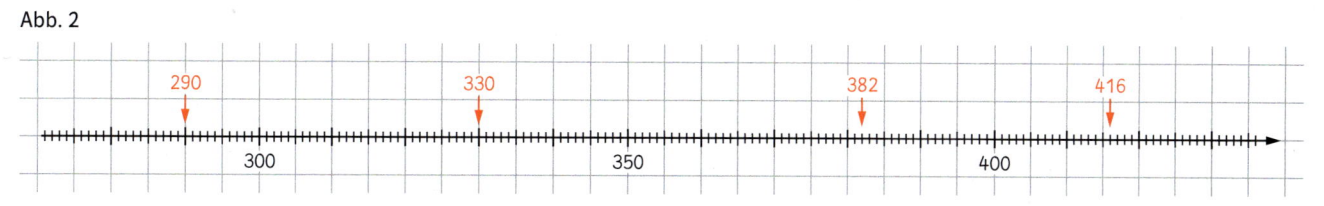

Abb. 1

Abb. 2

Lösungen der Kapitel

B a) 65 > 56　　　　　　　b) 331 < 332
　　c) 2453 < 2553　　　　　d) 3255 > 3153

2 Natürliche Zahlen | Alles klar?, Seite 36

A

Zahl	Tausender			Einer		
	HT	ZT	T	H	Z	E
a) 345				3	4	5
b) 8523			8	5	2	3
c) 3501			3	5	0	1
d) 12359		1	2	3	5	9

B

Zahl	Tausender			Einer		
	HT	ZT	T	H	Z	E
a) 9329			9	3	2	9
b) 73083		7	3	0	8	3

C a) 60　　　b) 3011　　　c) 50 000　　　d) 7 000 000

2 Natürliche Zahlen | Alles klar?, Seite 38/39

A a) 56 ≈ 60　　　　　　　b) 234 ≈ 230
　　c) 5892 ≈ 5890　　　　d) 3888 ≈ 3890

B a) 356 ≈ 400　　　　　b) 2357 ≈ 2400
　　c) 9526 ≈ 9500　　　　d) 37 083 ≈ 37 100

C a) 3812 ≈ 4000　　　　b) 32 456 ≈ 32 000
　　c) 184 983 ≈ 185 000　d) 3 456 089 ≈ 3 456 000

2 Natürliche Zahlen | Alles klar?, Seite 41

A Im rechten Feld sind etwa 7 Gummibärchen abgebildet.
Insgesamt sind es drei Felder.
Also sind insgesamt etwa 21 Gummibärchen zu sehen.

2 Natürliche Zahlen | Rückspiegel, Seite 50

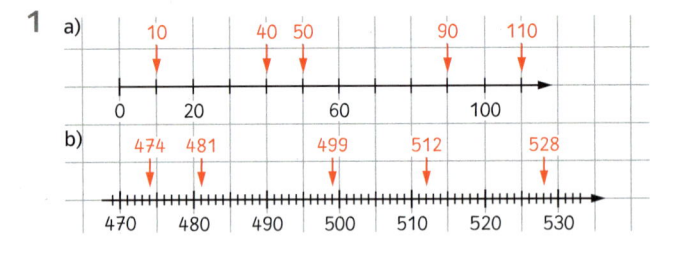

1 a) 10, 40, 50, 90, 110 (auf Zahlenstrahl 0–100)
　 b) 474, 481, 499, 512, 528 (auf Zahlenstrahl 470–530)

2
6587: Vorgänger: 6586　　Nachfolger: 6588
50 872: Vorgänger: 50 871　Nachfolger: 50 873
87 669: Vorgänger: 87 668　Nachfolger: 87 670
6999: Vorgänger: 6998　　Nachfolger: 7000
50 000 Vorgänger: 49 999　Nachfolger: 50 001

3 a) 92 > 85　　　　　　　b) 150 < 250
　　c) 989 > 899　　　　　d) 1374 < 1474

2 Natürliche Zahlen | Rückspiegel, Seite 50, links

4 a) 456 < 465 < 564 < 4856 < 5684 < 8564
　　b) 32 538 < 32 583 < 32 658 < 32 667

5

Zahl	Tausender			Einer		
	HT	ZT	T	H	Z	E
a) 75 357		7	5	3	5	7
b) 835 079	8	3	5	0	7	9

6 a) 40 238　　　b) 560 100

7 a) fünftausenddreihundertelf
　　b) dreizehntausendachtundsiebzig

8 a) 923 ≈ 920　　　b) 716 ≈ 700　　　c) 8713 ≈ 9000
　　6245 ≈ 6250　　　8283 ≈ 8300　　　92 480 ≈ 92 000
　　7688 ≈ 7690　　　25 688 ≈ 25 700
　　82 793 ≈ 82 790

9 Im Kasten unten links sind ungefähr 10 Baumstämme.
Insgesamt sind es 6 Felder.
10 · 6 = 60
Es sind ungefähr 60 Baumstämme.

2 Natürliche Zahlen | Rückspiegel, Seite 50, rechts

4 321 112 < 321 212 < 321 222 < 322 121 < 322 122 < 322 212

5 Stellenwerttafel siehe Abb. 1 unten.
a) 16 760 310
b) 2 078 300 500 007

6 a) 15 003 000 000 000　　　b) 43 503 000 220

7 a) vierhundertsechzigtausenddreihundertvierundsechzig
　　b) vierundzwanzig Millionen dreihundertachttausend-
　　　fünfhundertsiebzig

Abb. 1

	Billionen	Milliarden			Millionen			Tausender			Einer		
	B	HMrd	ZMrd	Mrd	HM	ZM	M	HT	ZT	T	H	Z	E
a)						1	6	7	6	0	3	1	0
b)	2	0	7	8	3	0	0	5	0	0	0	0	7

8 a) 2 365 842 ≈ 2 400 000   b) 7 999 989 ≈ 8 000 000
   c) 421 084 ≈ 400 000   d) 8 342 998 ≈ 8 300 000
   e) 5 937 459 ≈ 5 900 000   f) 69 978 214 ≈ 70 000 000

9 Man kann das Foto zum Beispiel in acht Kästen unterteilen:

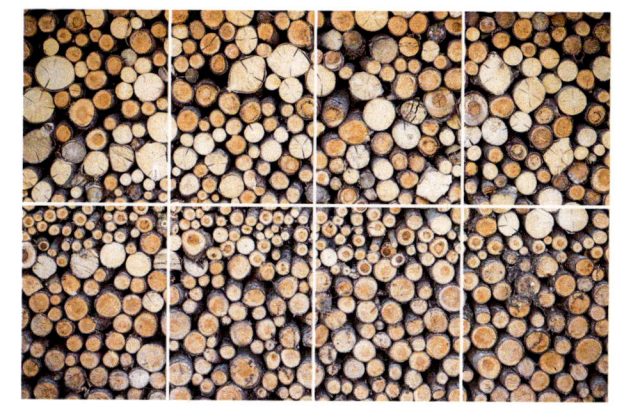

   Unten rechts sind ca. 50 Baumstämme
   50 · 8 = 400
   Es sind ungefähr 400 Baumstämme.

G a)
```
    3 4 5
  + 4 2 1
  + 2 3 2
  -------
    9 9 8
```
b)
```
    8 6 4
  + 1 7 3
  + 1 1 8
    1 1
  -------
  1 1 5 5
```
c)
```
  2 7 4 5
  + 1 3 6
  + 3 0 1
      1 1
  -------
  3 1 8 2
```
d)
```
  6 6 6 6
  + 5 5 5
  +   4 4
  +     3
    1 1 1
  -------
  7 2 6 8
```

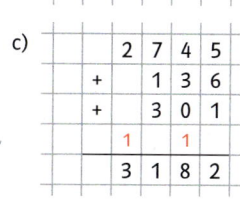

H a) 700   b) 9000
   c) 900   d) 8000

I Die Zeitschriften kosten 3 € + 3 € + 5 €, also 11 €.
   20 € – 11 € = 9 €
   mit dem Taschengeld: 9 € + 5 € = 14 €
   Lucia hat dann 14 €.

3 Addieren und Subtrahieren | Standpunkt, Seite 51

A a) 66   b) 99
   c) 100   d) 85

B a) 43   b) 30
   c) 27   d) 69

C a) 30 + 39 = 69   b) 50 + 25 = 75
   c) 18 + 50 = 68   d) 34 + 10 = 44

D a) 27 + **3** = 30   b) **21** + 51 = 72
   c) 85 – **5** = 80   d) **34** – 8 = 26

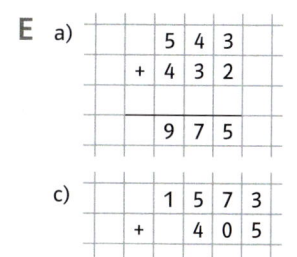

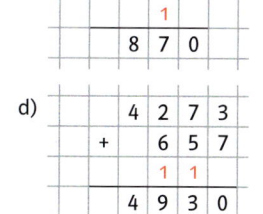

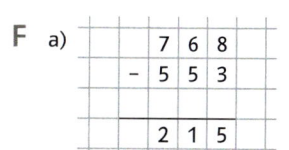

E a)
```
    5 4 3
  + 4 3 2
  -------
    9 7 5
```
b)
```
    1 5 7
  + 7 1 3
        1
  -------
    8 7 0
```
c)
```
  1 5 7 3
  +   4 0 5
  -------
  1 9 7 8
```
d)
```
  4 2 7 3
  +   6 5 7
      1 1
  -------
  4 9 3 0
```

F a)
```
    7 6 8
  – 5 5 3
  -------
    2 1 5
```
b)
```
    8 5 6
  – 3 7 8
    1 1
  -------
    4 7 8
```

3 Addieren und Subtrahieren | Alles klar?, Seite 54

A a) 75   b) 100   c) 130   d) 85   e) 93

B a) 15   b) 70   c) 68   d) 37   e) 33

3 Addieren und Subtrahieren | Alles klar?, Seite 57

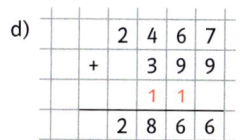

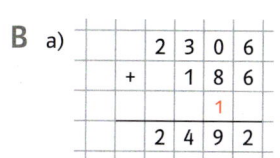

A a)
```
    2 6 7
  + 3 1 2
  -------
    5 7 9
```
b)
```
    4 5 6
  + 2 4 4
    1 1
  -------
    7 0 0
```
c)
```
  1 3 0 0
  +   2 9 9
  -------
  1 5 9 9
```
d)
```
  2 4 6 7
  +   3 9 9
      1 1
  -------
  2 8 6 6
```

B a)
```
  2 3 0 6
  +   1 8 6
        1
  -------
  2 4 9 2
```
b)
```
  2 0 2 0
  +   2 0 2
  -------
  2 2 2 2
```
c)
```
  9 9 9 9
  +   9 8 7
    1 1 1
  -------
  1 0 9 8 6
```
d)
```
  4 5 0 8
  +   6 0 9
    1   1
  -------
  5 1 1 7
```

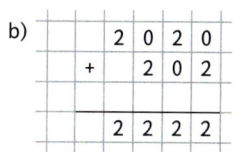

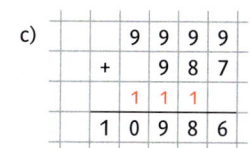

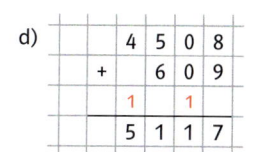

3 Addieren und Subtrahieren | Alles klar?, Seite 61

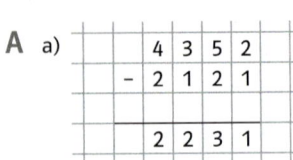

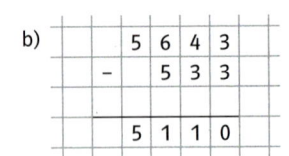

A a)
```
  4 3 5 2
- 2 1 2 1
---------
  2 2 3 1
```
b)
```
  5 6 4 3
-   5 3 3
---------
  5 1 1 0
```
c)
```
  4 6 3 8
- 3 2 4 2
    1
---------
  1 3 9 6
```

B a)
```
  5 6 1 2
-   4 5 0
    1
---------
  5 1 6 2
```
Probe:
```
  5 1 6 2
+   4 5 0
    1
---------
  5 6 1 2
```

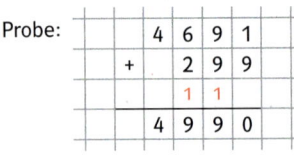

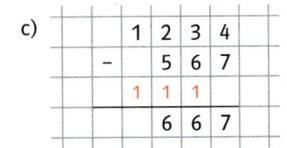

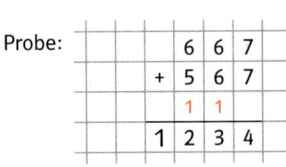

b)
```
  4 9 9 0
-   2 9 9
    1 1
---------
  4 6 9 1
```
Probe:
```
  4 6 9 1
+   2 9 9
    1 1
---------
  4 9 9 0
```

c)
```
  1 2 3 4
-   5 6 7
  1 1 1
---------
    6 6 7
```
Probe:
```
    6 6 7
+   5 6 7
    1 1
---------
  1 2 3 4
```

3 Addieren und Subtrahieren | Alles klar?, Seite 64

A a) 30 − 15 + 10 = 15 + 10 = 25
b) 23 − (14 + 8) = 23 − 22 = 1
c) 24 + 32 − 16 = 56 − 16 = 40
d) 41 + (20 − 13) = 41 + 7 = 48

B a) 42 − (11 + 12 + 13) = 42 − 36 = 6
b) 34 − (15 − 3 + 6) = 34 − 18 = 16
c) 100 − (50 − (7 − 4)) = 100 − (50 − 3) = 100 − 47 = 53

3 Addieren und Subtrahieren | Alles klar?, Seite 68

A a) 45 + 4 = 49
b) 24 − 21 = 3
c) 12 − 12 = 0
d) 5 + 5 + 5 − 5 = 10
e) 27 + (9 − 6) = 30
f) 10 − (20 − 11) = 1

B a) $x − 8$; x ursprünglicher Preis des Buchs
b) $x + 8$; x ursprünglicher Preis des Balls
c) $8 − x$; x Anzahl Autos, die Sasha ihrer Schwester abgibt.

3 Addieren und Subtrahieren | Alles klar?, Seite 69/70

A a) 24 + 10 − 5 = 29   24 + 5 − 10 = 19
Die Reihenfolge darf nicht vertauscht werden.
b) 17 − 10 − 6 = 1   17 − 6 − 10 = 1
Die Reihenfolge darf vertauscht werden.

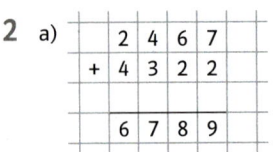

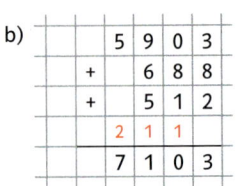

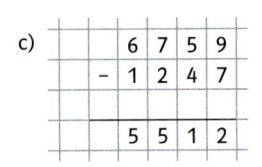

B a) 38 + 12 + 39 = 50 + 39 = 89
b) 57 + 43 + 26 = 100 + 26 = 126
c) 66 + 34 + 21 = 100 + 21 = 121

C a) 33 + (45 + 55) = 33 + 100 = 133
b) 21 + 36 + (37 + 13) = 57 + 50 = 107
c) 25 + (66 + 34) + (15 + 35) = 25 + 100 + 50 = 175

3 Addieren und Subtrahieren | Rückspiegel, Seite 78

1 a) 57   b) 110   c) 53   d) 685
e) 30   f) 36   g) 43   h) 98

2 a)
```
  2 4 6 7
+ 4 3 2 2
---------
  6 7 8 9
```
b)
```
  5 9 0 3
+   6 8 8
+   5 1 2
    2 1 1
---------
  7 1 0 3
```
c)
```
  6 7 5 9
- 1 2 4 7
---------
  5 5 1 2
```
d)
```
  1 2 4 3
-   9 9 8
-   1 2 6
    1 1 2
---------
    1 1 9
```

3 Addieren und Subtrahieren | Rückspiegel, Seite 78, links

3 a) 1912   b) 292   c) 3858

4 a) 25 + 45 + 34 = 70 + 34 = 104
b) 17 + 33 + 42 + 28 = 50 + 70 = 120
c) 145 + 55 − 76 − 24 = 200 − 100 = 100
d) 227 − 7 + 41 + 39 = 220 + 80 = 300

5 a) 45 − 35 = 10   b) 45 − 11 = 34
c) 65 + 9 + 21 = 95   d) 65 − 9 − 21 = 35

6 a) 25 + 12 − 8 − 5 = 24   b) 50 − (24 − 1) = 27
c) (19 − 15) + 16 = 20

7 a) 10 − (5 + 4) = 1   b) (10 + 5) − 4 = 11

8

x	3	5	10	14
a) x + 16	19	21	26	30
b) 16 − x	13	11	6	2
c) 16 − (14 − x)	5	7	12	16
d) 16 + (x − 2)	17	19	24	28

3 Addieren und Subtrahieren | Rückspiegel, Seite 78, rechts

3 a) 57 + 23 + 25 + 35 = 80 + 60 = 140
b) 134 − 34 + 23 + 77 = 100 + 100 = 200
c) 111 + 889 + 333 + 667 = 1000 + 1000 = 2000

4 a) 200 − 125 = 75
b) 165 − 150 = 15
c) 340 − 150 = 190

5 a) 12 + 9 − 8 = 13
b) 28 − 18 − 1 = 9
c) 49 − (23 − 12) = 49 − 11 = 38
d) 120 + (75 − 50 − 25) = 120 − 0 = 120
e) 150 − (20 − 7 + 12) = 150 − 25 = 125

6 a) 34 − (23 + 8) + 3 = 6
b) 12 + 45 − (18 − 5) = 44
c) 72 − (51 − 21) + 18 = 60

7 a) (23 − 9) + (51 + 18)
b) (43 − 15) − (75 − 62)
c) (77 − 66) + (33 − 22)

8

x	5	7	14	20
a) x − 5	0	2	9	15
b) 50 − (x + 30)	15	13	6	0
c) x − (x − 4)	4	4	4	4
d) x + (15 − (x − 5))	20	20	20	20

4 Multiplizieren und Dividieren | Standpunkt, Seite 79

A a) 40   b) 36   c) 42
d) 56   e) 72   f) 63

B a) 36 · 4 = 144
c) 52 · 9 = 468
e) 53 · 19 = 53 + 477 (1) = 1007
b) 43 · 7 = 301
d) 32 · 12 = 32 + 64 = 384
f) 74 · 23 = 148 + 222 (1) = 1702

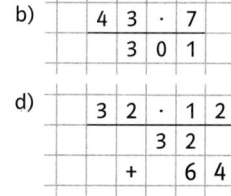

C a) 4   b) 8   c) 7
d) 8   e) 7   f) 12

D a) 620   b) 3600
c) 123   d) 15

E a) x + 11   b) 20 − y
c) x + 7   d) 17 − a

F a) **5** · 7 = 35   b) 12 · **4** = 48
c) **39** : 13 = 3   d) 64 : **8** = 8

G a) 5 · 7 + 20 = 35 + 20 = 55
b) 25 + 10 · 3 = 25 + 30 = 55
c) 3 · 9 − 4 · 6 = 27 − 24 = 3
d) 23 + 21 : 3 = 23 + 7 = 30

H a) 17 + 44 + 33
= 17 + 33 + 44
= 50 + 44
= 94
c) 123 + 45 + 77
= 123 + 77 + 45
= 200 + 45
= 245
b) 29 + 47 + 41 + 53
= 29 + 41 + 47 + 53
= 70 + 100
= 170
d) 81 + 18 + 119
= 119 + 81 + 18
= 200 + 18
= 218

I

	Rechnung	Überschlag
(1)	28 · 11	300 | D
(2)	816 : 8	100 | C
(3)	41 · 98	4000 | A
(4)	7218 : 9	800 | B

J a) Eintritt 5a: 25 · 5 € = 125 €
Die Klasse 5a zahlt 125 €.
b) Anzahl der Schülerinnen und Schüler in der 5b:
155 € : 5 € = 31
In der 5b sind 31 Schülerinnen und Schüler.

4 Multiplizieren und Dividieren | Alles klar?, Seite 82

A a) 56   b) 54   c) 36   d) 55

B a) 4   b) 7   c) 7   d) 8

4 Multiplizieren und Dividieren | Alles klar?, Seite 85

A a) 56   b) 138   c) 155   d) 200

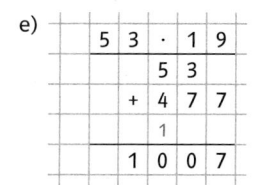

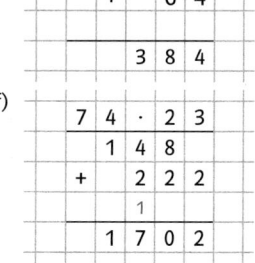

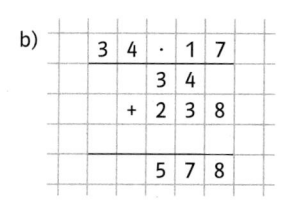

B a) 67 · 8 = 536
b) 34 · 17 = 34 + 238 = 578

c)
```
  6 3 · 8 0
    5 0 4
+       0 0
  ─────────
  5 0 4 0
```

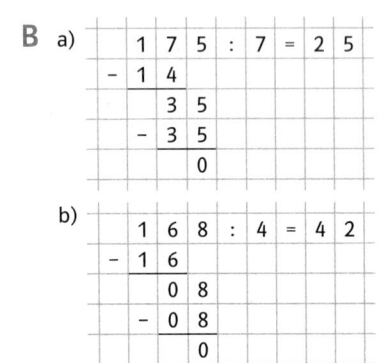

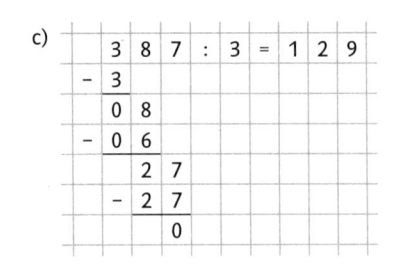

d)
```
  1 4 7 · 2 3
      2 9 4
  +   4 4 1
        1
  ─────────
  3 3 8 1
```

d)
```
  4 3 2 : 6 = 7 2
- 4 2
  ───
    1 2
  - 1 2
    ───
      0
```

4 Multiplizieren und Dividieren | Alles klar?, Seite 88

A a) (9 · 2) · 5 = 18 · 5 = 90   b) 3 · (25 · 4) = 3 · 100 = 300
   9 · (2 · 5) = 9 · 10 = 90   (3 · 25) · 4 = 75 · 4 = 300
Beim Multiplizieren mehrerer Zahlen kann man beliebig Klammern setzen und so beliebig zusammenfassen.

B a) 13 · 50 · 2 = 13 · (50 · 2) = 13 · 100 = 1300
  b) 5 · 4 · 9 = (5 · 4) · 9 = 20 · 9 = 180
  c) 18 · 25 · 4 = 18 · (25 · 4) = 18 · 100 = 1800
  d) 25 · 8 · 11 = (25 · 8) · 11 = 200 · 11 = 2200

4 Multiplizieren und Dividieren | Alles klar?, Seite 90

A a) 2^2 = 2 · 2 = 4   b) 5^2 = 5 · 5 = 25
  c) 6^2 = 6 · 6 = 36   d) 7^2 = 7 · 7 = 49

B a) 8 · 8 = 8^2
  b) 4 · 4 · 4 = 4^3
  c) 3 · 3 · 3 · 3 = 3^4
  d) y · y · y = y^3

4 Multiplizieren und Dividieren | Alles klar?, Seite 93

A a) 6   b) 18   c) 15   d) 8

B a)
```
  1 7 5 : 7 = 2 5
- 1 4
  ───
    3 5
  - 3 5
    ───
      0
```

b)
```
  1 6 8 : 4 = 4 2
- 1 6
  ───
    0 8
  - 0 8
    ───
      0
```

c)
```
  3 8 7 : 3 = 1 2 9
- 3
  ─
  0 8
- 0 6
  ───
    2 7
  - 2 7
    ───
      0
```

4 Multiplizieren und Dividieren | Alles klar?, Seite 97

A a) 5 · (12 − 7) = 5 · 5 = 25
  b) (45 − 36) : 3 = 9 : 3 = 3
  c) (17 + 7) : 12 = 24 : 12 = 2
  d) 2 · (3 + 4) − 5 = 2 · 7 − 5 = 14 − 5 = 9

B a) 2 · 3 + 4 = 6 + 4 = 10
  b) 16 − 5 · 3 = 16 − 15 = 1
  c) 27 − 66 : 6 = 27 − 11 = 16
  d) 2 + 3 · 4 − 5 = 2 + 12 − 5 = 9

4 Multiplizieren und Dividieren | Alles klar?, Seite 102

A a) 8 · (20 + 7) = 8 · 20 + 8 · 7 = 160 + 56 = 216
  b) 5 · (30 + 4) = 5 · 30 + 5 · 4 = 150 + 20 = 170
  c) 9 · (60 − 3) = 9 · 60 − 9 · 3 = 540 − 27 = 513
  d) (50 − 7) · 5 = 50 · 5 − 7 · 5 = 250 − 35 = 215

B a) 9 · 7 + 9 · 3 = 9 · (7 + 3) = 9 · 10 = 90
  b) 17 · 22 + 17 · 8 = 17 · (22 + 8) = 17 · 30 = 510
  c) 7 · 12 − 7 · 2 = 7 · (12 − 2) = 7 · 10 = 70
  d) 23 · 6 − 23 · 4 = 23 · (6 − 4) = 23 · 2 = 46

4 Multiplizieren und Dividieren | Rückspiegel, Seite 112

1 a) 368   b) 747   c) 378   d) 2535   e) 1876

2 a) 32   b) 13   c) 14   d) 43   e) 14

3 a) 774   b) 19   c) 1161   d) 23   e) 3922

4 a) 5 · 7 · 4 = (5 · 4) · 7 = 20 · 7 = 140
  b) 50 · 3 · 4 = (50 · 4) · 3 = 200 · 3 = 600
  c) 2 · 5 · 15 · 20 = (2 · 15) · (5 · 20)
     = 30 · 100 = 3000
  d) 4 · 2 · 3 · 25 · 50 = (4 · 25) · (2 · 50) · 3
     = 100 · 100 · 3 = 10 000 · 3 = 30 000

4 Multiplizieren und Dividieren | Rückspiegel, Seite 112, links

5 a) 44 + 8 · 7 = 44 + 56 = 100
  b) 25 · 6 − 84 : 7 = 150 − 12 = 138

6 a) 43 · 19 + 57 · 19 = (43 + 57) · 19 = 100 · 19 = 1900
  b) 53 · 34 − 33 · 34 = (53 − 33) · 34 = 20 · 34 = 680

7 a) 81   b) 64   c) 32

8 a) 12 + 3 · (25 − 16) = 12 + 3 · 9 = 12 + 27 = 39
b) 38 − (8 + 4 · 12) : 4 = 38 − (8 + 48) : 4
= 38 − 56 : 4 = 38 − 14 = 24

9 a) 8 · 6 + 5 − 2 = 48 + 5 − 2 = 51
b) 8 + 5 − 2 · 6 = 8 + 5 − 12 = 13 − 12 = 1

10 a) 19 − 6 : **2** = 16; a = 2   b) (**8** + 12) : 4 = 5; b = 8

11 20 · 80 Sitzplätze = 1600 Sitzplätze
1600 · 15 € = 24 000 €
Die Einnahmen betragen 24 000 €.

b) 40 − 3 · 12 − (((67 − 2 · 24) + 8) : 9)
= 40 − 3 · 12 − (((67 − 48) + 8) : 9)
= 40 − 3 · 12 − ((19 + 8) : 9)
= 40 − 3 · 12 − 27 : 9
= 40 − 36 − 3
= 1

12 a) 8 · (5 + 3) − 6 : 2 = 64 − 3 = 61
b) 2 + (8 · 3) : 6 − 5 = 2 + 24 : 6 − 5 = 2 + 4 − 5 = 1
oder (6 · 2) : 3 + 5 − 8 = 12 : 3 + 5 − 8 = 4 + 5 − 8 = 1
oder (5 + 3 − 8) · 2 : 6 = 0 : 6 = 0

4 Multiplizieren und Dividieren | Rückspiegel, Seite 112, rechts

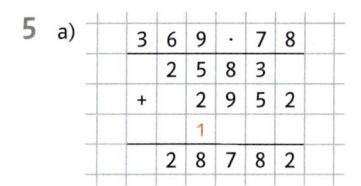

5 a)
```
  3 6 9 · 7 8
    2 5 8 3
+   2 9 5 2
         1
  2 8 7 8 2
```

b)
```
  9 0 3 6 : 1 2 = 7 5 3
− 8 4
    6 3
  − 6 0
      3 6
    − 3 6
        0
```

6 a) 125 · 5 · 8 · 4 · 3 = (125 · 8) · (5 · 4) · 3 = 1000 · 20 · 3 = 60 000
b) 23 · 87 − 23 · 77 = 23 · (87 − 77) = 23 · 10 = 230

7 24 + 72 : 9 − 12 · 2 − 7 = 24 + 8 − 24 − 7 = 1

8 a) 5^3 = 125; x = 3   b) 3^4 = 81; y = 3

9 In der Klammer wurde die Regel „Punkt vor Strich"
missachtet.
Richtige Lösung:
    12 + (9 − 2 · 4)
= 12 + (9 − 8)
= 12 + 1
= 13

10 a) (3 + 12) · 4 − 5 = 55
Rechnung: 15 · 4 − 5 = 60 − 5 = 55
b) 15 − (3 · 12 − 8) : 2 = 1
Rechnung: 15 − (36 − 8) : 2 = 15 − 28 : 2
= 15 − 14 = 1

11 a) 9 − (13 + 7 · 5) : (44 − 6 · 4 − 12)
= 9 − (13 + 35) : (44 − 24 − 12)
= 9 − 48 : 8
= 9 − 6
= 3

5 Geometrie. Vierecke | Standpunkt, Seite 113

A a) 5,5 cm   b) 2,5 cm

B a) 3 cm
b) 7,5 cm
c) 4,5 cm

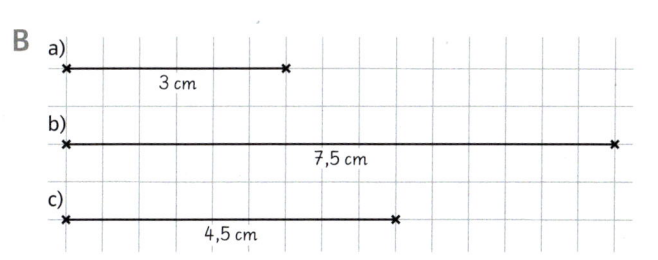

C Strecken: $\overline{AB}$; $\overline{CD}$; $\overline{QR}$
Geraden: g; h; Gerade durch C und D.
c ist weder Strecke noch Gerade.

D a) Zueinander parallel sind: b und d; c und e.
b) Zur Geraden g senkrecht sind: c und e.

E Die Figur I ist achsensymmetrisch.
Sie hat zwei Symmetrieachsen.

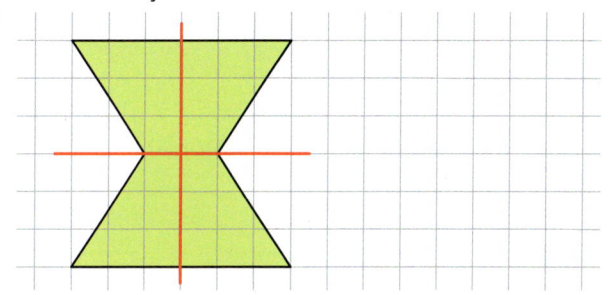

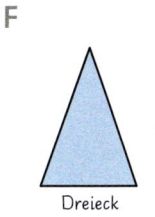

F Dreieck, Kreis, Rechteck, Quadrat

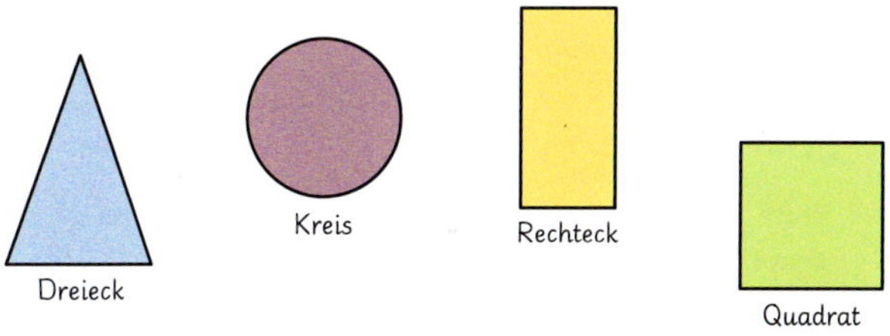

Lösungen der Kapitel

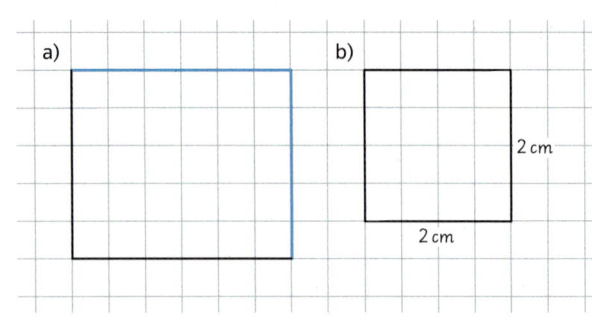

G
a) b) (Quadrate, b) 2 cm × 2 cm)

5 Geometrie. Vierecke | Alles klar?, Seite 117

A 3 Strecken und 2 Geraden
Das Bogenstück ist weder Strecke noch Gerade.

B linke Figur: $\overline{CD}$ und $\overline{DE}$
rechte Figur: $\overline{RS}$, $\overline{ST}$ und $\overline{RT}$

5 Geometrie. Vierecke | Alles klar?, Seite 119

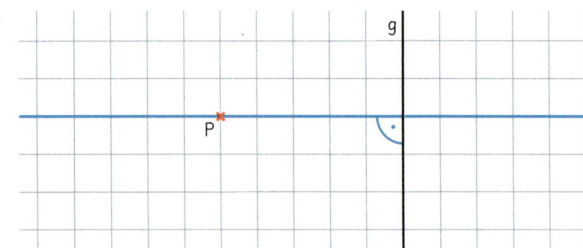

A a⊥e, b⊥e und c⊥d

B
Eine Senkrechte kann auch waagerecht verlaufen. Entscheidend ist der rechte Winkel im Schnittpunkt der beiden Geraden.

5 Geometrie. Vierecke | Alles klar?, Seite 121

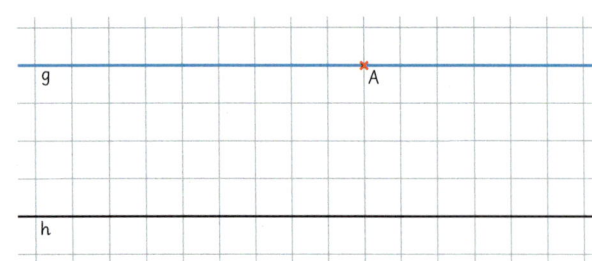

A Beim Zeichnen der Geraden g helfen dir die Gitterlinien in deinem Heft.

B $\overline{AB} \parallel \overline{GH}$; $\overline{AB} \parallel \overline{EF}$ und $\overline{EF} \parallel \overline{GH}$
Beim Betrachten der vier Strecken erkennt man, dass die Strecke $\overline{CD}$ im Vergleich zu den anderen Strecken schräg verläuft. Das Geodreieck hilft dir bei der Lösung der Aufgabe.

5 Geometrie. Vierecke | Alles klar?, Seite 123

A A(0|3); B(2|6); C(6|5) und D(6|2)

B E(0|5); F(3|7); G(3|2); H(6|4); I(7|0) und J(10|4)

5 Geometrie. Vierecke | Alles klar?, Seite 126

A $\overline{AP}$ = 3,5 cm; $\overline{BP}$ = 2,9 cm; $\overline{CP}$ = 2,0 cm; $\overline{DP}$ = 2,5 cm
Der Abstand von P zu h wird auf der Strecke $\overline{CP}$ abgemessen, weil $\overline{CP}$ senkrecht auf der Geraden h steht.
Der Abstand von P zu h beträgt 2,0 cm.

B Der Abstand von Q zu h beträgt 2 cm.
Der Abstand von P zu h beträgt 1 cm.
Der Abstand von R zu h beträgt 1,5 cm.

5 Geometrie. Vierecke | Alles klar?, Seite 128

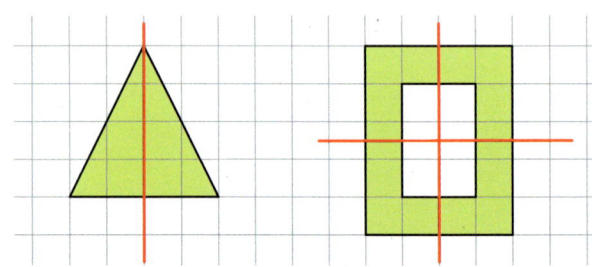

A
Die linke Figur hat eine Symmetrieachse. Die rechte Figur hat zwei Symmetrieachsen.

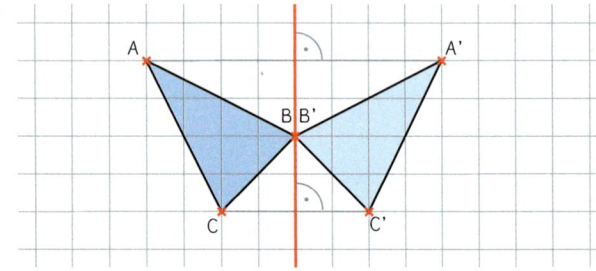

B
Die Punkte A', B' und C' sind die Bildpunkte. Die Punkte B und B' liegen aufeinander.

5 Geometrie. Vierecke | Alles klar?, Seite 131

A Rechteck: II; III
Quadrat: III
Figur I und IV sind weder ein Quadrat noch ein Rechteck.

Lösungen der Kapitel

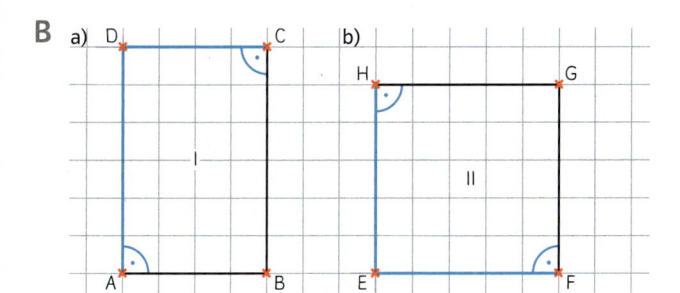

B a), b)

Hier hilft auch das Abzählen von Kästchen.

5 Geometrie. Vierecke | Alles klar?, Seite 133

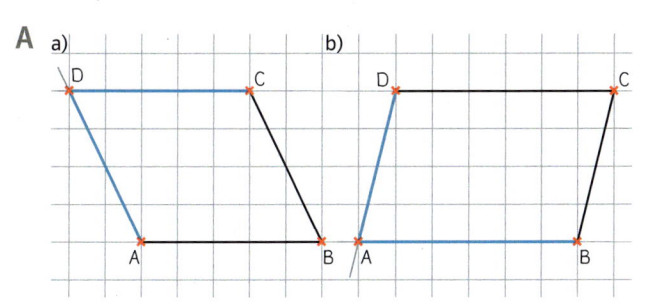

A a), b)

zu a): Der Punkt D ist von C fünf Kästchen entfernt.
zu b): Der Punkt A ist von B sechs Kästchen entfernt.

B Alle vier Figuren sind Parallelogramme.
Nur die Figuren a) und d) haben vier gleich lange Seiten.
Die Vierecke a) und d) sind also Rauten.
Die Figuren b) und c) haben unterschiedlich lange Seiten.
Sie sind keine Rauten.

5 Geometrie. Vierecke | Rückspiegel, Seite 144

1 Die Punkte D(6|4); E(10|4) und F(10|8) bilden mit den Punkten A, B und C ein symmetrisches Sechseck mit zwei Symmetrieachsen.

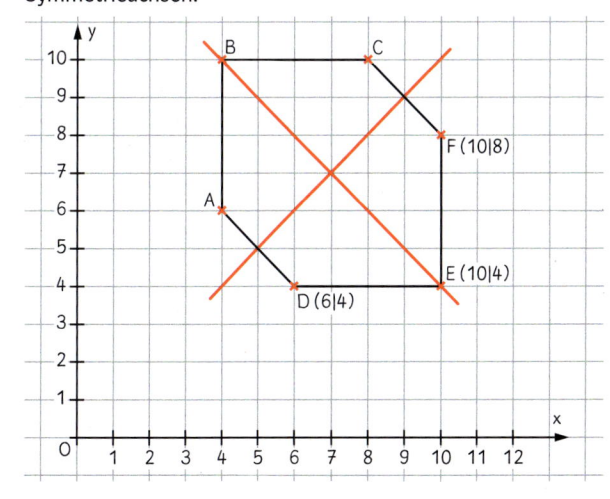

2

Achte bei den Zeichnungen auf die rechten Winkel. Die Diagonalen im Quadrat müssen eine Länge von ca. 4,2 cm haben.
Die Diagonalen im Rechteck haben eine Länge von ca. 9,4 cm.

5 Geometrie. Vierecke | Rückspiegel, Seite 144, links

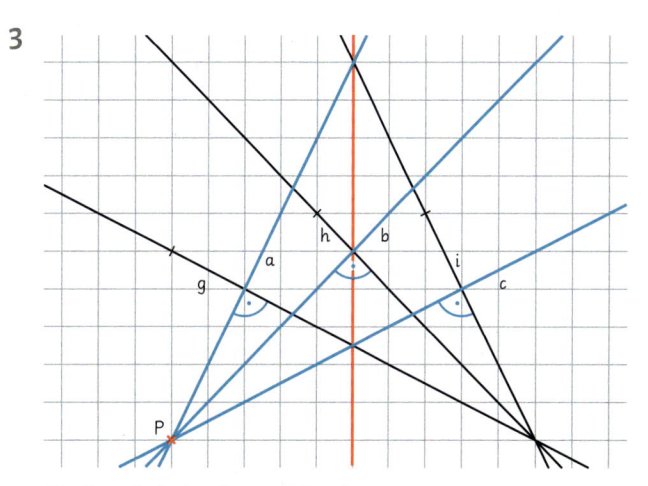

3

Die Figur hat eine Symmetrieachse.

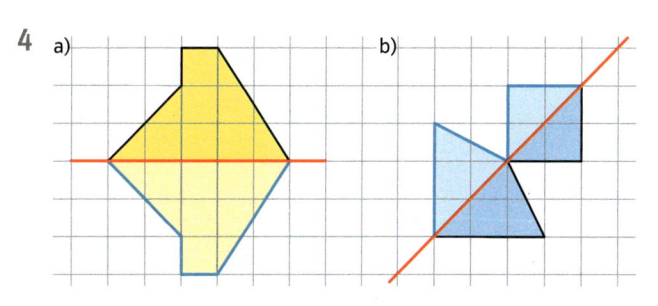

4 a), b)

247

5 a) D(1|7)

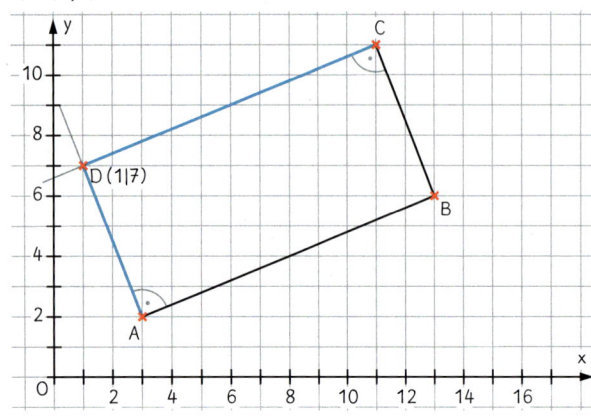

b) D(7|8)

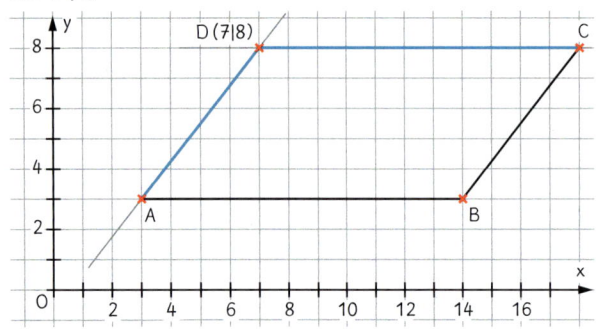

5 Geometrie. Viererecke | Rückspiegel, Seite 144, rechts

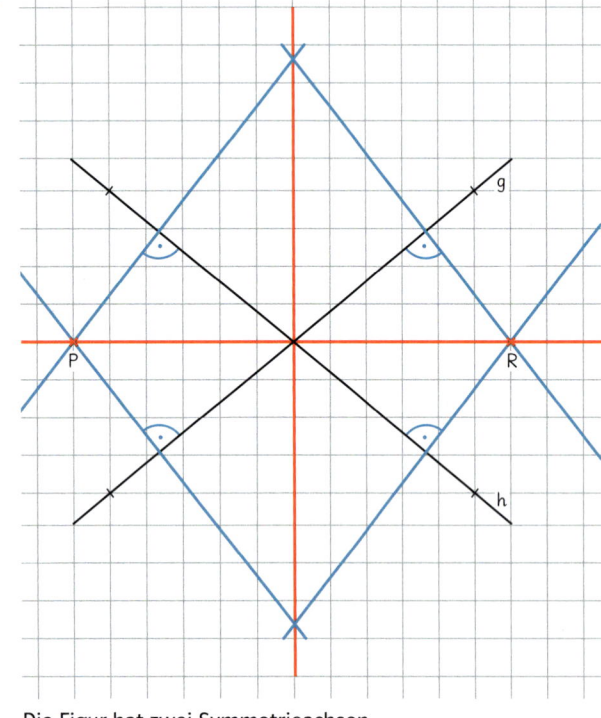

3 Die Figur hat zwei Symmetrieachsen.

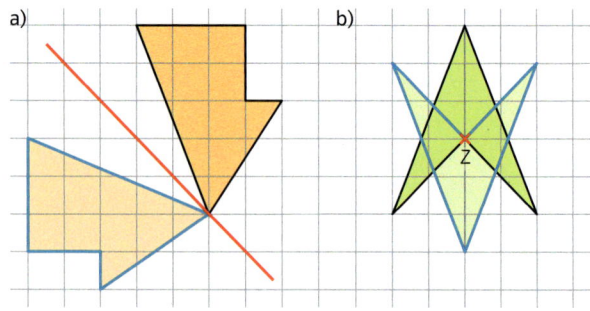

5 a) Das erste Parallelogramm ist eine Raute.

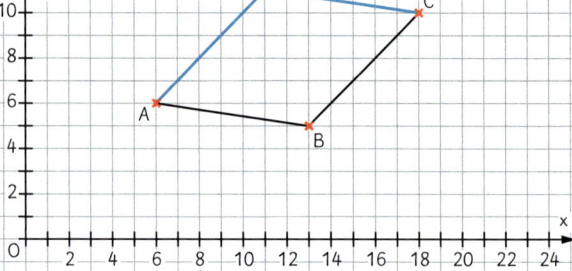

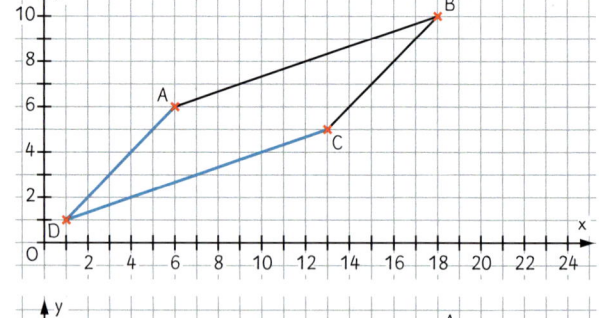

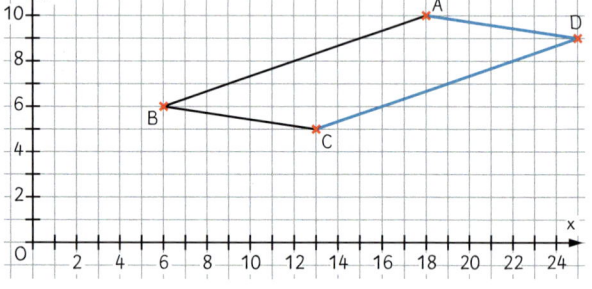

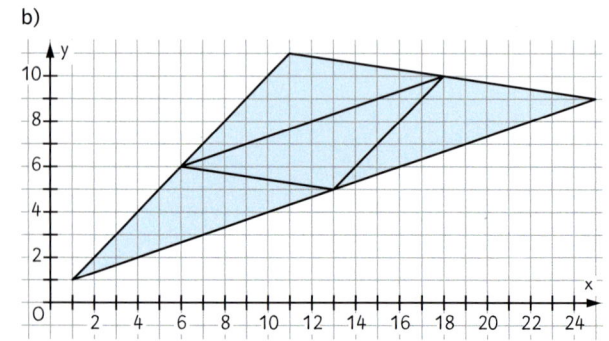

b)

6 Größen und Maßstab | Standpunkt, Seite 145

A a) richtig b) richtig c) falsch
d) falsch e) richtig f) richtig
g) falsch

B a) Von leicht nach schwer:
1-Euro-Münze, Ei, Mathematikbuch, Flasche Mineralwasser, 10-Liter-Eimer voll mit Wasser
b) 1-Euro-Münze: etwa 10 g
Ei: etwa 50 g
Mathematikbuch: etwa 500 g
Mineralwasser (Glasflasche): etwa 1300 g
10-Liter-Eimer: etwas mehr als 10 kg

C a) 3 kg = **3000** g b) 6000 g = **6** kg
c) 1 t = **1000** kg d) 3000 kg = **3** t
e) $\frac{1}{2}$ kg = **500** g f) 2,5 kg = **2500** g

D von klein nach groß:
2 mm < 3 cm < 1 dm < 1 m < 1 km

E a) 1 Tag = **24** h b) 2 h = **120** min
c) 5 min = **300** s d) 180 min = **3** h
d) $\frac{1}{2}$ h = **30** min f) 120 s = **2** min

F a) 3 h 30 min b) 2 h 10 min
c) 3 h 25 min d) 3 h 5 min

G a) 21 € 75 ct b) 5 € 75 ct
c) 7750 g d) 125 cm
e) 1000 cm = 10 m f) 3000 kg = 3 t
g) 3 h 30 min = 210 min

H 67 km + 59 km + 43 km
= 67 km + 43 km + 59 km
= 110 km + 59 km
= 169 km
Die gesamte Radtour ist 169 km lang.

6 Größen und Maßstab | Alles klar?, Seite 149

A Im Bild ist der Zaun etwa 1 cm hoch. Das Schulgebäude ist im Bild 3,2 cm hoch. In Wirklichkeit ist das Gebäude also etwas höher als 3 · 2,20 m = 6,60 m. Das Gebäude ist etwa 7 m hoch.

B 70 bis 90 Schüler und Schülerinnen

6 Größen und Maßstab | Alles klar?, Seite 151

A a) 1,65 € b) 17,00 € c) 9,45 € d) 0,25 €

B a)

		4,	3	9	€
+	1	2 9,	4	5	€
		1	1		
	1	3 3,	8	4	€

b)

	1	8 3,	7	8	€
−		1 2,	5	5	€
	1	7 1,	2	3	€

C a) 2 € + 6 € + 1 € = 9 € b) 100 € − 8 € = 92 €

6 Größen und Maßstab | Alles klar?, Seite 154

A a) 3 min b) 4 h c) 300 s
d) 2 d e) 90 min f) 260 s

B a) 3 h 50 min b) 8 h 35 min

6 Größen und Maßstab | Alles klar?, Seite 158

A a) 1 kg 200 g = **1200** g b) 5,200 kg = **5200** g
c) 1 t 850 kg = **1850** kg d) 4 g 300 mg = **4300** mg
e) 2500 g = **2,5** kg f) 4000 kg = **4** t

B a) 6 kg 500 g b) 3 t 500 kg c) 250 g
d) 6 g e) 100 mg f) 10 kg

6 Größen und Maßstab | Alles klar?, Seite 161

A a) 300 cm = **3** m b) 14 cm = **140** mm
c) 7 m 45 cm = **745** cm d) 8000 m = **8** km
e) 2 km 650 m = **2650** m f) 9 dm 6 cm = **96** cm

B a) 155 cm b) 1725 m c) 98 cm 1 mm

6 Größen und Maßstab | Alles klar?, Seite 164

A

Maßstab	1 cm auf der Karte sind in Wirklichkeit		
	cm	m	km
1 : 100	**100**	1	0,001
1 : **10 000**	10 000	100	0,100
1 : 50 000	**50 000**	500	0,500

B 1 cm auf der Karte entspricht 25 000 cm = 250 m in Wirklichkeit.
16 cm entsprechen 16 · 250 m = 4000 m = 4 km.

C Länge: Die Zecke ist auf dem Bild 2 cm = 20 mm lang.
In Wirklichkeit ist sie also 20 mm : 5 = 4 mm lang.
Breite: Die Zecke ist auf dem Bild 1 cm = 10 mm breit.
In Wirklichkeit ist sie also 10 mm : 5 = 2 mm breit.

6 Größen und Maßstab | Alles klar?, Seite 167

A Ilja fährt an einem Tag 2 · 4 km = 8 km. In 4 Wochen gibt es 20 Unterrichtstage.
Ilja fuhr im vergangen Monat mindestens 20 · 8 km = 160 km.

6 Größen und Maßstab | Rückspiegel, Seite 176

1 a) 2,09 € = **2** € **9** ct b) 2 h 15 min = **135** min
c) 180 min = **3** h d) 3,450 kg = **3450** g
e) 8500 kg = **8,5** t f) 1,52 m = **152** cm

2 a) 40 € 95 ct b) 17 € 17 ct
c) 66 € 50 ct d) 1550 g = 1 kg 550 g
e) 4500 g f) 500 g
g) 132 mm = 13 cm 2 mm h) 155 cm = 1 m 55 cm

3 Frau Braun war 2 h 25 min unterwegs.

6 Größen und Maßstab | Rückspiegel, Seite 176, links

4 a) 2,00 € b) 7,00 € c) 12,00 €

5 Es wird pro Person mit einem Gewicht von 75 kg gerechnet.

6 Von klein nach groß:
290 mm < 280 cm < 3 m < 3,01 m < 31 dm
< 101 m < 999,99 m < 1 km

7 In einer Woche sind dies 3 · 900 km = 2700 km.
In 4 Wochen sind es 4 · 2700 km = 10 800 km.
Die Aussage stimmt.

8 a) 1 cm auf der Karte entspricht
5 000 000 cm = 50 000 m = 50 km in Wirklichkeit.
b) Die Luftlinie beträgt 10,4 · 50 km = 520 km.

6 Größen und Maßstab | Rückspiegel, Seite 176, rechts

4 a) 4 € + 2 € + 2 € + 7 € + 7 € = 22 €. Das Geld reicht nicht.
b) Mögliche Lösung: Vanessa könnte 2 Hefte weglassen.

5 a) 2,270 kg + **980** g = 3250 g b) **3400** kg + 2,6 t = 6 t
c) 4750 kg + $\frac{1}{4}$ t = 5 t d) **6,20** m + 150 cm = 7,70 m
e) 2,040 km − **1640** m = 400 m

6 a) Carla war 1 h 46 min im Bad. Sie hätte noch 2 h 14 min im
Bad bleiben können.
b) Ja, diese 2-Stunden-Karte hätte ausgereicht.
c) Nein, da sie die 4-Stunden-Karte bereits genutzt hat.

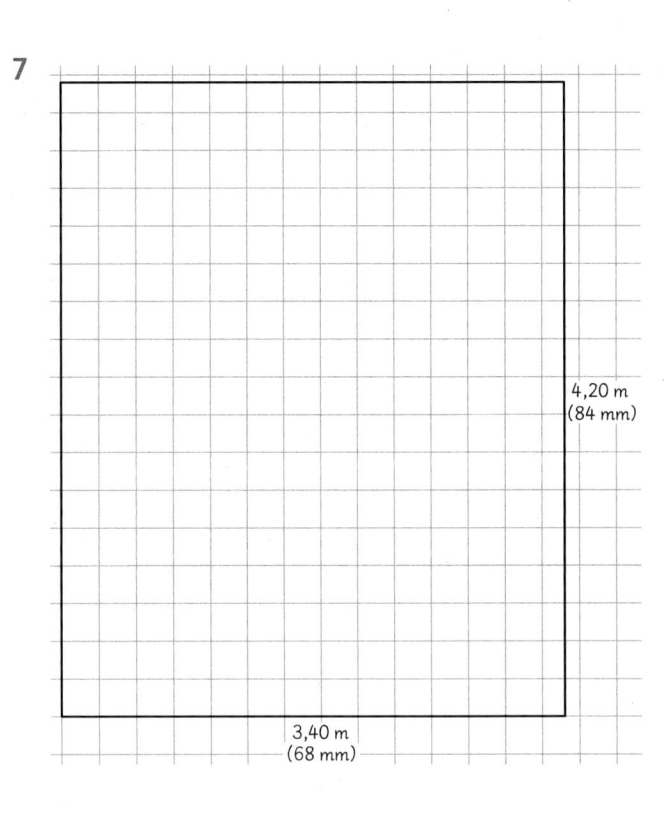

7

4,20 m
(84 mm)

3,40 m
(68 mm)

7 Umfang und Flächeninhalt | Standpunkt, Seite 177

A $\overline{AB}$ = 2 cm; $\overline{CD}$ = 25 mm; $\overline{EF}$ = 35 mm

B a) 70 dm b) 30 cm c) 5 cm d) 4 m

C a) 13 m b) 8 m
c) 80 mm + 2 mm = 82 mm d) 90 dm − 2 dm = 88 dm
e) 1000 m − 600 m = 400 m f) 300 cm − 50 cm = 250 cm

D Siehe Abb. 1 unten

Abb. 1

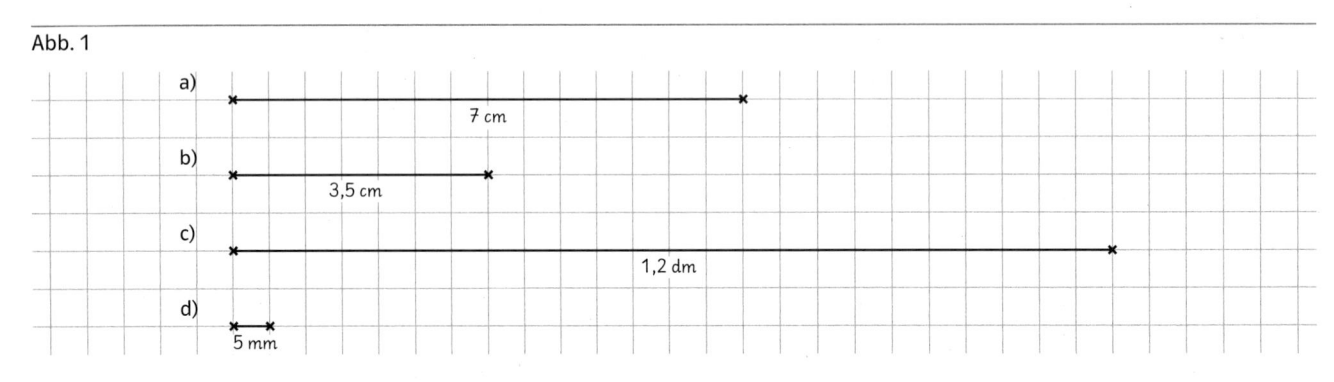

a) 7 cm
b) 3,5 cm
c) 1,2 dm
d) 5 mm

Lösungen der Kapitel

E Der Punkt Q hat die x-Koordinate 6 und die y-Koordinate 6.

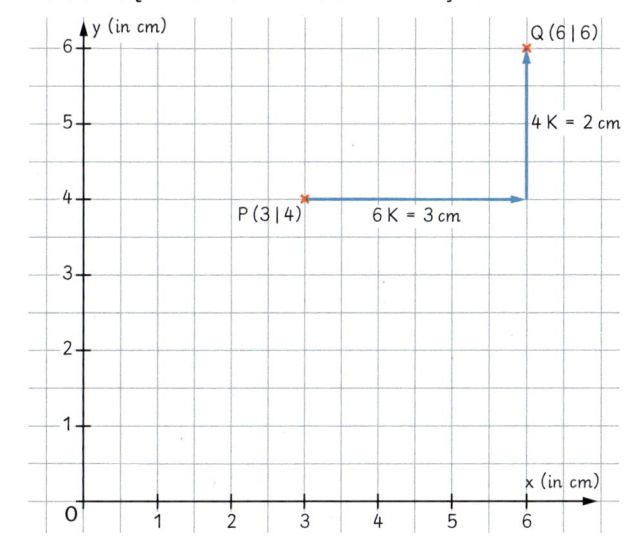

F a) Die Figuren B und D sind Quadrate.
b) Die Figuren A, F, G und I sind Rechtecke, aber keine Quadrate.

G a) Quadrat 5 cm × 5 cm
b) Quadrat 8 cm × 8 cm
c) Rechteck 7 cm × 5 cm
d) Rechteck 8,5 cm × 5,5 cm

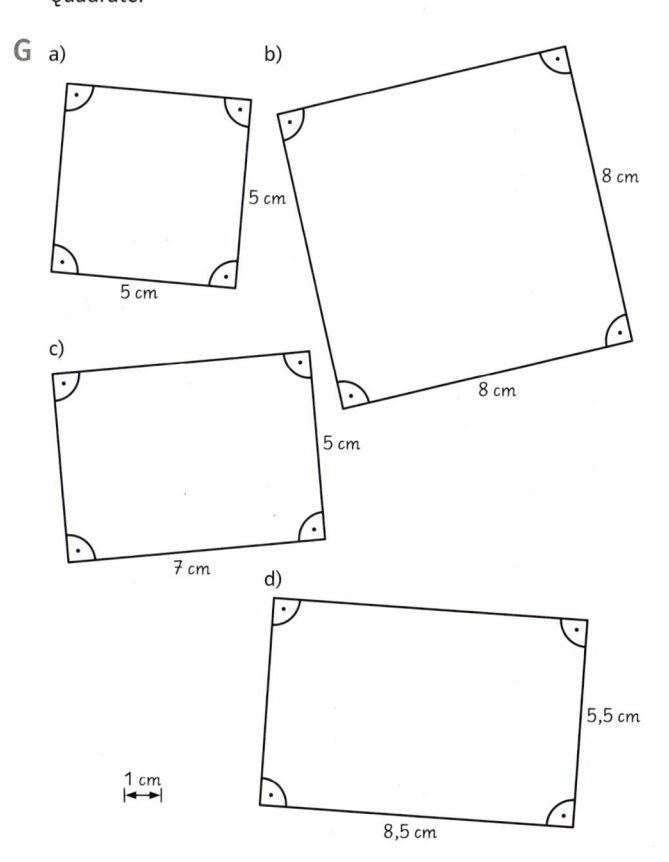

H Die grüne Figur ist 18 Kästchen groß. Die blaue Figur ist 15 Kästchen groß. Die grüne Figur hat den größeren Flächeninhalt.

7 Umfang und Flächeninhalt | Alles klar?, Seite 180

A Ganze Kästchen: $3 + 4 \cdot 5 + 3 = 26$
Der Flächeninhalt der grünen Figur ist 26 Kästchen.

B Flächeninhalte der beiden Figuren bestimmen:
Lila Figur:
ganze Kästchen: $4 + 4 \cdot 5 + 4 = 28$
dazu noch 2 halbe Kästchen, also ein ganzes
Flächeninhalt insgesamt: 29 Kästchen

Blaue Figur:
ganze Kästchen: $3 + 5 \cdot 5 = 28$
dazu noch 2 halbe Kästchen, also ein ganzes
Flächeninhalt insgesamt: 29 Kästchen

Damit haben die beiden Figuren denselben Flächeninhalt.

7 Umfang und Flächeninhalt | Alles klar?, Seite 183

A a) $600\,dm^2$ b) $700\,cm^2$
c) $1245\,dm^2$ d) $2431\,dm^2$

B a) $7\,m^2\ 50\,dm^2$ b) $4\,dm^2\ 25\,cm^2$
c) $54\,m^2\ 32\,dm^2$ d) $6\,dm^2\ 70\,cm^2$
e) $2\,m^2\ 55\,dm^2$

7 Umfang und Flächeninhalt | Alles klar?, Seite 187

A

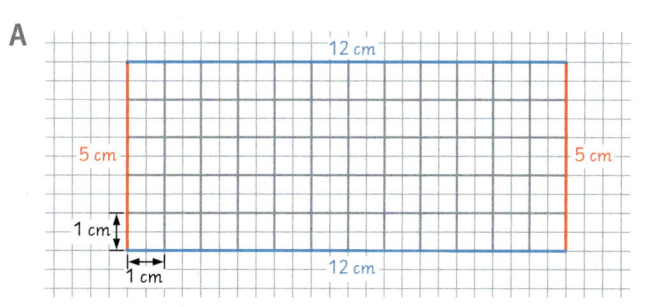

Aus der Zeichnung:
Es sind 5 Reihen zu je 12 Quadraten mit 1 cm Seitenlänge, also $5 \cdot 12 = 60$ Quadrate.
Der Flächeninhalt A beträgt $60\,cm^2$.
Das Rechteck hat zwei Seiten mit 12 cm Länge und zwei Seiten mit 5 cm Länge.
$u = 12\,cm + 12\,cm + 5\,cm + 5\,cm = 34\,cm$
Der Umfang u beträgt 34 cm.

Rechnung:
Flächeninhalt:
$A = 12\,cm \cdot 5\,cm = 60\,cm^2$
Der Flächeninhalt A beträgt $60\,cm^2$.
Umfang:
$u = 2 \cdot 12\,cm + 2 \cdot 5\,cm = 34\,cm$
Der Umfang u beträgt 34 cm.

B Flächeninhalt:
A = 26 m · 12 m = 312 m²
Der Flächeninhalt A beträgt 312 m².
Umfang:
u = 2 · 26 m + 2 · 12 m = 76 m
Der Umfang u beträgt 76 m.

7 Umfang und Flächeninhalt | Alles klar?, Seite 191

A Umfang u:
u = 20 cm + 21 cm + 29 cm = 70 cm
Der Umfang beträgt 70 cm.
Flächeninhalt A:
A = (20 cm · 21 cm) : 2 = 420 cm² : 2 = 210 cm²
Der Flächeninhalt beträgt 210 cm².

B a) A = (5 cm · 14 cm) : 2 = 70 cm² : 2 = 35 cm²
Der Flächeninhalt beträgt 35 cm².
b) A = (4 cm · 10 cm) : 2 = 40 cm² : 2 = 20 cm²
Der Flächeninhalt beträgt 20 cm².

7 Umfang und Flächeninhalt | Alles klar?, Seite 193

A a) Zerlegung in zwei Rechtecke mit den Seitenlängen 12 cm; 3 cm und 8 cm; 2 cm
A = 12 cm · 3 cm + 8 cm · 2 cm = 52 cm²
Der Flächeninhalt A beträgt 52 cm².

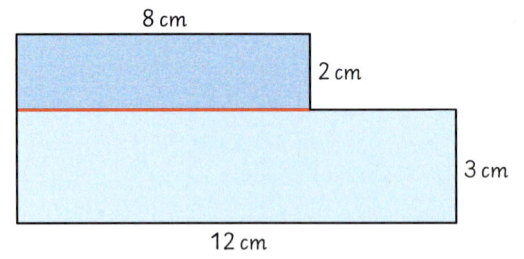

oder

Zerlegung in zwei Rechtecke mit den Seitenlängen 8 cm; 5 cm und 4 cm; 3 cm
A = 8 cm · 5 cm + 4 cm · 3 cm = 52 cm²
Der Flächeninhalt A beträgt 52 cm².

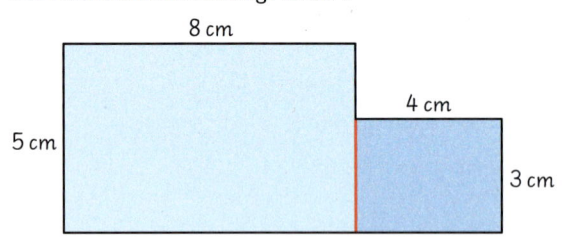

oder

Ergänzung zu einem Rechteck mit den Seitenlängen 12 cm; 5 cm durch ein Rechteck mit den Seitenlängen 4 cm; 2 cm:
A = 12 cm · 5 cm − 4 cm · 2 cm = 52 cm²
Der Flächeninhalt A beträgt 52 cm².

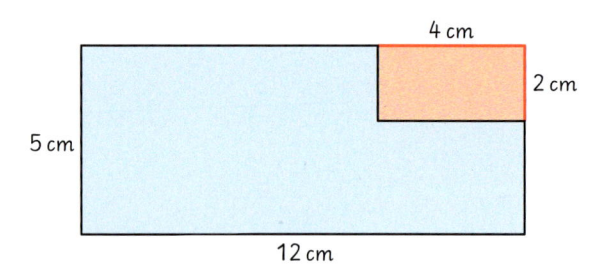

b) Der Rand besteht aus 6 Strecken.
u = 12 cm + 3 cm + 4 cm + 2 cm + 8 cm + 5 cm = 34 cm.
Der Umfang u beträgt 34 cm.

B Am einfachsten berechnet man den Flächeninhalt durch Ergänzung:
Die zusammengesetzte Figur wird durch ein Quadrat mit der Seitenlänge 2 cm zu einem Quadrat mit der Seitenlänge 6 cm ergänzt.
A = 6 cm · 6 cm − 2 cm · 2 cm = 32 cm²
Der Flächeninhalt A beträgt 32 cm².

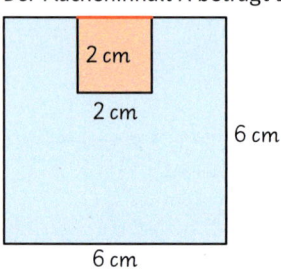

7 Umfang und Flächeninhalt | Rückspiegel, Seite 200

1 Kästchen von unten nach oben zeilenweise gezählt, gleiche Zeilen zusammengefasst:
Blaue Figur:
2 · 6 + 2 · 2 + 2 · 6 = 2 · 14 = 28
Der Flächeninhalt beträgt 28 Kästchen.

Rote Figur:
ganze Kästchen: 4 · 6 + 1 · 4 + 1 · 2 = 30
dazu noch 4 halbe Kästchen, also 2 ganze
Flächeninhalt insgesamt: 32 Kästchen
Der Flächeninhalt beträgt 32 Kästchen.

2 a) 715 dm²   b) 5512 dm²

3 a) 6 m² 25 dm²   b) 12 dm² 45 cm²   c) 20 cm² 48 mm²

4 Flächeninhalt A = a · b
A = 6 cm · 4 cm = 24 cm²
Der Flächeninhalt A beträgt 24 cm².

Umfang u = 2 · a + 2 · b
u = 2 · 6 m + 2 · 4 m = 20 m
Der Umfang u beträgt 20 m.

7 Umfang und Flächeninhalt | Rückspiegel, Seite 200, links

5 a) $500\,dm^2$ b) $5000\,dm^2$ c) $9600\,mm^2$
d) $200\,cm^2$ e) $200\,m^2$ f) $5000\,m^2$

6 a) $3,50\,m^2$ b) $2,45\,dm^2$ c) $2,45\,cm^2$
d) $35,60\,m^2$ e) $22,22\,dm^2$ f) $64,58\,a$

7 a) $49\,m^2$ b) $13\,m^2$ c) $75\,dm^2$ d) $8\,m^2$

8 Flächeninhalt des Rests:
$2400\,m^2 - 1080\,m^2 = 1320\,m^2$
Zerlegung in 4 Teile
$1320\,m^2 : 4 = 330\,m^2$
Jeder Teil hat den Flächeninhalt $330\,m^2$.

9 Flächeninhalt des rechtwinkligen Dreiecks:
$A = (4\,cm \cdot 8\,cm) : 2 = 32\,cm^2 : 2 = 16\,cm^2$

10 Flächeninhalt:
Zerlegung in ein Rechteck und ein Quadrat
$A = 6\,cm^2 + 25\,cm^2 = 31\,cm^2$

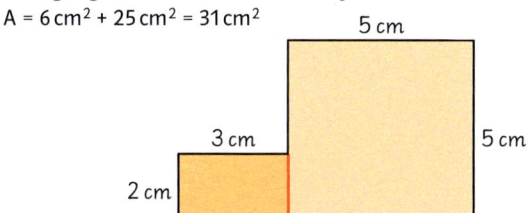

oder
Zerlegung in zwei Rechtecke
$A = 16\,cm^2 + 15\,cm^2 = 31\,cm^2$

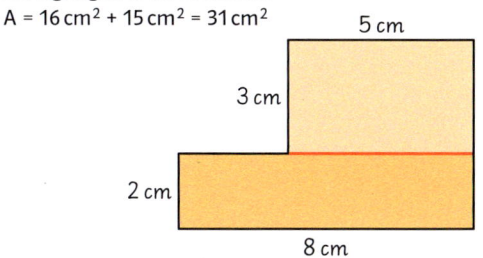

oder
Ergänzung zu einem Rechteck
$A = 40\,cm^2 - 9\,cm^2 = 31\,cm^2$

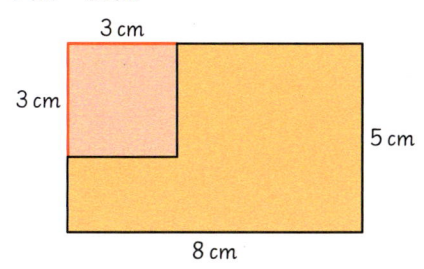

Der Flächeninhalt A beträgt $31\,cm^2$.
Umfang:
Die rechte Seite ist $2\,cm + 3\,cm = 5\,cm$ lang.
$u = 8\,cm + 5\,cm + 5\,cm + 3\,cm + 3\,cm + 2\,cm = 26\,cm$
Der Umfang u der Figur beträgt $26\,cm$.

7 Umfang und Flächeninhalt | Rückspiegel, Seite 200, rechts

5 a) $5\,m^2\,24\,dm^2$ b) $27\,m^2\,12\,dm^2$
c) $6\,a\,75\,m^2$ d) $48\,cm^2\,95\,mm^2$
e) $4\,dm^2\,32\,cm^2$ f) $7\,m^2\,64\,dm^2$

6 a) $7,82\,dm^2$ b) $3,14\,m^2$ c) $7,40\,a$
d) $64,25\,m^2$ e) $27,06\,cm^2$ f) $20,76\,a$

7 a) $61\,m^2$ b) $27\,m^2$
c) $168\,a$ d) $50\,m^2$
e) $1590\,cm^2$ f) $20\,dm^2$

8 a) Flächeninhalt $A = a \cdot b$
$b = 45\,cm^2 : 15\,cm = 3\,cm$
Die Breite b des Rechtecks ist $3\,cm$.
b) Umfang $u = 2 \cdot a + 2 \cdot b$
$u = 2 \cdot 15\,cm + 2 \cdot 3\,cm = 30\,cm + 6\,cm = 36\,cm$
Der Umfang u beträgt $36\,cm$.

9 Flächeninhalt:
$A = (85\,mm \cdot 132\,mm) : 2 = 11\,220 : 2 = 5610\,mm^2$
Der Flächeninhalt A beträgt $5610\,mm^2$.
Umfang:
$u = 85\,mm + 132\,mm + 157\,mm = 374\,mm$
Der Umfang u beträgt $374\,mm$.

10 Mögliche Lösung:
Flächeninhalt durch Zerlegen in zwei Rechtecke und ein rechtwinkliges Dreieck:

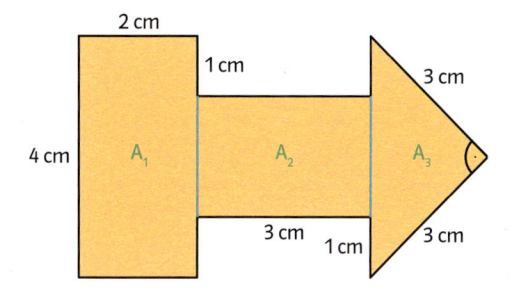

$A_1 = 2\,cm \cdot 4\,cm = 8\,cm^2$
$A_2 = 3\,cm \cdot 2\,cm = 6\,cm^2$
$A_3 = (3\,cm \cdot 3\,cm) : 2 = 9\,cm^2 : 2 = 4,5\,cm^2$
$A = 8\,cm^2 + 6\,cm^2 + 4,5\,cm^2 = 18,5\,cm^2$
Der Flächeninhalt A beträgt insgesamt $18,5\,cm^2$.
Umfang:
$u = 2\,cm + 1\,cm + 3\,cm + 1\,cm + 3\,cm + 3\,cm + 1\,cm + 3\,cm + 1\,cm + 2\,cm + 4\,cm = 24\,cm$
Der Umfang u beträgt $24\,cm$.

8 Brüche | Standpunkt, Seite 201

A a) Jede der drei Personen erhält 2 ganze Äpfel.
b) Die Muffins können ohne Rest an 2; 3; 4 und 6 Personen verteilt werden. Bei 5 Personen erhält jeder 2 Muffins und es bleiben 2 Muffins übrig. Die 5 Personen müssen sich einigen, wie sie diese beiden Muffins untereinander aufteilen.

B a) $\frac{1}{2}$ b) $\frac{1}{4}$ c) $\frac{3}{4}$

C

	HT	ZT	T	H	Z	E
a)					7	4
b)				7	4	3
c)			1	6	3	8
d)		5	7	0	0	0
e)		6	1	9	4	8
f)	1	0	4	3	7	4

D a) $\frac{1}{2}$ min = **30** s   b) $\frac{1}{4}$ Jahr = **3** Monate
   c) $\frac{3}{4}$ h = **45** min   d) $\frac{1}{2}$ Tag = **12** h

E a) 1 cm = 10 mm   b) 1 dm = 10 cm
   c) 1 km = 1000 m   d) 1 m = 10 dm
   e) 5 km = 5000 m   f) 20 m = 200 dm

F a) 1 kg = 1000 g   b) 1 t = 1000 kg
   c) 1 g = 1000 mg   d) 3 kg = 3000 g
   e) 0,5 t = 500 kg   f) 50 g = 50 000 mg

G a) 50   b) 200
     500   20
     5000   2
     50 000   8

8 Brüche | Alles klar?, Seite 205

A a) $\frac{4}{10}$ b) $\frac{7}{9}$ c) $\frac{3}{5}$

B Mögliche Lösung:
   a) $\frac{3}{5}$
   b) $\frac{7}{10}$
   c) $\frac{9}{20}$

8 Brüche | Alles klar?, Seite 209

A a) $\frac{1}{5}$ cm = **2** mm   b) $\frac{9}{10}$ dm = **9** cm
   c) $\frac{3}{4}$ km = **750** m   d) $\frac{3}{5}$ m = **6** dm (60 cm)

B a) $\frac{1}{4}$ kg = **250** g   b) $\frac{1}{10}$ € = **10** ct
   c) $\frac{3}{4}$ m = **75** cm   d) $\frac{2}{3}$ h = **40** min

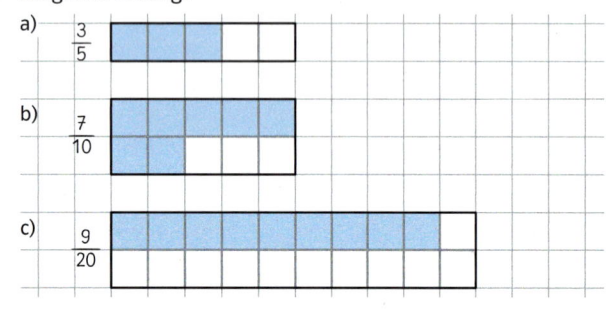

8 Brüche | Alles klar?, Seite 211

A

Dezimalzahl	Stellenwerttafel				Sprechweise	Bruch
	Ganze		Dezimale			
	Z	E	z	h	t		
0,58		0	5	8		null Komma fünf acht	$\frac{58}{100}$
1,58		1	5	8		eins Komma fünf acht	$1\frac{58}{100}$
0,205		0	2	0	5	null Komma zwei null fünf	$\frac{205}{1000}$
15,01	1	5	0	1		fünfzehn Komma null eins	$15\frac{1}{100}$
5,17		5	1	7		fünf Komma eins sieben	$5\frac{17}{100}$
0,050		0	0	5	0	null Komma null fünf null	$\frac{50}{1000}$

8 Brüche | Rückspiegel, Seite 218

1 a) $\frac{4}{6}$ b) $\frac{3}{4}$ c) $\frac{4}{5}$
   d) $\frac{2}{12}$ e) $\frac{1}{5}$ f) $\frac{7}{15}$

2 Mögliche Lösung:
   a) $\frac{2}{3}$ b) $\frac{3}{4}$
   c) $\frac{7}{9}$ d) $\frac{1}{4}$

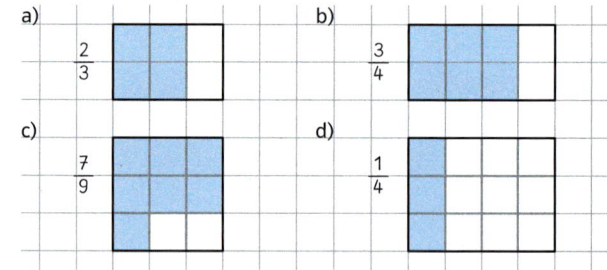

3 a) 10 cm; 2 cm; 25 cm   b) 30 min; 15 min; 10 min
   c) 250 g; 20 g; 50 g

4 a) $\frac{1}{10}$ m = **0,1** m   b) $\frac{19}{100}$ m² = **0,19** m²
   c) $\frac{7}{1000}$ km = 0,007 km   d) $\frac{6}{10}$ cm = 0,6 cm

8 Brüche | Rückspiegel, Seite 218, links

5 Mögliche Lösungen:

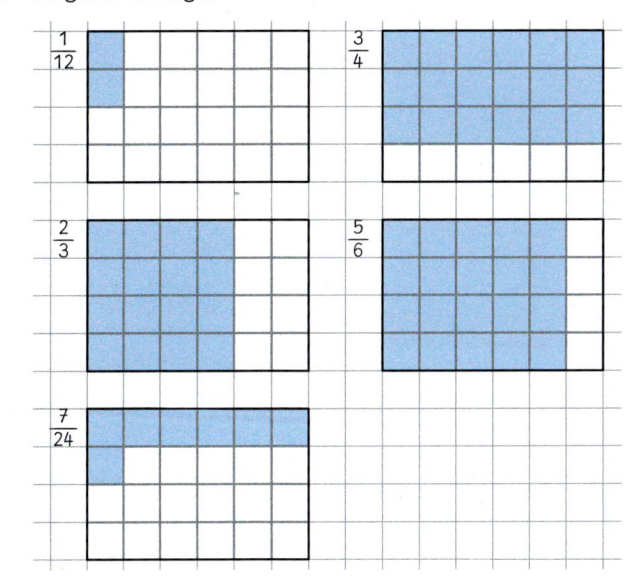

$\frac{1}{12}$, $\frac{3}{4}$, $\frac{2}{3}$, $\frac{5}{6}$, $\frac{7}{24}$

6

	Bruch	Dezimalzahl	kleinere Einheit
a)	$\frac{1}{4}$ €	0,25 €	25 ct
b)	$\frac{8}{10}$ cm	0,8 cm	8 mm
c)	$\frac{5}{10}$ kg = $\frac{1}{2}$ kg	0,5 kg	500 g

7 a) 40 min; 36 s; 10 Monate
b) 250 g; 320 mg; 625 kg

8 a) $\frac{4}{100}$ €; $\frac{3}{10}$ €
b) $\frac{5}{1000}$ kg; $\frac{37}{100}$ g
c) $\frac{8}{100}$ m²; $\frac{46}{100}$ a
d) $\frac{95}{100}$ m; $\frac{941}{1000}$ km

9 a) 0,03 m; 0,4 cm; 0,009 km; 0,17 m; 0,025 km
b) 0,04 kg; 0,65 g; 0,5 t; 0,75 kg; 0,4 g

8 Brüche | Rückspiegel, Seite 218, rechts

5 Die Wohnung misst 72 m².

Schlafen: $\frac{12}{72}$ ($\frac{1}{6}$) der gesamten Wohnung; 12 m²

Kind: $\frac{12}{72}$ ($\frac{1}{6}$) der gesamten Wohnung; 12 m²

Küche: $\frac{8}{72}$ ($\frac{1}{9}$) der gesamten Wohnung; 8 m²

Flur: $\frac{12}{72}$ ($\frac{1}{6}$) der gesamten Wohnung; 12 m²

Bad: $\frac{6}{72}$ ($\frac{1}{12}$) der gesamten Wohnung; 6 m²

Wohnen, Essen: $\frac{22}{72}$ der gesamten Wohnung; 22 m²

6

	Bruch	Dezimalzahl	kleinere Einheit
a)	$\frac{3}{5}$ dm	**0,6 dm**	**6 cm**
b)	$\frac{7}{8}$ kg	**0,875 kg**	**875 g**
c)	$\frac{25}{1000}$ km	0,025 km	**25 m**
d)	$\frac{57}{1000}$ km	**0,057 km**	57 m

7 1 m² = 100 dm² = 10 000 cm²
Anzahl Kästchen: 20 · 20 = 400 Kästchen
Ein Kästchen ist also $\frac{1}{400}$ des Tafelflügels.
10 000 cm² : 400 = 25 cm²
25 cm² = 0,0025 m²
Ein Kästchen ist also 25 cm² oder 0,0025 m² groß.

Lösungen des Grundwissens

Grundwissen | Seite 219

1

Tierart	Anzahl
Hund	4
Goldhamster	3
Katze	4
Maus	1

2

Farbe	Anzahl der T-Shirts
Rot	4
Blau	2
Weiß	7
Grün	1

3

Note	Anzahl
1								
2													
3								
4			
5		
6		

4

Termin	Anzahl
Fußball	||||| |||
Nachhilfe	||||
Schwimmen	||

Grundwissen | Seite 220

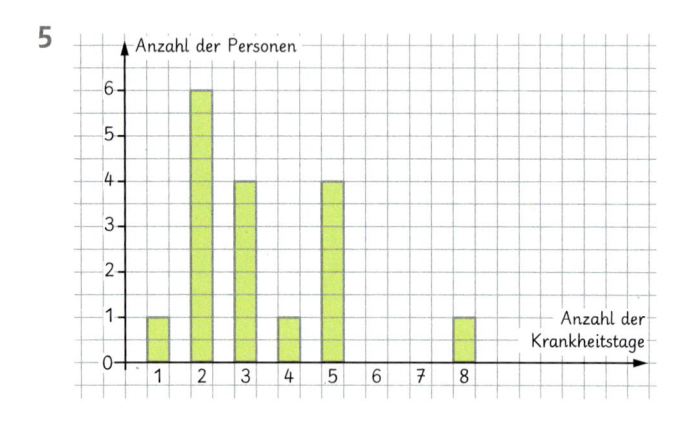

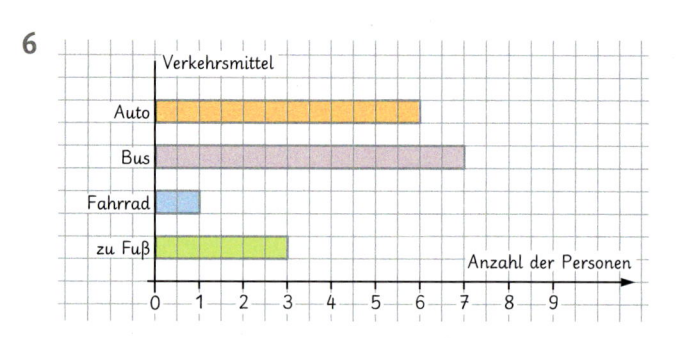

5 (Säulendiagramm: Anzahl der Personen über Anzahl der Krankheitstage: 1→1, 2→6, 3→4, 4→1, 5→4, 8→1)

6 (Balkendiagramm Verkehrsmittel: Auto 6, Bus 7, Fahrrad 1, zu Fuß 3)

7 a) Italien b) Österreich
c) In Frankreich ist die Sehdauer etwa so lang wie in Deutschland, in Griechenland etwas länger.
In Italien beträgt die tägliche Sehdauer ungefähr 30 Minuten mehr als in Deutschland, in Österreich ist sie über 40 Minuten kürzer.

8 a) Im Diagramm ist die Anzahl der zuschauenden Personen von drei Kinder- und Jugendsendungen im Fernsehen dargestellt.
b) Eine gezeichnete Menschenfigur steht für 1000 Personen.
c) „Willi wills wissen": 10 000 Personen
„Planet Wissen": 29 000 Personen
„Tigerenten Club": 53 000 Personen
Insgesamt sehen etwa 92 000 Personen die drei Sendungen.

Grundwissen | Seite 221

9 Von links nach rechts: 20; 70; 110; 140

10 Von links nach rechts: 250; 325; 475

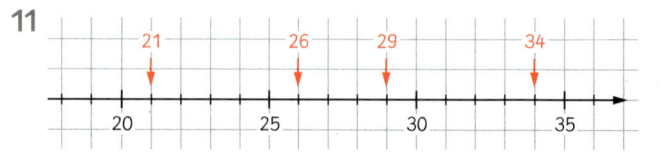

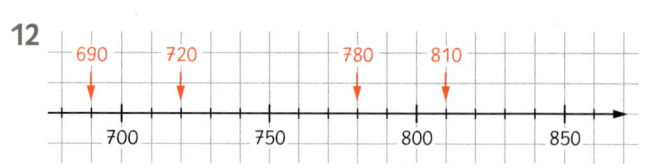

11 (Zahlenstrahl: 21; 26; 29; 34)

12 (Zahlenstrahl: 690; 720; 780; 810)

13

Zehn-tausender	Tausender	Hunderter	Zehner	Einer
			2	8
		7	2	8
	1	5	9	6
3	7	0	4	9
5	1	6	0	2

14

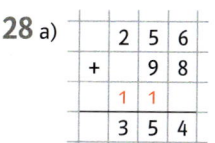

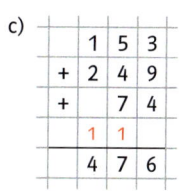

HT	ZT	T	H	Z	E
			4	6	7
		3	0	9	2
	7	6	3	0	9
1	2	0	3	1	8
8	0	7	2	0	3

Grundwissen | Seite 222

15 307 903; 5004; 200 469; 54 071

16 a) 321 b) 260 c) 604 d) 5090 e) 437 008

17 a) vierhundertdreiundfünfzigtausendsiebenundachtzig
b) sechshundertvierundneunzigtausenddreihundertvierundfünfzig
c) achthundertdreißigtausendfünfhunderteinundsiebzig

18 a) 127 396 b) 73 605 c) 260 508 d) 340 700

19

Vorgänger	Zahl	Nachfolger
878	**879**	880
4498	4499	4500
38 209	**38 210**	**38 211**

20

Vorgänger	Zahl	Nachfolger
2010	2011	2012
62 929	62 930	62 931
48 401	48 402	48 403
18 598	18 599	18 600
617 099	617 100	617 101
310 529	310 530	310 531

Grundwissen | Seite 223

21 a) 2357 < 3725 < 5273 < 7352
b) 11 305 < 11 350 < 11 503 < 11 530

22 a) 9814 > 8941 > 8419 > 4981 > 1489
b) 23 716 > 23 671 > 23 176 > 22 761 > 22 176

23 a) 4740; 8290; 5290; 3950; 71 390; 29 640
b) 4700; 8300; 5300; 3900; 71 400; 29 600
c) 5000; 8000; 5000; 4000; 71 000; 30 000

24 a) 23 + **9** = 32   b) 57 − **15** = 42
c) **18** + 82 = 100   d) **72** − 13 = 59

25 a) 2 · **8** = 16   b) **36** : 9 = 4
c) **9** · 6 = 54   d) 56 : **7** = 8

Grundwissen | Seite 224

26 a) 75 b) 115 c) 183 d) 324

27 a) 192 b) 312 c) 417 d) 332

28 a) 256 + 98 = 354
b) 167 + 387 = 554
c) 153 + 249 + 74 = 476
d) 246 + 387 + 128 = 761

Grundwissen | Seite 225

29 a) 23 b) 50 c) 47 d) 18

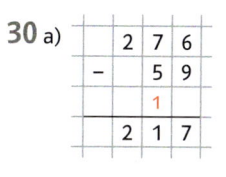

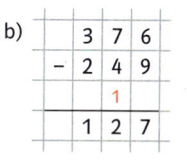

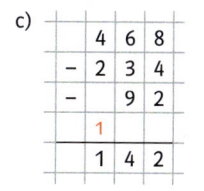

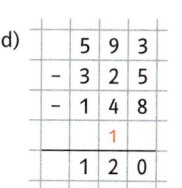

30 a) 276 − 59 = 217
b) 376 − 249 = 127
c) 468 − 234 − 92 = 142
d) 593 − 325 − 148 = 120

31 a) 190 + 80 = 270; genaues Ergebnis: 265
b) 90 + 140 + 220 = 450; genaues Ergebnis: 444
c) 400 + 800 = 1200; genaues Ergebnis: 1201
d) 800 + 100 + 400 = 1300; genaues Ergebnis: 1308

32 a) 440 − 130 = 310;
genaues Ergebnis: 309
b) 830 − 50 − 190 = 830 − 240 = 590;
genaues Ergebnis: 583
c) 690 − 260 = 430;
genaues Ergebnis: 435
d) 770 − 140 − 70 = 560;
genaues Ergebnis: 559

Grundwissen | Seite 226

33 Flori: 360 cm; Armin: 290 cm

34

·	1	2	3	4	5	6	7	8	9	10
1	1	2	3	4	5	6	7	8	9	10
2	2	4	6	8	10	12	14	16	18	20
3	3	6	9	12	15	18	21	24	27	30
4	4	8	12	16	20	24	28	32	36	40
5	5	10	15	20	25	30	35	40	45	50
6	6	12	18	24	30	36	42	48	54	60
7	7	14	21	28	35	42	49	56	63	70
8	8	16	24	32	40	48	56	64	72	80
9	9	18	27	36	45	54	63	72	81	90
10	10	20	30	40	50	60	70	80	90	100

35 Individuelle Ausführung

36 a) 21 b) 56 c) 28
    d) 54 e) 42 f) 56

37 a) 12 b) 24 c) 15
    d) 27 e) 27 f) 16

Grundwissen | Seite 227

38 a) 2 7 6 · 4
        1 1 0 4

b) 3 7 5 · 6
    2 2 5 0

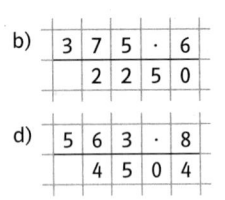

c) 4 6 2 · 7
    3 2 3 4

d) 5 6 3 · 8
    4 5 0 4

39 a) 180 b) 280 c) 480 d) 63

40 a) 860 b) 10 560 c) 389 220 d) 1 660 050

41 a) 26 b) 6 c) 4

42 a) 1230 b) 1640 c) 1570 d) 508

Grundwissen | Seite 228

43 a) 12 + 8 · 7 = 12 + 56 = 68
    (12 + 8) · 7 = 20 · 7 = 140
b) 36 : 4 + 8 = 9 + 8 = 17
    36 : (4 + 8) = 36 : 12 = 3
c) 42 : 7 − 1 = 6 − 1 = 5
    42 : (7 − 1) = 42 : 6 = 7

44 a) 186 · 70 = …
    200 · 70 = 14 000
b) 586 · 40 = …
    600 · 40 = 24 000
c) 20 · 823 = …
    20 · 800 = 16 000
d) 796 · 50 = …
    800 · 50 = 40 000

45 a) 4980 : 20 = …
    5000 : 20 = 250
b) 89 100 : 30 = …
    90 000 : 30 = 3000
c) 75 880 : 40 = …
    76 000 : 40 = 1900
d) 48 700 : 70 = …
    49 000 : 70 = 700

46 Wasserkosten pro Wohnung:
1680 : 10 = 168 (Probe: 168 · 10 = 1680)
Abfallkosten pro Wohnung:
1500 : 10 = 150 (Probe: 150 · 10 = 1500)
Die Kosten für jede Wohnung betragen 168 € für Wasser und 150 € für die Abfallentsorgung.

Grundwissen | Seite 229

47 $\overline{AB}$ = 1,8 cm;
$\overline{CD}$ = 2,4 cm;
$\overline{EF}$ = 3,7 cm;
$\overline{GH}$ = 4,1 cm;
$\overline{IJ}$ = 5,9 cm

48 a) Radiergummi: 3,5 cm
    b) USB-Stick: 2,5 cm

49 a) Es gibt drei Geraden: (3), (4) und (7).
Es gibt drei Strecken (2), (5) und genau das Stück von (7), das zwischen A und b liegt.

50 a) – d)
a) 5 cm
b) 6,5 cm
c) 45 mm
d) 3,8 cm

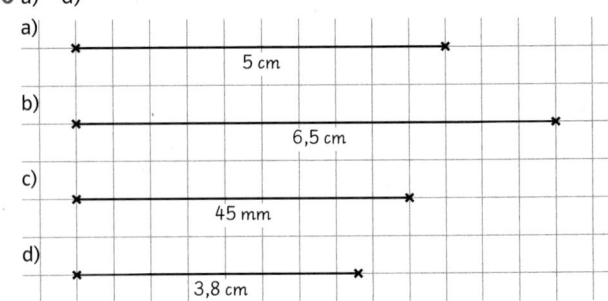

Lösungen des Grundwissens

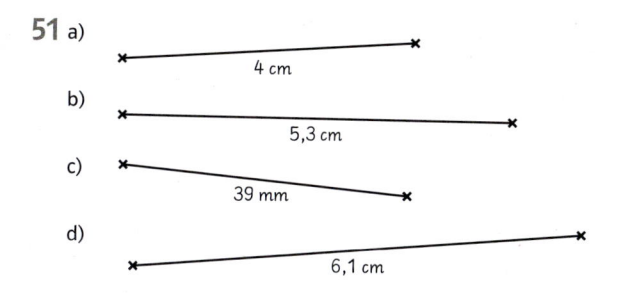

51 a) 4 cm
b) 5,3 cm
c) 39 mm
d) 6,1 cm

Grundwissen | Seite 230

52 Parallel zueinander sind: a und c; b und d; g und h.
Senkrecht zueinander sind: a und f; c und f.

53 Die Figuren A und C sind achsensymmetrisch.
Die Figur A hat eine (senkrechte) Symmetrieachse.
Die Figur C hat insgesamt zwei Symmetrieachsen: eine senkrechte und eine waagerechte Symmetrieachse.

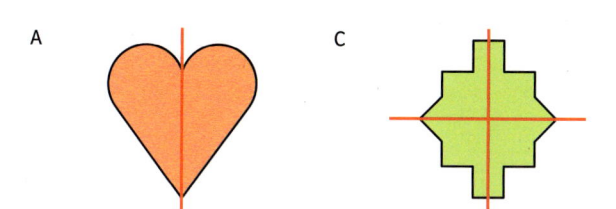

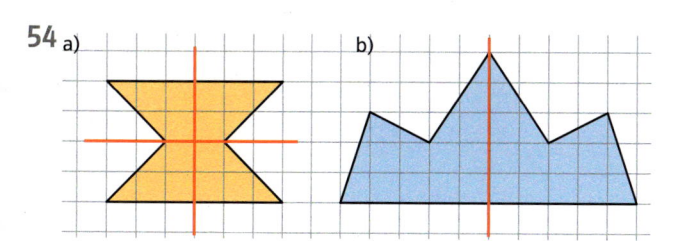

54 a) b)

Grundwissen | Seite 231

55 A: Rechteck B: Quadrat
C: Kreis D: Dreieck
E: Fünfeck F: Rechteck
G: Viereck

56 3,9 cm; 5,1 cm

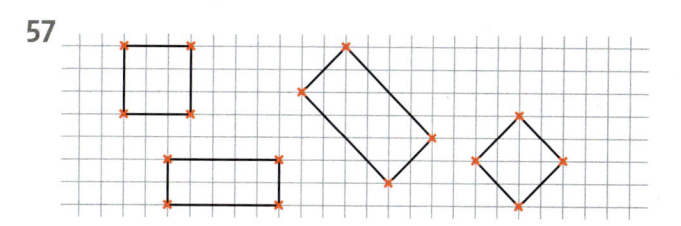

57

Grundwissen | Seite 232

58 a) Länge: 3 Fingerspannweite, also etwa 30 cm
Breite: 2 Fingerspannweite, also etwa 20 cm
b) 4 Fingerbreiten, also etwa 4 cm
c) Länge: 5 Schrittlängen, also etwa 5 m
Breite: 4 Schrittlängen, also etwa 4 m

59 a) 1 kg b) etwa 300 g c) etwa 100 g

60 a) Auto (1 t) b) Packung Zucker (1 kg)
c) ein Bonbon (1 g) d) Schokolade 100 g)

61 a) 12 t = **12 000** kg b) 15 000 g = **15** kg
c) 3,5 kg = **3500** g d) 3200 kg = **3,2** t

Grundwissen | Seite 233

62 a) 0,222 cm < 22 cm < 202 cm
b) Umwandeln in cm:
13 dm = 130 cm; 120 cm; 1250 mm = 125 cm
120 cm < 1250 mm < 13 dm
c) Umwandeln in dm:
5300 cm = 530 dm; 250 dm; 48 dm; 3,1 m = 31 dm
3,1 m < 48 dm < 250 dm < 5300 cm

63 a) 2345 mm > 540 mm > 345 mm
b) Umwandeln in cm:
3400 mm = 340 cm; 72 dm = 720 cm; 810 cm
810 cm > 72 dm > 3400 mm
c) Umwandeln in m:
2900 m; 700 m; 8,8 km = 8800 m; 3500 m
8,8 km > 3500 m > 2900 m > 700 m

64 a) 15,3 cm + 123 mm = 153 mm + 123 mm = 276 mm
b) 12 t − 3000 kg = 12 t − 3 t = 9 t
c) 11 · 8 km = 88 km
d) 24 g : 6 = 4 g
e) 96 kg : 4 kg = 24
f) 13 · 20 mg = 260 mg

Grundwissen | Seite 234

65 a) 2 Tage = 48 h b) 360 s = 6 min
c) 180 min = 3 h d) 96 h = 4 Tage

66 a) von 08:15 Uhr bis 09:00 Uhr: 45 min
   45 min = $\frac{3}{4}$ h
   b) von 12:10 Uhr bis 13:00 Uhr: 50 min
   von 13:00 Uhr bis 13:20 Uhr: + 20 min
   ─────────
   70 min
   70 : 60 = 1 Rest 10 → 1 h 10 min
   c) von 18:20 Uhr bis 19:00 Uhr: 40 min
   von 19:00 Uhr bis 21:00 Uhr: + 120 min
   von 21:00 Uhr bis 21:39 Uhr: + 39 min
   ─────────
   199 min
   199 : 60 = 3 Rest 19 → 3 h 19 min

67 a) 2,39 € + 15,99 € = 18,38 €
   b) 20,00 € − 17,49 € = 2,51 €
   c) 6 · 49 ct = 294 ct = 2,94 €
   d) 96 € : 4 = 24 €
   e) 125 ct : 5 ct = 25
   f) 7 · 25 € = 175 €

Grundwissen | Seite 235

68 Alle Maße werden in die kleinste Einheit umgewandelt:
   50 m = 5000 cm; 350 cm; 12,5 m = 1250 cm;
   7 m 50 cm = 750 cm; 8 m = 800 cm.
   Länge des Reststückes:
   5000 cm − 350 cm − 1250 cm − 750 cm − 800 cm = 1850 cm
   20 m = 2000 cm > 1850 cm
   Die Rolle reicht also nicht mehr für ein 20-m-Stück.

69 Eine Teilfläche (TF) entspricht einem Kästchen des Karogitters.
   a) N hat 15 TF und R 16 TF. Also hat R den größeren Flächeninhalt.
   b) E hat 14 TF und H 14 TF. Also haben E und F den gleichen Flächeninhalt.
   c) F hat mit 11 TF den kleinsten Flächeninhalt. O und R haben mit 16 TF den größten Flächeninhalt.

Grundwissen | Seite 236

70 a) 21 : 3 = 7;
   7 Gummibärchen pro Person
   b) 2 : 4 = $\frac{2}{4}$ = $\frac{1}{2}$;
   $\frac{1}{2}$ Apfel und $\frac{1}{2}$ Birne pro Person
   c) Würstchen: 3 : 2 = $\frac{3}{2}$ = 1$\frac{1}{2}$;
   Brötchen: 4 : 2 = 2
   1$\frac{1}{2}$ Würstchen und 2 Brötchen pro Kind

71 a) Weiß: $\frac{1}{2}$; Rot: $\frac{1}{2}$
   b) Schwarz: $\frac{1}{3}$; Gelb: $\frac{1}{3}$; Rot: $\frac{1}{3}$
   c) Rot: $\frac{2}{3}$; Weiß: $\frac{1}{3}$
   d) Blau: $\frac{1}{3}$; Weiß: $\frac{1}{3}$; Rot: $\frac{1}{3}$

72 a) 6 · 10 = 60   b) 6 · 100 = 600
   c) 6 · 1000 = 6000   d) 60 · 100 = 6000
   e) 10 000 : 2 = 5000 f) 10 000 : 20 = 500
   g) 10 000 : 200 = 50 h) 10 000 : 2000 = 5

Arbeitshilfen

Auf diesen Seiten findest du Hinweise und Tipps, die dir beim Verstehen und Bearbeiten von Aufgaben helfen.

Welche Hilfen kann ich nutzen, um die Aufgabenstellung besser zu verstehen?

Operatoren
Bestimmte Wörter in Aufgabenstellungen zeigen dir, was du machen sollst.
Diese Wörter nennt man Operatoren.
Die wichtigsten Operatoren sind in den Aufgabenstellungen blau hervorgehoben.

Eine Liste mit Operatoren findest du auf Seite 264–265.

Merke-Kasten und Zusammenfassung
Wenn du einen mathematischen Begriff in der Aufgabenstellung nicht verstehst, schaue zuerst in den Merke-Kasten auf der ersten Seite der Lerneinheit. Hier werden alle wichtigen Begriffe zum Thema erklärt. Außerdem findest du Beispiele zu möglichen Aufgaben.
In der Zusammenfassung findest du alle Merke-Kästen nochmal als Übersicht.

Stichwortverzeichnis
Du kannst alle wichtigen Begriffe im Stichwortverzeichnis finden. Sie sind alphabetisch aufgelistet.
Die angegebenen Seitenzahlen führen dich zu Erklärungen des Begriffs in den Lerneinheiten oder im Grundwissen.

Das Stichwort-Verzeichnis findest du auf Seite 266–267.

Symbole und Maßeinheiten
Für Symbole oder Abkürzungen gibt es ebenfalls eine Liste zum Nachschlagen am Ende des Buchs.

Eine Übersicht mit den wichtigsten Symbolen und Maßeinheiten findest du auf Seite 263.

Arbeitshilfen

Welche Hilfen kannst du nutzen, um die Aufgaben zu bearbeiten?

Hinweise in Aufgabenstellungen
In vielen Aufgaben gibt es Hinweise und Beispiele, die dir bei der Bearbeitung weiterhelfen.

○ 3 Addiere. Achte auf die Überträge.

○ 6 Fasse die Subtrahenden zusammen und schreibe die Aufgabe mit Klammer. Berechne wie im Beispiel.

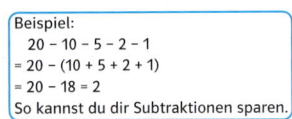

Beispiel:
$20 - 10 - 5 - 2 - 1$
$= 20 - (10 + 5 + 2 + 1)$
$= 20 - 18 = 2$
So kannst du dir Subtraktionen sparen.

Tipp!
Die Tipps auf dem Rand helfen dir, Aufgabenstellungen zu verstehen oder bieten Hinweise zur Bearbeitung von Aufgaben.

Tipp!
Nimm dein Geodreieck zu Hilfe.

Tipp!
Stufenzahlen sind 10; 100; 1000; …

Was tue ich, wenn ich ein Wort nicht verstehe, welches nicht zur Fachsprache gehört?

Worterklärungen auf dem Rand
Einige Begriffe sind direkt in der Aufgabenstellung grau hervorgehoben und werden auf dem Rand erklärt.

ein Streckenabschnitt
ein Teil einer Strecke

○ 13 MK Die Autobahn A7 führt von Füssen nach Flensburg. Schau dir die Strecke im Atlas an. Die Tabelle zeigt die Längen einiger Streckenabschnitte auf der A7.

von	nach	Entfernung
Füssen	Ulm	128 km
Ulm	Würzburg	165 km

Wörter herleiten
Manchmal kannst du dir die Bedeutung eines Begriffs aus dem Zusammenhang oder mithilfe ähnlicher Wörter selbst überlegen.
Achte auch auf Abbildungen im Buch, die dir weiterhelfen.

Tipp:
Manchmal musst du zur Bearbeitung der Aufgabe nicht jedes Wort verstehen. Vielleicht kannst du die Aufgabe auch so lösen.

Recherchieren
Du kannst auch ein Wörterbuch zur Hilfe nehmen oder im Internet recherchieren.

Tipp zum Wörterbuch:
Übe den Umgang mit einem Wörterbuch. In vielen Prüfungen darfst du eins benutzen.

Tipp zum Internet:
Verwende eine Suchmaschine. Häufig ist es sinnvoll, unterschiedliche oder mehrere Suchbegriffe einzugeben. Prüfe mithilfe mehrerer Quellen, ob dein Suchergebnis richtig ist.

Arbeitshilfen

Mathematische Symbole

=	gleich
≠	ungleich
≈	ungefähr gleich; gerundet
<	kleiner als
>	größer als
ℕ	Menge der natürlichen Zahlen
{…}	Mengenklammer; Menge bestehend aus
g ⊥ h	die Geraden g und h sind zueinander senkrecht
∟	rechter Winkel
g ∥ h	die Geraden g und h sind zueinander parallel
g, h, …	Buchstaben für Geraden
A, B, … , P, Q, …	Buchstaben für Punkte
A′, B′, … , P′, Q′, …	Beschriftung der Bildpunkte einer gespiegelten Figur
$\overline{AB}$	Strecke zwischen den Punkten A und B
A(2 | 4)	Punkt im Koordinatensystem mit dem x-Wert 2 und y-Wert 4

Maßeinheiten und Umrechnungen

Zeiteinheiten

Jahr	Tag	Stunde	Minute	Sekunde
1 a =	365 d			
	1 d =	24 h		
		1 h =	60 min	
			1 min =	60 s

Masseneinheiten

Tonne	Kilogramm	Gramm	Milligramm
1 t =	1000 kg		
	1 kg =	1000 g	
		1 g =	1000 mg

Längeneinheiten

Kilometer	Meter	Dezimeter	Zentimeter	Millimeter
1 km =	1000 m			
	1 m =	10 dm		
		1 dm =	10 cm	
			1 cm =	10 mm

Flächeneinheiten

Quadrat-kilometer	Hektar	Ar	Quadrat-meter	Quadrat-dezimeter	Quadrat-zentimeter	Quadrat-millimeter
1 km² =	100 ha					
	1 ha =	100 a				
		1 a =	100 m²			
			1 m² =	100 dm²		
				1 dm² =	100 cm²	
					1 cm² =	100 mm²

Operatoren

Operator		Das musst du tun
angeben → nennen → notieren → (auf)schreiben → sammeln	*Gib ... an* *Nenne ...* *Notiere ...* *Schreibe ... (auf)* *Sammle ...*	Du bearbeitest die Aufgabe ohne Lösungsweg und Erklärung. Die Lösung kannst du hintereinander, in einer Liste oder als Satz aufschreiben.
auswerten	*Werte ... aus*	Du schreibst auf, was dargestellt ist und liest die gefragten Werte ab. Formuliere dann Aussagen in ganzen Sätzen.
begründen	*Begründe ...*	Du schreibst in ganzen Sätzen auf, wieso deine Lösung richtig ist. Dazu kannst du Beispiele, Rechnungen oder Zeichnungen zur Hilfe nehmen.
berechnen → rechnen	*Berechne ...* *Rechne ...*	Du überlegst dir, wie du die Aufgabe lösen kannst. Dann schreibst du das Ergebnis auf.
beschreiben	*Beschreibe das Diagramm ...* *Beschreibe dein Vorgehen ...*	Du schreibst in ganzen Sätzen auf, was du siehst oder tust. Benutze Fachbegriffe.
bestimmen → ermitteln	*Bestimme ...* *Ermittle ...*	Du löst die Aufgabe rechnerisch, zeichnerisch oder auf einem anderen Weg. Notiere Zwischenschritte und schreibe das Ergebnis auf.
beurteilen → bewerten → Stellung nehmen	*Beurteile ...* *Bewerte ...* *Nimm Stellung ...*	Du schätzt mithilfe deines Fachwissens ein, ob eine Aussage zutrifft.
darstellen (grafisch) → veranschaulichen → zeichnen	*Stelle ... dar* *Veranschauliche ...* *Zeichne ...*	Du fertigst eine Abbildung an, in der alle wichtigen Informationen zu sehen sind. Achte auf Genauigkeit.
diskutieren → (sich) austauschen → (sich) unterhalten → besprechen	*Diskutiert ...* *Tauscht euch (über) ... aus* *Unterhaltet euch ...* *Besprecht euch ...*	Ihr sprecht über eure Meinungen und vergleicht diese. Dann kommt ihr zu einem gemeinsamen Ergebnis.
entscheiden → (aus)wählen	*Entscheide ...* *Wähle ... (aus)*	Du denkst über alle Möglichkeiten nach und legst dich auf eine fest.
ergänzen → vervollständigen → fortsetzen	*Ergänze ...* *Vervollständige ...* *Setze ... fort*	Du fügst fehlende Informationen fachlich richtig hinzu, zum Beispiel in Tabellen, Listen und Reihen.
erklären	*Erkläre ...*	Du sagst oder schreibst nachvollziehbar und verständlich auf, worum es geht. Achte darauf, Fachsprache zu verwenden.

Operator		Das musst du tun
erkunden → (aus)probieren → versuchen	*Erkunde …* *Probiere aus …* *Versuche …*	Du beschäftigst dich aktiv mit etwas und findest dabei heraus, wie es funktioniert.
erstellen → aufstellen → anfertigen → anlegen → darstellen	*Erstelle …* *Stelle … auf* *Fertige … an* *Lege … an* *Stelle … dar*	Du schreibst etwas übersichtlich auf. Häufig ist vorgegeben, ob es eine Tabelle, ein Diagramm oder eine Skizze sein soll.
formulieren	*Formuliere …*	Du schreibst etwas möglichst genau auf. Bringe dazu die wichtigsten Punkte in eine sinnvolle Reihenfolge.
nutzen → anwenden → umgehen mit → verwenden	*Nutze …* *Wende … an* *Gehe mit … um* *Verwende …*	Du bearbeitest eine Aufgabe mithilfe deines mathematischen Vorwissens oder mit Hilfsmitteln, wie z.B. einem Geodreieck.
ordnen	*Ordne …*	Du bringst etwas in eine richtige Reihenfolge.
präsentieren → vorstellen	*Präsentiere …* *Stelle … vor*	Du bereitest ein Thema vor, zu dem du einen Vortrag hältst.
prüfen → überlegen → überprüfen → untersuchen	*Prüfe …* *Überlege …* *Überprüfe …* *Untersuche …*	Du kontrollierst mithilfe deines Fachwissens, ob etwas stimmt oder nicht.
recherchieren	*Recherchiere …*	Du suchst nach geeigneten Informationen zu einem bestimmten Thema.
vergleichen	*Vergleiche …*	Du schreibst auf, ob etwas gleich, ähnlich oder unterschiedlich ist.
zeigen	*Zeige …*	Du machst deutlich, warum etwas zutrifft. Du kannst die Lösung darstellen oder in ganzen Sätzen begründen.
zuordnen → sortieren	*Ordne … zu* *Sortiere …*	Du schreibst auf, was zusammengehört.

Stichwortverzeichnis

A

abgerundet 38, 45, 223
der Abstand 125, 135, 137
die Achsensymmetrie 127, 137, 230
achsensymmetrisch 127, 136, 137, 230
addieren 54, 56, 71, 224
–, im Kopf 54, 224
–, schriftlich 56, 71, 224
die Addition 54, 56, 71, 224
die Arbeitshilfen 261
das Assoziativgesetz 69, 71, 87, 107
aufgerundet 38, 45, 223
aufteilen 236
ausklammern 101, 107
ausmultiplizieren 101, 107
die Auswertung 19, 23

B

das Balkendiagramm 12, 14, 23, 220
die Basis 90, 107
die Bearbeitungsleiste 104
das Bilddiagramm 12, 14, 23
der Bildpunkt 127, 137
das Binärsystem 42
die Binärzahl 42
der Bruch; die Brüche 204, 213, 236
der Bruchstrich 204, 213
der Bruchteil 204, 208, 210, 213, 236
–, die Summe der Bruchteile 210, 213

C

der Computer 21, 22, 42, 43, 104, 105, 135, 136

D

die Daten 10, 23
–, Daten vergleichen 17
die Datenerhebung 19
die Dezimale 210, 213
die Dezimalschreibweise 210, 213
das Dezimalsystem 35, 45
die Dezimalzahl 210, 213
die DGS (Dynamische Geometriesoftware) 135, 136
die Diagonale 63, 131
das Diagramm 12, 14, 21, 23, 220
die Differenz 54, 60, 71
–, der Wert der Differenz 60, 71
das Distributivgesetz 101, 107
der Dividend 92, 107
dividieren 82, 92, 102, 226, 227, 228
–, halbschriftlich 82
–, im Kopf 82, 226
–, schriftlich 92, 102
die Division 82, 92, 93, 94, 107
–, mit Rest 92, 93, 94
der Divisor 92, 107

das Dreieck (rechtwinklig) 190, 195, 227
–, der Flächeninhalt 190, 195
–, der Umfang 190, 195
die Dreierblöcke 35, 45, 222
die Durchführung 19
die Dynamische Geometriesoftware (DGS) 135, 136

E

die Eingabetaste (Enter-Taste) 104
die Einheit 153, 157, 160, 170, 182, 195, 232, 233, 234, 263
das Einmaleins 226
die Entfernung 125, 137
die Ergänzung 192, 195
die Erhebung (statistisch) 10, 19, 21, 23
der Exponent 90, 107

F

der Faktor 84, 107
die Figur 127, 135, 136, 137, 180, 192, 195, 230, 231, 235
–, achsensymmetrisch 127, 136, 137, 230
–, punktsymmetrisch 127, 136, 137
–, zusammengesetzt 192, 195
die Flächeneinheiten 182, 195, 263
der Flächeninhalt 180, 182, 186, 189, 190, 192, 195, 235
–, das Quadrat 186, 195
–, das Rechteck 186, 195
–, das rechtwinklige Dreieck 190, 195
–, die zusammengesetzte Figur 192, 195
die Flächenmaße 182, 195
formatieren 104

G

das Geld 150, 170, 234
der Geldbetrag 150, 170, 234
die gemischte Schreibweise 182, 195
die Gerade 116, 135, 137, 229, 230
gerundet; ungefähr gleich 38, 45, 263
die gerundete Zahl 38, 45, 225, 228
das Gewicht 157, 170, 232, 233
die Gewichtseinheiten 232, 233
die Größe 150, 170, 208, 213, 232
größer 32, 45, 223, 263
die Grundzahl 90, 107

H

die Halbgerade 116, 135, 137
die Häufigkeitstabelle 10, 23
die Hochachse 122, 220
die Hochzahl 90, 107

K

die Kenngrößen 17
die Klammerregeln 64, 71, 96, 107
die Klassenbildung 19, 23
das kleine Einmaleins 226
kleiner 32, 45, 223, 263
die Kommaschreibweise 150, 157, 160, 182, 195
das Kommutativgesetz 69, 70, 87, 107
die Koordinaten 122, 137
das Koordinatensystem 122, 135, 137
der Koordinatenursprung 122
das Kopfrechnen 54, 71, 82, 224, 225, 226, 227, 236
der Kreis 135, 231
das Kreisdiagramm 12, 14, 23
die Kubikzahl 90

L

die Länge 160, 170, 229, 233
die Längeneinheit 160, 170, 233, 263
die Längenmaße 160, 170, 233

M

die Masse 157, 170
die Maßeinheit 150, 170, 261, 263
die Masseneinheit 150, 170, 263
der Maßstab 163, 170
die Maßzahl 150, 170, 208
das Maximum 17
das Menüband 104
messen 125, 137, 229
das Minimum 17
der Minuend 60, 71
der Mittelpunkt (einer Strecke) 116
die Multiplikation 82, 84, 107
multiplizieren 82, 84, 107, 226, 227
–, halbschriftlich 84
–, im Kopf 82, 226, 227
–, schriftlich 84, 107, 227

N

der Nachfolger 32, 45, 222
die Nachkommastellen 210, 213
die natürliche Zahl 32, 45
der Nenner 204, 208, 213

O

die Operatoren 261, 264
ordnen 17, 32, 45, 223
–, die Daten 17
–, die Längen 233
–, die Zahlen 32, 45, 223
orthogonal 118, 137
die Orthogonalität 118

266

Stichwortverzeichnis

P
parallel   120, 137, 230
das Parallelogramm   132, 137
die Planung   19
der Platzhalter   223
die Potenz   90, 107
  –, der Wert der Potenz   90, 107
das Produkt   84, 107
  –, der Wert des Produkts   84, 107
das Programm   21, 104, 135, 136
  –, die Dynamische Geometriesoftware (DGS)   135, 136
  –, das Tabellenkalkulationsprogramm   21, 104
der Punkt   116, 117, 122, 127, 135, 137
die Punktrechnung   96
die Punktsymmetrie   127
punktsymmetrisch   127, 137
die „Punkt-vor-Strich"-Regel   96, 107, 228

Q
das Quadrat   130, 137, 186, 195, 231
  –, der Flächeninhalt   186, 195
  –, der Umfang   186, 195
die Quadratzahl   90
der Quotient   92, 107
  –, der Wert des Quotienten   92, 107

R
die Rangliste   17
rastern   40, 45
die Raute   132, 137
recherchieren   262
das Rechteck   130, 137, 186, 195, 231
  –, der Flächeninhalt   186, 195
  –, der Umfang   186, 195
der rechte Winkel   118, 137
die Rechtsachse   122, 220
die Registerleiste   104
die römischen Zahlzeichen   44
runden   38, 45, 223, 225, 228
die Rundungsstelle   38, 45, 223

S
die Sachaufgaben   166, 170, 226, 228, 235
das Säulendiagramm   12, 14, 21, 23, 220
schätzen   40, 45, 148, 170, 189, 232
der Schnittpunkt   116
die Schreibweise in einer Einheit   182, 195
schriftlich addieren   56, 71, 224
schriftlich subtrahieren   60, 71, 225
senkrecht   118, 137, 230
die Spalte   21, 104, 219
die Spannweite   17
die Spiegelachse   127, 136, 230
das Spiegelbild   127, 230
die spiegelbildliche Figur   127, 137
spiegeln   127, 136, 137

die statistische Erhebung   10, 19, 21, 23
stellengerecht   56, 60, 71
der Stellenwert   35, 42, 222
das Stellenwertsystem   35, 42
die Stellenwerttafel   35, 45, 210, 213, 221, 222
das Stichwortverzeichnis   261
der Strahl   116
die Strecke   116, 135, 137, 229
das Streifendiagramm   12, 14, 23
die Strichliste   10, 23, 219
die Strichrechnung   96
die Stufenzahlen   55, 88, 227, 236
der Subtrahend   60, 71
subtrahieren   54, 60, 71, 225
  –, im Kopf   54, 225
  –, schriftlich   60, 71, 225
die Subtraktion   54, 60, 71
der Summand   56, 71
die Summe   54, 56, 71
  –, die Summe der Bruchteile   210, 213
  –, der Wert der Summe   56, 71
das Symbol   14, 261, 263
die Symmetrie   127, 136, 137
die Symmetrieachse   127, 135, 230
das Symmetriezentrum   127, 137
symmetrisch   127, 136, 137

T
die Tabelle   21, 219
das Tabellenblatt   104
das Tabellenkalkulationsprogramm   21, 104
der Term   67, 71
  –, der Wert des Terms   67, 71

U
der Überschlag   84, 92, 107, 150, 225, 228
die Überschlagsrechnung   84, 92, 107
der Übertrag   56, 60, 71, 224, 225, 227
der Umfang   186, 190, 192, 195
  –, das Quadrat   186, 195
  –, das Rechteck   186, 195
  –, das rechtwinklige Dreieck   190, 195
  –, die zusammengesetzte Figur   192, 195
die Umfrage   19, 23
ungefähr gleich; gerundet   38, 45, 263
ungleich   69, 263
die Urliste   17

V
die Variable   67, 71
das Verbindungsgesetz   69, 71, 87, 107
die Verdopplung   42
die Vergleichsgrößen   148, 170, 232
die Vergrößerung   163, 170
die Verkleinerung   163, 170

das Vertauschungsgesetz   69, 71, 87, 107
das Verteilungsgesetz   101, 107
das Viereck   130, 132, 135, 136, 137, 231
der Vorgänger   32, 45, 222

W
der Wert   56, 60, 67, 71, 84, 92, 107
  –, die Differenz   60, 71
  –, die Potenz   90, 107
  –, das Produkt   84, 107
  –, der Quotient   92, 107
  –, die Summe   56, 71
  –, der Term   67, 71
der Winkel   118
  –, der rechte Winkel   118, 137

X
die x-Achse   122
die x-Koordinate   122, 137

Y
die y-Achse   122
die y-Koordinate   122, 137

Z
die Zahl   32, 35, 38, 45, 90, 210, 222, 225, 228
  –, gerundet   38, 45, 225, 228
  –, in Worten schreiben und lesen   35, 45, 210, 222
  –, die Kubikzahl   90
  –, die natürliche Zahl   32, 45
  –, die Quadratzahl   90
das Zahlenmuster   107
der Zahlenstrahl   32, 45, 221
der Zähler   204, 208, 213
die Zählung   19, 23
die Zahlzeichen (römisch)   44
die Zehnerpotenz   90
das Zehnersystem   35, 42, 45
die Zeile   21, 104, 219
die Zeit   153, 170, 232, 234
die Zeiteinheiten   153, 170, 234, 263
die Zeitmessung   153, 170
der Zeitpunkt   153, 234
die Zeitspanne   153, 234
die Zelle   21, 104
die Zerlegung   54, 71, 82, 192, 195, 204, 235
die Ziffer   32, 45
zueinander parallel   120, 137, 230
zueinander senkrecht   118, 137, 230
die zusammengesetzte Figur   192, 195
das Zweiersystem   42

Quellennachweis

Alamy stock photo, Abingdon (age fotostock/Gary Moon), **157.1**; Alamy stock photo, Abingdon (Ernie Janes), **30.1**; Alamy stock photo, Abingdon (Howard Shooter / DK), **202.4**; Alamy/BURGER/PHANIE, **24.3**; Arnold & Domnick GbR, Leipzig, **7.3**; **19.2**; **21.1**, **21.2**, **21.3**; **27.1**, **27.2**; **28.2**; **29.2**; **74.2**; **104.1**; **104.3**; **104.4**; **104.5**; **105.1**, **105.2**; **105.3**; **105.4**; **105.5**; **105.6**; **111.1**; **116.9**; **122.4**; **135.2**; **135.3**; **135.4**; **136.1**; **136.2**; **136.3**; **164.1**; **182.4**; **190.2**; **190.3**; **190.4**; **191.1**; **191.2**; **191.3**; **191.4**; **191.5**; **191.6**; **191.7**; **191.8**; **193.5**; **193.8**; **195.4**; **196.2**; **199.2**; **199.3**; **200.3**; **220.4**; **239.1**; **253.3**; Avenue Images GmbH, Hamburg (image 100), **185.1**; **201.1**; Blühdorn GmbH, Fellbach, **12.1**; **14.1**; **40.4**; **47.2**; **90.1**; **96.1**; **114.3**; **114.4**; **114.5**; **114.6**; **114.7**; **114.8**; **118.1**; **118.2**; **118.3**; **118.4**; **120.1**; **130.1**; **132.1**; **160.1**; **178.1**; **178.2**; **178.2**; **178.4**; **180.1**; **202.3**; **202.5**; **202.6**; **204.1**; BPK, Berlin, **63.4**; ddp media GmbH, Hamburg (Marcus Brandt), **188.1**; dreamstime.com, Brentwood, TN (Antares614), **201.2**; dreamstime.com, Brentwood, TN (Hans Klamm), **140.3**; dreamstime.com, Brentwood, TN (Katatonia82), **58.3**; dreamstime.com, Brentwood, TN (Sportgraphic), **38.1**; Ernst Klett Verlag GmbH, Stuttgart, **13.2**; **116.1**; **182.2**; Ernst Klett Verlag GmbH, Stuttgart (Edmund Herd), **20.1**; EZB, Frankfurt, **150.2**, **150.3**; **151.2**; Fechner, Günther, Meßstetten, **152.1**; F1online digitale Bildagentur, Frankfurt, **30.5**; Geoatlas, Hendaye, **129.4**; Getty Images Plus, München (Collection Mix: Subjects/Caia Image), **59.3**; Getty Images Plus, München (DigitalVision/Jose Luis Pelaez Inc), **62.2**; **76.3**; Getty Images Plus, München (E+/ lisegagne), **217.1**; Getty Images Plus, München (E+/FatCamera), **21.4**; Getty Images Plus, München (E+/gradyreese), **47.4**; Getty Images Plus, München (E+/Jodi Jacobson), **146.2**; **146.2**; Getty Images Plus, München (E+/kali9), **8.2**; **79.1**; Getty Images Plus, München (E+/kate_sept2004), **92.1**; Getty Images Plus, München (iStock/Highwaystarz-Photography), **135.1**; Getty Images Plus, München (iStock/Iurii_Au), **80.4**; Getty Images Plus, München (iStock/kruwt), **216.4**; Getty Images Plus, München (iStock/Miropa), **152.2**; Getty Images Plus, München (iStock/Ridofranz), **87.1**; Getty Images Plus, München (iStock/thelinke), **10.1**; Getty Images Plus, München (iStock/Wavebreakmedia), **69.1**; Getty Images Plus, München (Photos.com), **156.4**; Getty Images Plus, München (The Image Bank/Ben Welsh), **1.1**; Getty Images RF, München (Corbis/Fuse), **8.1**; Getty Images RF, München (PhotoDisc), **158.5**; Getty Images, München (Krafft Angerer/Bongarts), **40.2**; **40.3**; **45.2**; Grafik: NABU. Quellen: Dokumentations- und Beratungsstelle des Bundes zum Thema Wolf (DBBW), Stand 16.10.2023; Zahlen beziehen sich auf das Monitoringjahr 2022/23; ein Monitoringjahr erstreckt sich von Anfang Mai bis Ende April des darauffolgenden Jahres., **30.3**; Höllerer, Conrad, Stuttgart, **127.1**; **127.2**; Holtermann, Helmut, Dannenberg, **77.1**; **77.3**; **101.2**; **116.8**; **129.9**; **137.2**; **165.1**; **190.1**; **212.2**; **212.3**; Hungreder, Rudolf, Leinfelden-Echterdingen, **25.1**; **25.4**; **116.2**; **116.7**; **118.6**; **120.2**; **120.3**; **120.4**; **156.2**; Image Professionals, München (lookphotos / age fotostock / Art Wolfe), **41.4**; Image 100, Berlin (RF), **56.1**; IMAGO, Berlin (Alfred Harder), **48.4**; IMAGO, Berlin (Arnulf Hettrich), **39.2**; IMAGO, Berlin (blickwinkel), **163.3**; IMAGO, Berlin (GEPA pictures), **168.3**; IMAGO, Berlin (Hohlfeld), **49.4**; IMAGO, Berlin (Karina Hessland), **37.1**; IMAGO, Berlin (United Archives International), **154.1**; IMAGO, Berlin (Westend61), **20.2**; **30.2**; **30.2**; IMAGO, Berlin (ZUMA Press), **175.1**; iStockphoto, Calgary, Alberta (Andrew Rich), **32.2**; iStockphoto, Calgary, Alberta (FeudMoth), **42.1**; iStockphoto, Calgary, Alberta (GlobalStock), **52.5**; **52.5**; iStockphoto, Calgary, Alberta (HeikeKampe), **114.1**; **114.1**; iStockphoto, Calgary, Alberta (KevinDyer), **52.3**; iStockphoto, Calgary, Alberta (Mad Hadders), **60.1**; iStockphoto, Calgary, Alberta (RF), **162.1**; iStockphoto, Calgary, Alberta (STEEX), **52.4**; KD Busch GmbH, Stuttgart, **11.1**; **11.2**; **11.3**; **11.4**; **11.5**; **11.6**; **13.4**; **13.5**; **13.6**; **13.7**; **13.8**; **13.9**; **75.2**; **75.3**; **75.4**; **110.3**; **110.4**; know idea, Uli Weidner, Freiburg, **9.1**; **52.1**; **52.2**; **52.6**; **52.7**; Mauritius Images, Mittenwald (Alamy/Lisa F. Young), **54.1**; Mauritius Images, Mittenwald (imageBROKER / Christian Heinrich), **149.2**; Mauritius Images, Mittenwald (O'Brian), **64.1**; Mauritius Images, Mittenwald (phototake), **95.2**; Mauritius Images, Mittenwald (Radius Images), **30.4**; MEV Verlag GmbH, Augsburg, **41.2**; **112.1**; NASA, Washington, D.C. (Neil Armstrong), **159.3**; Okapia, Frankfurt (Fred Bruemmer), **148.1**; Picture-Alliance, Frankfurt/M. (akg-images/Erich Lessing), **156.3**; Picture-Alliance, Frankfurt/M. (dpa / Gero Breloer), **57.1**; Picture-Alliance, Frankfurt/M. (dpa / Ingo Wagner), **111.3**; Picture-Alliance, Frankfurt/M. (dpa / Jan Woitas), **153.1**; Picture-Alliance, Frankfurt/M. (Robert Schlesinger), **48.3**; Picture-Alliance, Frankfurt/M. (Westend6), **40.1**; Picture-Alliance, Frankfurt/M. (WILDLIFE), **41.3**; plainpicture GmbH & Co. KG, Hamburg (Manuel Krug), **41.1**; ShutterStock.com RF, New York (aradaphotography), **189.2**; ShutterStock.com RF, New York (Billion Photos), **18.1**; ShutterStock.com RF, New York (Carmen Hauser), **198.4**; ShutterStock.com RF, New York (David Osborn), **174.2**; ShutterStock.com RF, New York (Dudarev Mikhail), **162.3**; ShutterStock.com RF, New York (granata1111), **129.5**; ShutterStock.com RF, New York (Maxisport), **210.1**; ShutterStock.com RF, New York (Syda Productions), **89.3**; stock.adobe.com, Dublin, **162.2**; **175.4**; stock.adobe.com, Dublin (Africa Studio), **34.3**; stock.adobe.com, Dublin (Andreas Schindl), **50.3**; **50.3**; stock.adobe.com, Dublin (anphotos99), **127.3**; stock.adobe.com, Dublin (ARC), **146.3**; stock.adobe.com, Dublin (ArtHdesign), **139.6**; stock.adobe.com, Dublin (atikinka2), **146.1**; stock.adobe.com, Dublin (avarand), **32.3**; stock.adobe.com, Dublin (Barbara-Maria Damrau), **171.1**; stock.adobe.com, Dublin (by-studio), **139.5**; stock.adobe.com, Dublin (B. Wylezich), **139.7**; stock.adobe.com, Dublin (Christian Schwier), **8.3**; **8.3**; stock.adobe.com, Dublin (contrastwerkstatt), **80.1**; **169.1**; stock.adobe.com, Dublin (Daniel Ernst), **141.4**; stock.adobe.com, Dublin (EdNurg), **166.1**; stock.adobe.com, Dublin (einstein), **19.1**; stock.adobe.com, Dublin (Felix Pergande), **113.3**; stock.adobe.com, Dublin (fotobeam.de), **48.5**; stock.adobe.com, Dublin (georg_weber), **34.2**; stock.adobe.com, Dublin (ghazii), **46.2**; stock.adobe.com, Dublin (Gina Sanders), **169.2**; stock.adobe.com, Dublin (gloszilla), **80.3**; stock.adobe.com, Dublin (golfloiloi), **85.3**; stock.adobe.com, Dublin (Iuliia Sokolovska), **189.1**; stock.adobe.com, Dublin (Ivonne Wierink), **80.5**; stock.adobe.com, Dublin (Lara Nachtigall), **46.3**; stock.adobe.com, Dublin (luchschen), **113.4**; stock.adobe.com, Dublin (Marco Becker), **134.3**; stock.adobe.com, Dublin (Marco Fischer), **212.1**; stock.adobe.com, Dublin (markus_marb), **32.1**; stock.adobe.com, Dublin (Michael Möller), **41.5**; stock.adobe.com, Dublin (minzpeter), **149.1**; stock.adobe.com, Dublin (Monkey Business), **77.4**; stock.adobe.com, Dublin (moodboard),

Quellennachweis

202.2; stock.adobe.com, Dublin (moonrun), **129.3**; stock.adobe.com, Dublin (M. Rosenwirth), **85.2**; stock.adobe.com, Dublin (Nikolay), **114.2**; stock.adobe.com, Dublin (noskaphoto), **35.1**; stock.adobe.com, Dublin (obri), **41.7**; stock.adobe.com, Dublin (Otto Durst), **113.1**; stock.adobe.com, Dublin (remi38400), **173.4**; stock.adobe.com, Dublin (Scruggelgreen), **165.2**; stock.adobe.com, Dublin (seralex), **104.2**; stock.adobe.com, Dublin (Seventyfour), **202.1**; **202.1**; stock.adobe.com, Dublin (Swetlana Wall), **165.3**; stock.adobe.com, Dublin (vospalej), **129.2**; stock.adobe.com, Dublin (VRD), **167.2**; stock.adobe.com, Dublin (WavebreakMediaMicro), **80.2**; **80.2**; stock.adobe.com, Dublin (Wolfgang Mette), **161.1**; Thinkstock, München (Goodshoot), **49.5**; **94.1**; Thinkstock, München (Hemera), **39.5**; **149.4**; **150.1**; **158.2**; Thinkstock, München (iStock / Gewoldi), **141.3**; Thinkstock, München (iStock / gsmcity), **158.3**; Thinkstock, München (iStock / johnnorth), **41.6**; Thinkstock, München (iStock / Levent Konuk), **163.1**; Thinkstock, München (iStock / Stanko Mravljak), **149.5**; Thinkstock, München (iStock / Staras), **49.3**; Thinkstock, München (iStock / sutsaiy), **172.1**; Thinkstock, München (iStockphoto/husayno), **39.3**; Thinkstock, München (iStockphoto), **82.1**; **100.3**; Thinkstock, München (iStock/Christian Musat), **158.7**; Thinkstock, München (Stockbyte / Tom Brakefield), **149.3**; Thinkstock, München (Stockbyte), **103.3**; Thinkstock, München (Wavebreak Media), **84.1**; Thinkstock/Hemera, Skulptur von Mario Irarrázabal, **149.7**; Thomas Weccard Fotodesign BFF, Ludwigsburg, **15.2**; **22.2**; ullstein bild, Berlin (ddp), **168.4**; ullstein bild, Berlin (imageBROKER / Ottfried Schreiter), **50.2**; ullstein bild, Berlin (Schöning), **101.1**; Uwe Alfer, Kråksmåla, Alsterbro, **7.1**; **7.2**; **12.2**; **12.3**; **12.4**; **12.5**; **12.6**; **13.1**; **13.3**; **13.10**; **13.11**; **13.12**; **13.13**; **14.2**; **14.3**; **14.4**; **14.5**; **14.6**; **15.1**; **15.3**; **16.1**; **16.2**; **16.3**; **17.1**; **18.3**; **18.4**; **22.1**; **22.3**; **23.1**; **23.2**; **23.3**; **23.4**; **24.2**; **25.2**; **25.3**; **26.1**; **26.2**; **26.3**; **27.3**; **27.4**; **28.1**; **28.3**; **29.1**; **29.3**; **32.4**; **32.5**; **32.6**; **33.1**; **33.2**; **33.3**; **33.4**; **33.5**; **33.6**; **34.1**; **37.2**; **37.3**; **39.1**; **43.1**; **43.2**; **44.1**; **44.2**; **44.3**; **44.4**; **44.5**; **44.6**; **45.1**; **46.1**; **46.4**; **47.1**; **47.3**; **48.1**; **48.6**; **49.1**; **50.1**; **55.1**; **55.2**; **58.1**; **58.2**; **59.1**; **59.2**; **61.1**; **61.2**; **62.1**; **63.1**; **63.2**; **63.3**; **67.1**; **69.2**; **70.1**; **72.1**; **74.1**; **74.3**; **74.4**; **75.1**; **76.1**; **76.2**; **77.2**; **83.1**; **85.1**; **86.1**; **87.2**; **87.3**; **89.1**; **89.2**; **91.1**; **93.1**; **94.1**; **94.2**; **95.1**; **96.2**; **97.1**; **97.2**; **98.1**; **99.1**; **100.1**; **100.2**; **102.1**; **103.1**; **103.2**; **106.1**; **108.1**; **110.1**; **111.2**; **113.2**; **113.5**; **113.6**; **113.7**; **113.8**; **116.4**; **116.5**; **116.6**; **117.1**; **117.2**; **117.3**; **117.4**; **117.5**; **117.6**; **117.7**; **117.8**; **117.9**; **117.10**; **118.5**; **118.7**; **118.8**; **118.9**; **118.10**; **119.1**; **119.2**; **119.3**; **119.4**; **119.5**; **119.6**; **119.7**; **119.8**; **119.9**; **119.10**; **120.8**; **120.9**; **121.1**; **121.2**; **121.3**; **121.4**; **121.5**; **121.6**; **121.7**; **121.8**; **121.9**; **122.1**; **122.2**; **122.3**; **122.5**; **123.1**; **123.2**; **123.3**; **123.4**; **123.5**; **123.6**; **124.1**; **124.2**; **124.3**; **124.4**; **125.1**; **125.2**; **125.3**; **125.4**; **125.5**; **125.6**; **126.1**; **126.2**; **126.3**; **126.4**; **126.5**; **126.6**; **126.7**; **126.9**; **127.4**; **127.5**; **127.6**; **127.7**; **127.8**; **127.9**; **128.1**; **128.2**; **128.3**; **128.4**; **128.5**; **128.6**; **128.7**; **128.8**; **128.9**; **129.1**; **129.6**; **129.7**; **129.8**; **130.2**; **130.3**; **130.4**; **130.5**; **131.1**; **131.2**; **131.3**; **131.4**; **131.5**; **132.2**; **132.3**; **132.4**; **132.5**; **132.6**; **133.1**; **133.2**; **133.3**; **133.4**; **133.5**; **133.6**; **133.7**; **134.1**; **134.2**; **134.4**; **134.5**; **137.1**; **137.3**; **137.4**; **137.5**; **137.6**; **137.7**; **137.8**; **137.9**; **137.11**; **138.1**; **138.2**; **138.3**; **138.4**; **138.5**; **138.6**; **138.7**; **138.8**; **139.1**; **139.2**; **139.3**; **139.4**; **140.1**; **140.2**; **140.4**; **140.5**; **141.1**; **141.2**; **141.5**; **141.6**; **141.7**; **142.1**; **142.2**; **142.3**; **142.4**; **142.5**; **142.6**; **143.1**; **143.2**; **143.3**; **143.4**; **144.1**; **144.2**; **144.3**; **144.4**; **145.1**; **148.3**; **149.8**; **151.1**; **152.3**; **152.4**; **155.1**; **155.2**; **155.3**; **156.1**; **159.1**; **159.2**; **159.4**; **163.2**; **164.2**; **164.3**; **166.2**; **166.3**; **166.4**; **167.1**; **167.3**; **168.1**; **168.2**; **168.5**; **169.3**; **171.2**; **172.2**; **172.3**; **173.1**; **173.2**; **173.3**; **174.1**; **175.3**; **176.1**; **176.2**; **177.1**; **177.2**; **177.3**; **180.2**; **180.3**; **180.4**; **180.5**; **180.6**; **181.1**; **181.2**; **181.3**; **181.4**; **181.5**; **181.6**; **181.7**; **182.1**; **182.3**; **183.1**; **186.1**; **186.2**; **186.3**; **186.4**; **187.1**; **187.2**; **187.3**; **188.2**; **188.3**; **188.4**; **192.1**; **192.2**; **193.1**; **193.2**; **193.3**; **193.4**; **193.6**; **193.7**; **194.1**; **194.2**; **194.3**; **194.4**; **194.5**; **195.1**; **195.2**; **195.3**; **196.1**; **196.3**; **197.1**; **198.1**; **198.2**; **198.3**; **199.1**; **199.4**; **199.5**; **200.1**; **200.2**; **201.3**; **204.2**; **204.3**; **204.4**; **204.5**; **205.1**; **205.2**; **205.3**; **205.4**; **205.5**; **205.6**; **205.7**; **206.1**; **206.2**; **206.3**; **206.4**; **206.5**; **206.6**; **207.2**; **207.3**; **207.4**; **207.5**; **207.6**; **207.7**; **207.8**; **207.9**; **207.10**; **208.1**; **208.2**; **208.3**; **209.1**; **209.2**; **209.3**; **209.4**; **209.5**; **209.6**; **213.1**; **213.2**; **213.3**; **213.4**; **214.1**; **214.2**; **214.3**; **214.4**; **214.5**; **214.6**; **215.1**; **215.2**; **215.3**; **215.4**; **215.5**; **215.6**; **215.7**; **215.8**; **215.9**; **215.10**; **216.1**; **216.2**; **216.3**; **217.2**; **218.1**; **218.2**; **218.3**; **220.1**; **220.2**; **220.3**; **221.1**; **221.2**; **221.3**; **221.4**; **221.5**; **221.6**; **221.7**; **223.1**; **229.1**; **229.2**; **229.3**; **229.4**; **229.5**; **229.6**; **229.7**; **229.8**; **230.1**; **230.2**; **230.3**; **230.4**; **230.5**; **231.1**; **231.2**; **231.3**; **231.4**; **232.1**; **232.2**; **232.3**; **232.4**; **232.5**; **232.6**; **232.7**; **235.1**; **235.2**; **236.1**; **236.2**; **236.3**; **236.4**; **236.5**; **236.6**; **236.7**; **236.8**; **237.1**; **237.2**; **237.3**; **238.1**; **238.2**; **238.3**; **238.4**; **238.5**; **239.2**; **239.3**; **239.4**; **240.1**; **245.1**; **245.2**; **245.3**; **246.1**; **246.2**; **246.3**; **246.4**; **246.5**; **247.1**; **247.2**; **247.3**; **247.4**; **247.5**; **247.6**; **248.1**; **248.2**; **248.3**; **248.4**; **248.5**; **248.6**; **250.1**; **250.2**; **251.1**; **251.2**; **251.3**; **252.1**; **252.2**; **252.3**; **252.4**; **253.1**; **253.2**; **253.4**; **254.1**; **254.2**; **255.1**; **256.1**; **256.2**; **256.3**; **256.4**; **258.1**; **259.1**; **259.2**; **259.3**; **259.4**; **259.5**; VISUM Foto GmbH, München (Markus Hanke), **66.1**; Wiemers, Sabine, Düsseldorf, **207.1**; www.panthermedia.net, München (Andreas Reimann), **149.6**; www.panthermedia.net, München (chipmonk), **49.2**; www.panthermedia.net, München (Clivia), **158.1**; www.panthermedia.net, München (Daniel Petzold), **48.2**; www.panthermedia.net, München (Diesel14), **158.6**; www.panthermedia.net, München (gbh007), **70.2**; www.panthermedia.net, München (jokerpro), **39.4**; www.panthermedia.net, München (markusgann), **148.2**; www.panthermedia.net, München (rextara), **158.4**; Zuckerfabrik Fotodesign, Stuttgart, **16.4**; 123rf Germany, c/o Inmagine GmbH, Nidderau (Liu Junrong), **189.3**

Schnittpunkt 5 – Differenzierende Ausgabe, Niedersachsen

1. Auflage   1   5 4 3 2 1 | 28 27 26 25 24

Alle Drucke dieser Auflage sind unverändert und können im Unterricht nebeneinander verwendet werden. Die letzte Zahl bezeichnet das Jahr des Druckes.

Das Werk und seine Teile sind urheberrechtlich geschützt. Jede Nutzung in anderen als den gesetzlich zugelassenen Fällen bedarf der vorherigen schriftlichen Einwilligung des Verlages. Hinweis § 60a UrhG: Weder das Werk noch seine Teile dürfen ohne eine solche Einwilligung eingescannt und/oder in ein Netzwerk eingestellt werden. Dies gilt auch für Intranets von Schulen und sonstigen Bildungseinrichtungen. Fotomechanische, digitale oder andere Wiedergabeverfahren nur mit Genehmigung des Verlages.

Nutzungsvorbehalt: Die Nutzung für Text und Data Mining (§ 44b UrhG) ist vorbehalten. Dies betrifft nicht Text und Data Mining für Zwecke der wissenschaftlichen Forschung (§ 60d UrhG).

An verschiedenen Stellen dieses Werkes befinden sich Verweise (Links) auf Internet-Adressen. Haftungshinweis: Trotz sorgfältiger inhaltlicher Kontrolle wird die Haftung für die Inhalte der externen Seiten ausgeschlossen. Für den Inhalt dieser externen Seiten sind ausschließlich die Betreiber verantwortlich. Sollten Sie daher auf kostenpflichtige, illegale oder anstößige Inhalte treffen, so bedauern wir dies ausdrücklich und bitten Sie, uns umgehend per E-Mail an kundenservice@klett.de davon in Kenntnis zu setzen, damit bei der Nachproduktion der Verweis gelöscht wird.

© Ernst Klett Verlag GmbH, Stuttgart 2024. Alle Rechte vorbehalten. www.klett.de
Das vorliegende Material dient ausschließlich gemäß § 60b UrhG dem Einsatz im Unterricht an Schulen.

Autorinnen und Autoren: Viktor Grasmik, Sarah Macha, Rainer Pongs, Peter Rausche, Jens Richter, Ingrid Wald-Schillings
Unter Mitarbeit von: Martina Backhaus, Ilona Bernhard, Joachim Böttner, Günther Fechner, Wolfgang Malzacher, Achim Olpp, Tanja Sawatzki-Müller, Emilie Scholl-Molter, Colette Simon, Claus Stöckle, Thomas Straub, Dr. Hartmut Wellstein

Entstanden in Zusammenarbeit mit dem Projektteam des Verlages.

Gestaltung: know idea, Freiburg
Umschlaggestaltung: know idea, Freiburg
Titelbild: Getty Images Plus, München (The Image Bank/Ben Welsh)
Satz: Arnold & Domnick, Leipzig
Druck: PASSAVIA Druckservice GmbH & Co. KG, Passau

Printed in Germany
ISBN 978-3-12-745451-2